《生态保护概论》（第二版）编写组成员名单

主　编：孔繁德

副主编：魏国印　谭海霞

成　员：（按姓氏笔画为序）

王　颖　王连龙　冯雨峰　荣　誉　赵美微

赵忠宝　崔力拓　塔　莉　彭红丽　臧传芹

高等院校环境类系列教材

生态保护概论

（第二版）

孔繁德　主　编

魏国印　谭海霞　副主编

中国环境出版集团·北京

图书在版编目（CIP）数据

生态保护概论/孔繁德主编. —2 版. —北京：中国环境出版集团，2010.6（2023.1 重印）
（高等院校环境类系列教材）
ISBN 978-7-5111-0300-0

Ⅰ. ①生… Ⅱ. ①孔… Ⅲ. ①生态环境—环境保护—高等学校—教材 Ⅳ. ①X171.1

中国版本图书馆 CIP 数据核字（2010）第 113575 号

出 版 人 武德凯
责任编辑 宾银平 陈金华
责任校对 刘凤霞
封面设计 龙文视觉

出版发行 中国环境出版集团
　　　　　（100062 北京市东城区广渠门内大街 16 号）
　　　　　网　　址：http://www.cesp.com.cn
　　　　　电子邮箱：bjgl@cesp.com.cn
　　　　　联系电话：010-67112765（编辑管理部）
　　　　　　　　　　010-67113412（第二分社）
　　　　　发行热线：010-67125803，010-67113405（传真）
印　　刷 北京中科印刷有限公司
经　　销 各地新华书店
版　　次 2010 年 6 月第 2 版
印　　次 2023 年 1 月第 6 次印刷
开　　本 787×1092　1/16
印　　张 20.25
字　　数 460 千字
定　　价 48.00 元

中国环境出版集团郑重承诺：
中国环境出版集团合作的印刷单位、材料单位均具有中国环境标志产品认证。

序

    孔繁德教授从事生态保护的教学与科研工作二十余年。在工作中致力于理论与实际相结合，积累了丰富的经验。由他主编的《生态保护》教材自 1994 年中国环境科学出版社出版以来，共 5 次重印，发行了 2 万余册，在生态保护的人才培养和宣传工作中都发挥了较好的作用。近十年来，我国生态保护工作进展迅速，取得了很多成绩，积累了一些经验，生态保护的科学研究也取得了大量成果。为适应生态保护发展形势和满足生态保护教学的需要，中国环境科学出版社提出将该教材修改再版。孔繁德教授带领编写组广泛收集资料，总结生态保护学的成果和我国生态保护工作的经验，进一步更新、丰富、完善了教材的内容，重新编写了《生态保护概论（第二版）》。我赞赏孔繁德教授和他的编写组的这种勤奋、求真的探索精神，我相信新版《生态保护概论（第二版）》的出版发行，将为我国生态保护的教学与宣传工作发挥新的更重要的参考作用。

田松平

2009 年 10 月 20 日

前　言

《生态保护概论》是我国高等学校生态学专业、环境专业的教材，也可以作为全国环境保护系统培训教材，还可以作为环境保护工作者的专业参考用书。

1994 年由中国环境科学出版社出版发行了环保局长岗位培训教材《生态保护》，共 5 次印刷，出版发行大约 2 万余册，在全国环境保护干部培训中发挥了重要作用。但是，我国生态保护工作发展很快，自 1999 年以来环境保护工作中生态保护与污染防治并重，西部大开发，生态建设要先行，生态保护工作出现了一些新的领域及取得了许多新的成果。为了适应生态保护工作发展的形势，2001 年编写出版了这本《生态保护概论》。

《生态保护概论》出版发行以来，共 3 次印刷，发行 1 万余册，应用广泛，反应良好，影响深远。为适应环境教育事业发展的需要，中国环境科学出版社提出编写《生态保护概论》第二版的建议，并委托中国环境管理干部学院组织编写组重新编写《生态保护概论》。

2001 年《生态保护概论》出版发行以来，世界环境保护形势发展很快，我国环境保护事业的发展更是突飞猛进，特别是 2003 年党中央提出科学发展观，强调统筹人与自然的和谐发展，2007 年中国共产党第十七次全国代表大会提出生态文明建设，都为生态保护工作提供了指导并有力地推动了生态保护工作的开展。因此，近年来我国生态保护工作从理论到实践，都取得了长足的进步，积累了许多经验与成果。编写组力求以科学发展观为统领，以统筹人与自然和谐发展为指导，充分吸纳当前国内外生态保护工作取得的最新成果，编写《生态保护概论》第二版，希望对我国生态保护的教学与培训工作提供一本优秀的教材。

　　《生态保护概论》第二版仍由孔繁德任主编，并编写了第 1 章、第 7 章、第 8 章；魏国印和谭海霞任副主编，其中魏国印编写了第 2 章的 2.2，谭海霞编写了第 2 章的 2.1、2.8、2.9 及 2.10；冯雨峰编写了第 2 章的 2.3、2.4；彭红丽编写了第 2 章的 2.5、2.6、2.7；崔力拓编写了第 3 章的 3.1、3.3 及第 5 章的 5.1、5.2；荣誉编写了第 3 章的 3.2；赵美微编写了第 3 章的 3.4；臧传芹编写了第 3 章的 3.5；王连龙编写了第 4 章；赵忠宝编写了第 5 章的 5.3、5.4；塔莉编写了第 6 章的 6.1、6.3；王颖编写了第 6 章的 6.2、6.4。孔繁德、谭海霞完成书稿统编工作。

目 录

第1章 绪 论

1.1 生态环境

1.1.1 生态环境的概念和含义

生态学中的生态这个词的含义是指生物与其生存环境的关系及二者共同组成的有机整体。但在环境保护的实际工作中，又常常应用生态环境这个词。《中华人民共和国环境保护法》第一章总则第一条中，将环境区分为生活环境与生态环境两部分。1999 年 1 月 6 日经国务院常务会议通过的《全国生态环境建设规划》和 2000 年 11 月 26 日国务院发布的《全国生态环境保护纲要》中，也应用生态环境这个词。在环境保护的实际工作的其他方面，也常常应用生态环境这个词。

生态环境是指除环境污染之外的人类生存的环境。生态环境主要包括自然生态环境、农业环境、城市生态环境三部分。其中自然生态环境是基础，是主要部分；农业环境是半人工生态环境，是在自然环境的基础上经人类改造发展起来的；城市生态环境则主要是人类建设的产物。

生态保护工作的关键是保护自然生态环境，其次是农业环境的保护；另外城市的生态环境的保护也应包括在内。我们这本教材主要讲述自然生态环境的保护。

1.1.2 自然生态环境的组成和结构

1.1.2.1 组成

（1）物质与能量组成。自然生态环境是地球长期演化形成的，包括非生物因子和生物因子两类组成部分。非生物因子包括阳光、空气、岩石、矿物、土壤、河流、湖泊、湿地、地下水、海洋等；生物因子包括植物、动物和微生物。非生物因子组成岩石圈、大气圈和水圈，而生物因子则组成生物圈。

（2）化学组成。地球表层生态环境的化学组成中，氧、硅、铝、铁、钙、钠、钾、镁、氢、钛十种元素占 99%以上，其余 80 余种元素总计只占不到 1%，而且这种比例与人体的化学元素组成比例有明显的相关性。

1.1.2.2 结构

（1）岩石圈。岩石圈是指地壳及上地幔部分。地壳的平均厚度为 17 km，其中又可为花岗岩层、玄武岩层、橄榄岩层。岩石圈由各种岩石组成，其中包括岩浆岩、沉积岩和变质岩。岩石圈表面岩石经日晒、风吹、雨淋、水冲、冰冻等物理和化学作用风化破碎分解，再经生物作用形成土壤覆盖层。

（2）大气圈。大气圈是包围地球表面的气体圈层，其厚度达数千公里。大气圈分为对流层、平流层、中间层和逸散层。平流层下部还存在薄薄的一层臭氧层。臭氧层的存在对地球上的生物免遭太阳光中的紫外线的照射及破坏起到了保护作用，被称之为"生命之伞"。大气圈主要由氮气和氧气组成，还含有少量的二氧化碳和不同含量的水蒸气。大气圈中的二氧化碳含量虽小，但作用很大，它可以阻止地球表面长波辐射的散失，对地球表层有增温作用。大气圈中的水蒸气含量不定，但却可形成雾、云、降水，对地球表层环境的水的循环和能量的交换起到了重要的作用。大气圈的形成和演化经历了漫长而复杂的过程，受到岩石圈、水圈、生物圈的深刻影响，又给岩石圈、水圈、生物圈带来巨大的作用。

（3）水圈。地球表层各种形态的水的总和称之为水圈。水圈总量达 14 亿 km^3，覆盖地球表面 72%的面积，仅海洋就占地球表面 71%的面积。水圈中海洋占 97%的质量，陆地水仅占 3%的质量，其绝大部分是两极的冰盖。水圈的存在对自然生态环境影响巨大，特别是水在自然生态环境中的运动与循环，对自然生态环境中的物质与能量的运动与交换，对塑造地球表层的自然生态环境起到了重要作用，对生物形成与发展也起到了至关重要的作用。

（4）生物圈。生物圈是地球表层全部有机体和与之相互作用的生存环境的整体。生物圈是岩石圈、大气圈、水圈长期演化并相互作用的产物，同时生物圈中的植物、动物、微生物给岩石圈（主要是土壤），以及大气圈、水圈的组成和演化带来广泛而深刻的影响与作用。生物圈是整个地球表层生态环境中最活跃、最敏感、最脆弱的部分。生态环境的破坏通常最先表现在生物圈，而生物圈的破坏又往往带来整个生态环境的破坏。可以说生物圈是生态环境的"晴雨表"。

1.1.3 自然生态环境的特点

1.1.3.1 整体性

自然生态环境的组成是复杂多样的，但其所有组成部分又形成一个统一的有机的整体，既互为依存，又互为制约，往往是牵一发而动全身。

（1）从自然生态环境演化过程来看，某些组成部分孕育了其他组成部分，如岩石圈的形成和演化产生了地球原始的大气圈；岩石圈和原始大气圈的相互作用产生了最早的水圈；岩石圈、大气圈、水圈的长期相互作用产生了生物圈。

（2）自然生态环境组成部分之间互相影响和作用，如生物圈的形成和演化极大地改变了大气圈、水圈的面貌；水圈则对大气圈、岩石圈又产生了深刻的影响；至于大气圈对岩石圈的影响和作用也是显而易见的。

（3）自然生态环境各组成部分之间有物质流能量流相沟通、相联系，彼此渗透，彼此融合。岩石圈中有空气、水、生物；大气圈中有矿物质、水气、生物；水圈中含矿物质、空气、生物；生物圈更离不开岩石圈、大气圈和水圈；土壤则是岩石圈、大气圈、水圈、生物圈长期相互作用、渗透、融合的产物。

1.1.3.2 区域性

因为地球是围绕太阳旋转的球体，因此地球表层的自然生态环境由于所处纬度位置、海陆位置、地形地貌和地质条件各不相同，带来生态条件各不相同，进而产生了生态环境区域分异。这就是自然生态环境的区域性。

由于纬度位置不同主要产生光热的差异，形成了热带、亚热带、暖温带、温带、寒带的区域分异。

由于大气环流和海陆位置的不同产生的是水分的分异，带来了不同降水量和蒸发量，形成了湿润区、半湿润区、半干旱区、干旱区的区域分异。

由于地形地貌的不同，光热水分都有分异，产生了山地垂直地带性区域分异、山地阳坡与阴坡、迎风坡与背风坡等区域分异。

由于地质条件不同，造成了某些区域分异，如由于岩石性质不同，形成了不同的地貌景观和土壤，带来了不同旅游风光和不同植被作物；由于地质构造的原因，也会形成某些区域分异，如火山、温泉、地下热水。

1.1.3.3 开放性

地球表层的自然生态环境是开放系统。它与宇宙空间和地球内部都有物质和能量的流动与交换。宇宙空间有大量的太阳光能和宇宙射线进入地球表层自然生态环境。陨石由宇宙空间不断地进入地球大气圈，少量直接达到地球表面。地球内部通过地震等形式向地球表面释放大量能量，还通过火山喷发向地球表面喷出大量火山物质，包括火山气体、火山灰、火山熔岩等。

非常难得的是，地球自然生态环境的开放性带有宝贵的自我调节、自我保护功能。厚厚的大气层将绝大部分陨石燃烧掉，使地表免遭陨石过多的破坏。大气圈中臭氧层又将太阳光中对生物细胞有杀伤破坏作用的紫外线大部分过滤掉，只有少量对生物有益无害的紫外线到达地球表面。地球表面又有一层又薄又硬又凉的地壳，将地幔火热的岩浆与地表自然生态环境隔开，保护了整个自然生态环境和生物界。

1.1.4 自然生态环境的演化

地球表层的自然生态环境是在不断演化的，由简单到复杂、由低级向高级发展；自然生态环境的演化，在地球产生的初期，以地球内能为主，但后来逐步演化到外能，即以太阳能为主。由于太阳能在地球表面有地带性和周期性，因此自然生态环境的演化也具有地带性和周期性。目前地球的内能对自然生态环境也有一定的影响，它的活动也有一定的规律性。总之，自然生态环境不断地发展变化，既生机勃勃，又有一定的规律性。

1.1.4.1 自然生态环境的演化过程

地球表层的自然生态环境经历了十分漫长而又复杂的演化过程。地球的产生距今大约 47 亿年了，由于地球产生初期的历史因无岩石可供研究，情况不清。从大约距今 38 亿年前形成的岩石可供人类研究，因此地球表层的自然生态环境的历史从距今 38 亿年开始（表 1-1）。

表 1-1 地质年代简表

地质年代			距今时间/ （×10⁶ 年）	植物	动物
新生代	第四纪	全新世	0.025	被子植物	人类
		更新世	2		
		上新世	13		哺乳动物
	第三纪	中新世	25		
		渐新世	36		
		始新世	58		
		古新世	63		
中年代	白垩纪		135	裸子植物	爬行动物
	侏罗纪		181		
	三叠纪		230		
古生代	二叠纪		280	陆生孢子植物	两栖动物
	石炭纪		350		
	泥盆纪		405		
	志留纪		425		
	奥陶纪		500	海生 菌藻类	鱼类
	寒武纪		600		无脊椎动物
太古代			3 100	菌藻类	
元古代			4 700		

1.1.4.2 自然生态环境演化的原因

自然生态环境的演化有自然原因和人为原因。在地球演化历史的绝大部分时期，自然生态环境的演化是自然原因造成的。只是在人类产生以后，自然生态环境演化的原因中人为因素才逐步加大。

自然原因

（1）地质构造运动的影响。地球表层的地壳由板块组成。板块中最大的分为六块，即欧亚板块、太平洋板块、美洲板块、非洲板块、印度洋板块、南极洲板块。在这六大板块中，又划分出不同级别的若干小板块。这些板块相互运动和影响，给地球表层的自然生态环境产生巨大的影响。例如，大约 6 000 万年前，印度洋板块向北运动，与亚欧板块相撞，地壳隆起，形成喜马拉雅等山脉和青藏高原，对整个地球的自然生态环境产生了复杂而深刻的影响。

火山喷发的影响和作用，也不可低估。在地球发展史上，曾有过几次火山活跃及喷发期。火山大规模的喷发，不仅形成一些岩石和矿物，还形成肥沃的火山土壤，更重要的是向大气圈喷发了大量的火山灰和火山气体，改变了大气圈的组成和性能，减少太阳辐射，改变了地球的气候，进而影响水圈和生物圈。有一些科学家认为，地球史上几次生物大灭绝都与火山大规模喷发改变地球气候直接有关。

（2）天文因素的影响。有些科学家认为，地球与太阳系的运动有一定的周期性。太阳黑子活动就有 11 年半和 60 年的周期，而太阳系围绕银河的运动也改变太阳辐射，因而对地球表层的自然生态环境产生影响。

还有一些科学家认为，星际物质与地球相撞，会显著地改变地球表层的自然生态环境。一些科学家近年来主张 6 500 万年前有一颗小行星与此地球相撞，造成火山喷发，太阳辐射明显减弱，绿色植物光合作用停止，森林大面积死亡，导致恐龙在全球几乎同时灭绝。

人为原因

人类产生之后，通过捕猎采集活动影响了生物界；通过农耕放牧活动影响了土地、森林、草原，通过工业活动影响了大气和水。这些活动的积累和叠加，产生了全球环境问题，影响了整个地球表层的自然生态环境，例如全球气候变暖、臭氧层破坏、酸雨等。当然人类对自然生态环境也有改善作用，不过目前这种作用还仅仅局限在部分地区。

1.1.5 目前地球表层自然环境的状况

按照科学家的研究预测，地球的寿命大约为 100 亿年。目前地球表层演化到一个非常特殊的时期。从热力学的能量分析来看，地球表层目前能量的收入与支出大体平衡，处在一个"耗散阶段"，既能维持生机勃勃的局面，又比较敏感、脆弱，易遭破坏而又难以恢复。但是人类产生以来，在原始社会破坏生物，在农业社会破坏土地和植被，在工业社会又直接破坏大气和水，进而产生全球环境问题，威胁全人类的生存和发展。因此保护地球表层的自然生态环境是人类面临的共同的重大战略问题。

1.1.6 生态系统服务与生态力

1.1.6.1 生态系统服务

全球生态系统服务价值

美国康斯坦扎等人在测算全球生态系统服务价值时，首先将全球生态系统服务分为 17 类子生态系统，之后建立和采用了物质量评价法、能值分析法、市场价值法、机会成本法、影子价格法、影响工程法、费用分析法、防护费用法、恢复费用法、人力资本法、资产价值法、旅行费用法、条件价值法等一系列方法，分别对每一类子生态系统进行测算，最后进行加总求和，计算出全球生态系统每年能够产生的服务价值。他们的计算结果是：全球生态系统服务每年的总价值为 16 万亿～54 万亿美元，平均为 33 万亿美元。33 万亿美元是 1997 年全球 GNP 的 1.8 倍。

生态系统服务的分类

与传统经济学意义上的服务不同，生态系统服务只有一小部分能够进入市场被买卖，大多数无法进入市场甚至在市场交易中很难发现对应的补偿措施。按照进入市场或采取补偿措施的难易程度，生态系统服务可以划分为生态系统产品和生态支持系统。

（1）生态系统产品。是指自然生态系统所生产的，能为人类带来直接利益的因子，它包括食品、医用药品、加工原料、动力工具、自然景观、娱乐材料等，它们有的本来就是现实市场交易的对象，其他的则比较容易通过市场手段来对应地补偿。

（2）生命支持系统。生命支持系统功能主要包括固定二氧化碳、稳定大气、调节气候、对干扰的缓冲、水文调节、水资源供应、水土保持、土壤熟化、营养元素循环、废弃物处理、传授花粉、生物控制、提供生境、新食物来源、新原材料供应、遗传资源库、休闲娱乐场所、科研、教育、美学、艺术等。

生命支持系统功能有以下 4 个特点：一是外部经济效益；二是属于公共商品；三是

不属于市场行为；四是属于社会资本。

1.1.6.2 生态力

概念

生态力是指生态系统服务的能力，即生态系统为人类提供服务的能力。

生态力评价及其意义

（1）生态力评价。应用生态经济学的理论和方法对自然环境的生态力进行定量-定性的评价叫生态力评价。

（2）生态力评价的意义。

☞ 有助于提高生态意识。

☞ 促使商品观念的转变。

☞ 有利于制定合理的生态资源价格。

☞ 促进将生态环境纳入国民经济核算体系。

☞ 促进环保措施的生态评价。

☞ 为生态环境功能区划和生态建设规划奠定基础。

☞ 促进区域国家及全球可持续发展。

生态力的定量评价方法

生态力的定量评价方法主要有三类：能值分析法、物质量评价法和价值量评价法。能值分析法是指用太阳能值计量生态系统为人类提供的服务或产品，也就是用生态系统的产品或服务在形成过程中直接或间接消耗的太阳能总量表示；物质量评价法是指从物质量的角度对生态系统提供的各项服务进行定量评价；价值量评价法是指从货币价值量的角度对生态系统提供的服务进行定量评价。其中，价值量评价方法主要包括市场价值法、机会成本法、影子价格法、影子工程法、费用分析法、人力资费法、资产价值法、旅行费用法和条件价值法。

1.1.6.3 生态力与可持续发展综合国力

综合国力与可持续发展综合国力

（1）综合国力。综合国力是指一个主权国家赖以生存与发展的全部实力与国际影响力的合力，其内涵非常丰富，是一个国家政治、经济、科技、教育、文化、国防、外交、资源、民族意志、国家凝聚力等要素有机关联、相互作用的综合性整体。

（2）可持续发展综合国力及其意义。可持续发展综合国力是指一个国家在可持续发展理论下具有可持续性的综合国力。可持续发展综合国力是一个国家的经济能力、科技创新能力、社会发展能力、政府调控能力、生态系统服务能力等各方面的综合体现。

从可持续发展意义上考察一个国家的综合国力，不仅需要分析当前该国所拥有的政治、经济、社会方面的能力，而且需要研究支撑该国经济社会发展的生态系统服务能力的变化趋势。

关于可持续发展综合国力的研究，是以可持续发展战略理念、条件、机制和准则为据，全方位考察和分析可持续发展综合国力各构成要素在国家间的对比关系及其各要素对综合国力的影响，系统分析和评价综合国力及各分力水平。对比分析并找出不足，同时提出相应对策和实施方案，以期不断提升综合国力，达到国家可持续发展的总体战略目标。

　　站在可持续发展的高度，用可持续发展的理论去衡量综合国力，使综合国力竞争统一于可持续发展的宏观框架内，从而适应社会、经济、自然协同发展的需要，就必须从观念、作用、评价标准等方面对综合国力进行全面的再认识。可持续发展综合国力的价值准则是国家在保持其生态系统可持续性的基础上，推动包括社会效益和生态效益在内的广义综合国力的不断增长，实现国家可持续发展的过程。显然，可持续发展综合国力的内涵决定了在提升可持续发展综合国力的过程中，科技创新是关键手段，生态系统的可持续性是基础，经济系统的健康发展是条件，社会系统的持续进步是保障。

　　当代资源和生态环境问题日益突出，向人类提出了严峻的挑战。这些问题既对科技、经济、社会发展提出了更高目标，也使日益受到人们重视的综合国力研究达到前所未有的难度。在目前情况下，任何一个国家要增强本国的综合国力，都无法回避科技、经济、资源、生态环境同社会的协调与整合。因而详细考察这些要素在综合国力系统中的功能行为及相互适应机制，进而为国家制定和实施可持续发展战略决策提供理论支撑，就显得尤为迫切和重要。

　　随着社会知识化、科技信息化和经济全球化的不断推进，人类世界将进入可持续发展综合国力激烈竞争的时代。谁在可持续发展综合国力上占据优势，谁便能为自身的生存与发展奠定更为牢靠的基础与保障，创造更大的时空与机遇。可持续发展综合国力将成为争取未来国际地位的重要基础和为人类发展作出重要贡献的主要标志之一。在这样的重要历史时刻，我们需要把握决定可持续发展综合国力竞争的关键，需要清楚自身的地位和处境、优势和不足，需要检验已有的同时制定新的竞争和发展战略，以实现可持续发展综合国力迅速提升的总体战略目标。

　　（3）可持续发展综合国力的组成。可持续发展综合国力由经济力、科技力、军事力、社会发展程度、生态力、政府调控力、外交力共 7 个领域的能力组成。对以上 7 个领域的能力之间的顺序和比例，由专家评价后结果如下表：

序号	国力要素	赋权系数
1	经济力	0.35
2	科技力	0.20
3	军事力	0.10
4	社会发展程度	0.10
5	生态力	0.10
6	政府调控力	0.08
7	外交力	0.07
	合计	1.00

　　（4）生态力在可持续发展综合国力中的地位和作用。根据上表可以得知，生态力在可持续发展综合国力中占有重要地位，有十分重要的作用，而且这种地位和作用是不可替代的。

　　（5）主要国家生态力价值的测算结果。据国外某些专家测算，世界主要国家生态力价值排序如下：加拿大、美国、巴西、俄罗斯、澳大利亚、中国、印度。我国占世界人口第一，国土面积第三，而生态力价值仅排在第六，说明在生态力方面不容乐观。

1.2 生态承载力与生态占用

1.2.1 生态承载力

生态承载力是指在特定的时间与条件下，区域环境所能承受人类活动的阈值。人类活动的方向、规模、强度对环境都会产生影响。这种影响既有对环境不利的类型，也有对环境有利的类型，但目前从整体上分析，人类活动对环境的影响还是负作用更大一些。如果人类活动产生的影响超过了环境承载力，就会产生环境问题。例如，环境污染与生态破坏。

对于某一区域，生态承载力强调的是系统的承载功能，而突出的是对人类活动的承载能力，其内容应包括资源子系统、环境子系统和社会子系统，生态系统的承载力要素应包含资源要素、环境要素及社会要素。所以，某一区域的生态承载力概念，是某一时期某一地域某一特定的生态系统，在确保资源的合理开发利用和生态环境良性循环发展的条件下，可持续承载人口数量、经济强度及社会总量的能力。

1.2.2 生态占用

1.2.2.1 概念

生态占用就是能够持续地提供资源或消纳废物的、具有生物生产力的地域空间。针对不同的研究层次，生态占用可以是个人的、区域的、国家甚至全球的，其含义就是要维持一个人、地区、国家或者全球的生态所需的或者能够吸纳人类所排放的废物的、具有生物生产力的地域面积。

生态占用将每个人消耗的资源折合成为全球统一的、具有生态生产力的地域面积，这种面积是不是有区域特性的，可以很容易地进行比较。区域的实际生态占用如果超过了区域所能提供的生态占用，就表现为生态赤字；如果小于区域所能提供的生态占用，则表现为生态盈余。区域生态占用总供给与总需求之间的差值——生态赤字或生态盈余，准确地反映了不同区域对于全球生态环境现状的贡献。

1.2.2.2 基本理论与方法

生态占用分析基于两个基本的事实：我们能够追踪我们所消费的资源和所排放的废物，找到其生产区和消纳区。由于全球化和贸易的发展，追踪其具体的区位还需要大量的科学研究。大多数资源流量和废物流量能够被转化为提供或消纳这些流量的、具有生物生产力的陆地或水域面积。那么，如何核算区域或国家的生态占用？基本步骤如下：

（1）追踪资源消耗和废物消纳。将消费分门别类地折算成资源消耗量；将资源消耗量和人类活动所排放的废物按照区域的生态生产能力和废物消纳能力分别折算成具有生态生产力的耕地、草地、化石能源用地、森林、建筑用地和海洋等六类主要的陆地和水域生态系统的面积。

（2）产量调整。不同的国家或者地区，有不同的资源禀赋，或者不同的生态生产力。因此，要进行区域之间的比较，就需要进行适当的调整，方法是将其生物生产力乘以产量调整因子。产量调整因子是所核算区域单位面积生物生产力与全球平均生物生产力相比较而得到的。

（3）等量化处理。这六类生产系统的生产力是不同的，为了将不同生态系统类型的空间汇总为区域的生物生产力和生态占用，各种类型的生态系统面积需要乘以一个等量化因子，这个等量化因子是在比较不同类型生态系统的生物生产量的基础上得到的。也就是说，这些等量化因子将每一个类型的主要生物资源的生产潜力进行了等量化处理，每一种生态系统类型的等量化因子依据其单位空间面积的相对生物量产量而定。目前采用的等量化因子分别为：森林和化石能源用地为 1.1，耕地和建筑用地为 2.8，草地为 0.5，海洋为 0.2。当因子为 2.8 时，说明这种生态系统的生物生产力是全球生态系统平均生产力的 2.8 倍，将后者作为 1。通过等量化因子，将六类生态系统的面积调整为具有全球生态系统平均生产力的、可以直接相加的生态系统的面积，加总后就是生态系统占用。

1.2.2.3 世界研究成果

（1）全球生态占用。全球可利用的生态空间有多大？研究表明：就耕地、草地、森林、海洋、建筑用地和能源用地等 6 种主要资源而言，前景不容乐观。

从生态学的观点来看，耕地是生态生产力最高的，估计全球人均耕地不足 0.25 hm²；全球 33.5 亿 hm² 或人均 0.6 hm² 草地的积累或者生产生物量的潜力明显低于耕地。此外，从植物到动物再到人类的能量传递过程也直接降低了人类可以利用的生物化学能量；森林，除了能够生产木材，还提供其他的功能，诸如保持水土、调节气候、净化空气以及保护生物多样性等。全球共有 34.4 亿 hm² 或人均 0.6 hm² 森林。大多数森林占用了生态生产力较低的土地。

全球有 363 亿 hm² 或人均 6 hm² 的海洋，但 95% 的海产品来自于 8% 的沿海岸带，也就是说人均 0.5 hm² 的海岸带是生态生产力较高的区域。

建筑用地，包括居住和交通用地，全球大约人均 0.03 hm²。因为大部分居民点都集中在全球最肥沃的土地地带，建筑用地造成了全球生态能力无法挽回的损失。

能源用地是用来吸收化石燃料燃烧所排放的 CO_2，以及通过木质生物量积累可利用能源的土地。后者是用途比 CO_2 的吸收需要更大的面积，因为不是所有的生物量都能够用作能源。而现在，还没有土地被仅仅用来吸收 CO_2 或者补充化石燃料燃烧所丧失的生物化学能源。

无论是人均的还是全球的生态占用，都已经超过了地球资源的持续供给能力。就人均而言，生态占用为 2.4 hm²，而地球的供给能力仅人均 2.0 hm²，也就是说，目前全球人均生态赤字 0.4 hm²；就总体而言，人类总的生态占用为 13 420.1 万 km²，地球的生态占用供给能力为 11 207.4 万 km²，全球生态赤字高达 2 212.7 万 km²，超出了地承载力 20%。如果所假设 12% 的地球表面还不足以保护生物多样性的话，那么人类的生态赤字将会更大！考虑到其他动物的生态占用，我们的地球已经变得不堪重负了。

（2）国家生态占用。《国家的生态占用》报告估算了 52 个国家或地区的生态占用。这 52 个国家的人口占全球的 80%，其 GDP 占全球的 92%，其生态占用分析包括了食物、木材、能源等 20 类主要消费。

就生态占用而言，美国居民人均生态占用 10.9 hm²，为全球之最，是全球平均水平（2.4 hm²）的 4.5 倍，而孟加拉国的最低，人均仅 0.6 hm²；生态占用最大的国家是美国，为 2 901.7 万 km²，最小的为冰岛，仅 1.8 万 km²。人均生态占用可以反映一个国家居民的资源消耗强度，生态占用越大，资源利用越多，可能生态质量越高。就能够提供的生态占用而言，全球人均水平为 2 hm^2，新西兰、冰岛的人均生态占用供给能力最强，分别为 26.8 hm^2 和 21.8 hm^2，城市化水平最高的中国香港和新加坡最低，为 0 hm^2；在国家水平上，资源丰富、面积广阔的国家提供的生态占用会较大，如美国和巴西，分别为 1 780.8 万 km^2 和 1 449.9 万 km^2，最小的为中国香港和新加坡，分别为 19 km^2 和 178 km^2。

以上二者的差值则表现为生态赤字或生态盈余。全球人均生态赤字为 0.4 hm^2，城市化水平最高的中国香港和新加坡的人均生态赤字最大，分别为 6.3 hm^2 和 6.2 hm^2；生态赤字最大的国家是美国，为 1 120.9 万 km^2，而生态盈余最大的国家是巴西，为 843.2 万 km^2；新西兰和冰岛的人均生态盈余最大，分别为 18.6 hm^2 和 15.2 hm^2。

国家的生态占用，是一个表征潜在的生态脆弱性的指标，那些生态赤字较大的国家资源消耗量已经超过了本国的资源再生能力，其结果就是加剧了环境恶化，或者将这种环境恶化后果通过贸易转移到了其他国家或地区。生态赤字或生态盈余表明了居民、地区或国家对于全球生态环境现状的贡献。

（3）区域和城市的生态占用。在区域和城市层次上，渥太华、东京、伦敦等分别也被当作案例加以研究，基本结论是：渥太华的人均生态占用为 5.0 hm^2，其总生态占用是渥太华城市面积的 200 倍；东京的生态占用为 4 811.94 万 hm^2，是日本国土面积的 1.27 倍。而全日本可居住的土地面积仅占其国土面积的 1/3，因此，要养活东京的现有人口，需要 3 834 个东京的面积；伦敦的总面积为 15.8 万 hm^2，而考虑到其每年需要的燃料、氧气、水、食物、木材、纸张、塑料、玻璃、水泥、砖头、石料、沙子、金属、工业废弃物、家庭和商业废弃物、下水道污泥、CO_2、SO_2、NO_2 等在内的总生态占用为 1 970 万 hm^2，是其面积的 125 倍，是英国国土总面积的 80.7%。此外，有关研究还估计了波罗的海沿岸地区 29 个城市的生态占用。这 29 个城市占波罗的海流域面积的 0.1%，但其生态占用则至少需要整个波罗的海流域的 0.75 到 1.5 倍数生态系统，至少是其城市面积的 565～1 130 倍。

区域和城市的生态占用核算表明：越是经济发达的地区，其生态占用越大。城市化的过程，也是城市占用区外资源的过程；城市文明的背后，是发达地区将生态负担转移到其周围甚至全球的落后地区。

1.2.2.4 我国的研究成果

据我国科学家研究成果，中国在现有生活质量下，人均消费需要世界平均生产量的生态空间为 1.848 hm^2，大于中国人均拥有的可利用生态空间 0.65 hm^2，已经出现生态赤字。北京市和上海市的全市人口需要生态占用分别为 121 390 km^2 和 149 605 km^2，分别是它们自身面积的 22 倍和 57 倍。我国西部的青海省人均占用世界平均产量的生态空间 1.8 hm^2，而青海省实际人均拥有的世界平均产量生态空间为 4.5 hm^2，尚有 2.7 hm^2 的生态盈余。

1.3 生态破坏与生态系统健康

地球表层自然生态环境由于自然界本身的变化带来的不良影响，称之为自然灾害，如火山喷发、地震、海啸、台风、洪水、干旱等。如果由于人为的原因，人为的活动给自然生态环境带来直接或间接的破坏，称之为生态破坏。例如乱砍滥伐森林造成水土流失；过度放牧造成草原退化沙化；过度捕捞造成鱼类资源枯竭；超采地下水造成地下水位下降、水质变坏、地面塌陷等。

生态破坏与环境污染是不同的。环境污染是由于人类活动排放出的物质和能量进入环境造成的，例如大气污染、水污染、噪声等。生态破坏是非污染性的，是指人类活动给自然生态环境带来的直接或间接的破坏。

1.3.1 古代的生态破坏

1.3.1.1 世界各国古代的生态破坏

原始社会

在漫长的原始社会，人类以石器为生产工具，过着采集和渔猎的生活，直接依赖于生物资源。由于过量的采集和过度的渔猎，生物资源直接受到威胁，数目和种类日益减少，以致某些生物物种资源枯竭灭绝。科学家们认为地质记录中的许多动植物物种，就是在这一时期灭绝的。这就是人类活动带来的第一次环境危机，即生物危机。生物危机长时期地威胁了原始社会的古人类的生存和发展。

农业社会

几千年的农业社会，人类过着农耕和畜牧的生活。由于农耕和畜牧产生了较高的生产力，人类开始有了稳定的食物来源，进而产生了农业和手工业的分工、体力劳动与脑力劳动的分工，创造了前所未有的光辉灿烂的古代文明。在农业社会，人类古代文明依赖于土地资源。但是由于不合理的农耕，过度放牧、砍伐森林、破坏植被和战乱等原因引起了生态破坏，其主要表现形式是水土流失、土地沙化、土地盐碱化等问题，也就是土地资源的破坏，这就从根本上破坏了农业文明的物质基础。因此许多古代灿烂的农业文明都先后衰落了，许多古代国家和民族衰亡了。这些都留下了深刻的历史经验教训。

（1）古埃及。距今 6 000 年前古埃及的文明就开始了，它创造了光辉的古代文明史，建造了金字塔、巨大的宫殿和神庙。但是古埃及为扩大耕地大量砍伐森林、开垦草原，而为烧柴和冶炼金属烧木炭，也毁掉了大片的森林。埃及本来气候就很干燥，植被被破坏后，土地大面积沙化，目前埃及 98%的国土是沙漠，雄伟的金字塔由于土地沙化而耸立在沙漠之中。土地沙化毁掉了农田，也就毁掉了古埃及农业文明的基础。森林的破坏也使冶炼金属用的木炭出现短缺，于是冶炼金属也衰落了。总之古埃及随之衰落了。这个历史的教训是十分惨痛的。

（2）古代两河流域。古代两河流域的美索不达米亚平原，地势平坦，土地肥沃。幼发拉底河高于底格里斯河，古代人们引幼发拉底河水灌农田，然后通过底格里斯河排水入海。这样优越的自然环境孕育了古代两河流域灿烂的古代文明。但由于盲目扩大农田和其他一些原因，在两河流域的河流上游，大面积砍伐森林，开垦草原，因此破坏了植被，进而造成水土流失、沙漠化和盐碱化。生态的破坏还带来气候失调，灾害增多，因此两河文明逐步衰落了，肥沃的美索不达米亚平原演化成沙漠和盐碱地，成了不毛之地。今天的伊拉克和科威特就位于当年两河古代文明分布的地区。

（3）古希腊。古希腊是又一个举世闻名的古代文明，对人类历史产生过巨大而深远的影响，但是由于扩大耕地及其他一些原因，古希腊大面积砍伐森林，结果多山的希腊由于失去植被保护造成严重的水土流失，毁掉了大片宝贵的土地资源，古希腊文明随之不可避免地衰落了。著名古希腊哲学家柏拉图在其所著 《对话》一书中，借一位书中的主人公说道："……先前富饶的土地现在只剩下一副病怏怏的骨架。所有肥沃松软的表土都被冲蚀殆尽了，剩下的只有光秃裸露的骨架。现在许多荒山原先都是可耕作的土地，眼前的沼泽为遍布活土的平原，那些山丘上曾覆盖着森林，并生长出丰富的畜产品，而如今只有仅够蜜蜂吃的食物。再者，当时每年的雨水滋润着土地，土壤不会流失，不会像现在这样从光秃的地上冲到海里，当年土层很厚，储存着雨水，把水分存储在具有水稳性团粒结构的土地里；这些储存在土壤中的水分则在各地聚集，汇成湍急的山泉和潺潺的小溪。一些现在已经荒芜了的古代神殿，就坐落在那些曾经涌出喷泉的地点，它们证实了我们关于土地描绘的真实性。"这是对古希腊文明衰落的真实且具体阐述，留给我们十分深刻而又惨痛的教训。

（4）古罗马。2 000 年前的古罗马帝国，横跨欧亚非三大洲，盛极一时。但是由于植被破坏也带来了土壤侵蚀。首先是在亚平宁半岛和西西里岛出现水土流失，使得古罗马帝国依赖北非的粮食供应不足。于是罗马帝国扩大了在北非的土地开垦，进而破坏了植被，然后风蚀加剧，使北非大面积土地沙化，可以说生态破坏及土地资源的破坏，使兴盛了千年之久的古罗马帝国逐渐走向衰落。到公元 5 世纪，北欧蛮族南侵，已经衰落的古罗马帝国灭亡。

（5）古印度。古印度文明发源于印度河流域，创造了光辉的古代文化，距今已有5 000 年的历史，这里的土地平坦肥沃，盛产小麦、大麦、棉花、芝麻和甜瓜。但是由于盲目扩大农耕、破坏森林、开垦草原，进而植被破坏、水土流失、洪水泛滥，并且气候变得干燥，土地风蚀加剧，出现严重的沙尘暴，土地大面积沙化。印度河流域这块曾经产生著名的古印度文明的土地，现在已经变成面积达 65 万 km² 的塔尔大沙漠。近年来这里成了印度、巴基斯坦两国试验核武器的地方。古代印度人不得不进行大规模的迁移，在恒河流域和德干高原继续发展新的文明，但这中间有 200 多年文明中断，没有记载，被历史学家们称之为印度历史黑暗的 200 年，印度古代历史的黑洞。

1.3.1.2 中国

中国有悠久的历史，早在 10 000 年前即已出现农耕，是世界著名的文明古国之一，和其他古代文明相比，中国不但没有衰落，而且一直持续发展至今。这里有宝贵的经验。中国古代农耕制度是精耕细作，灌溉施肥，以家庭为单位，男耕女织，而且将种植业与养殖业有机地结合起来，实现了农业生态系统中物质与能量良性循环，保护土地资源达几千年而不衰。但是，这里也有沉痛的教训。不合理的农耕，破坏植被，造成水土流失和土地沙化、盐碱化，再加上战乱的破坏，中国某些地区的生态环境遭到严重的破坏，以致文明中心不得不迁移，甚至长城的位置也不得不向南迁移，距离最多达 500 多 km。

（1）中国古代生态破坏与文明中心的迁移。中国古代文明分布很广，是一个多元化的古代文明。但在秦汉以前，古代中国的文明中心在黄河中游。当时这里有气候适宜、土地肥沃的森林草原地带，森林和草原大约各占一半，土层深厚，土质疏松、表土肥沃、易于开垦，是当时中国耕地最多的农业中心。据司马迁《史记》记载："关中之地，于天下三分之一，而人口不过什三，然量其富，什居其六。"秦汉时期还大败匈奴，扩展北部疆域，沿阴山一线修筑长城，移农牧界线向北推移，大规模地开垦了北部的草原。这样大规模地破坏植被使生态环境急剧恶化，草原逐步沙化，而黄土高原则水土流失严重，这使得黄河中游这片肥沃的农业区出现了严重的土地资源危机，进而威胁了农业生产，使农业中心开始衰退。到了东汉时期，黄河中游的水土流失已相当严重，黄河泥沙的含量剧增，黄河才由"大河"变成"黄河"，黄河中游的农业中心也明显衰退，东汉的京城由长安搬迁到黄河下游的洛阳。但是由于黄河中游水土流失严重，黄河泥沙剧增，使黄河下游河床淤高，泛滥频繁，洪水灾害增加，也严重地威胁了黄河下游的农业生产。总之东汉农业生态恶化，使农业生产衰退，国势变弱。到了三国魏晋南北朝，由于生态恶化，农业衰退，阶级矛盾和民族矛盾尖锐，军阀混战，农民起义，北方游牧民族南迁，在北方占用大量耕地开展畜牧，汉族被迫大量南迁，为长江流域的开发提供了大量的劳动力和先进的技术。到隋唐时，长江流域的经济已有很大的发展，并且相当繁荣，粮食生产和财政收入都逐步超过北方，因此修筑大运河，南粮北调，到了北宋时期，南方长江流域进一步发展，粮食产量和财政收入已在全国占了大部分，粮食仍通过运河运往北方，最多时每年达 700 多万石。到了元、明、清三代，政治中心和军事中心在北方，但经济中心在南方的长江流域。因此开凿了京杭大运河，由南方向北方提供粮食和财政支持，每年向北方运粮平均五六百万石之多。总之，中国古代生态破坏，使文明中心迁移，这个教训是十分深刻的。

（2）中国古代生态破坏使长城位置移动。中国战国时期各国修筑了不少长城，秦始皇统一中国后，将北方的长城连接起来形成了统一的"万里长城"。西汉时期又将秦长城加固延长，其位置在阴山一线。秦、汉时期在长城以南大面积农耕，造成草原沙化，形成了毛乌兰布和等沙漠。到了隋唐时期，又在北方大规模扩大农田，引起水土流失和沙漠化，形成了毛乌素等沙漠。在河西走廊地带，由于扩大农耕，发展灌溉农业，砍伐了山区的森林，开垦了绿洲草原，因此带来生态恶化，失去植被保护，土地也大面积沙化。秦、汉时河西走廊的楼兰古城因生态破坏，土地沙化而毁灭，隋唐时古弱水中游的黑城和敦煌石窟也都被沙漠所包围。因此，明代所修筑的长城已较秦、汉的长城向南迁移达 500 多 km，而西部向东退缩也达 700 多 km。明代以后，由于长城沿线的生态破坏，土地进一步沙化，明长城有一部分已被荒沙包围。

1.3.2 现代的生态破坏

1.3.2.1 世界各国的生态破坏

（1）美国的黑风暴。美国西部从 1870 年至 1930 年的 60 年中，开垦农田增加 60 倍，破坏了大量的植被，结果风蚀加剧，1934 年 5 月 11 日刮起了"黑风暴"，刮走土壤 3 亿多 t，毁坏农田达 300 多万 hm^2。同年 7 月 20 日美国西南部又刮起一次"黑风暴"，又毁坏大批农田，冬小麦减产 100 多亿公斤。"黑风暴"使我们不得不重视植被与土地的保护工作。

（2）前苏联的黑风暴。在 19 世纪末，乌克兰就曾因风蚀加剧刮过"黑风暴"。到 20 世纪 50 年代后期，前苏联为增加粮食生产，利用农业机械开垦干旱的中亚哈萨克斯坦的大草原，10 年中共开垦 6 000 万 hm^2 的土地。开垦头几年尚有收成。但因植被破坏风蚀加剧，到六七十年代初风暴迭起，仅 1963 年的一次"黑风暴"就毁掉农田 1 000 多万 hm^2，其中20多万 hm^2 土地被风沙掩埋。这样不仅失去土地，也失去了草原，得到的只是荒沙。总之，前苏联当年的垦荒运动因违背生态规律而以失败告终。

（3）东非的干旱。东非各国气候比较干旱。西方殖民主义者统治东非地区时，掠夺自然资源，破坏生态环境。东非各国独立后，对保护生态环境重视不足，而且继续违背生态规律，破坏了植被，结果不但引起水土流失和土地沙化，而且带来气候失调，20世纪80年代连续10年干旱，结果赤地千里，发生大饥荒，数千万人受灾，死亡数百万人，许多人背井离乡，流离失所，成为"生态难民"。

（4）热带雨林的破坏。热带雨林有很高的生产力，可以吸收大量二氧化碳，释放大量新鲜的氧气，对维持地球大气组成的稳定至关重要，因此称为"地球之肺"。但是近年来热带雨林破坏严重，大量减少。据世界粮食组织估计，20世纪80年代以来，拥有热带雨林的主要国家巴西、印度尼西亚和扎伊尔3个国家，由于人口增加，砍伐木材和开垦耕地每年毁掉热带雨林超过200万 hm^2。全世界的热带雨林目前已在以每分钟20 hm^2 的速度消失。有关专家预测，如果不制止这种趋势，50年后热带雨林将从地球上消失。因而带来的一系列恶果是无法预料的，将会造成全球的生态灾难。

（5）生物多样性的破坏。生物多样性是地球表层自然生态环境给予人类最宝贵的天然财富，其价值无可估量，但是自有人类以来，生物多样性的破坏日益严重，据专家估算，目前地球每年都有数千种动植物的物种灭绝，其速度是没有人类以前的1 000倍。这种大规模的物种灭绝是史无前例的，非常严重的。目前世界许多生物物种都处于濒临灭绝的边缘，处在十分危险的境地，例如亚洲的老虎、非洲的犀牛和大象等。

（6）土地资源的破坏。全球由于水土流失、土地沙化等原因，土地资源不但在减少，而且质量在下降，两方面都很严重。

1.3.2.2 中国

（1）森林破坏。我国的森林面积和覆盖率虽都有提高，其中森林覆盖率已达15.5%。但是大面积的天然林被砍伐，森林蓄积量虽然也已开始增长，但森林的质量下降，其涵养水源、蓄水保土、防风固沙、净化空气、保护生物多样性等生态功能已大大降低。毁林开荒、陡坡种植等加重了自然灾害造成的损失。1998年长江大洪水的原因之一，就是长江上游天然林大量砍伐，其涵养水源，调节河流流量的功能降低。

（2）水土流失日趋严重。全国水土流失面积已达356万 km^2，约占国土面积的37%。近年来许多地区水土流失面积、侵蚀强度、危害程度呈加剧趋势，全国平均每年新增水土流失面积约1万 hm^2。黄河每年泥沙达15亿 t，而长江的泥沙也在明显增加。

（3）土地荒漠化不断放大，草原退化、沙化、盐碱化增加。20世纪末全国荒漠化土地已达262万 km^2，占国土面积的27.3%，而且每年还以2 460 km^2 的速度扩展；2000年春季我国北方发生十几次沙尘暴；全国已有退化、沙化、盐碱化的草地1.35亿 hm^2，约占草地总面积的1/3，而且每年以200万 hm^2 的速度增加。草地的产草量和载畜量也在明显降低。

（4）生物多样性受到破坏。我国已有15%～20%的动植物物种受到威胁，高于世界10%～15%的平均水平。大熊猫、丹顶鹤、东北虎、华南虎等珍稀动物受到严重威胁。

（5）水资源紧张，黄河断流。我国人均资源只占世界平均水平的1/4，而北京缺水更为严重，黄河从20世纪70年代开始断流，最多一年即1997年断流达226天。断流长度达 700 多 km。

生态破坏给国民经济和社会稳定带来了极大危害，严重影响可持续发展。生态破坏首先是加剧落后地区的贫困程度；其次是加剧了经济和社会发展的压力；另外还造成自然灾害的频率增加和损失程度的增长。总之，生态破坏给我国造成的损失据专家估算，大约每年有数千亿元之多，影响是非常巨大的。

1.3.3 生态系统健康

1.3.3.1 概念
为了评价生态系统与生态环境保持自然完好程度或破坏程度，一些专家提出了生态系统健康的理论，其含义在于通过科学的定量-定性分析，评价生态系统与生态环境保持自然完好程度或破坏程度。

1.3.3.2 生态系统健康的评价因素
（1）生态系统的组成。
（2）生态系统的结构。
（3）生态系统的生产力。
（4）生态系统的功能。
（5）生态系统的稳定性。
（6）生态系统及物种的多样性。

1.3.3.3 生态系统健康的评价等级
一些专家提出五级评价等级：

（1）生态系统健康一级区。生态系统与生态环境没有破坏，自然状况很好。生态系统健康。

（2）生态系统健康二级区。生态系统与生态环境基本没有破坏，自然状况良好。生态系统基本健康。

（3）生态系统健康三级区。生态系统与生态环境有轻微人为干扰与破坏。生态系统亚健康。

（4）生态系统健康四级区。生态系统与生态环境有明显人为干扰与破坏。生态系统不健康。

（5）生态系统健康五级区。生态系统与生态环境有比较严重的人为破坏。生态系统很不健康。

1.4　生态安全与生态保护

1.4.1　生态安全

1.4.1.1 生态安全概念与内容
概念
国家生态安全，是指一个国家生存与发展所需的生态环境处于不受或少受破坏与威胁的状态，是国家安全和社会稳定的重要组成部分。

内容

（1）防止由于生态退化与破坏对经济基础构成的威胁，主要指生态环境质量状况和自然资源的破坏与枯竭削弱经济可持续发展的支撑能力。

（2）防止由于环境问题引发社会不稳定和导致环境难民的大量产生。

1.4.1.2 我国的生态安全

总结历史和现实的经验教训，我国的生态安全形势严峻，必须引起高度警惕。我国生态安全主要有以下几个重大问题：

（1）国土安全问题。

（2）水安全问题。

（3）能源安全问题。

（4）环境与健康安全问题。

（5）生物安全问题。

1.4.2 生态保护及其与环境保护的关系

1.4.2.1 生态保护

生态保护是指人类对生态环境有意识的保护。生态保护是以生态科学为指导，遵循生态规律对生态环境的保护对策及措施。生态保护的关键在于应用生态学的理论和方法，研究并解决人与生态环境相互影响的问题，协调人类与生物圈之间相互关系。

生态保护工作的对象包括：生物多样性的保护、自然生态系统的保护、自然资源的保护、自然保护区的建设与管理、农村生态保护、生态环境管理等。总之，生态保护的对象非常广泛，几乎可以涵盖整个自然界；还包括了人类在自然生态环境基础上发展起来的农村生态环境；甚至还包括城市生态保护的部分内容。

生态保护工作包括应用法律、经济、科学技术、工程、行政管理和宣传教育等许多手段。

生态保护既包括保护具体的对象，也包括保护整个地球表层的生态环境，保护整个生物圈及其组成部分。

1.4.2.2 生态保护与污染防治的关系

生态保护与污染防治既有明显的区别，又有密切的联系。

污染防治解决环境污染问题。环境污染是人类活动排入环境中的物质或能量给环境带来的不良影响和作用。人类活动向周围环境排入物质，给周围环境带来不良影响，可造成大气污染、水污染等。人类活动向周围环境排入能量给周围环境带来不良影响，可带来噪声、热干扰、电磁波干扰等。

生态保护解决生态破坏问题。生态破坏是人类活动直接给生态环境带来不良影响，例如森林破坏、开垦草原、过度捕捞、水土流失、地下水枯竭、生物灭绝等。

综上所述，生态保护与污染防治的区别是明显的，但它们之间的联系也是比较密切的。生态破坏不利于污染防治。生态保护可以提高生态环境的自净能力，可以减少环境污染的危害。环境污染有时也直接或间接地破坏生态环境，因此污染防治也可以减少生态破坏，减轻环境污染给生态环境带来的危害和损失。正因为如此，我国自 20 世纪 80 年代以来，一直坚持城市和区域的环境保护要综合整治，即污染防治与生态保护相结合。

1.4.2.3 生态保护在环境保护中的地位

（1）生态保护与污染防治是环境保护工作的两个主要领域。生态保护与污染防治是环境保护工作的两个主要领域，可以说是左膀右臂。其原因主要有以下 3 点：①污染防治主要是解决城市和工矿业的环境问题，而生态保护主要是解决自然界和农村的环境问题，环境保护既要保护城市市民，也要保护农村的村民；②我国环境保护必须与世界接轨，世界各国及联合国的环境保护工作，都是既包括污染防治，又包括生态保护；③污染防治主要保护了生产力三要素中的劳动者，而生态保护则主要保护了生产力三要素中的劳动对象即自然资源，二者都很重要，都保护了生产力。

（2）我国的环境保护工作是从污染防治开始。我国的环境保护工作，开始于 20 世纪 70 年代初期，当时主要是"三废"治理，即废气、废水、废渣的治理，是污染防治的主要组成部分。从 70 年代初到 80 年代，我国的环境保护工作重点一直是污染防治，当时生态保护工作也已起步，但还不是重点。1990 年 8 月我国在长春市召开了自然保护工作会议，提出要像抓污染防治一样抓生态保护，但在实际工作中，生态保护工作仍然不是重点，而污染防治还是中心任务。

（3）当前我国环境保护工作要污染防治与生态保护并重。1992 年联合国环境与发展大会之后，我国制定了十大对策，制定了《中国 21 世纪议程》，确定了可持续发展与科教兴国战略同为我国两项重大战略。1997 年我国开始明确当前环境保护工作要污染防治与生态保护并重。这是我国环境保护工作在发展历程中重大的转折。总之，污染防治与生态保护并重，符合我国目前的国情，也符合环境保护工作的发展方向。我国是发展中国家，处在社会主义初级阶段，正在从事大规模的现代化建设，迅速地实现工业化和城市化，但是农村人口仍占大多数，而少数民族地区的生态破坏问题也同样比较严重。总之环境污染和生态破坏的两方面问题都很严重，损失也都很大，每年都达数千亿元。由于污染防治和生态保护的任务都很艰巨，因此提出了"并重"的方针，这一并重的方针可能会延续相当长的一段时期。

（4）今后环境保护的工作重点将会逐步向生态保护转移。发达国家的经验证明，一个国家的环境保护往往是从污染防治开始，大约经过几十年的时间污染防治取得成功之后，环境保护工作的重点将向生态保护转移。"十五"计划期间，即从 1996—2000 年我国在经济持续快速发展的同时，主要污染物总量却开始下降，预计我国再用 20～30 年时间可望在污染防治方面取得成功，环境污染将会得到有效的控制与治理，届时生态保护将成为我国环境保护的工作重点。生态保护比污染防治范围更宽、影响更广、任务更艰巨，需要的时间更长，需要的投资更多。

1.4.3 生态保护的意义和作用

1.4.3.1 **生态保护了生产力，保护了物质文明建设的基础**

1996 年 7 月 16 日江泽民主席在全国第四次环境保护工作会议上提出了"环境保护的实质就是保护生产力"的重要论断。生态保护是环境保护的主要组成部分，因此也可以说"生态保护的实质就是保护生产力"。首先，生态保护工作的重点是保护自然资源，也就是保护生产力的第三要素，即劳动对象；其次，保护好生态环境也有利于保护生产力的第一要素，即劳动者；另外，保护好生态环境也有利于保护生产力的第二要素，即生产工具、设备、设施等。总之，生态保护从生产力的 3 个要素全面地保护了生产力，也就是保护了物质文明建设的基础。

1.4.3.2 生态保护是精神文明建设的重要组成部分

生态保护既保护了宝贵的自然资源，也保护了祖国优越的生态环境和壮丽的河山。应当说生态保护是进行爱国主义教育的重要途径。爱国主义教育不是空洞的说教，它具有非常丰富的实际内容，其中包括热爱、保护、建设祖国生态环境和壮丽河山的活动。

（1）热爱祖国就一定热爱祖国优越的生态环境和壮丽河山。历史上许多爱国志士和文豪、艺术家留下了大量讴歌祖国壮丽河山的诗歌、散文、小说、游记、山水画等不朽的作品。目前利用各种先进手段，艺术家们可以向人们展示祖国美丽雄壮的山河大地，例如电影、电视、录像等。但是这些都是间接的感受，不能取代人们直接投身于生态环境中去观赏祖国大好河山的愿望。因此古往今来许多志士仁人及爱国同胞都以能游览祖国名山大川为人生幸事。当代旅游业的发展方向就是生态旅游。现在许多自然保护区都是很好的旅游区，在保护生态的前提下，人们投入大自然、欣赏大自然、认识大自然、返璞归真、陶冶性情，激发爱国主义情怀。

（2）保护生态也是爱国主义教育的一部分。保护祖国河山、保护珍稀生物、保护自然资源都可以进行爱国主义教育。近年来我国成功地进行了诸如保护桂林山水、保护三峡风光、保护大熊猫、保护金丝猴等珍稀动物和保护"母亲河"等活动，都是活生生的爱国主义教育。

另外加强生态建设也是爱国主义者的体现。毛泽东同志提出"绿化祖国"的号召，邓小平同志提出并亲自参加公民义务植树活动，都对生态保护工作起到了巨大的推动作用，也是教育人民群众的爱国主义课堂。

总之，生态保护是一个国家、一个民族文明程度的标志，不可想象，一个不热爱、不保护生态环境的民族会是文明的有前途的民族。

1.4.3.3 生态保护是建设生态文明的重要基础

（1）建设生态文明及其重要意义。胡锦涛同志在党的十七大报告中谈到实现全面建设小康社会的奋斗目标时，提出了 5 个奋斗目标，而第五个目标就是——建设生态文明，要求基本形成节约能源资源和保护生态环境的产业结构、增长方式、消费模式；循环经济形成较大规模，可再生能源比重显著上升；主要污染物排放得到有效控制，生态环境质量明显改善；生态文明观念在全社会牢固树立。

建设生态文明，是实现科学发展观的必然要求，也是建设和谐社会的根本保障。社会主义的物质文明、政治文明和精神文明离不开生态文明。生态文明是物质文明、精神文明和政治文明的前提。

（2）生态保护在建设生态文明中不可或缺。人与自然的互惠共生、协调发展是生态文明的基本标志。工业文明赋予人类巨大的改造自然的力量，激发了人类战胜自然、主宰自然的欲望，形成了"人类中心主义"，割裂了人与自然的和谐，破坏了生态平衡，因而遭到了自然界的无情报复。生态文明把自然界也看作是具有某种权利的有机体，人类是自然生态圈中的一部分。它要求人类在尊重自身发展权利的同时，也要尊重自然界和其他生命的权利，实现人与自然的互惠共生，保证环境与发展的统一。

300 年的工业文明以人类征服自然为主要特征。世界工业化的发展使征服自然超越了极限；一系列全球性生态危机说明地球再没能力支持工业文明的继续发展。需要开创一个新的文明形态来延续人类的生存，这就是生态文明。如果说农业文明是"黄色文明"，工业文明是"黑色文明"，那生态文明就是"绿色文明"。

中国的现代化建设以经济建设为中心，但必须以生态文明观为基础，在生态文明的意义上解放生产力和发展生产力。中国可持续发展的关键在于科学技术创新和制度创新的生态文明取向，积极保护自然资源，合理而有效地开发利用自然资源，确保生态价值增值，而这一切的取得，必须通过生态保护，所以可持续发展只有在人与自然协调发展的状态中才能实现。因此，可以说生态保护是可持续发展的前提和基础。

在实现全面小康社会的奋斗目标时，不得不考虑日益稀缺的自然资源，在推进物质文明发展的同时，大力推进生态文明建设，树立"生态建设和经济建设是推进现代社会进步的两个重要手段，保护生态环境就是保护生产力，改善生态环境就是发展生产力"的发展理念，建立新型的生态经济和循环经济的发展模式，走可持续发展之路。以生态保护和发展为基础，经济发展为条件，社会发展为目的，在协调经济与生态的相互关系中发展，从传统的以"人是自然的主人"为价值导向的工业文明发展方式转向新的"人是自然的成员"为价值导向的现代生态文明的发展方式，谋求社会全面进步，最终实现全面小康社会的奋斗目标。

1.4.3.4 生态保护有利于开展国际合作与交流

人类热爱自然是有共性的，许多自然资源，特别是生物资源是全人类的共同财富。联合国和其他一些国际组织在生态保护方面开展许多工作，我国积极参与国际社会保护生态的行动，签署了有关生态保护的国际公约和协定。我国还参加了联合国人与生物圈保护区系统，我国已有 28 个自然保护区参加了这一系统。我国还与一些有关国家签署了大熊猫的科学研究项目。我国特有的野生动物，如大熊猫曾作为中国人民最珍贵的礼物被赠送给美国、日本、德国、墨西哥等国家，成了中国人民的友好使者。

1.4.3.5 生态保护有利于民族团结、社会稳定和国家安全

1.4.4 我国生态保护的历史

1.4.4.1 我国古代的生态保护

我国古代勤劳智慧的人民在长期生产实践中，逐步认识了人与自然之间存在复杂的内在联系，积累了保护生态的经验，产生了"天人合一"的保护生态的朴素思想。在一些朝代，还专门设立"大司马"、"山虞"、"川师"、"渔人"等官职，主管山林、河川、渔业等资源。一些朝代还颁布过一些利用和保护自然资源的法规，如《周礼》《月令》等古代文献记载，规定采伐捕猎的一定季节，不准捕杀幼鸟、幼兽，禁止采集鸟卵、禁伐幼树、禁捕奇禽异兽，春秋两季禁止捕鱼射鸟等。我国古代还特别重视保护土地资源，精耕细作，灌溉施肥。中国农业以"迁徙农业"进步至"永久农业"直至"持续农业"。中国古代创造了同时代世界农业中的最高单位面积生产量而维持地力不衰。因此中国古代精耕细作、灌溉、施肥的生产模式被西方学者赞誉为"农民—园丁系统"。

1.4.4.2 新中国解放初期的生态保护

新中国成立后，党和政府领导全国人民在大规模经济建设的同时，在合理利用自然资源、改造恶劣生态环境方面做了大量工作。早在 1950 年 3 月上旬，中央政府召开全国

林业会议，提出了普遍护林、重点造林的方针。毛泽东同志发出了"绿化祖国"的号召。全国各地实行了封山育林的政策，开展了植树造林活动，使我国森林覆盖率较新中国成立前有所提高。我国1956年在广东省鼎湖山建立了第一个自然保护区以后，先后建立了一批各种类型的自然保护区。新中国成立以后，还加强了对珍稀野生生物的保护，也取得了一些成绩。但是在1958年以后的"大跃进"中，在"文化大革命"的"十年动乱"中，砍伐森林、开垦草原、围湖造田等破坏生态环境的问题相当严重，造成了巨大的损失。

1.4.4.3 改革开放以来的生态保护

1978年党的十一届三中全会以后，拨乱反正，我国的生态保护工作重新受到重视。1978年修改颁布的《中华人民共和国宪法》中，明确"国家保护环境和自然资源，防治污染和其他公害"。这标志着我国的生态保护工作开始步入法制的轨道。1979年国务院环境保护领导小组会同其他部委曾发布以下文件：《关于加强自然环境保护工作的通知》《关于开展大自然保护工作及调查研究的通知》《关于加强自然保护区管理、区划和科学考察工作的通知》《关于加强保护珍贵稀有动物的宣传教育工作的建议》。这些文件的下达，有力地推动了生态保护工作。1984年初召开的第二次全国环境保护工作会议上，李鹏同志代表国务院宣布："保护环境和维持生态平衡的良性循环，是我国社会主义现代化建设的一项基本国策，这件事必须抓早、抓紧、抓好，否则遗患无穷。"1989年召开的第三次全国环境保护工作会议上提出"努力控制自然生态环境恶化的趋势"。1990年在长春召开的第一次全国自然保护工作会议上制定了生态保护工作的"全面规划、科学管理、积极保护、永续利用"的方针，明确了生态保护工作的方向。1996年召开的全国第四次环保工作会议上再一次强调了生态保护工作的重要性。1997年江泽民同志提出加强生态建设，再造秀美河山。1997年李鹏同志提出我国环保工作中污染防治与生态保护并重。1998年长江大洪水之后，党和国家领导人反复强调生态保护的重要性，朱镕基总理提出停止砍伐天然林。1999年1月6日国务院批准《全国生态环境建设规划》。2000年国务院颁发了《全国生态环境保护纲要》。2002年3月国家环保总局印发《生态环境保护"十五"计划》，2006年5月印发《生态环境状况评价技术规范（试行）》，2007年10月国家环境保护总局发布《国家重点生态功能保护区规划纲要》《全国生物物种资源保护与利用规划纲要》，2008年9月环境保护部印发了《全国生态脆弱区保护规划纲要》。2009年3月国务院办公厅转发了环境保护部、财政部、国家发展改革委《关于实行"以奖促治"加快解决突出的农村环境问题的实施方案》。

1.4.5 我国生态保护的成就

1.4.5.1 建立了生态保护的法律体系

《中华人民共和国宪法》中有保护自然生态环境的条款。《中华人民共和国环境保护法》《中华人民共和国海洋环境保护法》中都有将近一半是生态保护的内容。我国还专门制定颁布了《中华人民共和国土地管理法》《中华人民共和国水法》《中华人民共和国森林法》《中华人民共和国草原法》《中华人民共和国野生动物法》等法律。我国还制定并颁布了《中华人民共和国自然保护区条例》。我国的一些省、自治区和直辖市也分别制定颁布有关生态保护的条例、规定、通告、布告等。这些构成了我国生态保护的法律体系，使我国生态保护有法可依，走上法制的轨道。

1.4.5.2 植树造林成绩显著，草原建设初见成效

我国先后实施"三北"防护林、长江中上游防护林、沿海防护林等一系列林业生态工程，取得明显的生态效益。"三北"防护林获得联合国的表彰。我国人工造林保存面积 3 425 万 hm^2，飞播造林 2 533 万 hm^2，封山育林达 3 407 万 hm^2。退耕还林十年造林约 2 687 万 hm^2。

我国人工种草和改良草地保留面积 1 482 万 hm^2，治理水土流失面积 67 万 km^2，治沙造田 1 067 万 hm^2。宁夏沙坡头治沙工程得到了联合国的表彰。截至 2008 年我国荒漠化面积已实现净减少，年均缩减 7 585 km^2。

1.4.5.3 农业生态保护成绩很大

我国 1983 年召开了利用生态学原理发展生态农业国际学术会。1984 年召开了全国农业生态环境保护经验交流会，这些会议都为我国农业生态环境保护起到了积极的促进作用。目前我国已有十几个生态村成为联合国命名的全球环保 500 佳。

1.4.5.4 自然保护区发展迅速

截至 2008 年底我国自然保护区共有 2 538 个，面积达 148.94 万 km^2，占国土面积的 15.51%，超过了世界平均水平。我国已有 28 个自然保护区列入联合国人与生物圈保护区系统，有 36 处湿地被列入国际重要湿地名录，有 20 多个自然保护区列入世界自然遗产。

1.4.5.5 生物多样性的保护进展很快

我国党和政府重视生物多样性的保护工作，已经制定了《中国生物多样性保护的行动计划》。我国采取就地保护、迁地保护、集体保护和野化放归等几种方式保护生物多样性，都取得明显成效。我国重点保护大熊猫、丹顶鹤、金丝猴、东北虎等工作成效显著。麋鹿回归我国种群繁育非常成功。朱鹮的保护和繁殖进展顺利。白鱀豚和扬子鳄的繁育也取得重大成果。我国还积极开展了珍稀濒危植物的引种繁殖工作，许多珍稀濒危植物的引种繁殖获得成功，对拯救珍稀濒危植物作出了贡献。

1.4.5.6 生态示范区发展迅速

截至 2008 年末，我国先后命名 6 批国家级生态示范区，共计 389 个。

1.5 生态保护学

1.5.1 生态保护学学科发展简史

1.5.1.1 自然保护阶段

环境保护包括污染防治和生态保护两个主要领域，但在 1972 年人类环境会议之后的一段时期内，生态保护的主要内容还是自然保护。1975 年联合国环境规划署与国际自然和自然资源保护同盟经过讨论，形成了《世界自然保护大纲》，并于 1980 年 3 月 5 日在众多国家的首都同时公布。中国政府从 1983 年开始编写《中国自然保护纲要》，经过多次征求各方面意见，七易其稿，于 1986 年 12 月 23 日通过国务院环境保护委员会向全国发布。

这一时期，生态保护学还处在起步阶段，在《世界自然保护大纲》和《中国自然保护纲要》的影响和指导下，一些专著和著作发表，如 1989 年蒋志学、邓士谨编写的《环

境生物学》,1991 年金鉴明等编著的《自然保护区概论》,1991 年刘燕生编写的《自然保护基础》等。这些作品的主要内容是自然保护,其中包括自然资源的保护、生物物种的保护、自然保护区的保护等,但重点还是自然资源的保护。

1.5.1.2 生态保护阶段

1992 年联合国环境与发展大会,正式提出可持续发展战略,公布了纲领性文件《21世纪议程》,通过了《里约热内卢环境与发展宣言》,签署了《气候变化框架公约》、《生物多样性公约》《关于森林问题的原则声明》。这次大会后,环境保护开始介入和参与经济社会发展,引起了全人类对环境问题认识的重大转变。单纯地保护自然资源是远远不够的,而且也很难实行,为了有效地保护自然资源必须有效地保护生态系统,其中包括自然、农村、城市生态系统。即使是保护自然资源,也应以生物资源为重点。

这个时期,以生态保护为重点的论著发表,如 1994 年孔繁德等编著的局长岗位培训教材《生态保护》,1997 年蒋志刚等主编的《保护生物学》,2001 年孔繁德主编的高校教材《生态保护概论》,2003 年程胜高等主编的《环境生物学》,2005 年孔繁德主编的新版局长岗位培训教材《生态保护》,2005 年孔繁德主编的高职高专教材《生态保护》。以上作品的内容明显拓宽,由自然保护扩展到农村生态保护,城市生态保护。即使是自然保护,其重点也由自然资源保护转向生物多样性保护,更好地体现了可持续发展的思想。

1.5.2 生态保护学的研究对象与学科性质

1.5.2.1 生态保护学的研究对象

针对人类活动给生态带来的退化与破坏而采取的有意识的保护对策与措施,是包括法律、经济、行政、科学、工程技术、宣传教育等的综合性对策与措施。不针对自然界本身的变化给生态带来的退化与破坏问题。这样的问题属于自然灾害,应采取防灾减灾的对策与措施。

1.5.2.2 生态保护学的学科性质

(1)生态保护学是环境学科的重要组成部分。生态保护与污染防治同属于环境保护两个重要领域,所以生态保护学是环境科学的重要组成部分。1998 年教育部颁布的普通高等学校本科专业分类名录中,环境科学类中包括环境科学、生态学两个专业。生态学专业中包括基础生态学和应用生态学。生态保护学属于应用生态学。

(2)生态保护学属于综合性学科。生态保护学既要以生态学的理论和方法为基础,又需要与其他学科交叉,如法学、经济学、工程学等。

1.5.3 生态保护学的内容与分支

生态保护学的研究内容既有自然生态系统,也有半自然、半人工的农村生态系统,还有人工的城市生态系统,因此包括以下 3 个主要分支:

1.5.3.1 自然保护

内容包括生物多样性保护、自然资源保护和自然保护区等。自然保护在生态保护学的发展中起着先锋作用,直到今天,自然保护仍是农村生态保护和城市生态保护的基础,因此,自然保护是生态保护学的重点。

1.5.3.2 农村生态保护

农村生态保护又可分为农村生态保护、生态农业、生态村镇等几个方面。改革开放30 年来的探索与实践，农村生态保护涌现出不少典型，用生态学的理论总结我国农村生态保护的经验，并使之提高、升华，可以有力地推动农村生态保护的发展。

1.5.3.3 城市生态保护

城市的盲目发展带来了一系列生态退化、恶化问题，世界各国都在探索改善与保护城市生态的理论与方法，建设生态城市，近些年我国开展的创建生态省、生态市、生态县活动，必将有力地推动城市生态保护的科学研究。

1.5.4 生态保护学的学科基础

生态学是生态保护学中"自然保护"的主要学科基础；农村生态学和城市生态学是研究农村生态保护和城市生态保护的学科基础；景观生态学是研究复合生态系统的重要理论和方法；生态经济学与生态系统服务功能价值的理论与方法也是生态保护学的重要学科基础；恢复生态学是生态保护学专门的学科基础。

1.5.5 生态保护学的学科体系

1.5.5.1 生态监测与生态调查是基础

生态监测应用遥感技术和地理信息系统监测生态状况及其变化，为生态保护提供了及时的宝贵资料和信息。

1.5.5.2 生态评价是关键

生态系统健康的理论与方法为定量、定性分析评价生态系统健康状况提供了可靠的途径；生态安全的理论与方法从另一方面分析评价生态健康状况对人类社会的影响，也为生态保护学提供了科学的研究途径。

1.5.5.3 生态工程学与生态系统管理是生态保护学的重点

生态工程学将生态学科与工程学科有机地结合，研究通过人类的工程措施解决生态退化、恶化与破坏问题。生态系统管理强调系统管理的思想，在生态保护中突出了系统管理对策与措施。

复习思考题

1. 结合实际阐述生态环境的特点。
2. 简述生态占用的基本内容。
3. 概述生态系统健康的评价因素与级别。
4. 阐述生态保护的作用。
5. 生态保护和污染防治的关系。

第 2 章　生物多样性的保护

2.1 生物多样性

2.1.1 概念及其含义

2.1.1.1 生物多样性的概念

人们在开展自然保护的实践中逐渐认识到，自然界中各个物种之间、生物与周围环境之间都存在着十分密切的联系，因此要拯救珍稀濒危物种，不仅要对所涉及的物种的野生种群进行重点保护，而且还要保护好它们的栖息地。或者说，需要对物种所在的整个生态系统进行有效的保护。在这样的背景下，生物多样性的概念便应运而生了。

生物多样性（biodiversity 或 biological diversity）是一个描述自然界多样性程度的一个内容广泛的概念，它既是生物之间、生物与环境之间复杂关系的体现，也是生物资源丰富多彩的标志。对于生物多样性，不同的学者所下的定义是不同的。如 Wilson 等人认为，生物多样性就是生命形式的多样性。孙儒泳（2001）认为，生物多样性一般是指"地球上生命的所有变异"。蒋志刚等（1997）给生物多样性所下的定义为："生物多样性是生物及其环境形成的生态复合体以及与此相关的各种生态过程的综合，包括动物、植物、微生物和它们所拥有的基因以及它们与其生存环境形成的复杂的生态系统"。

在《生物多样性公约》里，生物多样性的定义是"所有来源的活的生物体中变异性，这些来源包括陆地、海洋和其他水生生态系统及其所构成生态综合体；这包括物种内、物种之间和生态系统的多样性"。

综合各专家的观点，生物多样性指地球上的所有生命（动物、植物、微生物等）、它们所携带的遗传信息以及它们与其生存环境相互作用所构成的生态系统的多样化。

2.1.1.2 生物多样性的含义

一般认为生物多样性包括三层含义，即遗传多样性、物种多样性和生态系统多样性。近年来一些学者又提出了一层含义，即景观多样性。

（1）遗传多样性（genetic diversity）。遗传多样性又叫基因多样性（gene diversity）是生物多样性的重要组成部分。遗传多样性可从两个角度理解：广义的遗传多样性是指地球上所有生物携带的遗传信息的总和；狭义的遗传多样性主要指种内不同群体之间或一个群体内不同个体的遗传变异总和（施立明，1993）。

遗传多样性的表现是多层次的，可以表现在外部形态上，如豌豆的花色、西红柿的果色、米粒的颜色和形状；表现在生理代谢上，如植物光合作用的强弱、酶活性的高低；

也可以表现在染色体、DNA 分子水平上。

　　一个物种所包含的基因越丰富，它对环境的适应能力越强。基因的多样性是生命进化和物种分化的基础。研究遗传多样性，有助于进一步探讨生物进化的历史和适应潜力；有助于推动保护生物学研究；有助于生物资源的保存和利用。

　　（2）物种多样性（species diversity）。物种多样性是指地球上动物、植物、微生物等生物种类的丰富程度。物种多样性是衡量一定地区生物资源丰富程度的一个客观指标。物种多样性包括两个方面，其一是指一定区域内的物种丰富程度，可称为区域物种多样性；其二是指生态学方面的物种分布的均匀程度，可称为生态多样性或群落物种多样性（蒋志刚等，1997）。物种多样性的大小并不仅仅是与物种的数目有关，还和各个种的数量、分布、相互之间的关系有关，因此，物种多样性的测度比较复杂。

　　在阐述一个国家或地区生物多样性丰富程度时，最常用的指标是区域物种多样性。区域物种多样性的测量有以下 3 个指标：①物种总数，即特定区域内所拥有的特定类群的物种数目；②物种密度，指单位面积内的特定类群的物种数目；③特有种比例，指在一定区域内某个特定类群特有种占该地区物种总数的比例。

　　（3）生态系统多样性（ecosystem diversity）。生态系统多样性指生物圈内生境、生物群落和各种生态过程的多样化。其中，生境的多样性是生物群落多样性甚至是生物多样性形成的基本条件；生物群落的多样化主要指群落的组成、结构和动态方面的多样性。保护生态系统多样性尤为重要，将直接影响全球变化和物种多样性及其基因多样性。

　　（4）景观多样性（landscape diversity）。景观是由一些相互作用的景观要素组成的具有高度空间异质性的区域。景观要素是组成景观的基本单元，相当于一个生态系统。景观多样性是指由不同类型的景观要素或生态系统构成的景观在空间结构、功能机制和时间动态方面的多样化程度。

　　景观多样性逐步受到人们的重视，因为对它的研究，对土地利用规划，农林牧合理配置、景观设计、城市规划等项工作有指导意义。

2.1.2　生物多样性的价值

　　生物多样性是自然界赋予人类的一笔巨大的资源和财富，对人类具有不可估量的价值，生物多样性具有直接、间接的使用价值和潜在的价值。

2.1.2.1　生物多样性为人类提供了食物的来源

　　人类的生存直接依赖于食物，而食物基本上来源于生物界，人类食用的粮食、油料、肉类、乳类、蔬菜、水果、饮料都来源于生物。

2.1.2.2　生物多样性可以为人类提供工业原料

　　生物界向工业提供了大量的原料。植物提供的工业原料有棉花、油料、木材、橡胶、树脂等。动物提供的工业原料有肉类、毛皮、蚕丝、乳类等。其实人类已经利用的生物界提供的工业原料类型还较少，生物界中还有许多物种可以为人类提供新的工业原料。

2.1.2.3　生物多样性是许多药物的来源

　　生物是许多药物的来源，我们传统医学的中草药绝大部分来自植物和动物。现代医学对动植物的依赖程度也在不断提高。据报道发达国家约有 40%的药方中，至少有一种药物来源于生物。随着医学科学的发展，越来越多的生物被发现可作药用。例如热带森林中的美登木、粗榧、裸实、嘉兰等，都能提取抗癌的药物。研究表明许多海洋无脊椎动物，可以用来防治高血压、心脏病、神经错乱以及一些由于病毒引起的疾病。从长远看，许多防治疾病的新药，要从生物界中去寻找，总之，生物的多样性，为人类提供了药物的多样性。

2.1.2.4 野生生物是培育新品种的基础

一般说来，任何一个品种，例如小麦、大豆及其他禾谷类，使用十几年以后，其抗病虫害的能力会逐步减弱，其产量和质量也会降低，需要更新，品种的更新需要在自然界中寻找野生祖型及近亲遗传物质，作为新品种的培育基础。一个优良的新品种，一旦培育成功并加以推广，每年创造的经济效益往往数以亿计。例如，我国杂交水稻就是利用在海南岛发现的野生稻的遗传基因进行杂交培育而成，推广之后每年为我国增产粮食数百亿公斤，价值数百亿元，最近经济学家们评价我国杂交水稻的培育者袁隆平的品牌价值达1 000多亿元，袁隆平因此获得国家科技奖。

2.1.2.5 生物多样性具有科研价值

生物界中有许多科学奥秘。研究生物为人类服务的科学之一是仿生学，仿生学研究成果表明，生物的各种器官和功能，可以给科学技术的发明创新以莫大的启示。仿生学给航天航空、航海、电子、化工等许多工业部门带来新的技术。例如雷达、红外线追踪、声纳等先进技术的发明创新，都得益于生物的启迪。

2.1.2.6 生物多样性可以有助于保持生态系统的稳定性

生态系统的物质循环、能量流动、信息传递，有着相互依赖、相互制约的辩证关系。当生态系统丧失某些物种时，就可能导致生态系统功能的失调，甚至使整个生态系统瓦解。如在农业生态系统中，过量使用农药、灭鼠药会引起有益昆虫和其他动物的消失，进而破坏农业生态系统的稳定性，造成病虫害和鼠害猖獗，使农、林、牧业生产遭受难以弥补的损失。

2.1.2.7 生物多样性具有美学价值

许多生态系统都具有美学价值，森林、草原、湿地、高山、高原、荒漠都各具独特的魅力，形成各自不同的风光，是有益的旅游资源。许多动植物具有令人陶醉的美学欣赏价值。我国特有的动物中的大熊猫、金丝猴、丹顶鹤等和特有的植物中的银杏、水杉、银杉、金花茶、杜鹃等都具有很高的美学价值，可以美化生活、陶冶情操，给人以美的享受。生物多样性还是文学艺术创作的基本素材，有许多文学艺术作品是描绘和反映生物界的丰富多彩和勃勃生机的。

2.1.2.8 国际合作与交流的重要领域

在保护生态系统的多样性、物种的多样性、遗传的多样性方面，我国与国际组织和一些有关国家开展了多方面的合作，其中包括科研、宣传、教育。我国还得到有关国际组织和某些发达国家在生物多样性保护方面提供的技术和资金方面帮助。

2.1.3 生物多样性的形成因素

地球上的生物经历了由简单到复杂，由低级到高级的进化过程，有生有灭，在物种形成过程中，地理隔离和生殖隔离起了十分关键的作用。地球的演化和区域分异形成了生态环境的多样性和生态系统的多样性。地球的演化和区域分异的原因，主要是地球表层板块运动与构造运动和气候演变两个方面，其他一些因素是次要的因素，并没有起到决定性的作用。

2.1.3.1　地壳运动对生物多样性的影响

（1）大陆漂移与板块运动对生物多样性的影响。地球表层的地壳在不断地运动。大陆的分裂和漂移，形成了各大陆相对隔离，各自生物界在不同的环境条件下演化形成各具特色的物种，这对生物多样性的形成作用极大，由于大陆漂移和板块运动，北半球陆地的生物界与南半球的生物界有很大差异，即使同在南半球，非洲、南美洲、澳大利亚、亚洲的马来半岛与南洋群岛的生物界差异也很大，这几个地区形成了不同的生物区系。即使同在非洲大陆，由于东非大断裂的作用与非洲大陆分裂隔开的马达加斯加岛上，生物的物种独具特点，与非洲大陆相比，有很大的差异。另外有一些面积较小的岛屿，也由于与陆地和其他岛屿隔离，生物多样性的差别也很明显，这说明大陆漂移使陆地分裂隔离是形成生物多样性的重要原因之一。

（2）地质构造运动对生物多样性的影响。同在一个大陆上，但由于强烈的地质构造运动而形成地貌的区域分异，也是导致产生生物多样性的重要因素。由于强烈的地质构造运动形成了高山、高原、峡谷、盆地、平原、丘陵等不同的地形地貌，进而形成不同的生态环境，即使同在一条山脉，阳坡和阴坡，通风坡和背风坡的生态环境的分异也是很明显的。这些因素也是形成生物多样性的重要因素。我国青藏高原的隆起对自然环境，对生物多样性的影响是巨大的。青藏高原的隆起经历了大约 6 000 多万年的历程，经不断地上升，形成世界屋脊。青藏高原的隆起使我国形成了东部季风区、西北内陆干旱区、青藏高原区，3 个大区域的分异也给印度、东南亚、东亚带来了明显的影响，在这种影响下，我国东部形成森林生态系统，西北形成草原和荒漠生态系统，青藏高原形成高原和高山生态系统，并相应形成各自的不同的物种、种群、群落。

2.1.3.2　气候及其变化对生物多样性的影响

（1）气候对生物多样性的影响。地球表面的气候分异对生物多样性也发生显著影响。由于光热的分异，地球表面分成热带、温带、寒带。由于热带光热条件优越，适宜生物生存与繁衍，因此热带生物多样性很高，相比之下寒带的光热条件差，生物多样性较差，温带则处于二者之间。热带、温带、寒带 3 个地带物种的比例大约是热带占 2/3，温带占不到 1/3，而寒带则很少。由于干湿水分的分异，地球表面又分成湿润区、半湿润区、半干旱区、干旱区。湿润区与半湿润区一般生长着森林，半干旱区一般生长着草原，干旱区一般为荒漠，3 个区域中森林的生物多样性最高，其中热带雨林就占世界物种的一半；荒漠的生物多样性最低；草原的生物多样性居中。

（2）气候的变化对生物多样性的影响。地球表面的气候不断地发生变化。气候温暖湿润时适宜生物繁衍生存，生物多样性较高；而气候寒冷干旱时，不适宜生物繁衍生存。生物多样性较低。地球曾发生过三次大的寒冷期，冰川广布，生物多样性大为减少。最近的一次冰期是大约 300 万年前开始的第四纪冰期。当时热带减少，亚热带南移，温带寒冷，冰川广布，生物多样性大为减少。大约 1 万年以来地球表面进入冰后期，气候转暖，生物多样性才明显增多。

2.1.4 世界生物多样性

2.1.4.1 概况

地球上究竟有多少种生物，人们还不十分清楚，尚无确切的数字。除对高等植物和脊椎动物的了解比较清楚外，对其他类群如昆虫、低等无脊椎动物、微生物等类群，还很不了解。生物学家普遍认为生物种类的最少数目约 500 万种，有些人认为可能超过 1 000 万种。生物分类学家已分类定名了 175 万物种。物种是生命存在的基本形式，是生物群落组成的基本单位，是生态系统结构和功能的决定因素。世界物种多样性同时也反映了其生境的复杂多样性，孕育着丰富的种内遗传变异的多样性和生态系统的多样性。

2.1.4.2 全球生物多样性的分布

生物多样性在全球的分布很不均匀。距赤道最近的生物群落区——热带雨林，拥有的物种多样性最丰富；距赤道最远的群落区如北极和南极的苔原和冰雪地带，物种多样性最少。

（1）生物多样性丰富的国家。世界上少数国家拥有全世界最高比例的生物多样性（包括海洋、淡水和陆地中的生物多样性）这样的国家简称生物多样性巨丰国家（megadiversity country）。巴西、哥伦比亚、厄瓜多尔、秘鲁、墨西哥、扎伊尔、马达加斯加、澳大利亚、中国、印度、印度尼西亚、马来西亚 12 个多样性巨丰国家拥有全世界 60%～70%甚至于更高的生物多样性。巴西、扎伊尔、马达加斯加、印度尼西亚 4 国拥有全世界 2/3 的灵长类；巴西、哥伦比亚、墨西哥、扎伊尔、中国、印度尼西亚和澳大利亚 7 国具有世界一半以上的有花植物；巴西、扎伊尔、印度尼西亚 3 国分布有世界一半以上的热带雨林。这些国家对各生物类群的生存有关键性作用，在全球生物多样性保护中具有战略重要性。

（2）全球生物多样性热点地区。热点地区概念在 1988 年首先被英国科学家诺曼·麦尔提出，他认识到这些热点生态系统在很小的地域面积内包含了极其丰富的物种多样性（热带生物学研究重点委员会，1980）。根据生物多样性的丰富程度、高度的特有种分布以及森林被占用速度等因素，确定了 11 个需要特别重视的热带地区：厄瓜多尔海岸森林、巴西可可地区、巴西亚马孙河流域东部和南部、喀麦隆、坦桑尼亚山脉、马达加斯加、斯里兰卡、缅甸、苏拉威西岛、新喀里多尼亚、夏威夷。Myers 也以类似方法确定了 10 个世界生物多样性热点地区。这些地区约占原有热带森林总面积的 3.5%，全球陆地面积的 0.2%，但却拥有占世界总种数 27%的高等植物，其中 13.8%还是这些地区的特有物种。这些地区是马达加斯加、巴西大西洋沿岸森林、厄瓜多尔西部、哥伦比亚乔科省、西亚马孙河高地、喜马拉雅山东部、马来半岛、缅甸北部、菲律宾、新喀里多尼里。

诺曼·麦尔提出的这个概念在 2000 年又进一步发展和定义。现在评估热点地区的标准主要是两个方面：特有物种的数量和所受威胁的程度。植物被用做评价特有物种数量的一个方法，每个热点地区都有近 50%的高等植物是当地特有物种。所受威胁程度用栖息地丧失的比例来衡量。每个热点地区都丧失了原始面积的 70%，甚至有的地区现在还不到 10%。2000 年，通过各方面的资料研究，世界保护联盟 IUCN 确定了 25 个世界生物多样性热点地区，也就是说生物比较丰富或者比较特有的地区，我们国家在这 25 个热点地区里占了两个地区，一个是横断山脉，另一个是中国的热带地区海南和西双版纳、云南以及广东广西最南部的地区。

全球约有 400 位科学家参与了为期四年的热点地区重新评估工作。2005 年，国际环保组织——保护国际（Conservation International，CI）增加了 9 个新的生物多样性热点地区，这样全球生物多样性热点地区的数目由原来的 25 个增加到 34 个。这 34 个热点地区的面积仅仅占到地球的 2.3%，但却栖息着地球 75%以上濒危哺乳动物、鸟类和两栖动物，新的研究显示约有 50%的高等植物和 42%的陆地脊椎动物只生存在这些热点地区。这些生物多样性热点地区是地球上环境最紧迫的需要保护的区域，划定热点地区的价值在于更明确认定保护的优先区域。

2.1.4.3　世界生物多样性的危机

在人类出现之前，生物多样性危机主要是由生态环境变化造成的，如气候的改变和自然灾害（大洪水和火灾）。由于与其他物种竞争和无法适应环境变化，有些物种便会灭绝。自然灭绝的过程通常需要漫长的时间。今天，由于人类活动对生态环境的破坏，生物多样性正以前所未有的速度丧失。

（1）地球历史上生物多样性的危机。自生命起源以来，地球上的生物多样性一直在增长。这种增长是不稳定的，其特征是继一段时间的高速度新种形成后，随之有一段时间的低速度新种形成和大规模灭绝的插曲（Sepkoski and Raup, 1986；Raup, 1988；Wilson, 1989）。这一变化格式在化石记录中可以了解到。

在化石记录中有 9 个高灭绝率的时期（Wilson，1989），其中有 5 个时期，即奥陶纪、泥盆纪、二叠纪、三叠纪、白垩纪堪称物种大灭绝事件。在 5 亿年前的寒武纪末期，约 50%的动物种灭绝了；3.5 亿年前的泥盆纪末期，约 30%的动物种灭绝了；2.3 亿年前的二叠纪末期，约 40%的动物种灭绝，95%以上的海洋物种灭绝了；1.85 亿年前三叠纪末期，大约 35%的动物，包括 80%的爬行动物都灭绝了；在大约 6 500 万年前的白垩纪末期，许多海洋生物灭绝了；而且统治地球两亿年的恐龙全部灭绝。

上面的生物多样性危机是生物进化的需要，是一个自然过程，进化和灭绝是生命发展的两个不同侧面，它既使生物走向完善，又使生物跌入深渊；既是对立的又是统一的，构成了生命发展中永无止境的运动。

（2）人类活动造成的生物多样性危机。由于人口激增，土地开垦盲目扩大，工业化和城市化对生态环境的破坏，人为直接破坏，加速了物种灭绝的速度，今日的地球已"千疮百孔"，物种灭绝的速度是自然速度的 50～100 倍，甚至是 1 000～10 000 倍。据估计，全世界每年灭绝的野生生物竟达 40 000 余种，相当于每天有 100 余种生物从地球上消失了。

世界在最近 300 年中，大约减少了一半的森林面积。北美洲 200 年前 150 万 km² 的大草原现在只剩下不到 1%。在澳大利亚和北美洲，体重超过 44 kg 的大型动物已有 74%～86%因人类狩猎而灭绝了。美国得克萨斯大学的一份研究报告预测，在今后 100 年内，全球植被的 30%～70%将会灭绝。在 2008 年 10 月 5 日召开的第四届世界自然保护大会上，世界自然保护联盟公布的最新调查显示，全球 16 928 物种面临生存危机，其中，1/8 鸟类、1/3 两栖动物和 70%植物面临危机。全球近 1/4 的哺乳动物濒临灭绝，一半正在消失。

2.1.5　中国生物多样性

中国生态环境多样，孕育了丰富的野生动植物资源。除鱼类外，中国约有脊椎动物 2 619 种，其中哺乳类 581 种、鸟类 1 331 种、爬行类 412 种、两栖类 295 种，大熊猫、朱鹮、金丝猴、华南虎、普氏原羚、黄腹角雉、扬子鳄、瑶山鳄蜥等数百种珍稀濒危野生动物。约有高等植物 30 000 多种，水杉、银杉、百山祖冷杉、香果树等 17 000 多种植物为中国所特有。同时，我国的生物多样性正受到威胁，是生物多样性受到严重威胁的国家之一，生物多样性保护已刻不容缓。

2.1.5.1 中国生物多样性的特点

（1）生态系统丰富多彩。我国的生态系统类型多样，包括森林、草原、荒漠、湿地、海洋与海岸自然生态系统以及多种多样的农田生态系统等。据初步统计，我国陆地生态系统类型总共 599 类。海洋和淡水生态系统类型也很齐全。

（2）物种丰富。我国多样化的生态系统孕育了丰富的物种多样性。我国约有高等植物 3 万余种，仅次于世界种子植物最丰富的巴西和哥伦比亚，居世界第 3 位，其中在全世界裸子植物 15 科 850 种中，中国就有 10 科，约 250 种，是世界上裸子植物最多的国家。另外，中国动物物种也非常丰富，哺乳类为世界第 5 位，鸟类为世界第 10 位，两栖类为世界第 6 位。

（3）物种的特有性高。我国特有物种较为丰富，特有植物在世界上处于第 7 位，特有高等脊椎动物在世界上处于第 8 位。大熊猫、白鱀豚、水杉、银杏等，都是中国特有的物种。中国特有的物种大部分都分布在很小的特定生境中，如大熊猫只生活在川、陕、甘的山地中。

（4）生物区系起源古老。中国的植物区系古老，含有许多古老或原始的种、属。如松杉类植物出现于晚古生代，在中生代非常繁盛，第三纪开始衰退，第四纪冰期分布区大为缩小，全世界现存 7 个科，中国有 6 个科。我国陆栖脊椎动物、海洋生物的历史也比较古老。如动物中大熊猫、白鱀豚、扬子鳄等都是古老孑遗物种。

（5）经济物种异常丰富。大量栽培植物和家养动物不仅许多起源于中国，而且中国至今还保留有它们的大量野生原型及近缘种。我国共有家养动物品种和类群 1 900 多个，已知的经济树种就有 1 000 种以上，中国有药用植物 11 000 多种，牧草 4 200 多种，原产中国的重要观赏花卉 2 200 多种。各种有经济价值植物的野生原型和近缘种，大多尚无精确统计。

2.1.5.2 我国生物多样性的形成原因

（1）自然环境复杂多样。我国领土辽阔，地形复杂，海洋绵长，海域较宽，因此生境复杂多样。我国从南到北，有热带、亚热带、暖温带、温带、寒温带，青藏高原属高寒地带。我国从东到西，有湿润区、半湿润区、半干旱区、干旱区。我国有世界最高大的高原，最高大的山脉与山峰，最长最深的峡谷，还有平原、盆地和丘陵，因此在丰富气候、地形、地貌等自然条件下，形成了丰富的生物多样性。

（2）自然环境和生物区系历史悠久。我国有着悠久的历史、古老的土地，在我国发现有 30 多亿年前的岩石，是世界上最古老的岩石之一。古老的华夏古陆 30 多亿年来饱经沧桑，经历了许多环境变迁，在地质历史上生物多样性和特有性都很突出，留下来大量珍贵的古生物化石。在这样古老的自然生态环境和生物区系的基础上，逐步进化形成我国现代的生物多样性的格局。

（3）受第四纪冰川的影响较小。我国季风显著，冬季虽冷，但夏季较热，而且多东西走向的山脉，如东部的阴山、燕山、秦岭、南岭，形成四道屏障，阻挡从北极南下的冷空气，形成一系列生物的"避难所"，保护了许多生物免遭冰川的摧毁而幸免于难。科学家认为，这是中国不同于欧洲和北美洲的原因，也是中国幸存有大熊猫、扬子鳄、银杏、水杉等"活化石"的根源所在。

2.1.5.3 中国生物多样性危机

由于中国人口众多，经济落后，保护与开发的矛盾尖锐，导致对生物资源的掠夺式利用和自然生境的日益缩小，使生物多样性遭受严重威胁，我国是世界上生物多样性丧失最严重的地区之一。

生态系统受威胁现状

（1）森林生态系统受威胁的现状。第七次全国森林清查结果显示森林面积约 1.95 亿 hm^2，森林覆盖率 20.36%。近些年来中国森林覆盖率呈增长趋势，但主要是人工林面积的增长，天然林仍在减少，并且残存的天然林也多处于退化状态。新中国成立初的森林几乎全是天然林，相当部分是原始林，郁闭度高，生态系统稳定，生态功能比较齐全。新中国成立后，为了满足经济建设的需要，有林地被改变用途或征占改变为非林业用地，使森林特别是天然林的面积大幅度下降。

（2）草原生态系统受威胁现状。我国草原占国土面积的 1/3。近 20 年来我国草原产草量下降 1/3～1/2。我国草原已有 1/3 处于退化之中。还有许多草原已沙化、盐碱化。

（3）湿地生态系统受威胁现状。在长期人类活动影响下，湿地被不断围垦、污染和淤积。面积日益缩小，物种减少，已遭到不同程度的破坏。我国海岸湿地已被开垦 700 多万 hm^2。红树林的面积由 20 世纪 50 年代初期的 5 万 hm^2，到目前仅剩下约 2 万 hm^2，且部分已退化为半红树林和次生疏林。

（4）水生生态系统受威胁现状。全国江河、湖泊和海域普遍受到污染，水质恶化，赤潮发生频繁。据统计，7 大江河水系中超过渔业水质标准的河段总长度大约 5 000 km，占 7 大江河总长的 1/4 以上，使渔业资源受到威胁。另外，由于我国水土流失严重，造成江河湖库泥沙淤积，其生态功能下降。

（5）荒漠生态系统受威胁现状。荒漠已受到严重破坏，生物资源被剧烈摧残，生物多样性在急剧减少。中国荒漠地区的植物和动物，有些已在近几十年内灭绝了，如盐桦（*Betula halophila*）、三叶甘草（*Glycyrrhiza triphylla*）、新疆虎、蒙古野马等。塔里木盆地的胡杨林，十几年内面积减小了一半以上。另外，迅速发展的荒漠化也是对中国荒漠生物多样性的一大威胁。中国荒漠化土地仍在不断扩展，20 世纪 50～60 年代，沙化土地每年扩展 1 560 km^2；进入 80 年代，每年扩展 2 100 km^2；90 年代，每年扩展 2 460 km^2。

物种及遗传多样性受威胁现状

目前数以百计的高等动植物已被列入我国濒危动植物物种红色名单中。我国原有的犀牛、麋鹿、白臀叶猴、崖柏、雁荡润楠、喜雨草等已经灭绝，我国濒危的物种有朱鹮、东北虎、华南虎、云豹、大熊猫、叶猴类、多种长臂猴、儒艮、坡鹿、白鳍豚、无喙兰、双蕊兰、海南苏铁、印度三尖松、姜状三七、人参、天麻、草苁蓉、肉苁蓉、罂粟、牡丹等。由于每一个物种都是一个基因库，生物种群数量的不断减少和生态系统的破坏，使遗传物质资源迅速减少。如云南景洪县 1964 年发现两种野生稻 24 处，至 20 世纪 80 年代末只剩下 1 处了。

2.1.5.4 中国生物多样性危机的原因

（1）生境的破坏。由于我国人口多，而且分布不均衡，经济发展快，对自然资源需求激增，森林超量砍伐，草原开垦，过度放牧，不合理的围海围湖造田，过度利用土地和水资源等，导致生物生存环境的破坏，以致消失，影响到物种的生态和繁衍，因而带来物种的濒危和灭绝。

（2）掠夺式的过度利用。乱捕滥猎是造成动物物种减少的重要原因。我国沿海从 20世纪 70 年代起开始过度捕捞，引起我国沿海经济鱼类资源持续衰退，如大黄鱼、小黄鱼、鳓鱼、马鲛鱼、黄姑鱼等全面衰退，以致濒临资源枯竭。

（3）环境污染。我国城乡工农业污水大量排放水域。大气污染物，特别是酸雨对生物多样性的危害也很大。重金属以及长期滞留的农药残毒在环境中富集，使许多生态系统和生物物种因生境恶化而濒危。我国目前受工业污染的农田已达 0.1 亿 hm^2，受农业化学物污染的面积也达 0.1 亿 hm^2，二者相加约占我国农田的 15%，经济损失在 150 亿元左右。

（4）其他原因。此外，外来物种的引进，新的城市、水坝、水库的建设，新矿区的开发，地震、水灾、火灾、暴风雪、干旱等自然灾害，也是我国生物多样性危机的原因。法制不完善，执法不严，管理的失误和漏洞也是造成生物多样性危机的原因。

2.2 森林生态系统的保护

森林是地球陆地上最庞大的生态系统，森林是陆地生态系统的主体。森林不仅提供木材、纤维、水果、树脂、油漆及数以千计的林副产品，而且是陆地上最复杂、最稳定的生态系统。它在整个自然界的物质循环和能量流动中，对保持自然界的动态平衡，对保护农业和保护我们的生存环境等方面，具有决定性的意义。森林生态系统的保护直接关系到水资源保护、土地资源保护、生物资源保护以及各种生态系统的保护。因此，森林生态系统的保护是陆地生态系统保护的关键。

2.2.1 森林生态系统

2.2.1.1 森林生态系统的概念

森林生态系统是森林生物群落与其环境在物质循环和能量转换过程中形成的功能系统。简单说来，就是以乔木树种为主体的生态系统。

2.2.1.2 森林生态系统的成分和空间结构

森林生态系统的成分

森林生态系统和其他生态系统一样，也由生物成分和非生物成分两部分组成。其中生物成分，依据功能划分为生产者、消费者和还原者 3 种基本成分。

在森林生态系统中，生产者主要是乔木、灌木及草本植物、苔藓、地衣等。乔木树种在其中起主导作用，它决定着森林生态系统生产力的高低及各种特性，是划分森林生态系统的主要依据。

森林生态系统中的初级消费者，主要是食叶和蛀食性昆虫、草食性和杂食性鸟类以及草食性哺乳类。草食性哺乳类包括一些有蹄目、啮齿目、长鼻目、兔形目，以及灵长目、贫齿目、有袋目等，还包括食肉目中的一些种类，如杂食性的熊和仅以植物为食的种类，如大熊猫。次级消费者有食虫动物，如食虫节肢动物，两栖类、爬行类、食虫鸟和哺乳类中的食虫目，以及中小型食肉类和猛禽类，各种寄生虫、大型食肉兽类等。森林中昆虫是草食性和肉食性动物之间的重要环节，许多鸟类和动物都以昆虫为主要食物来源。

　　森林的枯枝落叶层和土壤上层生活着大量的生物。据统计，1 m^2 森林表土里可包含有数百万细菌、真菌和几十万只线虫、螨虫和跳蚤等。森林生态系统有机物的分解是个极其复杂的过程，腐生植物和真菌虽起着重要的作用，但动物尤其是各种土壤动物在分解过程中发挥了各自的特殊作用。

　　森林生态系统的空间结构

　　（1）乔木层。乔木层是森林的主体，也是人们经营的主要对象，处于森林的最上层。在乔木层林冠下，经常还有许多由它们自身繁殖的后代，这些幼年植株是乔木层的后继者，关系着森林群落的发展前景，应给予充分重视。

　　（2）灌木层。它们处于乔木层以下，是所有灌木型木本植物的总称。有时将灌木层称为下木层。从"下木"这一概念来说，不仅包括灌木，而且也包括在当地立地条件下，生长不能达到乔木层高度的林木。下木的种类、数量和生长状况，主要是由乔木层的特性决定的。同时，下木也能影响林内的小气候状况和土壤的发育过程。下木在对幼苗、幼树的生活方面和水源涵养、经济利用等方面，都有十分重要的作用。

　　（3）草本植物层。它们是生长在森林的最下一层，覆盖在土壤表面，包括地衣、苔藓等在内的所有草本植物的总称。为了与覆盖在土壤表层的死地被物（枯落后和一切死的有机体）相区别，又称为活地被物层。林冠下有些小灌木和半灌木的生长高度，常达不到下木层而与草本植物相类似，因而也将其列入活地被物层。活地被物的种类、数量和分布特点常影响林冠下幼苗、幼树的生活。许多活地被物还具有很高的经济价值。

　　森林中还生长着一些没有固定层次的植物，如藤本植物、寄生植物和附生植物等，它们有时处在乔木层，有时处于灌木层，在森林中的地位很不稳定，因而称其为层间植物。层间植物对林木的生长发育极为不利，甚至常是林木致死的直接原因。有些层间植物却具有很大的经济价值，是重要的林副产品，如五味子、山葡萄、猕猴桃等藤本植物。

　　森林群落的地下部分也是有规律地成层分布：乔木树种的根系深扎入到土壤下层；草本植物的根系很浅，多分布在近地表的土层；灌木的根系分布在二者之间。

　　森林群落的每一层还可以细分为几个亚层。如乔木层中，通常高大的树种处于最上层，稍矮的处于次层或更下一层。

　　（4）土壤层。土壤是林木和绝大多数植物生长发育的基地，林木所需的水分和营养元素，绝大部分是通过根系从土壤中吸取的，同时土壤支持林木和许多植物使之保持直立状态。土壤对森林生长发育状况，生产力的高低、分布和木材品质都有很大影响。土壤中有许多的动物、植物和微生物。

　　（5）动物和微生物。森林内有种类和数量巨大的动物和微生物，它们对森林的生长有着较大的影响。

2.2.1.3 森林生态系统的特点

（1）森林生态系统是最重要的陆地生态系统，具有最强大的生产力。森林生态系统是陆地上最庞大、最复杂的生态系统。地球陆地面积约为 $149×10^6km^2$，森林面积为 $48.5×10^6km^2$，约占陆地面积的 32.6%。森林生态系统占有巨大空间，其地上部分林冠可高达数十米至上百米；地下部分根系可深入土壤数米至数十米。无论从森林生态系统所占的面积，或是地理分布状况、群落组成和结构特点，都远远超过农田和草原，在自然界中有不可缺少及无可替代的重要作用。据国内外有关研究表明，森林生态系统具有最高的生物总量和最高的单位面积生物量，整个陆地生态系统中生物总重量约为 $180×10^{10}t$，其中森林生物总量达 $160×10^{10}t$，约占陆地生物总量的 90%，陆地表面约 1/3 被森林覆盖，其每公顷生物总重量达 100～400 t（干重），约为农田或草原的 20～100 倍，是陆地生态系统中最大的生产者，为人类和多种生物提供了最多的生存、生活和生产所需的物质和栖息环境，对人类和各种生态系统有巨大的影响。

（2）森林生态系统是陆地上最丰富的物种资源库。森林为大量植物、动物及其他生物创造了生存的条件和生活的物质基础。据统计，地球上物种现有 1 000 多万种。仅热带雨林群落内就聚集着 200 万～400 万种。陆地植物有 90% 以上存于森林中，草原植物和农作物种类远远比不上森林植物丰富多彩。我国东北长白山和小兴安岭林区，是北温带针叶阔叶混交林典型区，那里蕴藏着丰富的动、植物资源，有高等植物 1 200 多种，仅药用植物就达 200 余种，有动物 360 种，其中鸟类 280 种，其他如土壤中生存的动物、微生物更是不计其数。所以，森林，特别是原始森林，是各类气候带中最丰富、最珍贵的物种宝库——"基因库"，是人类探索、研究、发掘生物资源及自然遗产的重要基地，对发展科学，改善人类生活、生存环境具有非常重要的意义。

在世界各地原始森林中生存、生活着的珍贵、稀有动物、植物和其他物种，都是经过千百万年发展形成的，直到现在人类利用了的还是极少数，大量的还有待于进一步研究、发掘利用。森林的存在，不仅涉及人类和动、植物及其他生物生存环境的问题，更涉及许多物种的保存问题。因此，加强对森林的保护是保护地球物种资源，防止遭到灭绝的根本措施，建立自然保护区是具体措施之一。

（3）森林生态系统具有明显的区域性和复杂的空间结构。森林生态系统与其环境密切相关，因而其分布和组合有明显的区域性。森林的水平分布受光照、温度、降水量等差异的影响，从热带到寒带分布有热带雨林、季雨林、亚热带常绿阔叶林、温带落叶林和针阔混交林，以及寒带针叶林。森林的垂直分布的高度可达终年积雪线的下限，由平原到高山，由于气候、土壤、地形及其他因素影响，形成复杂的森林生物垂直带。

在森林生态系统中，众多绿色植物生长在一起，形成多层次结构，例如寒温带针叶林和干旱地区的森林，往往是纯林或单层林，其结构除主林层树木外，林下有灌木层及地被植物层，至少分为三层。热带湿润地区的热带雨林，结构更为复杂，往往形成许多树种混生的、复杂的、多层次的复层混交林，其最上层是高达数十米乃至百米的树木，仅乔木即可分成 3～4 层，在乔木层下的灌木层和草本层界限不很明显，藤本植物纵横交错，同时还有众多附生植物，极为丰富。

（4）森林生态系统稳定性高，物质循环的封闭程度高。森林生态系统在漫长的发展过程中，各类生物群落与环境之间协同进化，促进动植物、微生物各类数量的增长、更替,最后达到各生物群落之间和生物群落与环境之间合理而复杂的结构,处于相互依存、相互制约、彼此协调的状态而保持相对的动态平衡。所以,系统对外界干扰的调节和抵抗能力很强,稳定性很高。在林学上称为顶极群落。

自然状态的森林生态系统,各组分健全,生产者、消费者和分解者与无机环境之间的物质循环在系统内部正常进行,对外界的依赖程度很小,物质循环的封闭程度很高。

(5)森林资源是可更新的自然资源。森林资源是可更新的资源,人们只要按着森林发展的自然规律,科学经营,合理利用,森林的生产力永不枯竭。从自然规律来讲,一切有生命的自然资源的增长,必须建立在原有资源的基础上,森林资源的更新和发展也不例外,由于森林生长期长,要保证持续利用和发挥多种效益,就必须有足够的储备资源,实行科学经营和有效保护,提高生产力,增加蓄积量,森林采伐后要及时更新造林,对无林的宜林荒地积极造林绿化,这些都是建立资源储备的必要手段,从而有可能实现持续发挥森林多种效益,实现青山常在、永续利用、越采越多、越采越好的目标。

2.2.1.4 森林生态系统的类型

(1)热带雨林生态系统。热带雨林分布在赤道及其两侧的湿润区域,是目前地球上面积最大,对维持人类生存环境起最大作用的森林生态系统。面积约占地球上现存森林面积的一半。它主要分布在 3 个区域:①南美洲的亚马孙盆地;②非洲的刚果盆地;③东南亚一些岛屿,往北可伸入我国西双版纳与海南岛南部。

热带雨林分布区域终年高温多雨,年平均气温 26℃以上,年降水 2 500～4 500 mm,全年均匀分布,无明显旱季。雨林植被种类极为丰富,群落结构非常复杂,乔木一般分三层,第一层高 30～40 m,树冠宽广;第二层,一般 20 m 以上,树冠长、宽相等;第三层,10 m 以上,树冠锥形而尖,生长极密。再往下是幼树及灌木层,最后为稀疏的草本层,地面裸露或有薄层落叶。此外,藤本植物及附生植物非常发达,成为热带雨林的重要特色。另外,热带雨林无明显季相交替。雨林的动物种类也是地球上最丰富的地区。

应该注意的是,在高温多雨的条件下,有机物质分解快,物质循环强烈,而且生物种群大多是 k-对策,这样,一旦植物被破坏后,很容易引起水土流失,导致环境退化,而且在短时间内不易恢复,因此,热带雨林的保护是全世界关心的重大问题,它对全球的生态效应都有重大影响,例如对大气中 O_2 和 CO_2 浓度平衡的维持具有重大意义。

(2)亚热带常绿阔叶林生态系统。它是亚热带季风气候下的产物,主要分布于欧亚大陆东岸北纬 22°～40°,如我国的长江流域、朝鲜、日本南部、美国东南部、智利、阿根廷、玻利维亚、巴西的一部分,以及新西兰、非洲的东南沿海等地。

常绿阔叶林分布区的气候,夏季炎热多雨,冬季稍寒冷,春秋温和,四季分明。年平均气温 16～18℃,最热月平均 24～27℃,最冷月平均 3～8℃,冬季有霜冻,年降雨量 1 000～1 500 mm,主要分布在 4～9 月,冬季降水少,但无明显旱季。

常绿阔叶林的结构较之热带雨林简单,高度明显降低。乔木一般分为两层,上层林冠整齐,一般高 20 m 左右,很少超过 30 m;第二层树冠多不连续,高 10～15 m。灌木层稍明显,但较稀疏,草木层以藤类为主,藤本植物与附生植物仍常见,但不如雨林繁茂。

我国常绿阔叶林区是中华民族经济与文化发展的主要基地,平原与低丘已全被开垦为以水稻为主的农田,是我国粮食的主要产区。原生的常绿阔叶林仅残存于山地。

（3）硬叶常绿阔叶林生态系统。它主要分布于亚热带夏季干燥炎热、冬季温和多雨的气候区域内，在各大洲都或多或少的分布，但以地中海沿岸最为典型。

地中海区的硬叶常绿阔叶林，主要由栎类组成，下木发育良好。油橄榄也是地中海的典型植物之一。

我国的川西、滇北和藏东南一带曾为古地中海的地区，有类似地中海硬叶常绿阔叶林残遗群落存在，主要见于海拔 2 000～3 000 m 的山地阳坡。

（4）暖温带落叶阔叶林生态系统。它主要分布于中纬度湿润的地区，如分布于北美中东部、欧洲及我国温带沿海地区。由于冬季落叶，夏季绿叶，又称夏绿林。

气候分布特点是：一年四季分明，夏季炎热多雨，冬季寒冷。年均气温 8～14℃，一月平均气温在 0℃ 以下，7 月平均 24～28℃，年降水量 500～1 000 mm。这类森林一般分为乔木层、灌木层和草本层，成层结构明显。乔木层组成一般较单纯，常为单优种，有时为共优种，高 15～20 m，灌木层一般较发达，草本层比较茂密。目前，原始的落叶阔叶林仅残留在山地，平原及低丘多被开垦为农田，如我国的华北平原，北美东部等，为棉花、小麦、杂粮及落叶果树的主要产区。

（5）温带针叶阔叶混交林生态系统。它是由针叶树和阔叶树组成的森林生态系统。在我国主要分布于松辽平原以北，松嫩平原以东的广阔山地，南端以丹东为界，北部延至黑河以南的小兴安岭山地。该区域受日本海的影响，具有海洋性温带季风气候的特征。由于纬度较高，所以平均气温较低，表现为冬季长而夏季短。冬季长达 5 个月以上，最低温度多在 −30～−35℃。生长期 125～150 天。年降水量一般为 600～800 mm，降雨多集中在夏季，对植物生长十分有利。

该区域的地带性植被是以红松为主的温带针阔混交林，一般称为"红松阔叶混交林"。这一类型在种类组成上相当丰富，针叶树除红松外，在靠南的地区还有沙松以及少量的崖柏。阔叶树种主要有紫椴、枫桦、水曲柳等多种树种，林下灌木有毛榛、刺五加、丁香等，藤本植物有猕猴桃、山葡萄、北五味子等。

小兴安岭、长白山等地是我国的主要林区之一，也是目前我国木材的主要供应基地。

（6）寒温带针叶林生态系统。该生态系统分布于北半球，北纬 45°～70°，在欧亚大陆上，两端直至北美洲，达大西洋沿岸，这样构成了一条连续广阔的环绕地球的林带。这一带北界也是整个森林带的北界。在我国分布于大兴安岭北部山地，是我国木材蓄积量较大的林区之一。

该区域气温低，年均气温多在 0℃ 以下，夏季最长仅一个月，最热月平均 15～22℃，冬季长达 9 个月以上，最冷月平均 −21～−38℃，绝对低温达 −52℃，年降水量 400～500 mm，集中在夏季降落。

该区域针叶林种类组成较贫乏，乔木以松、云杉、冷杉、铁松和落叶松等属的树种占优势，多为纯林，树高 20 m 上下。林下灌木稀疏，但以贫养的常绿小灌木和草本植物组成的地被层很发达，并常见各种藓类。枯枝落叶层很厚，分解缓慢，下部常与藓类一起形成毡状层。

2.2.2 森林生态系统的功能和效益

人们对森林的功能和效益的认识，随着社会的发展，经历了漫长的过程。曾有人将人与森林的关系划分为"森林主宰人类、人类破坏森林、人类主宰森林 3 个阶段"，汪振儒教授在《也谈关于森林的作用的问题》一文中，对此做了比较概括的阐述。"远在太古和旧石器时期，森林是人类摘取野果和狩猎的场所。人们茹毛饮血，栖木为巢，生存于林中，离开森林就谈不上人类的繁衍，这是森林主宰人类的初始阶段。"人类到新石器时期即开始破坏森林，前后经历数千年之久，"人类从学会用火、兴起原始农业后，莽莽丛林日益成为扩耕的障碍，因而刀耕火种，毁林开荒愈演愈烈。"森林面积随着农牧业的发展而逐渐缩小，这是世界各国都走过的道路。到 18 世纪随着工业的兴起，为发展工业、交通的需要，森林又遭到大规模的掠夺破坏，加速了森林减少的速度。到 19 世纪产生了以保持长期经济收益为目标的林业学说——森林永续作业，这一概念的形成，是人类对森林作用认识提高的一个标志，人们意识到森林是可更新资源，因此开发森林应按照森林更新规律，促使采伐与培育相互转化，实现永续生产，但这种认识并未超出森林只起原料库作用的认识范畴，当森林的多种功能被人们认识后，也就逐步进入人类主宰森林阶段。1893 年美国学者费诺等人提出森林影响问题，系统阐述森林对各种环境因子的影响，进一步开阔了人们对森林作用的认识视野。直到第二次世界大战后，各国经历了破坏森林的惨痛教训后，随着科学进步，开始突破传统林业概念的束缚，肯定森林在陆地生态系统中的重要地位，认识到森林对于改善人类的自然环境，即保持自然生态平衡的作用至为关键。近年来，各国科学家对森林的生态功能进行经济上的定量评价，共同认为它为社会创造的价值远远超过了提供产品的价值。日本于 1971 年对森林涵养水源，保持水土、保护鸟类、供氧净化空气等作用进行计量，一年创造的总值相当于日本政府 1972 年全年预算金额。1978 年森林的总价值相当于当年国民生产总值的 11.4%，为同年农、林、水产品价值的 2.4 倍，而当年以木材为主的林业产值仅为森林价值的 2.8%，在美国，森林的直接经济效益与生态效益之比为 1:9。

由于各国情况不同，对森林开发利用的发展不平衡，对森林作用的认识不同，但总体而言，充分发挥森林的多种功能，满足国民经济发展及改善人类生存环境的需要，已成为现代林业决策的根本着眼点。

2.2.2.1 森林的经济效益

森林在人们生产、生活中有很重要的地位，涉及国计民生，衣、食、住、行各个领域。自古以来，森林提供给人类的产品大量是木材，因此，传统习惯把木材称为森林的主产品，木材以外的林产品称为林副产品，包括树叶、花果、树脂、树胶、皮毛、兽角，以及林下植物等。这些都为人们生产、生活直接或间接提供了大量的基本物质产品，在建筑、矿业、铁路、航空、化工、纺织、轻工、包装、造纸、家具以及医药、食品工业等部门和行业中发挥着很大作用。

另外，森林也是用途广、潜力大、污染小的生物能源，是解决广大农村能源且可靠的途径之一。因此，森林具有可观的经济效益。

2.2.2.2 森林的社会效益

（1）森林是旅游休养的最佳场所。随着社会发展，文化物质生活的提高，人们愈来愈要求更多地接触大自然，获得娱乐和休养，从而缓和紧张工作的心情，调节生活节奏，丰富生活的内容，促进身心健康。当今世界各国旅游业正在蓬勃发展，自然风光的森林旅游是其中的一项重要内容，森林造就山清水秀的自然景观，人们在森林中可以敞开情怀，尽情地享受与领略苍松翠竹的原始美、自然美。我国的森林旅游业刚刚兴起，但具有广阔的发展前景，可利用林区优美的环境，开阔的地域，奇特的景观，丰富的历史文化遗迹，兴办具有特色的旅游。由于森林植物能产生大量植物杀菌素，对于循环系统的各种疾病具有特效的医疗保健作用，因此，森林旅游所产生的社会效益将是非常巨大的。

（2）森林是非常重要的教学、科研基地。森林是各类气候带中最丰富、最珍贵的物种宝库——"基因库"，是人类探索、研究、发掘出物质资源及自然遗产非常重要的教学、科研基地。

（3）森林是文艺创作的源泉。森林为人类提供了美丽的景观，是文学、摄影、绘画、电视、电影的源泉，这些创作丰富了人类的物质文化生活，陶冶了情操。

（4）森林是爱国主义教育的基地。风景如画的大森林，观后给人以美的享受，激发人们的爱国热情，是进行爱国主义教育的重要基地。

综上所述，森林的社会效益是非常巨大的。

2.2.2.3 森林的生态效益

森林的生态效益是多方面的，且是巨大的并远远大于它的经济效益。据计算，森林的生态效益是经济效益的几倍、十几倍，甚至几十倍。从现代科学技术发展的角度来认识，森林已成为人类社会生存和发展不可缺少的环境条件，保护森林生态系统，是保证人类有良好生态环境的有效措施。其生态效益主要体现在以下几方面：

（1）森林能防风固沙、保持水土，增多土壤中的水分和地下水，涵养水源，保护水库。庞大的森林群体是风、沙运动和水土冲蚀的重大障碍，茂密的林冠对降水有截留作用，一般情况下有 20%～30% 的降水量被林冠所截留。由于林冠的截留，可减小降水程度，从而减少对土壤的侵蚀，延缓地表径流过程，减少水土流失。由于森林土壤的结构形成涵水能力很强的孔隙，森林土壤的根系空间达 1 m 深时，每公顷森林可贮水 500～2 000 m^3，人们喻称森林为"绿色水库"。全国第七次森林资源清查表明：我国森林生态系统涵养水源 4 947.66 亿 m^3，年固土量 70.35 亿 t，保肥量 3.64 亿 t。森林可降低风速、稳定流沙、增加和保持田间湿度，减轻干热风危害，在风沙为害地区保护农业的作用十分显著，因此，森林是农业生产的屏障。

（2）森林调节和改善气候。由于森林树冠层密集，使林内获得的太阳能辐射减少，空气湿度大，林外热空气不易传导到林内，到夜间林冠又起到保温作用，因此森林内昼夜之间及冬夏之间温差减小，林内地表蒸发比无林地显著减小，林地土壤中含蓄水分多，可保持较多的林木蒸腾和地面蒸发的水汽，因而林内相对湿度比林外高。由于森林的蒸腾作用，对自然界水分循环和改善气候都有重要作用。森林每天从地下吸收大量水，再通过树木树叶的蒸发，回到大气中，因而森林上空水蒸气含量要比无林地区上空多，同时水变成水蒸气要吸收一定的热量，所以在大面积的森林上空，空气湿润，容易成云致雨，增加地域性降水量。

（3）森林能消除环境污染，保护环境。森林在净化大气、净化城市污水、消除噪声等环保方面作用显著，我国森林生态系统年吸收大气污染物量 0.32 亿 t。森林能吸收 CO_2，制造 O_2。据测定，1 hm^2 阔叶林在一昼夜内吸收约 10 t CO_2，释放出 730 kg 氧气，可供 1 000 人呼吸，在城市里按每人每天呼吸消耗 0.75 kg O_2 计算，则人均有 10 m^2 的森林绿地即可满足需要。森林具有吸收有害气体、杀灭菌类，净化空气的功能。据研究，森林中有许多树木和植物，能够分泌多种杀菌素，可杀死众多病菌，因而可使森林中空气含菌量降低。噪声是现代城市的一大公害，当噪声达 80 dB 时，会使人容易疲倦，当达到 120 dB 时，即会使人耳朵发痛，听力减弱。由于树木有茂密的树叶，噪声通过森林后，可降低声音强度，一般有 40 m 宽的林带即可减低 10～15 dB。森林对大气中的灰尘有阻挡、过滤和吸收的作用，可减少空气中的粉尘和尘埃。由于树木枝叶多，树冠茂密，能降低风速，而且树叶表面上的绒毛能分泌黏性油脂及汁液，吸附大量飘尘。一般每公顷滞尘总量，松林为 36.4 t，云杉林为 32 t，我国森林生态系统年滞尘量 50.01 亿 t。

（4）森林生态系统是陆地中重要的碳汇和碳源。在陆地生态系统中，碳汇功能体现在碳库的储量和积累速率，碳源体现在碳的排放强度；基本碳库包括植被活体、残体和土壤部分，基本积累过程包括光合作用和土壤碳的吸收，基本排放过程包括植被和土壤的呼吸作用。

森林生态系统是陆地中重要的碳汇和碳源，在这个系统中，森林的生物量、植物碎屑和森林土壤固定了碳素而成为碳汇，森林以及森林中微生物、动物、土壤等的呼吸、分解则释放碳素到大气中成为碳源。如果森林固定的碳大于释放的碳就成为碳汇，反之成为碳源。

在全球碳循环的过程中，森林是一个大的碳汇，每年可吸收 3.6×10^9 t 碳，森林也是生物碳的储库，约储存 $4\,286 \times 10^9$ t 碳，相当于目前大气中含碳量的 2/3，我国森林植被总碳储量 78.11 亿 t。然而，由于森林砍伐对植被和土壤的破坏使陆地生态系统成为碳源，这更加剧全球的温室效应，导致生态环境的进一步恶化。森林开垦不但地上生物量被砍伐，而且残留植物的腐烂和土壤有机质的下降几年内会增加二氧化碳向大气的排放量，森林转化为农田，土壤碳损失 25%～40%。目前，热带亚热带由于森林破坏严重，被认为是主要碳源之一。研究表明，严重侵蚀退化生态系统是一个碳源，而人工造林则吸收大气中二氧化碳成为碳汇。这应该引起全人类的关注，并采取有效措施防止森林变成碳源，从而缓和与扭转全球气候变暖的趋势。

此外，森林为数量众多的生物提供了栖息环境，在前面已讲到，不再赘述。

2.2.3　我国森林资源基本情况及存在问题

2.2.3.1　我国森林资源的基本情况

中国地域广阔，自然气候条件复杂，植物种类繁多，森林资源丰富，森林类型多样，具有明显的地带性分布特征。森林类型由北向南依次为针叶林、针阔混交林、落叶阔叶林、常绿阔叶林、季雨林和雨林。根据第七次全国森林资源清查（2004—2008 年）结果，我国有森林面积约 1.95 亿 hm²，比第六次全国森林资源清查(1999—2003 年)增加 2 054.30 万 hm²；森林覆盖率 20.30%，比第六次全国森林资源清查提高了 2.15 个百分点；活立木总蓄积 149.13 亿 m³，森林蓄积量 137.21 亿 m³。我国森林面积居世界第 5 位，森林蓄积列居世界第 6 位。人均森林面积 0.145 hm²，人均森林蓄积 10.151 m³。林木年均净生长量 4.97 亿 m³，年均采伐消耗量 3.65 亿 m³。除香港特别行政区、澳门特别行政区和台湾省外，全国天然林面积 11 969 万 hm²，蓄积 114.02 亿 m³；人工林面积 6 169 万 hm²，蓄积 19.61 亿 m³，人工林面积居世界首位。还有大面积的宜林荒山荒地，适宜发展林业。

（1）森林资源权属结构。森林面积按土地权属划分，国有 7 246.77 万 hm²，占

39.95%；集体 10 891.32 万 hm^2，占 60.05%。森林面积按林木权属划分，国有 7 143.58 万 hm^2，占 39.38%；集体 5 176.99 万 hm^2，占 28.54%；个体 5 817.52 万 hm^2，占 32.08%。在现有未成林造林地中个体比例达 68.50%。

（2）森林资源林种结构。林分按林种分为防护林、用材林、薪炭林、特用林。防护林面积 8 308 万 hm^2，蓄积 73.51 亿 m^3；特用林面积 1 198 万 hm^2，蓄积 14.76 亿 m^3，两者合计分别占林分面积、蓄积的 52.41% 和 68.08%；用材林面积 6 416 万 hm^2，蓄积 42.27 亿 m^3；薪炭林面积 175 万 hm^2，蓄积 0.39 亿 m^3。

（3）森林资源龄组结构。在林分中，幼龄林面积 5 261.86 万 hm^2，蓄积 148 777.11 万 m^3；中龄林面积 5 201.47 万 hm^2，蓄积 386 141.65 万 m^3；近熟林面积 2 305.37 万 hm^2，蓄积 264 983.39 万 m^3；成熟林面积 1 871.25 万 hm^2，蓄积 315 872.22 万 m^3；过熟林面积 919.04 万 hm^2，蓄积 220 485.09 万 m^3。幼中龄林面积所占比重较大，幼龄林、中龄林面积占林分面积的 67.25%，蓄积占林分蓄积的 40.03%。

（4）森林资源树种结构。构成我国森林的树种极其繁多。据统计，全国乔灌木树种约有 8 000 种，约占世界的 54%，其中乔木约 2 000 种，包括 1 000 多种优良用材及特用经济树种。由于我国在第四纪冰川期间，大部分地区未被冰川覆盖，成为许多植物的避难所，保存了大量孑遗树种，如水杉、银杏、银松、金线松、水杉、连香树、珙桐、马尾树、水青树等。其中水松、银松、银杏被称为"活化石"。我国还有许多特有木本属如杜仲属、半枫荷属、白萼属、香果树属、金钱槭属、喜树属和秤锤树属等。

按优势树种（组）分，栎类、马尾松、杉木、桦木、落叶松等十个优势树种（组）面积、蓄积所占比重较大，其面积合计 8 620.69 万 hm^2，占林分面积的 55.40%；蓄积合计 760 345.78 万 m^3，占林分蓄积的 56.90%。

（5）森林资源质量。林分针叶林、阔叶林、针阔混交林的面积比为 47：50：3。林分单位面积年均生长量为 3.85 m^3/hm^2，平均郁闭度 0.56，平均胸径 13.3 cm。林分单位面积蓄积量为 85.88 m^3/hm^2。

（6）天然林和人工林资源。天然林是我国森林资源的主体，是森林生态系统的主要组成部分，在维护生态平衡、提高环境质量及保护生物多样性、满足人们生产和生活需要等方面发挥着不可替代的作用。随着天然林资源保护工程的全面实施，天然林资源得到了有效的保护，逐步进入休养生息的良性发展阶段。全国天然林面积 11 969 万 hm^2，占有林地面积的 66%。

人工林是陆地生态系统的重要组成部分，在恢复和重建森林生态系统、提供林木产品、改善生态环境等方面起着越来越大的作用。通过几十年的不懈努力，我国人工林资源有了较大发展，人工林面积居世界第一。全国人工林面积 6 169 万 hm^2，占有林地面积的 34%。

进入新世纪以来，我国林业贯彻"生态建设、生态安全、生态文明"的战略思想，坚持"严格保护、积极发展、科学经营、持续利用"的指导方针，实施以生态建设为主的林业发展战略，森林资源保护与发展取得了显著成绩。第七次森林资源清查结果表明，全国森林资源总量持续增长，森林质量有所改善，林种结构渐趋合理，林业所有制形式和投资结构趋向多元化，局部地区生态状况明显好转，我国生态建设步入了治理与破坏相持的关键阶段。两次清查间隔期内，我国森林资源变化呈现如下特点：

（1）森林面积持续增长。比上次清查增加 2 054.32 万 hm²，这个面积相当于台湾省面积的 5.7 倍，也就是说，这 5 年内，在满足了经济社会快速发展对木材等林产品需求的前提下，通过大力造林、严格管护等措施，实现每年新增近一个台湾省面积的森林资源。森林覆盖率由 18.21%提高到 20.36%，增加 2.15 个百分点，年均增加 0.43 个百分点。相当于 1949—1998 年年均增长水平的 2 倍。退耕还林十年造林约 4.03 亿亩。我国幅员辽阔，自然条件复杂，资源保护压力巨大，目前剩下的宜林荒山荒地基本都是"硬骨头"，森林覆盖率每提高 0.1 个百分点，都是一件极不容易的事情，都是一个十分可观的数字。

（2）森林蓄积稳步增加。比上次清查增加 11.23 亿 m³，其中人工林蓄积增加 4.47亿 m³，为全国每人增加 0.86 m³ 的森林储备量。同时，年森林采伐消耗量比上次清查减少 1 400 万 m³，扭转了 20 世纪 90 年代以来森林采伐消耗量持续增高的被动局面。

（3）森林质量得到改善。乔木林每公顷蓄积平均增加 1.15 m³、每公顷年均生长量增加 0.3 m³，混交林比例增加 9.17 个百分点，这都是一些令人可喜的变化，标志着我国森林质量实现了从持续下降到逐步上升的历史性转折。

（4）林种结构渐趋合理。用材林比例下降了 9.57 个百分点，防护林和特用林比例上升了 15.64 个百分点，说明林业分类经营改革和由以木材生产为主向以生态建设为主的历史性转变初见成效。

（5）个体经营林业快速发展。有林地中个体经营面积达 32.08%，未成林造林地个体经营比例达 68.5%以上，作为经营主体的农户已成为我国林业建设的骨干力量。

（6）林业发展后劲充足。未成林造林地面积达 1 133 万 hm²，净增 643.67 万 hm²，中幼林面积 10 463 万 hm²，净增 796 万 hm²，两项后备资源的递增趋势十分明显。

2.2.3.2 我国森林资源存在的问题

从第七次全国森林资源清查结果看，我国森林资源呈现出"总量持续增加、质量有所提高、结构趋于合理"的良好态势，但以下一些问题依然十分突出。

（1）总量相对需求不足。中国人口众多，地区差异性大，局部生态状况仍在恶化，提高人民生活水平和改善生态状况对森林资源的需求与日俱增，森林资源总量相对需求不足。中国用占世界不足 5%的森林资源，既要满足占世界 22%人口的生产、生活和国家经济建设的需要，又要维护世界 7%的土地的生态安全显然是不足的。我国森林覆盖率仅相当于世界平均水平的 2/3，居世界第 139 位。人均森林面积 0.145 hm²，不到世界平均水平的 1/4，居世界第 134 位。人均森林蓄积 10.151 m³，只有世界平均水平的 1/7，居世界第 122 位。

（2）分布不均。受人为活动、自然条件和自然灾害等因素影响，中国森林资源的地域分布极不平衡。东部地区森林覆盖率为 34.27%，中部地区为 27.12%，西部地区只有12.54%。东北（黑龙江、吉林、内蒙古）、西南（云南、四川、西藏）和南方（广东、广西、湖南、江西、福建）的 11 省（自治区）土地面积不到国土总面积的 10%，其森林面积却占全国的 70%，森林蓄积占全国的 80%以上。而占国土面积 32.19%的西北 5 省区，森林面积只占全国的 10%，森林蓄积却占不到 10%，森林覆盖率只有 5.86%，如新疆森林覆盖率只有 2.94%，森林资源稀少。

（3）森林质量总体上仍然偏低。①单位蓄积量不高。全国乔木林每公顷蓄积量只有

85.88 m^3，相当于世界平均水平的 78%，居世界第 84 位。②林分平均郁闭度偏低。全国林分平均郁闭度只有 0.56，处于中等郁闭状态，其中郁闭度 0.2～0.4 的林分面积占 34.41%，全国有 19 个省（自治区、直辖市）低于全国平均水平。③林分平均胸径较小。全国乔木林平均胸径只有 13.3 cm，高于全国平均水平的仅有 8 个省（自治区、直辖市），其余均不足全国平均水平。④林木龄组结构不尽合理，低龄化现象普遍。⑤可利用资源不足，消耗中、幼龄林现象十分普遍。在现有用材林中，成过熟林面积、蓄积仅占用材林面积、蓄积的 17.93% 和 28.75%。其中可采面积、蓄积仅占 6.24% 和 10.61%。中、幼龄林消耗量占森林蓄积总消耗的比例高达 56.36%。

（4）人工林中树种单一，生态功能较弱。全国林分面积中，杉木、马尾松和杨树等三个树种面积所占比例达 59.31%，针叶林达到了 40.69%，人工林中树种单一的问题突出。从全国的情况看，湖南 72.65%、浙江 68.10%、贵州 67.77%、江西 60.63%、福建 55.19% 面积的人工林分是杉木，广西 90.769%、安徽 67.789%、广东 64.149%、湖北 60.889% 面积的人工林分是杉木和马尾松，海南 52.299% 的人工林分是桉树，内蒙古 65.64% 的人工林分是杨树，黑龙江 56.54%、吉林 51.43% 的人工林分是落叶松，青海 82.29%、新疆 75.15%、江苏 57.25% 的人工林分是杨树。树种的单一造成了病虫害发病率高，地力衰退，生物多样性下降，不利于人工林持续健康发展，人工林的多功能效益也难以充分体现。

（5）森林破坏严重。一些地方仍受长期形成的以木材生产为中心的经营指导思想影响，在森林资源经营利用过程中违规设计、违规发证、违规操作，经营措施粗放甚至掠夺式利用，普遍存在着"采大留小"、"采好留坏"、"超强度采伐"等单纯追求经济效益的倾向，致使大量有林地逆转为疏林地，甚至无林地，珍贵树种、大径级林木日益减少。林分平均胸径减小，森林质量下降，森林生态功能日趋退化。一些地方的政府和部门领导法制观念淡薄，以权代法、以政代法，为了换取暂时的经济发展，不惜以牺牲森林资源、破坏生态环境为代价，乱砍滥伐林木、乱批滥占林地、乱捕滥猎野生动物、乱采滥挖野生植物的行为仍然屡禁不止，无证采伐、超证采伐、超限额采伐以及非法征占用林地等现象在一些地区还相当严重。根据第七次全国森林资源清查结果，清查间隔期内，全国有林地因占用、征用等被改变用途转变为非林地面积年均 377 万 hm^2，全国林分平均胸径减少 0.5 cm。全国年均超限额采伐 7 554.2l 万 m^3，超限率 29.54%。乱砍滥伐、超限额采伐、乱占林地、毁林开垦等破坏森林资源的现象仍然存在，在少数地方还相当严重，超负荷消耗森林资源的问题在一些地方仍未得到根本解决。在森林资源培育中关注于木材利用多，忽视森林资源多功能效益，经营管理方式上考虑木材利用价值多，考虑森林生态、公益方面的效益少。有些地方片面追求造林数量，忽视造林质量，造林缺乏规划设计，不按设计施工，幼木质量差，植被类型、树种搭配不当，违背适地适树原则，造林更新、封山育林质量不高，造林失败而返荒的问题也相当突出，致使造林和封山育林成效难以巩固。

（6）森林火灾频繁。森林火灾频繁，其中 90% 是人为因素引起的。大部分林区由于经营管理水平低，防火设施差，火灾预防和控制能力低，造成森林火灾多，损失惨重。新中国成立以来，最大的一次森林火灾是 1987 年大兴安岭北部林区的特大火灾，这场特大森林火灾面积为 133 万 hm^2，过火林地和疏林地面积 114 万 hm^2，其中受害面积 87 万 hm^2。这场大火使大量的母树、中幼林及更新幼树烧毁，造成无法天然更新，该区森林覆盖率由 76% 下降到 61.5%。

2008 年，共发生森林火灾 14 144 起（其中：森林火警 8 458 起、一般火灾 5 673 起、重大火灾 13 起），火场总面积 184 495 hm²，受害森林面积 52 539.1 hm²，伤亡 174 人（死 97 人，伤 77 人），森林火灾次数比前 3 年同期均值上升 46.5%，受害森林面积减少 69.2%，全年无特大森林火灾发生。

（7）森林病虫害严重。据统计，我国有各种森林病虫害 8 000 多种，在全国大量发生的约有 292 种。20 世纪 60 年代后随着森林过伐和大面积人工纯林的不断发展，改变了森林的组成结构和生物之间相互制约的生态关系，降低了森林自我抗御病虫害的能力，造成森林病虫害发生的规模和频率剧增，对森林的危害十分严重。根据 1987—1991 年间的统计数字，"八五"期间，全国森林病虫害的发生面积相当于同期森林火灾的 214 倍，直接经济损失 50 亿元。2008 年森林病虫害发生面积 1 141.2 万 hm²，其中，虫害面积 846.2 万 hm²，病害面积 115.1 万 hm²，鼠（兔）害面积 150.8 万 hm²，有害植物面积 29.1 万 hm²。随着造林绿化步伐的加快，人工林面积迅速增加，森林病虫害也将进入高发期，防治工作形势将更加严峻。

2.2.4　加快林业发展的指导思想、基本方针和主要任务

2.2.4.1　指导思想

以邓小平理论和"三个代表"重要思想为指导，深入贯彻党的十七大精神，以科学发展观统筹林业发展的全局，确立以生态建设为主的林业可持续发展道路，建立以森林植被为主体、林草结合的国土生态安全体系，建设山川秀美的生态文明社会，大力保护、培育和合理利用森林资源，实现林业跨越式发展，使林业更好地为国民经济和社会发展服务。

2.2.4.2　基本方针

- ☞ 坚持全国动员，全民动手，全社会办林业。
- ☞ 坚持生态效益、经济效益和社会效益相统一，生态效益优先。
- ☞ 坚持严格保护、积极发展、科学经营、持续利用森林资源。
- ☞ 坚持政府主导和市场调节相结合，实行林业分类经营和管理。
- ☞ 坚持尊重自然和经济规律，因地制宜，乔灌草合理配置，城乡林业协调发展。
- ☞ 坚持科教兴林。
- ☞ 坚持依法治林。

2.2.4.3　主要任务

通过管好现有林，扩大新造林，抓好退耕还林，优化林业结构，增加森林资源，增强森林生态系统的整体功能，增加林产品有效供给，增加林业职工和农民收入。力争到 2010 年，使我国森林覆盖率达到 20% 以上，大江大河流域的水土流失和主要风沙区的沙漠化有所缓解，全国生态状况整体恶化的趋势得到初步遏制，林业产业结构趋于合理；到 2020 年，使森林覆盖率达到 23% 以上，重点地区的生态问题基本解决，全国的生态状况明显改善，林业产业实力显著增强；到 2050 年，使森林覆盖率达到并稳定在 26% 以上，基本实现山川秀美，生态状况步入良性循环，林产品供需矛盾得到缓解，建成比较完备的森林生态体系和比较发达的林业产业体系。

2.2.5 我国保护和发展森林资源的对策

1998 年的特大洪水，给我国的经济和人民生命财产造成了重大损失，使人们惊醒。人们清楚地认识到客观上是由于气候异常，集中连降暴雨所致；主观上的人为因素，则是大江大河的上游地区，多年来森林植被破坏，毁林开荒种粮，水土流失严重的恶果。为此江泽民同志提出"大抓植树造林，绿化荒漠"，朱镕基同志指出"封山植树，退耕还林"、"把砍树人变为植树人"。1999 年国务院下发《全国生态环境建设规划》，2003 年中共中央国务院发布《关于加快林业发展的决定》，根据我国的实际情况，应采取以下保护和发展森林资源的对策。

2.2.5.1 大力植树造林，扩大森林资源总量

在植树造林中，重视增强人工林的生态功能，提高森林的生态效益。

（1）继续深化全民植树运动。国土绿化工作要以邓小平理论和"三个代表"重要思想为指导，认真落实科学发展观，坚持以人为本，统筹城乡绿化、东西部绿化协调发展，唱响"共建绿色家园"主旋律，深入开展全民义务植树运动。2009 年植树节前夕，胡锦涛总书记对全民义务植树作出重要指示："全民义务植树活动，是动员全社会参与生态文明建设的一种有效形式。我们今天多种一棵树，祖国明天就会多添一片绿。全国人民持之以恒地开展植树造林，我国生态环境就一定能够不断得到改善。"国务院副总理、全国绿化委员会主任回良玉在全国绿化委全体会议上强调，"加快国土绿化步伐、增加森林植被数量、增强生态承载能力，是促进经济社会可持续发展一项重要和迫切的任务。各地区、各有关部门要抓住时机大力植树造林，着力提高国土绿化水平，为促进科学发展建设生态文明作出新的贡献"。截至 2008 年底，全国累计有 115.2 亿人次参加义务植树，植树 538.5 亿株。成为世界上规模最大、参与人数最多、成效最显著的植树运动。

（2）加快推进林业重点工程建设。为了根治江河水患、改善我国生态状况，再造祖国秀美山川，进入 21 世纪后，党中央、国务院决定在十几年内投资数千亿元，全面启动退耕还林、天然林资源保护、京津风沙源治理、"三北"及长江流域等防护林体系建设工程、重点地区速生丰产用材林基地建设工程、野生动植物保护及自然保护区建设工程等六大林业重点工程，形成了全面推进生态建设的新格局。

天然林资源保护工程要全面完成规划任务，着手编制工程延续建设规划，完善相关政策并争取有所突破。退耕还林工程要实施好巩固成果专项规划，稳步推进荒山造林和封山育林。"三北"防护林工程要以 30 周年总结表彰大会为新起点，加大建设力度。沿海防护林工程要以防灾减灾为中心，修复加宽基干林带并形成纵深防护林网络。长江防护林、珠江防护林、太行山绿化、平原绿化等工程要不断提高质量效益。同时，还要力争启动一批新的工程，各地也要谋划启动一批有区域特色的省级重点项目。

（3）进一步加快城乡绿化步伐。随着我国城市化进程的全面加快，"让森林走进城市，让城市拥抱森林"已成为许多城市建设追求的目标。各地城市森林建设蓬勃发展，按照"城区园林化，郊区森林化，道路林荫化，庭院花园化"的城乡绿化一体化建设目标，以城乡结合部和城市郊区为重点，广泛开展环城生态林带、环城绿化带和隔离地区绿化等城市森林体系建设，提升城市整体绿化美化水平。城市绿化注重体现"以人为本"的理念，在绿地和公园建设中，以方便群众休闲活动为主，使其发挥最大的功能。

截至 2008 年底，城市建成区绿化覆盖率由上年的 35.11%提高到 35.29%，人均公共绿地面积由 8.30 m² 提高到 8.98 m²。村屯绿化从保护农田、改善农村生活环境出发，加大四旁植树、农田林网和村屯绿化美化力度，涌现出一批规划设计科学、树种配置合理、绿化档次较高、类型多样、特色鲜明、示范效果较好的"绿化示范村"，基本实现了"村外有林环绕、村内绿地成景、庭院花果飘香"的农村新气象。

（4）加强绿色通道工程建设。绿色通道工程建设以科学发展观为指导，因地制宜，绿化线路不断延伸。创建一批"绿化、彩化、香化、果化"的绿色通道样板工程，使绿色通道成为集生态、经济、观赏为一体的绿色风景线和致富线。2008 年铁路、交通、水利、农业、林业等部门按照各自的职责分工，协调解决绿色通道建设中的实际问题，扎实推进绿色通道建设。

公路绿化以高速公路和国省干线公路为重点，并纳入各地公路建设的考核目标。2008 年，全国公路交通部门共投入公路绿化资金 29.3 亿元，新增公路绿化里程 19 万 km。"十一五"以来，累计投入公路绿化资金 163.3 亿元。截至 2008 年底，我国公路已绿化 161 万 km，占可绿化里程的 57.5%。其中，绿化国道 11.3 万 km、省道 18 万 km、农村公路（县、乡、村道）127.7 万 km、其他各类专用公路 4 万 km，高速公路已基本实现绿化。

2008 年铁道部召开了全路植树造林工作电视电话会议，以确保铁路安全畅通和经济社会可持续发展为目标，在铁路沿线开展春季植树造林活动。各铁路局都成立了造林绿化领导小组，落实了工作责任和建设任务。据统计，2008 年绿化铁路长度 1.4 万 km，共投入资金 11.41 亿元。截至目前，宜林铁路已绿化达标 2.99 万 km，占宜林铁路全长的 52.66%，累计投入资金 29.1 亿元。

水利系统注重水利绿化与基础建设、综合经营、环境美化和水土保持相结合，通过加强领导、健全组织机构、落实各项措施，全年投入各类资金 5 500 多万元，完成湖泊（含水库）绿化面积 3 640 hm²、江河沿岸绿化 5 000 km（500 hm²）、渠道两侧绿化 1 200 多hm²。截至目前，水利系统已投入绿化资金 14.31 亿元，绿化湖泊库区 9.53 万 hm²，江河沿岸绿化累计 4.03 万 km。许多水利工程沿线、沿岸、库区形成了绿色走廊，建成了 314 个"国家水利风景区"。

（5）大力加强商品林建设。为解决国内木材需求，在按分类经营原则调整和区划生态林业建设地域的同时，积极区划商品林发展，努力形成商品林的骨干和框架。

（6）种植薪炭林，大力推广节柴灶。长江、黄河上中游地区薪柴消耗约占毁林的 30%。要有计划地种植速生薪炭林，大力推广节柴灶、沼气、秸秆气化等，解决由薪柴消耗的毁林。

2.2.5.2 下决心抓好森林资源保护工作

（1）认真实施天然林保护工程。1998 年洪灾之后，我国开始实施天然林保护工程。内容是将长江、黄河中上游生态环境脆弱地区划为禁伐区和缓冲区组成的生态保护区，森工企业转向营林保护，对禁伐区实行严格管护，坚决停止采伐，大幅度调减缓冲区的天然林采伐量，加大森林资源保护力度，大力开展营造林建设，加强多资源综合开发利用，调整和优化经济结构。截至 2008 年底，天然林保护工程建设 10 年来，累计保护森林 9 533.3 万 hm²、培育森林 1 485.5 万 hm²，工程实施区域已经由以木材生产为主转向了以生态建设和保护为主。

（2）坚决制止毁林开垦，陡坡种植。1998 年洪灾之后，国务院下发了《关于保护森林资源制止毁林开垦和乱占耕地的通知》，通知要求，立即停止毁林开垦、滥占林地的不良做法，坚决刹住乱砍滥伐、超限额采伐的歪风。对大案、要案，尤其涉及领导行为的案件，要严肃处理。

（3）实施森林防火工程。大力宣传和认真落实《森林防火条例》，推进依法防火。实施《全国森林防火规划》，突出抓好火险预警、航空消防、防火道路、林火阻隔等基础设施建设。引进大型直升机，完善防扑火装备，提升综合防控水平，力争不发生重特大森林火灾和重大人员伤亡。

（4）启动林业有害生物防治工程。争取尽快批复实施《全国林业有害生物防治建设规划》，重点抓好松材线虫、美国白蛾、鼠兔害等重大危险性林业有害生物防治。加强防治公共服务体系建设，落实地方政府防治责任，推行联防联治、无公害防治。

（5）进一步强化野生动植物保护和管理，加强森林公安和林业工作站建设。

2.2.5.3 加大宣传力度，提高全民绿化意识和生态环境意识

要继续采取多种形式，大力宣传保护森林、发展林业的重要性，特别是宣传林业在大农业中的地位和作用，使广大干部群众真正认识到只有山清才能水秀，只有林茂才能粮丰，没有足够的森林，就没有完整的生态体系，自然灾害就会频繁，损失就会惨重，大农业乃至国民经济就不会持续、快速、健康发展。通过深入的宣传，增强全民的绿化意识、生态意识，使全社会更加重视林业，关心林业，支持林业，发展林业。

2.2.5.4 加强林业法制建设，实施依法治林

推进森林法修改和湿地保护条例等法规的制订，加强地方性法规建设。加强森林公安执法能力建设和大要案查办，开展打击涉林案件专项行动。宣传普及法律法规，完善行政许可监督检查制度和行政复议制度。进一步规范林业行政审批制度，尽快实行网上审批。

2.2.5.5 实行责任制

制定并实施领导干部保护和发展森林资源任期目标责任制，及时检查通报目标完成情况，使之有效实行。

2.2.5.6 建立健全稳定的投入保障机制

建立以公共财政体系为主的林业投入体系。按照"分类、分级、突出重点、加大扶持"的原则，将林业纳入各级政府公共财政体系，并予以合理定位。

健全多渠道融资为辅的林业投入机制。①继续贯彻"谁造谁有、谁管护谁受益"的原则，鼓励采取股份制、股份合作制和承包、租赁、兼并、收购、出售等经营方式，以及林业轻税赋政策等，建立鼓励各类社会投资主体参与林业建设的社会投入机制；②以现有林业财政贴息贷款为基础，建立与国际接轨的、符合林业特点的中长期低息贷款的信贷投入机制，并加大各级财政贴息扶持力度；③充分利用外国政府贷款、国际金融组织贷款、外商直接投资和无偿援助。

健全和完善森林生态效益补偿制度。加快健全和完善从中央到地方分级的森林生态效益补偿制度。积极探索森林生态效益的市场化，建立面向社会的森林生态效益补偿机制。

2.2.5.7 坚持科教兴林，人才强林

我国林业科技无论是创新还是推广都远不能适应林业发展的需要，林业科技含量低，科技贡献率只有 39.1%，不仅低于农业 49% 的水平，也低于全国 42% 的平均水平，更低于发达国家 70%～80% 的水平。我们必须牢固树立科技是第一生产力的观念，大力实施科教兴林、人才强林战略，着力加强科技创新和推广，着力提升林业建设者的素质，努力提高林业建设的技术水平和管理水平，努力提高林业建设的质量和效益。

大力加强科技创新，提升林业科学化、机械化、信息化水平。①推进林业科学化进程。加强良种培育、重大森林灾害防控、生物产业技术研发，抓好国际新技术引进，加强重点实验室、生态站网、示范基地建设。大规模开展林业基层技术人员和林农培训，大力推广林业实用科学技术，提高林业科技成果推广应用能力。加强智力引进、基因安全、新品种保护和森林认证等工作。推进林业标准化建设，健全林产品质量检验检测体系。加强现代林业示范市建设，为推进林业科学发展发挥示范作用。②提高林业生产机械化程度。推进林业机械研发应用，推广林木种苗生产、造林绿化、林木采伐、森林防火、有害生物防治、名特优林产品加工和储藏等专业机械设备的应用。③加快林业信息化建设。认真贯彻落实《全国林业信息化建设纲要》及《技术指南》。统一规划、统一标准、统一平台，尽快形成布局科学、高效便捷、先进实用、稳定安全的全国林业信息化格局。逐步将全国林地、沙地、湿地和生物多样性等基础性林业资源数据落实到山头地块，形成对 3 个系统和一个多样性的全面有效监管。加快林业综合办公系统建设，推动办公自动化，提高林业行政效率和公共服务水平。

2.2.5.8 加强森林生态自然保护区的建设与管理

我国森林生态类型的自然保护区建得比较早，数量也较多，积累了许多经验，但与需要相比，还有很大差距，需进一步发展，全面规划，有计划地加强建设。已建的自然保护区也要进一步加强管理。重点建设和完善一批国家级自然保护区，着力搞好三江源等重点自然保护区建设，建设一批示范保护区。继续实施大熊猫等一批极度濒危野生动植物种拯救工程。到 2010 年，各级自然保护区面积达 1.25 亿 hm^2，占国土面积的 13%。其中，国家级自然保护区面积达 0.8 亿 hm^2，占国土面积的 8.3%。

2.2.5.9 深化林业各项改革，进一步理顺林业体制机制

（1）全面推进集体林权制度改革。认真落实中共中央、国务院关于全面推进集体林权制度改革的意见精神，确保 5 年完成主体改革任务。已完成主体改革任务的省份，要切实抓好配套改革，抓紧建立审批程序简便、农民满意的采伐管理制度，加强林地承包经营权流转管理和服务，推进产权交易平台建设，抓紧建立森林资源资产评估师执业资格制度和森林资源资产评估机构资质管理制度，健全森林保险制度和林权抵押贷款制度。已完成改革试点的省份，要全面推进主体改革。其他省份要在认真总结试点经验的基础上，积极稳妥地推进改革。

（2）扩大国有林场改革试点规模。认真总结试点经验，进一步扩大试点范围，不断完善改革措施，尽快报批实施《国务院关于加快国有林场改革的实施意见》，力争全面启动国有林场改革。

（3）积极推进重点国有林区改革试点。深入总结东北、内蒙古等重点国有林区改革试点经验，提出深化改革的思路，积极稳妥地推进国有林区管理体制改革和机制创新。

2.2.5.10 扩大林业对外开放，拓展林业发展空间

（1）完善林业应对气候变化的措施。发布《应对气候变化林业行动计划》。加快亚太森林恢复与可持续管理网络建设。积极实施碳汇造林项目，开展碳汇计量研究。

（2）实施"走出去，引进来"林业对外合作战略。鼓励开展海外森林开发和开拓海外林产品市场。拓展同世界银行、亚洲开发银行、欧洲投资银行等国际金融组织的合作。积极引进国外资金、技术和经验，提升我国林业建设和管理水平。

（3）提升林业国际合作的主导力。积极参与多边、双边林业事务，认真履行国际公约，主动承担国际义务。积极参与国际林业规则制订，全力维护国家利益。妥善应对非法采伐等国际林业热点问题和林产品对外贸易摩擦。加大林业对外宣传力度，进一步提高我国林业的国际影响力。

2.3 草原生态系统的保护

我国拥有各类天然草原约 4 亿 hm^2，草原面积居世界第二位，约占全球草原面积的13%，占全国国土面积的 41.7%，是耕地面积的 3.2 倍、森林面积的 2.5 倍，是我国面积最大的陆地生态系统。因此，草原生态系统的保护建设是全国生态建设和环境保护的重要组成部分。

2.3.1 草原生态系统

2.3.1.1 草原

从农业自然资源的角度来说，草原是大面积天然饲用植物群落着生地，以放牧和割草利用为主的畜牧业生产基地。这里所讲的草原是一种泛指，是指生长有草本植物或具有一定灌木植被的土地，它的同义语有草场（rangeland）和草地（grassland）。

注意上述草原一词与植物群落学范畴的草原具有本质的差别。在植物群落学中，草原（steppe）是由耐寒的旱生多年生草本植物为主组成的植物群落。是指在不受地下水或地表水影响下而形成的地带性草地植被。我国大兴安岭以西的内蒙古草原、青海、甘肃的荒漠草原、青藏高原的高寒草原都是这种类型，都叫做草原（steppe）。

2.3.1.2 草原生态系统

草原生态系统是指草原上的生物（动物、植物和微生物）和非生物之间是一个互相依存、互相作用、共同发展的一个综合体，这个综合体就称为草原生态系统。

草原生态系统与所有的生态系统一样，具有四个基本的组成成分，即：非生物环境、生产者、消费者和分解者。

2.3.1.3 我国草原的类型与分布

我们现在所讲的草原是泛指意义上的草地。我国草原类型多样、分布广泛、面积巨大。我国共有 18 个大类，37 个亚类，1 000 多个草地型。

按行政区划以西藏自治区草原面积最大，达 82 051 942 hm^2，占本地区总面积的68.10%，可利用草原面积 70 846 781 hm^2，占全国草原可利用总面积的 21.41%。其次是内蒙古自治区，草原面积 78 804 483 hm^2，占本区土地总面积的 68.81%，可利用草原面积为 63 591 092 hm^2，占全国可利用草原面积的 19.21%。第三位是新疆维吾尔自治区，

草原面积 57 258 767 hm², 占本区土地总面积的 34.68%, 可利用草原面积 48 006 840 hm², 占全国可利用草原面积的 14.51%。草原面积在 1 500 万 hm² 以上的省区还有青海省、四川省、甘肃省和云南省。500 万～1 000 万 hm² 的省区有广西、黑龙江、湖南、湖北、吉林、陕西等 6 个省区。400 万～500 万 hm² 的有河北、山西、江西、河南、贵州等 5 个省区。300 万～400 万 hm² 的有辽宁、广东、浙江、宁夏等 4 个省区。100 万～300 万 hm² 的有福建、山东、安徽、重庆等 4 个省市。小于 100 万 hm² 的省市有海南、江苏、北京、天津、上海。香港、澳门、台湾等地的草原面积未有统计数字。西藏、内蒙古、新疆、青海、甘肃、四川、宁夏、辽宁、吉林、黑龙江被称为我国草原面积连片分布的十大牧区, 草原面积占全国草原总面积的 49.17%。

我国草原资源的基本特征是: ①草原资源总量大, 类型丰富, 但人均占有量少; ②草原分布规律明显, 地带性强, 区域间差异极大; ③区域性草原生产能力规律明显, 产草量呈现地带性变化; ④草原自然生产力一般, 但单位面积畜产品产出偏少, 发展潜力大; ⑤草原资源集中分布的西北地区, 草原生态系统脆弱。

2.3.2　草原生态系统的功能和效益

2.3.2.1　草原生态系统的生态效益

（1）生态保护屏障。我国草原基本上分成三大片: 北方温带草原、青藏高寒草地、南方热带亚热带草地。横跨在我国东北、华北、西北和青藏高原的草原, 犹如筑起一道绿色长城, 维护着我国"三北"地区及至全国的生态安全。作为草地的主要植物类群, 禾本科草具有很强的生命力, 它们一方面为消费者提供有机物质和能量, 另一方面又能良好地稳定其生存的环境。

（2）防风固沙作用。草原植被可以增加下垫面的粗糙程度, 降低近地表风速, 从而可以减少风蚀作用的强度。研究表明, 在我国北方农牧交错区夏季存在风蚀风速, 当平均风速大于 5.5 m/s 时, 在裸地上会发生土壤风蚀现象, 而当植被盖度＞17%时, 风速达到 8 m/s 以上才能产生风蚀现象。草本植物是绿色植被的先锋, 防治荒漠化的技术措施中植物治沙是最有效的, 在干旱、风沙、土瘠等条件下, 林木生长困难, 而草本植物却较易生长, 干旱区天然草原在漫长的生物演化过程中, 已成为蒸腾少、耗水量少、适于干旱区生长的植被类型。

（3）保持水土, 涵养水源。天然草原能够截留降水, 而且比裸地、农田和森林有较高的渗透率, 对涵养水分有十分重要的意义。据测定, 在相同的气候条件下, 草地土壤含水量较裸地高 90%以上; 农田比草地的水土流失量高 40～100 倍; 种草的坡地与不种草的坡地相比, 地表径流量减少 47%, 冲刷量减少 77%。

（4）改良土壤, 培肥地力。草原植被在土壤表层下面具有稠密的根系并可形成大量的有机物质, 这些有机物质可改善土壤的理化性状, 形成土壤团粒结构。据研究, 高寒草甸类珠芽蓼草地和线叶蒿草地, 在 0～50 cm 土层中的根量分别为 52 200 kg/hm² 和 47 400 kg/hm², 其氮素含量分别为 657.72 kg/hm² 和 815.28 kg/hm²。在盐碱地种草, 能改善这些土地的盐渍化程度, 达到改良土壤的目的。在草原植被中, 豆科牧草根系上生长大量的根瘤菌, 能使空气中的游离氮素固定, 可为草地生态系统提供大量的氮肥, 培肥地力。豆科牧草为主的草地, 平均每公顷每年可固定空气中的氮素 150～200 kg, 可见草原生态系统在培肥地力方面具有显著作用。

（5）草地对生态环境的调节作用。草地具有调节小气候的功能，主要有 3 个方面作用：①草地可截留降水，且比空旷地有较高的渗透率，对涵养土壤中的水分有积极作用。据试验，冰草的降水截留量可达 50%。②由于草地的蒸腾作用，具有调节气温和空气中湿度的能力，与裸地相比，草地上湿度一般较裸地高 20%左右。③由于草地可吸收辐射外地表的热量，故夏季地表温度比裸地低，而冬季草地比裸地温度高。

草地还能够净化空气。草地植物在通过光合作用进行物质循环过程中，可吸收空气中的二氧化碳并放出氧气；草地植物能吸收、固定大气中的某些有害有毒气体；某些草地植物能分泌一些杀菌素，从而减少空气中有害细菌含量；茂密的草地，植株多，其叶面积约为地表面积的 20～80 倍，好像一座庞大的天然"吸尘器"，可以不断接受，吸附空气中的尘埃。

（6）草地对生物多样性的保护作用。我国草地自然条件的复杂性，带来生物物种、种群和群落的多样性，草地类型也很多，在众多的草地类型中生长和生活着多种多样的生物，致使草地生态系统蕴藏着丰富的生物种质资源，具有重大的科研价值和经济价值。温带草原具有生态和遗传上独特的物种、广阔的生态地理代表性和半自然的景观特征，被世界自然保护联盟－国际环境问题科学委员会－联合国教科文组织列为优先开展生物多样性监测和研究的五大陆地生物区之一。

2.3.2.2 草原生态系统的经济效益

（1）重要的畜牧业生产基地。草原生态系统生长着大量营养价值高、适口性强的牧草，是畜牧业生产赖以生存和发展的主要基础。以内蒙古草原为例，在这片富饶的草原上，养育着成千上万的大小牲畜，培育出了许多优良的家畜品种，每年为全国提供大量的乳、肉、皮、毛绒等畜产品和工业原料。以天然牧草为主要饲料发展畜牧业生产是我国牧区的主体产业，培育了伊利实业集团、蒙牛乳业公司、鄂尔多斯羊绒集团等知名企业，年创产值已达 400 多亿元人民币。

（2）草原提供大量的中药材、食用植物。天然草原上有大量珍贵的动植物资源，其中不乏珍贵的中草药资源，草原是我国传统用药的产地。常见的中草药在草原上几乎俯拾皆是。如甘草、防风、柴胡、黄芪等；有的可直接被人类食用，如发菜、蘑菇、黄花菜等，不仅美味可口，而且富含多种元素；有的可用来制造香料、纤维。它们不仅有重要的科研价值，有的还是我国的重要出口物资。草原四季有花，处处有花，草地有许多野生花卉植物，有的可直接引种，有的可经过筛选，有的可作为材料，有的可制成干花，在这方面，有着广泛的前途。

2.3.2.3 草原生态系统的社会效益

（1）草原是维护我国边疆稳定的保障。我国天然草原大多分布在边区、山区、老区和少数民族地区，又是贫困人口比较集中的地区，全国少数民族中大多数分布在草原牧区，草原是这些地区的优势资源，草原畜牧业是这些地区的支柱产业。实施草原生态保护建设工程，不仅可以改善生态环境，同时还可以有效地改善畜牧业的基本生产条件，增强发展后劲，营造经济发展新的增长点，促进农牧民增收，消除贫困，加快多民族共同富裕的步伐。我国 2.28 万 km 陆地边境线上有 1.4 万 km 位于天然草原分布区，边疆牧区草原经济的振兴和发展也关系到边疆的稳定与安宁。

（2）草原是草原文化的摇篮。广袤的草原孕育了灿烂的草原文化。草原文化是中华文化的重要组成部分。在我国长期的历史发展进程中，在历史发展的每个重要时期，草原文化都以其富有历史意义的内涵和精神特质，为中华民族的进步和中华文化的繁荣提供新的滋养，成为其繁荣发展的不可或缺的内在因素。在 21 世纪的中国，草原文化再一次焕发出勃勃生机，在社会主义物质文明、政治文明、精神文明建设与构建和谐社会的各个方面，产生着日益广泛的影响。

（3）草原是重要的旅游资源。草原生态系统能够提供文化、美学和娱乐服务，是重要的旅游资源。草原不仅拥有许多自然的景观，而且还保留了一些历史遗址和极具魅力的民俗风情，具有极大的吸引力。近年来，我国的草原旅游业发展较快，不仅有大量的国内游客，还有很多的国际友人。

2.3.3　中国草原资源保护成就和存在的问题

2.3.3.1　主要成就

（1）建立了政策法规保障体系并逐步完善。1985 年 6 月 18 日第六届全国人民代表大会常务委员会第十一次会议通过了《草原法》，2002 年 12 月 28 日，《草原法》（修订本）经第九届全国人民代表大会常务委员会第三十一次会议通过并实施。国务院及地方各级政府还相继出台了一系列草原保护政策文件、标准、规程，形成了较为完善的草原资源保护与利用的法制体系。

（2）监督管理机构日趋完善。20 世纪 90 年代初期，适应实际需要农业部和牧区省区相继建立起了草原管理、监理机构，在内蒙古、新疆、青海等，初步形成了省、地、县三级草原监理体系。随着草原保护和建设的需要，草原监理机构业务范围不断扩大，目前已经发展到草原保护建设和利用管理的各个领域，既维护了农牧民的合法权益，又保障了全国草原资源的健康发展。

（3）草原家庭承包制稳步推进。20 世纪 80 年代以来，我国牧区逐步实行了草原家庭承包经营制，实行草原公有、分户承包、家畜户有户养，明确了草原保护、建设与利用的责、权、利，初步解决了草原"大锅饭"的问题，充分调动了广大农牧民发展牧业生产、保护建设草原的积极性。目前，全国草原承包面积约占可利用草原面积的 70%。

（4）草原保护建设步伐加快。近年来，国家对草原保护建设的投入不断增加，2000—2005 年，中央投资各类草原保护建设资金 90 多亿元，先后实施了天然草原植被恢复与建设、牧草种子基地、草原围栏、天然草原退牧还草、京津风沙源治理等草原保护建设工程项目，取得了良好的生态、经济和社会效益。同时，牧区人畜饮水、饲草料基地等生产生活基础条件大为改善。截至 2005 年底，人工种草 840 多万 hm^2，改良草原 1 600 多万 hm^2，草原围栏 3 800 多万 hm^2，累计治理"三化"草地 5 800 多万 hm^2。草种田面积 40 多万 hm^2，生产草种 10 多万 t，有 20% 的可利用草原实施了禁牧、休牧和划区轮牧。生产加工草捆、草块等干草产品 200 多万 t。通过保护建设，项目区草原植被得到初步恢复，防风固沙和水土保持能力显著增强，生态环境明显改善，农牧民种草养畜热情高涨，以草定畜、科学养畜的意识得到增强。

（5）草原科技水平进一步提高。近年来，草原科研、教学、技术推广工作得到长足发展，尤其在牧草新品种选育、草原资源监测、病虫鼠害防治、人工种草、草原改良以及草产品生产加工、家畜饲养等方面取得了一大批科研成果，科学理论不断丰富和发展，相关技术标准和规程日益完善，在生产中产生了较好的经济效益和社会效益。广泛开展了国际科技交流和合作，推动了草原保护建设技术进步。

（6）草原畜牧业生产方式逐步转变。各地积极引导，以草原围栏、人工草地、饲草料基地和牲畜棚圈等建设为基础，大力推行舍饲半舍饲圈养、季节性放牧、划区轮牧等科学的草原畜牧业生产方式，初步实现了禁牧不禁养、减畜不减收。为促进生产方式转变，不少地方制定了一系列政策和措施。各地坚持科技兴草兴牧，大力推广先进的饲草料种植和饲养管理技术，改良草畜品种，调整畜群结构，提高生产效率，使草原畜牧业增长方式由数量型向质量效益型转变。

2.3.3.2 存在的主要问题

我国草原资源丰富、发展潜力巨大，但是在草原资源的开发利用过程中，由于自然因素限制和人为活动不当造成了诸多问题，突出表现在以下几个方面。

（1）天然草原退化严重。目前，90%的可利用天然草原不同程度地退化，其中覆盖度降低、沙化、盐渍化等中度以上明显退化的草原面积已占半数。草原退化使草原质量不断下降，20世纪90年代与60年代初比较，北方天然草原产草量下降了30%～50%，载畜能力大大降低。随着天然草原面积的日益缩小，牲畜日益增加，导致常年用于放牧的牧区天然草原还将进一步退化，一部分甚至会失去利用价值，成为沙地、裸地或盐碱滩。

（2）草原沙化趋势加剧。沙化草原主要发生在干旱、半干旱地区的草原，在开垦活动频繁的农牧交错区最为严重。我国草原由于植被破坏、缺水、过度放牧、沙丘移动引起草原沙化失去利用价值。据调查报道，全国沙漠化潜在发生面积占国土面积的27.3%；目前已有风蚀沙化土地面积160.7万 km^2，占国土面积的16.7%。以新疆和内蒙古沙漠化面积最大，二者之和占全国沙漠化土地面积的76.29%。草场退化和植被破坏导致沙尘暴频繁发生，西沙东进，北沙南侵，掩埋农田，毁坏交通和通信设施，已殃及华北和部分沿海地区，造成环境的严重破坏和巨大的经济损失。

（3）草原盐碱化规模扩大。目前我国草原盐渍化面积已达930万 hm^2 以上，大面积发生于东北地区西部松嫩草原、内蒙古西部、新疆、甘肃、青海干旱荒漠区绿洲边缘草原及干旱区大水漫灌的改良草原。其中内蒙古一些地下水位较高的草场，由于重牧形成碱斑遍布、寸草不生的盐碱裸地。

（4）草原生物多样性不断减少。由于人类在草原上开展经济活动，草原上的众多动植物资源遭到破坏，尤其是近几十年来，由于乱挖滥采、乱捕滥杀，加剧了生物资源的破坏速度，引起大批生物资源的丧失。

（5）草原鼠虫害危害加剧。目前，我国北方和西部牧区草原鼠害严重，每年鼠害发生面积都在2 000万 hm^2 以上，其中四川、甘肃、内蒙古、青海等4省（自治区）发生面积均在300万 hm^2 以上。我国每年均有草原虫害发生，达到防治指标的发生面积每年为550 hm^2 左右，新疆、内蒙古、青海、甘肃、四川每年虫害发生面积均在百万公顷以上。

（6）煤矿、油田开采，污染、破坏草原环境。我国草原区蕴藏着大量的地下矿产资源，如煤、石油、矿石等，开采这些地下资源的过程中，频繁的车来车往，人类活动，以及废矿、废弃物等堆积于草原上，造成草原的污染和破坏。如陕西榆林地区，仅煤田开发一项，就使 1.73 万 hm^2 草原植被被毁，2 万 hm^2 土地荒漠化。

2.3.4　我国加强草原保护与建设的对策

2.3.4.1　切实加强法制管理，认真贯彻《草原法》

坚决制止滥垦、过牧、滥采等非持续利用形式。对草甸草原重点防止无序开垦，对于干旱、半干旱的典型草原、荒漠草原与高寒草原，要严格以草定畜，不允许超载放牧；通过改良牲畜、改善饲养方式，实行季节畜牧业等措施，增加畜产品产量。对极端干旱的戈壁与沙漠，应以自然保护为主，留给野生动物利用；有些草地可建成国家公园或自然保护区，以满足生物多样性保护、生态旅游、教育和科研的需要。

2.3.4.2　落实草地有偿使用，建立草地资源的核算体系

长期以来，由于草地无价，使用权亦未固定，草地资源由牧民随意利用，只索取不建设，这是草地退化的重要因素之一。内蒙古自治区率先实施草地承包到户，有偿使用，虽然落实尚不彻底，但还是收到了好的效果。建议全国牧区尽快把草地有偿使用和使用权固定下来，并建立全国草地资源评价体系和价值核算与定价体系，把草地资源核算写入《草原法》，依法实施草地资源的开发、使用与管理。

2.3.4.3　建立和完善草原保护制度

（1）建立基本草地保护制度。建立基本草地保护制度，把人工草地、改良草地、重要放牧场、割草地及草地自然保护区等具有特殊生态作用的草地，划定为基本草地，实行严格的保护制度。任何单位和个人不得擅自征用、占用基本草地或改变其用途。

（2）实行草畜平衡制度。根据区域内草原在一定时期提供的饲草饲料量，确定牲畜饲养量，实行草畜平衡。地方各级人民政府要加强宣传，增强农牧民的生态保护意识，鼓励农牧民积极发展饲草饲料生产，改良牲畜品种，控制草原牲畜放养数量，逐步解决草原超载过牧问题，实现草畜动态平衡。

（3）推行划区轮牧、休牧和禁牧制度。为合理有效利用草原，在牧区推行草原划区轮牧；为保护牧草正常生长和繁殖，在春季牧草返青期和秋季牧草结实期实行季节性休牧；为恢复草原植被，在生态脆弱区和草原退化严重的地区实行围封禁牧。

2.3.4.4　稳定和提高草原生产能力

（1）加强以围栏和牧区水利为重点的草原基础设施建设。突出抓好草原围栏、牧区水利、牲畜棚圈、饲草饲料储备等基础设施建设，合理开发和利用水资源，加强饲草饲料基地、人工草地、改良草地建设，增强牧草供给能力。

（2）加快退化草原治理。对严重退化的草原实施围封转移。严重退化的草原，其生态环境已十分恶劣，一般改良措施很难奏效，经济上很不划算，应实行围栏封育，绝对禁牧，以休养生息。对轻度、中度退化的天然草原，应科学利用，认真保护。在有可能增加投入的条件下，根据草地的特点，采取一些改良措施。只要措施得当，也可收到较好的效果。这些措施包括松土、浅耕翻等改善土壤物理性状的措施；增施肥料，尤其是氮肥以改善土壤营养状况的措施；补播本地优良牧草以增加植被恢复速率的措施和通过轻度合理放牧来促进草地恢复等措施。

（3）因地制宜建立不同比例的人工草地。建立人工草地可以增加饲草，提高冬春饲

草的供应量，变季节畜牧业为四季出栏，走建设养畜的道路，变粗放畜牧业为集约化畜牧业。根据研究，按10%的比例建立人工草地，建成后每亩产干草200～250 kg，转化成肉奶毛皮、产值可成倍提高。

（4）提高防灾减灾能力。坚持"预防为主、防治结合"的方针，做好草原防火减灾工作。加强草原火灾的预防和扑救工作，改善防扑火手段；要组织划定草原防火责任区，确定草原防火责任单位，建立草原防火责任制度；要加大草原鼠虫害防治力度，加强鼠虫害预测预报，制定鼠虫害防治预案，采取生物、物理、化学等综合防治措施，减轻草原鼠虫危害。要突出运用生物防治技术，防止草原环境污染，维护生态平衡。

2.3.4.5 实施已垦草原退耕还草

对有利于改善生态环境的、水土流失严重的、有沙化趋势的已垦草原，实行退耕还草。近期要把退耕还草重点放在江河源区、风沙源区、农牧交错带和对生态有重大影响的地区。要坚持生态效益优先，兼顾农牧民生产生活及地方经济发展，加快推进退耕还草工作。国家向退耕还草的农牧民提供粮食、现金、草种费补助。搞好技术指导和服务，提高退耕还草工程质量。

2.3.4.6 转变草原畜牧业经营方式

（1）积极推行舍饲圈养方式。在草原禁牧、休牧、轮牧区，要逐步改变依赖天然草原放牧的生产方式，大力推行舍饲圈养方式，积极建设高产人工草地和饲草饲料基地，增加饲草饲料产量。国家对实行舍饲圈养给予粮食和资金补助。

（2）调整优化区域布局。按照因地制宜，发挥比较优势的原则，调整和优化草原畜牧业区域布局，逐步形成牧区繁育，农区和半农半牧区育肥的生产格局。牧区要突出对草原的保护，科学合理地控制载畜数量，加强天然草原和牲畜品种改良，提高牲畜的出栏率和商品率。半农半牧区要大力发展人工种草，实行草田轮作，推行秸秆养畜过腹还田技术。

2.3.4.7 推进草原保护与建设科技进步

（1）加强草原科学技术研究和开发。加强草原退化机理、生态演替规律等基础理论研究，加强草原生态系统恢复与重建的宏观调控技术、优质抗逆牧草品种选育等关键技术的研究和开发。对草种生产、天然草原植被恢复、人工草地建设、草产品加工、鼠虫害生物防治等草原保护与建设具有重大影响的关键技术，集中力量进行科技攻关。重视生物技术、遥感及现代信息技术等在草原保护与建设中的应用。

（2）加快引进草原新技术和牧草新品种。加强技术引进与交流。当前要重点引进抗旱、耐寒牧草新品种，加强草种繁育、草原生态保护、草种和草产品加工等先进技术的引进工作。

（3）加大草原适用技术推广力度。加强草原技术推广队伍建设，改善服务手段，增强服务能力。加快退化草原植被恢复、高产优质人工草地建设、生物治虫灭鼠等适用技术的推广。抓紧建立一批草原生态保护建设科技示范场，促进草原科研成果尽快转化。加强对农牧民的技术培训。

（4）改良牲畜品种，提高生产性能。通过牲畜改良，提高家畜个体生产能力与产品质量，从而可控制数量、减轻放牧压力，达到控制草地退化的目的。

2.3.4.8　增加草原保护与建设投入

（1）科学制订规划，严格组织实施。县级以上地方人民政府依据上一级草原保护与建设规划，结合本地实际情况，编制本行政区域内的草原生态保护与建设规划。经同级人民政府批准后，严格组织实施。草原生态保护建设规划应当与土地利用总体规划、已垦草原退耕还草规划、防沙治沙规划相衔接，与牧区水利规划、水土保持规划、林业长远发展规划相协调。

（2）广辟资金来源，增加草原投入。地方各级人民政府要将草原保护与建设纳入当地国民经济和社会发展计划。中央和地方财政要加大对草原保护与建设的投入，国有商业银行应增加牧草产业化等方面的信贷投入。同时，积极引导社会资金，扩大利用外资规模，拓宽筹资渠道，增加草原保护与建设投入。

（3）突出建设重点，提高投资效益。国家保护与建设草原的投入，主要用于天然草原恢复与建设、退化草原治理、生态脆弱区退牧封育、已垦草原退耕还草等工程建设。要强化工程质量管理，提高资金使用效益。

2008 年，国家在内蒙古、四川、甘肃、宁夏、青海、西藏、新疆、云南、贵州和新疆生产建设兵团实施退牧还草工程，投入 15 亿元，建设草原围栏 522.8 万 hm^2，开展石漠化治理 2.7 万 hm^2，对严重退化草原实施补播 156.9 万 hm^2。在北京、内蒙古、山西、河北实施京津风沙源草地治理工程，投入 3.9 亿元，治理草原 23.6 万 hm^2，建设棚圈 121 万 m^2，配置饲草料加工机械 25 540 台套。

通过项目实施，工程区草原植被盖度、高度和鲜草产量大幅提高，草原生态环境明显改善，基础设施建设得到加强，草原畜牧业生产方式有效转变。

2.3.4.9　发挥草地多功能，发展旅游、绿色食品等新的产业，不断增加牧民的收入，减轻对草地压力

草地具有多方面的功能。可是长期以来，我们较多注意经济功能中的一部分——肉奶皮毛生产。这固然有其历史的背景。但对草地多功能认识的不足，也许有一定关系。现在，我们充分阐明草地多功能的特点。让草地多功能得到足够与充分的发挥，对于减轻对草地的压力，也许会有一定意义。事实表明，在这方面已经有较快的发展和较广阔的前景。

2.3.4.10　强化草原监督管理和监测预警工作

（1）依法加强草原监督管理工作。各地要认真贯彻落实《中华人民共和国草原法》，依法加强草原监督管理工作。草原监督管理部门要切实履行职责，做好草原法律法规宣传和草原执法工作。当前要重点查处乱开滥垦、乱采滥挖等人为破坏草原的案件，禁止采集和销售发菜，严格对甘草、麻黄草等野生植物的采集管理。

（2）加强草原监督管理队伍建设。草原监督管理部门是各级人民政府依法保护草原的主要力量。要健全草原监督管理机构，完善草原监督管理手段。草原监督管理部门要加强自身队伍建设，提高人员素质和执法水平。

（3）认真做好草原生态监测预警工作。草原生态监测是草原保护的基础。抓紧建立和完善草原生态监测预警体系，重点做好草原面积、生产能力、生态环境状况、草原生物火害，以及草原保护与建设效益等方面的监测工作。

2.4 荒漠生态系统的保护

2.4.1 荒漠

2.4.1.1 荒漠的概念

荒漠（desert）植被是指超旱生半乔木、半灌木、小半灌木和灌木占优势的稀疏植被。

荒漠植被主要分布在亚热带和温带的干旱地区。从非洲北部的大西洋岸起，向东经撒哈拉沙漠、阿拉伯半岛的大小内夫得沙漠、鲁卜哈利沙漠、伊朗的卡维尔沙漠和卢特沙漠、阿富汗的赫尔曼德沙漠、印度和巴基斯坦的塔尔沙漠、中亚荒漠和我国西北及蒙古的大戈壁，形成世界上最为壮观而广阔的亚非荒漠区。此外，在南北美洲和澳大利亚也有较大面积的沙漠。

2.4.1.2 荒漠的分类

全球的荒漠植被是非常多样的。

按气候特点将荒漠分为亚热带荒漠、滨海（岸）荒漠、温带荒漠和极地高山荒漠等。

按基质条件将荒漠划分为沙漠——沙质荒漠、戈壁荒漠——砾石质荒漠、石漠——石质荒漠、土漠——壤土荒漠、盐漠——盐土荒漠等。

按其组成植物划分类型十分丰富。我国荒漠植被按其植物的生活型划分，可以分为小乔木荒漠、灌木荒漠和半灌木、小半灌木荒漠等。其中以半灌木荒漠分布最为广泛，它们生长低矮、叶狭而稀少，最能适应和忍耐荒漠严酷的生长环境。

2.4.1.3 我国的荒漠

（1）干旱、半干旱荒漠。我国东北西部、华北北部、西北分布大片的干旱、半干旱荒漠，其中既有岩漠，也有砾漠，还有沙漠，但以沙漠面积量大。干旱、半干旱荒漠的面积为 192 万 km^2，占国土面积的 20%，包括 3 个大盆地（准噶尔、塔里木、柴达木）和一个高平原（阿拉善），周围和其间有高山分割。

（2）高寒荒漠。我国高寒荒漠主要分布在青藏高原，其中又以藏北高原面积最大，我国高寒荒漠的总面积约 100 万 km^2，占国土面积的 10%，是世界上面积最大的高寒荒漠。

2.4.2 荒漠生态系统

2.4.2.1 荒漠生态系统的概念

荒漠生态系统是地带性干旱气候，雨量在 200 mm 以下，或高寒地区地表仅有稀疏荒漠植被覆盖，栖息的生物种群和荒漠环境组成的一个独特的陆地生态系统。

2.4.2.2 荒漠生态系统的特点

荒漠生态系统是陆地生态系统的重要组成部分，其特点如下：

（1）面积巨大。全世界荒漠面积为 4 200 万 km^2，约占整个地球陆地面积的 30%。我国荒漠总面积为 263.62 万 km^2，占国土总面积的 27.46%。

（2）生态条件极为严酷。荒漠地区气候条件恶劣。夏季炎热干燥，7 月平均气温可达 40℃。日温大，有时可达 80℃。年降水量少于 250 mm。在我国新疆的若羌年降水量仅有 19 mm。多大风和尘暴，物理风化强烈，土壤贫瘠。高寒地区气候严寒，条件恶劣。

（3）植物、动物种类较少，但独特、古老。我国西北广阔的干旱荒漠中的种子植物总数仅 700 余种，其中，高寒荒漠种子植物总数仅 600 余种，动植物种类很少。但很古老，植物很多是第三纪，甚至是白垩纪的残遗种类——古地中海干热植物的后裔。古地中海成分在组成荒漠的植物中占了绝对优势，许多植物为当地特有属和特有种，如四合木属、绵刺属、革苞菊属、百花蒿属和连蕊属等。有蹄类动物许多是家畜的祖先，如野马、野驴、野骆驼、新疆马鹿、高鼻羚羊、普氏原羚等，有些动物是中国特有。高寒地区有牦牛、藏羚羊等稀有动物。

（4）初级生产力非常低。荒漠生态系统的生产力非常低，仅为 0.5 g/（m² · a），远远低于草原和森林生态系统。

2.4.2.3　荒漠生态系统的功能和效益

（1）荒漠生态系统能固定流沙，减弱风蚀，改善生态环境。

（2）提供一定数量的牧草，可以发展畜牧业。为人们提供肉类制品和奶类制品，以及动物的毛皮。

（3）提供名贵药材，许多为特有药材，有的还供出口，换取外汇。

（4）荒漠生态系统中的许多动、植物为世界、国内及当地特有，这些动植物珍稀、古老，极具科研价值。

（5）提供柴草，作为燃料，满足当地生活的需要。

2.4.2.4　我国荒漠生态系统存在的问题

由于人类的无知和受利益的驱动，不合理地开发利用资源，我国荒漠生态系统出现了以下问题：

（1）对植物资源掠夺式的樵采和滥挖药材，使得许多植物遭到严重破坏，沙丘活化，珍贵药材如甘草、麻黄、锁阳等急剧减少。

（2）过度猎捕和破坏栖息地使许多动物濒危或灭绝，野马、高鼻羚羊、新疆虎、荒漠熊、野骆驼、蒙古野驴、普氏原羚等都是主要栖息在荒漠生态系统中的物种，由于过度猎杀，野马于 20 世纪 60 年代从野外绝迹，高鼻羚羊在 50 年代初绝迹，新疆虎由于人为猎杀和栖息地改变在 20 世纪初就已灭绝，许多动物成为濒危物种。高寒地区和藏羚羊等动物也遭到大规模的捕杀。

（3）部分地区不合理的农业开垦。一方面使许多野生植物资源直接受到破坏，另一方面缩小野生动物的栖息地，使之数量减少，有些已灭绝或趋于灭绝。

（4）近年来对石油和其他矿藏大规模勘探和开采，以及道路和城镇建设，以多种不同方式（破坏栖息地，阻断野生动物的迁徙路线，扰乱它们的正常生活等）给野生动、植物构成威胁。

（5）由于水资源利用不合理，例如塔里木河上、中游用水过量，造成下游断流，致使依赖河水补给的大面积天然林和人工林衰退以致枯死。

由于荒漠生态系统的破坏，使许多动植物濒危或灭绝。更为严重的是沙尘暴的灾害越来越严重，越来越频繁，范围越来越大。20 世纪 50 年代沙尘暴共发生 5 次，而到 90 年代发生了 23 次。2006 年春季，全国共出现 18 次沙尘天气过程，为 2000 年以来同期最多。其中，沙尘暴和强沙尘暴过程共 11 次，最强的一次强沙尘暴天气过程出现在 4 月 9～

11 日，13 个省（区、市）受到影响，造成 9 人死亡。2008 年春季，沙尘天气有所减少，共出现 9 次沙尘天气过程，其中 1 次强沙尘暴，6 次沙尘暴，2 次扬沙过程，强度也明显偏弱。

2.4.2.5 保护荒漠生态系统的对策措施

（1）加强法制建设，控制生物资源的利用。制定《荒漠化防治法》《干旱地区生物多样性保护条例》，严格执行现有法律法规中有关规定，对稀有濒危的动植物严禁捕杀和挖采。对于农业开垦和采矿，要事先进行生态环境影响评价，并征收生态环境补偿费。

（2）增加投入，加强保护区建设。我国荒漠地区已建立保护区 30 多处，但经费不足，人员、机构不健全、管理松懈。应增加投入，健全机构，加强管理。有些重要的濒危物种（如沙冬青、四合木、半日花等）还没有包括在保护区的范围之内，应建立一些辅助性的"保护点"或"保护小区"。

（3）加强生态教育，提高干部群众的认识水平。采用各种手段，进行广泛宣传教育，提高决策者、管理人员和当地广大公众对保护荒漠生态系统重要意义的认识，自觉保护生态系统。

（4）加强对荒漠生态系统保护的科研。加强对荒漠生态系统中动植物种类的调查，研究动植物的习性，以便有效地保护动植物资源以致保护整个生态系统，防止生态系统遭受破坏。还要对荒漠化的机理进行认真研究探讨控制荒漠的途径。

（5）开展国际交流与合作。荒漠遍布于世界各大陆，许多荒漠地区的国家在保护荒漠生态系统和合理利用生物资源方面积累了丰富的知识和经验，值得我们借鉴，边境的动物资源，是两国或多国共有，对它们的保护也只有在国际间共同合作才能实现。另外，国际合作有利于保护技术的提高和国际援助的取得。

2.4.3 绿洲生态系统

2.4.3.1 绿洲生态系统的概念及特点

绿洲生态系统的概念

在干旱、半干旱荒漠地区的边缘，由于河流带来宝贵的水资源，滋润了土地，植被繁茂，动物也较多，农业发展，人口集中，形成了绿洲生态系统。在绿洲生态系统中，至关重要的是水资源，它决定着绿洲生态系统的规模和生产力。

绿洲生态系统的特点

（1）由于光热与水分条件都很好，生产力很高。自然生态系统的生产力高，农田生态系统的生产力也很高。

（2）由于光热充分，植物生长良好，农作物的品质优良，例如棉花、水果、粮食品质都很好。

（3）水源的改变必然造成绿洲生态系统的变化，历史上有许多绿洲生态系统由于水源的丧失而毁灭。

2.4.3.2 绿洲生态系统开发利用中存在的问题

（1）缺乏统筹规划，造成水源变化。由于缺乏统筹规划和管理，我国新疆塔里木河断流达数百公里，许多绿洲面积减少，面临毁灭的威胁。

（2）乱砍滥伐，造成植被破坏，沙化严重。我国新疆荒漠中，沿绿洲有大面积的胡杨林和梭梭林，起着很好的生态屏障的作用，但近年来破坏严重，引起绿洲沙化。

（3）高山冰川退缩，威胁水源。由于自然和人为的双重因素作用，我国新疆和甘肃的高山冰川消融退缩，威胁了绿洲水源的持续供给，应引起高度重视。

2.4.3.3　绿洲生态系统的保护对策

（1）统筹规划，合理开发利用水资源。国家已将塔里木河的治理纳入计划，统筹规划，合理开发利用，保证绿洲经济的可持续发展。

（2）保护胡杨林、梭梭林。严格保护胡杨林和梭梭林，禁止乱砍滥伐，充分认识胡杨林和梭梭林的作用，为绿洲恢复生态屏障，保护绿洲生态系统的结构和功能，保护绿洲的生物。

（3）保护高山冰川。建立保护区，保护高山冰川、严禁人为破坏冰川，防治冰川退缩消融，以保证绿洲生态系统的水源。

2.4.4　荒漠化

2.4.4.1　荒漠化的概念

联合国《防治荒漠化公约》把荒漠化定义为：荒漠化是指包括气候变异和人类活动在内的种种因素造成的干旱、半干旱和亚湿润干旱地区的土地退化。

所谓"土地退化"是指由于使用土地或由于一种营力或数种营力结合致使干旱、半干旱和亚湿润地区雨浇地、水浇地或草原、牧场、森林和林地的生物或经济生产力和复杂性下降或丧失，其中包括：①风蚀和水蚀致使土壤物质流失；②土壤的物理、化学和生物特性或经济特性退化；③自然植被长期丧失。

被称为荒漠化，必须是土地退化持续发生，而且增加的速度惊人，严重地侵害着地球上有生产能力的宝贵的土地资源。当这种现象发生在干旱地区时，往往造成了沙漠般的景观。

2.4.4.2　荒漠化的危害

土地荒漠化是全球性的环境灾害，它已影响到世界六大洲的 100 多个国家和地区，全球约有 1/6 的人口生活在这些地区。目前，全球荒漠化的面积已经达 3 600 万 km^2，占整个地球陆地面积的 1/4，约 9 亿人受到荒漠化的摧残影响和威胁。

导致耕地、草场锐减

我国的基本国情是人口多、耕地少。根据全国第一次土地调查资料，截至 1996 年 10 月 31 日全国耕地为 1.32 亿 hm^2 左右。现有耕地质量差、中低产田占 61%，与世界发达国家和农业发达国家相比，粮食单产相差 150～200 kg/hm^2。

近年来由于受荒漠化影响，全国耕地退化十分严重。在干旱、半干旱地区 40%的耕地不同程度退化。全国有 30%左右的耕地不同程度受水土流失危害。本来就已十分紧张的耕地，由于荒漠化变得更加突出，达到了非采取措施不可的地步。曾经是"天苍苍，野茫茫，风吹草低见牛羊"的辽阔的内蒙古草原，由于荒漠化危害，草场退化十分严重。

导致土地质量下降

荒漠化对土地质量的影响主要表现为将可利用的生产力较高的土地资源沦为生产力极低或难以利用的劣质土地。主要表现在：

（1）土壤机械组成粗化。中国北方荒漠化地区，地表疏松、植被稀疏、降雨稀少、气候干燥，每年 8 级以上大风有 30～100 天，强劲的大风将土壤细粒部分吹蚀，使土壤表层粗粒含量增加，砂砾增多。据典型调查结果，未荒漠化的林地，0.001～0.05 mm 粒级组成占 8.03%，0.05～1.0 mm 粒级组成占 85.64%，小于 0.001 mm 的粒级组成占 6.33%。而土地荒漠化后，0.001～0.05 mm 粒级全部风蚀殆尽，土壤中 0.05～1.0 mm 粒级组成增加到 96.69%，小于 0.001 mm 粒级降到 3.31%。

（2）土壤养分降低。据测算，每年仅砂质荒漠化土地因风蚀损失的有机质、氮、磷总量达 5 590.68 万 t，相当于 26 849.31 万 t 各类化学肥料，价值达 168.77 亿元。全国水蚀造成的流失面积达 179 万 km^2，每年流失的土壤为 50 亿 t，价值高达 71.6 亿元。

（3）土地生产力下降。全国有 772.6 亿 hm^2 农田受荒漠影响退化，受砂质荒漠化影响的农田产量普遍下降 20%～25%。全国 1 523.7 万 hm^2 草场受荒漠化影响退化，受砂质荒漠化影响的草场产草量下降 30%～40%。

破坏生产建设

1993 年 5 月 4～6 日一场强沙尘暴席卷我国西北地区的新疆准噶尔盆地及新疆东北部、甘肃河西走廊、内蒙古阿拉善盟和宁夏平原一带，总面积约 110 万 km^2，涉及 18 个地（市、州、盟）的 72 个县，1 200 万人口。据有关部门统计，这场强沙尘暴造成 85 人死亡、31 人失踪、264 人受伤。因沙打沙埋死亡和失踪的牲畜 12 万头（只），草牧场和牧业设施遭到严重破坏；农作物受灾面积 3 713 万 hm^2，其中绝收或严重减产的 11.0 万 hm^2，大量的农民房屋倒塌，2 000 多 km 水渠被埋没，输电和通信设施破坏严重；多处铁路、公路因风蚀沙埋运输中断。其中，兰泰专线铁路中断 4 天，兰新铁路中断 31 小时。初步统计，造成直接经济损失 5.425 亿元。之后几年，强沙尘暴又在我国西北地区发生，造成的损失均是巨大的。特别是进入 21 世纪，沙尘暴发生的频率和程度以及影响的范围越来越大，引起了社会广泛关注。强沙尘暴是风沙危害的一种强烈表现形式。我国北方荒漠化地区每年有 8 级以上的大风日数 30～100 天，强烈的大风与裸露疏松沙质地表结合形成的风沙灾害，对国家重要的粮食生产基地——松嫩平原、西辽河平原、黄淮海平原、黄河河套平原、河西走廊、荒漠地区灌溉绿洲的危害是巨大的；同时对国家重要的畜牧业基地——呼伦贝尔、科尔沁、锡林郭勒、乌兰察布、鄂尔多斯、阿拉善盟草原的实际危害情况是难以估算的。对北京、西北各省（区）会以及晋陕蒙能源基地、塔里木油田、连接内地与西北交通路网的国家重要设施都有不同程度的危害。

影响环境质量

荒漠化的后果就是导致环境质量严重降低。其对环境质量的危害具有全面性、整体性、破坏性和很难复原性。首先，降低生物多样性，破坏自然界向进化方向发展。其次，导致地表破碎或起伏不平，严重情况形成流沙景观，不适于人类生存和居住。特别是地表裸露，提高反射率，加速全球气候变暖进程。最后，污染大气环境，增加空气中飘浮物，危害人类身体健康。

造成贫困的根源

荒漠化导致人类生存的整体环境质量恶化，使人类赖以生存的最基本生产资料——耕地、草场、林地等可利用土地资源质量下降或生产力丧失，特别是风沙破坏生产和生活设施，严重时迫使人们背井离乡，生活处于特困境况。据统计，在国家重点扶持的 592 个贫困县中，有近 200 个贫困县处在北方荒漠化地区。从总体社会经济发展状况看，我国北方荒漠化地区与内地或沿海地区相比差距甚大。其差距的主要根源在于土地质量差，承载力低下，由于日趋严重的土地荒漠化导致生存环境恶化所致。

影响社会安定

全国荒漠化土地集中分布在内蒙古、宁夏、甘肃、新疆、青海、西藏等省（区），由于荒漠化造成人类生存条件恶化和经济贫困，已诱发社会不安定因素出现。

影响国际地位

1992 年李鹏总理代表中国政府在世界环境与发展大会上签署了《里约环境与发展宣言》《21 世纪议程》《关于森林问题的原则声明》《气候变化框架公约》和《生物多样性公约》等 5 个重要国际性公约，作为人类社会对环境与发展领域合作的全球共识和最高级别的政治承诺。1994 年 10 月林业部副部长祝光耀代表中国政府在联合国防治荒漠化《公约》上签字，并成立了联合国防治荒漠化《公约》中国执委会。中国是一个荒漠化影响严重的国家，世界关注中国，中国怎么办？我国已经用占世界 7%的土地解决了占世界22%的人口吃饭问题。21 世纪中叶，当我国人口进入 16 亿高峰时，如何依靠自己的力量解决吃饱、吃好的问题？要解决这一问题，我国就必须从国情出发，迅速遏制土地荒漠化，大力整治国土，确保有足够的耕地、草场等可利用土地资源作为基本生产条件，保障我国人民丰衣足食。只有实现了环境治理与经济建设同步协调持续发展，才能切实提高我国在国际社会中的影响力和参与度。

2.4.4.3 我国荒漠化和沙化土地现状

荒漠化土地现状

2004 年，全国荒漠化土地总面积为 263.62 万 km², 占国土总面积的 27.46%，分布于北京、天津、河北、山西、内蒙古、辽宁、吉林、山东、河南、海南、四川、云南、西藏、陕西、甘肃、青海、宁夏、新疆 18 个省（自治区、直辖市）的 498 个县（旗、市）。

（1）气候类型区荒漠化现状。干旱区荒漠化土地面积为 115 万 km²，占荒漠化土地总面积的 43.62%；半干旱区荒漠化土地面积为 97.18 万 km²，占荒漠化土地总面积的36.86%；亚湿润干旱区荒漠化土地面积为 51.44 万 km²，占荒漠化土地总面积的 19.52%。

（2）荒漠化类型现状。风蚀荒漠化土地面积 183.94 万 km²，占荒漠化土地总面积的69.77%；水蚀荒漠化土地面积 25.93 万 km²，占 9.84%；盐渍化土地面积 17.38 万 km²，占 6.59%；冻融荒漠化土地面积 36.37 万 km²，占 13.80%。

（3）荒漠化程度现状。轻度荒漠化土地面积为 63.11 万 km²，占荒漠化土地总面积的 23.94%；中度为 98.53 万 km²，占 37.38%；重度为 43.34 万 km²，占 16.44%；极重度为 58.64 万 km²，占 22.24%。

（4）各省（自治区）荒漠化现状。主要分布在新疆、内蒙古、西藏、甘肃、青海、陕西、宁夏、河北 8 省（自治区），面积分别为 107.16 万 km²，62.24 万 km²、43.35 万 km²、19.35 万 km²、19.17 万 km²、2.99 万 km²、2.97 万 km²、2.32 万 km²，8 省（自治区）荒漠化面积占全国荒漠化总面积的 98.45%；其他 10 省（自治区、直辖市）占 1.55%。

沙化土地现状

截至 2004 年，全国沙化土地面积为 173.97 万 km²，占国土总面积的 18.12%，分布在除上海、台湾及香港和澳门特别行政区外的 30 个省（自治区、直辖市）的 889 个县（旗、区）。

（1）各沙化土地类型现状。流动沙丘（地） 面积为 41.16 万 km^2，占沙化土地总面积的 23.66%；半固定沙丘（地） 为 17.88 万 km^2，占 10.28%；固定沙丘（地）为 27.47 万 km^2，占 15.79%；戈壁为 66.23 万 km^2，占 38.07%；风蚀劣地（残丘）为 6.48 万 km^2，占 3.73%；沙化耕地为 4.63 万 km^2，占 2.66%；露沙地 10.11 万 km^2，占 5.81%；非生物工程治沙地 $96km^2$。

（2）各省（自治区）沙化土地现状。主要分布在新疆、内蒙古、西藏、青海、甘肃、河北、陕西、宁夏 8 省（自治区），面积分别为 74.63 万 km^2、41.59 万 km^2、21.68 万 km^2、12.56 万 km^2、12.03 万 km^2、2.40 万 km^2、1.43 万 km^2、1.18 万 km^2，8 省（自治区）面积占全国沙化土地总面积的 96.28%；其他 22 省（自治区、直辖市）占 3.72%。

2.4.4.4 我国荒漠化的形成原因

荒漠化的形成与人类的各种活动有着密切的关系。国际上通常认为，干旱区适宜的人口密度应当在 1 人/hm^2 以内，而我国这个比例已经突破 2 人/hm^2，甚至达到 10 人/hm^2，人口的迅速增长势必造成对水资源和荒漠动植物的大量需求，增大了荒漠化治理的难度和成本。土地荒漠化是自然因素和人为活动综合作用的结果。自然地理条件和气候变异形成荒漠化的过程是较为缓慢的，而人类的各种活动刺激也加速了荒漠化的进程，成为荒漠化的主要原因。

自然因素

自然因素主要指异常的气候条件（尤其是严重、长期的干旱条件）造成植被退化，风蚀加快，引起荒漠化。在我国，干旱、半干旱和亚湿润干旱地区多分布在内陆腹地，是同纬度地区降水量最少、蒸发量最大、最为干旱和生态及其脆弱的环境地带。气候干燥时，加快了荒漠化的进程，气候湿润时，荒漠化就逆转。我国华北地区近年来历次沙尘天气过程的强供沙区主要分布在内蒙古中西部与河北西北部近 25 万 hm^2 的沙化发展区（京西北沙化发展区）。而且，最近几年频繁发生于我国西北、华北（北部） 地区的沙尘暴更加剧了这些地区的荒漠化进程。

人为不合理利用因素

（1）无序垦殖和过于粗放的农业运作模式。从古至今，我国的人口增速惊人。由于半干旱地区旱作农业受水肥等自然条件制约，呈现"广种薄收"的农业运作模式，加之这些地方年降雨量变化大，产量不稳定，原有的大片林、草地变为成片的低产田，在干旱和大风的作用下逐渐荒秃沙化。沙化土地产量低，满足不了人口迅速增长对粮食的需求，严酷的现实条件迫使人们不得不通过扩大垦殖面积来追求总产量，于是再度毁林草开荒地，从而陷入垦荒—土地沙化—荒漠化—再度垦荒的恶性循环而不能自拔。据史料记载，秦汉时代的毛乌素曾是"沃野千里，仓家殷实"、"水草丰美，群羊塞道"的农牧业兼为发展区。但由于清政府以"借地养民"和"移民实边"等名义开垦伊盟东南边缘的许多土地，加之当时的外国势力的入侵，使草原受到极大破坏。而且，历史上的毛乌素沙区东南部是我国许多少数民族交互活动较为频繁的地区，屡次战乱摧残了当地生产，加速了自然条件的恶化，助长了沙漠化的速度。科尔沁草原在公元 4 世纪以来，气候一直处于波动状态，5 世纪为干旱期，6～10 世纪为湿润期，10～13 世纪为干旱期，14～15 世纪又转为湿润期，气候自 15 世纪以来虽有波动，但一直处于干旱状态，1750—1900年，由于草原被大量垦殖，促进了荒漠化的发展。

　　由于长期违背自然规律的无序垦殖和粗放式的农牧业管理，使原有的生态平衡受到破坏且得不到及时有效的恢复，在干旱、大风等恶劣自然环境的影响下，土地风蚀荒漠化在所难免。

　　（2）超载过牧。导致我国沙化土地继续扩展的诸多因素中，过度放牧引起土地沙化的比例最大。据统计，我国草地退化速率在以每年 2.6% 的速度加大，内蒙古中部浑善达克沙地就是由于过度放牧而导致土地荒漠化的典型例子。河北省承德御道口牧场较为典型，如按照每只羊每天 2.0~2.5 kg 干草量计算，该牧场合理载牧量应为 3 只羊/hm²，而实际已达到 6~8 只羊/hm²，严重超载导致土地大面积沙化。可以说，近些年广大牧区盲目追求牲畜存栏数，却忽视了畜群质量的提高。在草场过度放牧，造成超负荷的草原植被变得低矮和稀疏，甚至呈现裸地，而且在牧场井泉周围形成半径约为 500 m 的沙圈，风沙作用下的沙圈逐渐扩大形成大面积的沙地。

　　（3）水资源的不合理开发与利用。干旱、半干旱地区水资源总量主要来源于降水、地表径流和地下水。但长期以来，各地区对水资源的开发、利用与管理缺乏科学性与紧迫感，浪费现象十分普遍，这些地区水资源的不合理开发与利用导致了大面积土地荒漠化。据报道，就连全国绿化、防沙治沙先进单位的伊金霍洛旗，在地表植被覆盖率大于 80% 时，其地下水位仍低于 20 世纪 50 年代的 30 m。水资源的不合理开发与利用导致地下水位持续下降，植被因缺水而死亡，失去植被屏障的地表在风蚀活动的作用下逐渐产生荒漠化。

　　（4）乱采滥伐。生态恶化与贫困相互半生、互为因果，长期束缚着当地的发展步伐。由于生活所迫，加上生态保护意识淡薄，使得人们对林地与草场的破坏更加严重，致使良好的林、草地逐渐减少、退化和沙化。据鄂尔多斯市调查，每年从草地上挖走甘草最少 1 500 万 kg，麻黄 100 万 kg，经计算统计，每挖 1 kg 甘草至少破坏 0.27~0.33 hm² 草地，全市挖甘草、麻黄所破坏的草地面积达 26.7 万~33.3 万 hm²。资料显示，柴达木盆地原有固沙植被 2 万多 km²，但到 20 世纪 80 年代中期，因樵采、挖药、搂菜等活动已毁掉 1/3 以上。

现有的法律还不能杜绝人为因素导致土地荒漠化

　　据调查，中国北方的砂质荒漠化土地 94.5% 是由于人类不合理利用自然资源造成的。荒漠化危害人所共知，那么为什么人类还不断诱发土地荒漠化呢？追根溯源，目前我国的法律、法规及政策还不能有效规范经济活动秩序，还不能从根本上杜绝产生土地荒漠化的种种不合理经营利用土地的方式和强度。比如，我国刑法没有明确规定，因草牧场过牧，水资源利用不当等不合理经营利用土地，导致土地荒漠化应承担的刑事责任。也没有把一个地区土地荒漠化的消长作为各地考核任免干部的必备条件。正是由于现有法律、法规以及政策有缺陷，才使片面追求当前利益、忽视长远利益的掠夺式滥用资源方式屡禁不止，人为土地荒漠化不断形成。

缺少资本积累，经营粗放，导致土地退化

　　目前，农村特区实行了土地承包经营责任制，农牧民都想经营利用好自己的土地，持续获取更多的物质财富。但是，我国北方荒漠化地区，大多属于老少边贫和经济欠发达地区，当地政府不能拿出足够的资金大搞农田和草场基本建设，农牧业基础设施十分薄弱，一些富裕的牧户自筹资金围封了承包的部分草场，但无力全部围封和实行草场建设。围封的草场荒漠化得到遏制，未围封的草场由于自己和其他牧户的牲畜过牧，反倒加速了荒漠化的扩展。一些贫困农户由于缺少资金，没钱购买充足的肥料、良种和地膜等集约化经营农业的生产资料，只好靠扩大种植面积，广种薄收维持生计。因此，土地越种越瘦，草场愈过牧愈退化。

投资不足，建设力度不够是荒漠化不断扩展的重要原因

新中国成立以来，虽然我国政府对防治荒漠化工作一直比较重视，但在 20 世纪 90 年代以后才有组织、有计划地把防治荒漠化工作纳入国民经济和社会发展计划，并启动了全国防治荒漠化工程。但是，正在建设的防治荒漠化工程，规划十年开发总任务为 70 914 万 hm²，仅占全国荒漠化面积的 2.7%，可见建设规模较小，治理力度不够。从投资看，国家每年仅拿出 3 000 万元无偿资金用于防治荒漠化，显然，投资太小。对于事关中华民族生存与发展的荒漠化土地防治工作，必须依靠政府行为，坚持以国家投入为主，努力调动地方政府和群众积极性加大投资额度和建设规模，才能使绿化速度超过土地荒漠化速度，实现环境治理与经济建设可持续发展。

生态建设得不到补偿

近 50 年来，中国的生态工程主要是靠政府行为、国家必要的扶持及动员群众投工投劳建设的。自党的十四大确定建立社会主义市场经济体制以来，生态工程的建设遇到了新情况和新问题。作为生态工程建设项目，首要的是国家利益和社会公益效益，"少数人栽树，多数人受益"，不能调动全社会防治土地荒漠化的积极性。结果导致一方面部分地区干群倾全力防治荒漠化，另一方面国民普遍对防治荒漠化意识淡薄，缺乏社会参与，总体防治力度不够。这也是造成我国荒漠化总体扩展、局部逆转的重要原因。

2.4.4.5 防治荒漠化的对策措施

第三次全国荒漠化沙化监测结果显示，我国防沙治沙出现了历史性转折——我国荒漠化土地面积首次实现净减少，由 20 世纪末年均扩展近 1 万 km² 转变为现在年均缩减 7 585 km²，沙化土地由年均扩展 3 436 km² 转变为年均缩减 1 283 km²，生态恶化的趋势得到初步遏制。

（1）认真实施《全国防沙治沙规划》。落实规划任务，制定年度目标，定期监督检查，确保取得实效。

（2）抓好防沙治沙重点工程。落实工程建设责任制，健全标准体系，狠抓工程质量，严格资金管理，搞好检查验收，加强成果管护，确保工程稳步推进。

（3）创新体制机制。实行轻税薄费的税赋政策，权属明确的土地使用政策，谁投资、谁治理、谁受益的利益分配政策，调动全社会的积极性。

（4）强化依法治沙。加大执法力度，提高执法水平，推行禁垦、禁牧、禁樵措施，制止边治理、边破坏现象。有法必依，违法必究，执法必严。

（5）依靠科技进步。推广和应用防沙治沙实用技术和模式，加强技术培训和示范工作，增加科技含量，提高建设质量。

（6）建设防沙治沙综合示范区。探索防沙治沙政策措施、技术模式和管理体制，以点带片，以片促面，构建防沙治沙从点状拉动到组团式发展的新格局。

（7）健全荒漠化监测和预警体系。加强监测机构和队伍建设，健全和完善荒漠化监测体系，实施重点工程跟踪监测，科学评价建设效果。

（8）部门密切配合，齐抓共管。相关部门按照各自职能，各尽其职，各负其责，通力合作，共同推进防沙治沙工作。

2.5　海洋生态系统的保护

2.5.1　海洋及其管辖范围的划分

2.5.1.1　海洋

海洋的面积占整个地球表面的 70.8%，它曾是地球上生命的摇篮。海洋在气候和天气的形成以及水文循环、大气化学中起着关键的作用，是生命的摇篮，对人类有着极其巨大而深远的影响。

海洋包括近岸带、近海和大洋。海底崎岖程度不亚于陆地，有多样的生态系统类型。

2.5.1.2　海洋管辖范围的划分

1982 年 4 月联合国总部完成了《联合国海洋公约》的制定工作。本公约对海洋管辖范围的划分作了明确的规定。

（1）领海。在沿海国陆地领土及其内水以外邻接其海岸的一带水域，在群岛国，则是群岛水域与外邻接的一带海域。海域的宽度：从基本基线起不超过 12 n mile 的界线为止。领海是一个立体空间，沿海国的主权不仅及于海面和水体，而且及于领海的上空和领海的海床与底土。

（2）毗连区。从测算领海宽度的基线量起，不得超过 24 n mile。在毗连区内，沿海国有权惩治违犯其海关、财政、移民或卫生法规的行为。

（3）专属经济区。领海以外并邻接领海的一个区域，该区域从沿海国领海基线量起，不超过 200 n mile。沿海国家享有对自然资源的勘探、开发、养护和管理的主权权力，享有海洋科学研究、海洋环境保护、人工岛与其他设施和结构的建造和使用的管辖权。其他国家则享有航行、飞越、铺设海底电缆和管道的自由。

（4）大陆架。沿海国大陆架包括其领海以外依其陆地领土的全部自然延伸，扩展到大陆边外缘的海底区域的海床和底土，如果从测算领海宽度的基线量起到大陆边的外缘的距离不到 200 n mile，则扩展到 200 n mile 的距离。沿海国为勘探大陆架和开发其自然资源的目的，对大陆架行使主权权力。这种权力是专属的，任何人未经该国明示同意，均不得从事这种活动。但沿海国开发从测算领海宽度的基线量起 200 n mile 以外的大陆架非生物资源，须向国际海底管理局缴纳一定的费用。

（5）公海。公海为上述海域以外的全部海域。公海对所有国家开放。

（6）国际海底区域。是各国管辖范围以外的海床、洋底及其底土，一般泛指各国大陆架以外，水深 2 000～6 000 m 或更深的海域。占世界海底总面积的 60% 以上。

2.5.2　海洋生态系统

2.5.2.1　海洋生态系统的组成和结构

生物成分

海洋生态系统是一个巨大的生态系统，海洋中生活的生物种类十分繁多（已认识的就有 25 万多种），从原核生物到脊椎动物都能找到，动物大都能够在水中游动，但不具备快速奔跑的能力；植物以浮游植物为主，不具备粗壮茎秆和发达的根系。影响海洋生态系统的非生物因素主要是阳光、温度和盐度，而不是水。海洋生态系统面积大，基本上是连续而面貌相同的，只有海洋上层能透过阳光进行光合作用，该层约占海洋空间的2%，自养生物只在上层活动。根据生物的生活方式来分，海洋生态系统中生物类群可分为：

（1）浮游生物。是在水层中进行浮游生活的生物，包括浮游植物和浮游动物。海洋中常见的浮游生物有硅藻、甲藻、金藻、原生动物、各种水母、小型甲壳类（桡足类），还有许多动物的幼虫、幼体和藻类的孢子。

（2）游泳动物。是在水层中生活的运动能力较强的一些动物。它们的个体一般都比较大。海洋中常见的游泳动物有各种鱼类、一些爬行动物（如海龟、海蛇）、一些哺乳动物（鲸、鳍足类）、一些无脊椎动物（甲壳类、软体动物）。游泳动物多以其他动物为食物，也有一些摄食植物。这一类群生物中具有经济价值的种类非常多。

（3）底栖生物。是在底部生活的生物，有植物，也有动物。底栖动物中也有能游泳的种类，但游泳能力较差，只作短距离的移动。底栖生物的种类很多，生活方式也多种多样，有固着在岩石上的、附着在其他生物身上的、埋在软底质的泥沙中的、钻蚀在硬质底中的、匍匐在水底的。底栖生物多以有机碎屑为食物且可以是一些经济鱼类的食物。底栖生物在海洋生物群落食物关系中有重要意义。海鸟类等也是海洋生物群落的参与者。

非生物成分

海洋生态系统的非生物成分，与陆地生态系统非生物成分最大的不同就是海洋生境中独特的海洋现象。如海水的垂直分层现象、海流、海浪、潮汐、海水的混合、大洋环流等。

（1）海流。是具有相对稳定速度的海水的流动。它是海水的运动形式之一，对于海洋水文要素的分布和变化来说，海流是一项极为重要的影响因子。

（2）海浪。是发生在海洋中的一种波动现象，主要包括风浪、涌浪、近岸波 3 种。

（3）潮汐。是海水在月球和太阳引潮力作用下所发生的周期运动。它包括海面周期性的垂直涨落和海水周期性的水平流动，习惯上将前者称为潮汐，后者称为潮流。潮汐的涨落现象是因时因地而异的。从涨落周期来说，可以划分为 3 种类型：正规半日潮、全日潮、混合潮。

（4）海水的混合。是海洋中存在着的一种最为普遍的运动形式，具有不同特性的海水，在其邻接区域会发生彼此渗透、转化，从而使相邻海水的性质逐渐趋向均一，这一过程称为海水混合。

海水生态系统非生物成分的另一特性就是海水的成分。海水是一种含有复杂盐类的溶液。盐度是我们将海水中盐类含量定量化的一个概念。用千分之几的符号（‰）表示，正常海的含盐量为 35‰。

发生在海洋中的现象，基本上都是受太阳作用的结果。太阳直接或间接的作用使海面与大气完成热量的交换、质量的交换、动量的交换。这些交换的过程一方面引起海面热盐状况的分布不匀，另一方面导致海水的运动。海水的运动和海洋的热盐状况又影响着其中的化学、生物、沉积等过程。

2.5.2.2 海洋生态系统的类型及特点

（1）浅海生态系统。水深 6～200 m 的大陆架范围。世界主要经济渔场几乎都位于大陆架和大陆架附近，这里具有丰富多样的鱼类。陆架区的许多海洋现象都具有显著的季节性变化，潮汐、波浪、海流的作用都比较强烈。海水中含有大量的溶解氧和各种营养盐类，所以陆架区特别是河口地带是渔业和养殖业的重要场所；由于陆架区有着丰富的有机质，特别是繁殖极快、数量极大和很快死亡的微生物，其残骸长期埋藏在陆架区沉积盆地泥沙中，在缺氧的环境下，受到一定的温度、压力和细菌的分解作用，形成巨大的海底油气田，目前世界上许多国家在大陆架上开采或正在计划开发利用这个天然的海底宝库。

（2）深海生态系统。深海地带水深 2 000～6 000 m，环境条件稳定，无光，温度在 0～4℃，海水化学组成比较稳定，底士是软相黏泥，压力很大，因为深海中没有进行光合作用的植物，食物条件苛刻，全靠上层的食物颗粒下沉。由于无光，深海动物视觉器官多退化，或者具有发光的器官，也有的眼极大，位于长柄末端，对微弱的光有感觉能力，没有坚固骨骼和有力肌肉，有薄而透明的皮肤以适应高压的特征。

（3）大洋生态系统。从深海带到开阔大洋，深于日光能透入的最深界线。大洋面积很大，但水环境相当一致，唯有水温变化，尤其是暖流与寒流的分布。由于大洋缺乏动物隐蔽场所，所以大洋动物一般有明显的保护色。

（4）珊瑚礁生态系统。珊瑚是地球上最古老的海洋生物，现在的珊瑚都是古珊瑚的后代，在动物分类学上属于腔肠动物珊瑚虫纲。珊瑚礁是自然界最令人惊叹的自然景观之一，是生长在热带海洋中的石珊瑚以及生活于其间的其他造礁生物、附礁生物、藻类等经历了长期生活、死亡后的骨骼堆积建造而成的。珊瑚礁可以粗略地分为裙礁、堡礁和环礁三大类。大型珊瑚生长缓慢，每年只不过生长 1～2cm，但珊瑚礁的寿命却很长，太平洋里的一些珊瑚礁有 250 万年历史了，仍然在生长。而澳大利亚大堡礁至少已有 3 000 万年的历史了。我国海南沿海一些浅海水域以及南海诸岛分布有珊瑚礁生态系统，但主要分布于南海。

珊瑚礁是热带特有的浅水生态系统，主要分布在 25～29℃水温的海域，由于珊瑚礁需要充足的阳光，即使在清澈透明的海水中也只能分布到 40m 左右深度，因此珊瑚礁往往平行海岸呈连续嵌条状分布。珊瑚礁生态系统是地球上生物种类最多的生态系统之一，其生物数量仅次于热带雨林，被称为"海洋中的热带雨林"和"蓝色沙漠中的绿洲"。珊瑚礁仅覆盖海洋面积的 0.17%，却有 1/4 的海洋生物在这里栖身。

（5）火山口生态系统。一些学者在考察深海生物时，发现了一种极为特殊的生物群落，它位于 Galapago 群岛附近深海的中央海崎的火山口周围，火山口放出的水流温度高于周围 200℃，栖居着生物界前所未知的异乎寻常的生物，如 1/3m 长的蛤蜊。3m 长的蠕虫，它们的食物来源是共生的化学合成细菌，它通过氧化硫化物和还原 CO_2 而制造有机物，生产三磷酸腺苷。

这里需要说明的是，根据《湿地公约》的规定，红树林、海岸带、潮间带、河口生态系统等未入海洋生态系统范畴。

2.5.2.3 海洋资源

海洋资源指的是与海水水体及海底、海面本身有着直接关系的物质和能量。随着海洋科学技术的进步，许多研究结果表明海洋是巨大的资源宝库。当今世界正面临资源枯竭、能源短缺，所以海洋将成为人类生存和发展的重要依托。

（1）海洋生物资源。据统计海洋中生物有 49 门 96 个纲，共约 20 万种。地球动物的 80%生活在海洋中。海洋中鱼类约有近万种，大陆架是主要的渔业基地，占世界捕鱼量的 80%以上。南极附近海域就有极为丰富的磷虾资源。

（2）矿产资源。海洋矿产资源又名海底矿产资源，是指储藏于海滨、浅海、深海、大洋盆地和洋中脊底部的各类矿产资源。按矿床成因和赋存状况分为：①砂矿。如沙金、砂铂、金刚石、砂锡与砂铁矿，以及钛铁石与锆石、金红石与独居石等共生复合型砂矿；②海底自生矿产。如磷灰石、海绿石、重晶石、海底锰结核及海底多金属热液矿（以锌、铜为主）；③海底固结岩中的矿产。如海底油气资源、硫矿及煤等。在海洋矿产资源中，以海底油气资源、海底锰结核及海滨复合型砂矿经济意义最大。中国近海水深小于 200 m 的大陆架面积有 100 多万 km²，其中含油气远景的沉积盆地有 7 个：渤海、南黄海、东海、台湾、珠江口、莺歌海及北部湾盆地，总面积约 70 万 km²，并相继在渤海、北部湾、莺歌海和珠江口等获得工业油流。我国海滨砂矿资源主要有钛铁矿、锆英石、独居石、金红石、磷钇矿、铌钽铁矿、玻璃砂矿等十几种，此外还发现了金刚石和砷铂矿颗粒。我国的滨海砂矿主要可分为海南岛东部、粤西南、雷州半岛东部、粤闽、山东半岛、辽东半岛、广西和台湾北部及西部滨海带等。特别是广东的滨海砂矿资源非常丰富，其储量在全国居首位。

据科学勘察和推算，海底石油约有 1 350 亿 t，占世界可开采石油储量的 45%。目前，世界上公认，举世闻名的波斯湾，是世界上海底石油储量最丰富的地区之一。据美国专家统计，世界有油气的海洋沉积盆地面积有 1 639.5 万 km²。中国有浅海大陆架近 200 万 km²。通过海底油田地质调查，先后发现了渤海、南黄海、东海、珠江口、北部湾、莺歌海以及台湾浅滩等 7 个大型盆地。其中东海海底蕴藏量之丰富，堪与欧洲的北海油田相媲美。东海平湖油气田是中国东海发现的第一个中型油气田，位于上海东南 420km 处。它是以天然气为主的中型油气田，深 2 000～3 000 m。据有关专家估计，天然气储量为 260 亿 m³，凝析油 474 万 t，轻质原油 874 万 t。最近，科学家们发现海洋深处有大量高压低温条件下形成的水合甲烷，也叫"可燃冰"，是地球上蕴藏的石油、天然气总和的若干倍，是非常宝贵的能源。

在海底区域蕴藏有大量的金属结核矿，含有镍、铜、钴、锰等 40 多种金属元素、稀土元素和放射性元素。世界上各大洋锰结核的总储藏量约为 3 万亿 t，其中包括锰 4 000 亿 t，铜 88 亿 t，镍 164 亿 t，钴 48 亿 t，分别为陆地储藏量的几十倍乃至几千倍。这些位于国际海底区域的多金属结核资源，属于全人类的财产，其勘探开发由专门设立的国际海底管理局负责管理。

热液矿藏又称"重金属泥"，是由海脊（海底山）裂缝中喷出的高温熔岩，经海水冲洗、析出、堆积而成的，并能像植物一样，以每周几厘米的速度飞快地增长。它含有金、铜、锌等几十种稀贵金属，而且金、锌等金属品位非常高，所以又有"海底金银库"之称。饶有趣味的是，重金属五彩缤纷，有黑、白、黄、蓝、红等各种颜色。在当今技术条件下，虽然海底热液矿藏还不能立即进行开采，但是，它却是一种具有潜在力的海底资源宝库。它和海底石油、深海金属结核矿和海底砂矿一起构成 21 世纪海底四大矿种。

（3）海洋能源。海洋中蕴藏着潮汐能、波浪能、海流能、温差能和盐差能等自然能源。海洋能分布广、蕴藏量大、可再生、无污染，预计 21 世纪将进入大规模开发阶段。据联合国教科文组织出版物估计，全世界海洋能总量为 766 亿 kW。

海洋不但可以通过其热能和机械能等给我们电能，而且从海水中还可提取出像汽油、柴油那样的燃料——铀和重水。铀在海水中的储量十分可观，达 45 亿 t 左右，相当于陆地总贮量的 4 500 倍，按燃烧发生的热量计算，至少可供全世界使用 1 万年。

（4）海水资源。海洋是由巨量的水质组成的，全球海洋的总水量 1.37×10^{10} 亿 m^3。海水中溶解有大量的盐类。已测定或估计出含量的有 80 余种元素。

（5）港口资源。全世界沿海国家有许多适合建港的岸线和海湾，是十分宝贵的资源，海运是成本最低的运输方式。海洋港湾资源开发利用，促进了海洋交通运输的发展及国际经济贸易往来。适合建设深水大港的岸线资源具有战略性意义。

（6）海洋空间资源。海洋覆盖地球 2/3 以上的表面积，拥有广阔的空间资源。它不仅能为海洋生物提供生存空间，也许将来它还会为人类生存提供空间。

2.5.3　海洋生态系统的功能和效益

2.5.3.1　经济效益

海洋为人类带来了巨大的经济价值。据《2008 年中国海洋经济统计公报》显示，2008 年全国海洋生产总值 29 662 亿元，占国内生产总值的 9.87%。

（1）海洋为人类提供大量的食物。海洋孕育着大量的生物。海洋生物种类繁多，地球的生物生产力中海洋占了 87%，相当于 1.339 亿 t 有机碳。海洋生物具有很高的食用价值。与陆生动物相比，海洋动物的蛋白质和维生素的含量高，各种氨基酸比较均衡，更容易被人消化吸收。带鱼、大黄鱼、小黄鱼、鲐鱼、蓝点鲛、银鲳、马面钝等鱼类，对虾、中国龙虾等甲壳类，牡蛎、贻贝、毛蚶、乌贼等软体动物，以及海蜇等腔肠动物，海参等棘皮动物，海带、紫菜、石花菜、裙带菜等藻类，都是人们喜爱的美味佳肴。

随着人们对海洋研究的深入，海洋将为人类提供更多的食物和药物。如仅位于近海水域自然生长的海藻，年产量已相当于目前世界年产小麦总量的 15 倍以上，如果把这些藻类加工成食品，就能为人们提供充足的蛋白质、多种维生素以及人体所需的矿物质，海洋中还有丰富的肉眼看不见的浮游生物，加工成食品，足可满足 300 亿人的需要，海洋中还有众多的鱼虾，真是人类未来的粮仓。

（2）海洋为人类提供海水资源。海水利用包括海水直接利用技术、海水化学资源综合利用技术和海水淡化利用。海水直接利用，是直接替代淡水，解决沿海地区淡水资源紧缺的重要措施。直接利用技术，是以海水直接代替淡水作为工业用水和生活用水等相关技术的总称，包括海水冷却、海水脱硫、海水回注采油、海水冲厕和海水冲灰、洗涤、消防、制冰、印染等。如日本已有 40%～50% 的工业用水是直接用海水解决的，我国沿海城市直接利用海水的数量为 40 亿～50 亿 t。海水脱硫技术于 20 世纪 70 年代开始出现，是利用天然海水脱除烟气中 SO_2 的一种湿式烟气脱硫方法，具有投资少、脱硫效率高、利用率高、运行费用低和环境友好等优点，可广泛应用于沿海电力、化工、重工等企业，环境和经济效益显著。海水冲厕技术 50 年代末期始于我国香港地区，形成了一套完整的处理系统和管理体系。

海水化学资源综合利用技术，是从海水中提取各种化学元素（化学品）及其深加工技术。主要包括海水制盐、苦卤化工，提取钾、镁、溴、硝、锂、铀及其深加工等，现在已逐步向海洋精细化工方向发展。海洋蕴藏着 80 多种化学元素。有人计算过，如果将 1m³ 海水中溶解的物质全部提取出来，除了 9.94 亿 t 淡水以外，可生产食盐 3 052 万 t、镁 236.9 万 t、石膏 244.2 万 t、钾 82.5 万 t、溴 6.7 万 t，以及碘、铀、金、银等，由此可见海洋资源的价值。

海水淡化，是指从海水中获取淡水的技术和过程。世界上淡水资源不足，已成为人们日益关切的问题。有人认为，19 世纪争煤，20 世纪争油，21 世纪争水。海水淡化已经成为解决全球水资源危机的重要途径。目前世界上已有 120 多个国家和地区在应用海水淡化技术，全球海水淡化日产量约 3 775 万 t，其中 80%用于饮用水，解决了 1 亿多人的供水问题。

中国在反渗透法、蒸馏法等主流海水淡化关键技术方面均取得重大突破，完成了自主知识产权的 3 000 m³/d 低温多效海水淡化工程，以及 5 000 m³/d 反渗透海水淡化工程；海水直流冷却技术已进入万 m³/h 级产业化示范阶段。中国海水淡化成本逐步下降，已接近 5 元/m³。

未来 20 年内国际海水淡化市场将有近 700 亿美元的商机，中国应占有充分份额。根据全国海水利用专项规划，到 2010 年，中国海水淡化规模将达到每日 80 万～100 万 t，2020 年中国海水淡化能力达到每日 250 万～300 万 t，尤其是国家积极支持海水淡化产业，自 2008 年 1 月 1 日起，企业的海水淡化工程所得将免征所得税。中国海水淡化产业发展前景广阔。

（3）海洋为人类提供工业原料。海洋蕴藏着大量的宝贵资源，是人类生产生活的重要原料来源，为人类提供着丰富的化工原料、医药原料和装饰观赏材料。如部分不可食用的海洋鱼类可用来生产鱼肝油、深海鱼油、鱼粉等；甲壳类动物能提供几丁质，也可用来生产畜禽饲料添加剂等；鱼鳞可以制成鱼鳞胶；鲸类的油脂可以用做高级润滑油；海带可以用做提取碘和甘露醇的原料等。海洋中含有丰富的矿产资源，比如铜矿资源可供人类利用 600 年，镍的贮量可供人类使用 15 000 年，锰可供人类利用 24 000 年，而钴则可供人类开发 13 万年之久。海洋中的工业原料品种多、贮量大，合理的开发利用将会改善人类的生活。

许多海洋生物资源能够供人们进行医学研究，获得防病、治病的良药，为人类健康服务。如鲍可平血压，治头晕目花症；海蜇可治妇人劳损、积血带下、小儿风疾丹毒；海马和海龙补肾壮阳、镇静安神、止咳平喘；用龟血和龟油治哮喘、气管炎；用海藻治疗喉咙疼痛等；海螵蛸是乌贼的内壳，可治疗胃病、消化不良、面部神经疼痛等症；珍珠粉可止血、消炎、解毒、生肌等，人们常用它滋阴养颜；用鳕鱼肝制成的鱼肝油，可治疗维生素 A、维生素 D 缺乏症；海蛇毒汁可治疗半身不遂及坐骨神经痛等。另外人们还从海洋生物中提取出了一些治疗白血病、高血压、迅速愈合骨折、天花、肠道溃疡和某些癌症的有效药物。贝壳、鱼皮、珊瑚等可做装饰观赏材料。

（4）海洋可以为人类提供用之不竭的动力资源。海洋中的海浪、潮汐、海流、海水温差蕴藏着无限巨大的能量，都将成为人类可以开发利用的能源，逐渐得以利用。

（5）海洋空间资源的可开发利用。海洋是交通的要道，它为人类从事海上交通，提供了经济便捷的运输途径。海洋交通主要包括海港码头、海上船舶、航海运河、海底隧道、海上桥梁、海上机场、海底管道等。

建设海底货场、海底仓库、海上油库、海洋废物处理场等已成为海洋空间资源综合利用的主要方式之一。人工岛是人类利用现代海洋工程技术建造的海上生产和生活空间，可用于建造石油平台、深水港、飞机场、核电站、钢铁厂等。通常，在近岸浅海水域用砂石、泥土和废料建造陆地，通过海堤、栈桥或者海底隧道与海岸连接，我们把这种新建陆地称为人工岛。

海上城市是指在海上大面积建设的用来居住、生产、生活和文化娱乐的海上建筑。日本是建设海上城市进展较大的国家之一，除已建成的神户人工岛外，日本还提出了再建 700 个人工岛的设想，计划新增国土面积 115 亿 m^2。

2.5.3.2　社会效益

（1）海洋科学在军事领域具有指导意义。无论是保卫海洋国土、海洋权益、海上交通线，还是实现祖国统一大业，都必须以强大的海上武装力量作后盾。海洋科学的研究在国防建设中意义重大。海流与潮流对水舰艇、潜水艇、布雷、导弹发射等均有较大影响。人们利用海水的物理性质、海洋底质和海洋生物等科学知识，研制出声呐系统。在第二次世界大战中所有被击沉的潜水艇中有 60%是靠声呐系统发现的。

（2）在预测天气、科学研究和教学实习中有重要作用。海洋和大气是相互联系的，地球上的气候受海洋状况影响。自然界的风、雨、云、台风、海浪、大洋环境主要是由于海洋和大气层相互作用产生的。人们通过研究近水层大气和海洋间相互作用的机理，研究海洋表面的海流和深层环流状况来预测天气。

（3）海洋具有丰富的旅游资源。海洋具有成为滨海旅游度假基地的发展潜质，如海岸线绵长曲折，水清浪静，大海与沙滩、岩石、享有"绿色长城"之称的沿海防护林带都构成了美丽的海滨风光。随着现代旅游业的兴起，各沿海国家和地区纷纷重视开发海洋空间的旅游和娱乐功能，利用海底、海中、海面进行娱乐和知识相结合的旅游中心综合开发建设。如日本东京附近的海底封闭公园，游人可直接观赏海下的奇妙世界。美国利用海岸、海岛开发了集游览和自然保护为一体的保护区公园。有的沿海城市因为分布大量的红树林或珊瑚礁所以具有发展旅游的潜力，如具有美丽的水下景观三亚国家珊瑚礁自然保护区。海洋因是天然深水良港，所以也是国际豪华邮轮、尤其是巨型豪华邮轮的理想直接靠泊口岸。

2.5.3.3　生态效益

（1）气体调节。气体调节主要指海洋浮游植物通过光合作用吸收 CO_2，释放 O_2，从而调节 O_2 和 CO_2 平衡的功能。海洋是生物圈循环中碳元素的最大储存库，海洋和大气之间不断进行着 CO_2 的交换过程，在全球的碳循环和对气温的影响方面都起着重要作用。同时，通过海洋浮游植物的光合作用释放 O_2，构成 O_2 的重要来源，对调节 O_2 和 CO_2 的平衡起着至关重要的作用。

（2）大海对陆地环境起到净化作用。陆地的河川径流最后都要汇入大海。大海在接纳河川径流的同时也容纳了径流运送的各种污染物。加上人类将垃圾直接倾入大海，以及人类活动造成海洋污染、酸雨污染等，大海几乎容纳了地球上所有的污染物。并通过生态运动，对污染物进行降解、转化、转移、沉积，从而净化了地球陆地环境。

（3）海洋是生命的摇篮，孕育了最早的生命。水是"万能溶剂"，可溶解几乎所有的元素，因此海洋中含有生命所需的全部物质。现已查明，原始海洋聚集了丰富的生命化学物质，被比喻为"生命培养汤"。同时由于海水能阻止紫外线对生命的杀伤，成为生命的"保护伞"。所以从生命孕育的第一天起，就与海洋结下了"不解之缘"。最早的化石记录可追溯到35亿～37亿年前格陵兰、澳洲和南非地层中发现的微体生物化石，类似于现代蓝菌。由于古老的生物没有硬体而极难保存，因此有人推断42亿年前就可能有海洋生命的出现。

2.5.4 我国海洋生态系统的状况及存在问题

2.5.4.1 我国海洋生态系统的状况

我国属于海洋大国，濒临渤海、黄海、东海、南海四大海域；跨温带、亚热带和热带3个气候带；濒临的海域面积约473万 km^2，大陆海岸线长达18 000多 km，其中渤海为深入中国大陆一个内海，黄海、东海、南海为边缘海。

中国近海大多是生物生产力高的水域，生物种类十分丰富，已鉴定的种类有 20 278种，它们隶属于5个生物界，44个门，各主要种群均有代表。动物界24个门中，节肢动物门、脊索动物门和软体动物门，每门都超过2 500种；植物界的6个门包括海藻3个门共794种，维管类植物3个门共413种，原生生物界7个门共5 000种，我国近海渔场总面积约为281 km^2，鱼类约3 023种，占世界总数的14%，其中主要经济鱼类70多种。

我国有5 000多 km的港湾海岸，有160多个面积大于10 km^2的海湾，可供选择建设中级以上泊位的港址，深水岸段为4 000多 km。

我国海域的石油资源量为450多亿 t，天然气资源约为14万亿 m^3，在我国的浅海海底已发现20多种金属、非金属和稀有金矿。

我国海洋能量总蕴藏量约为8亿多千瓦，可开发的潮汐能资源丰富，约有424处址，测算总装机容量为2 180万 kW，大陆沿岸波浪能约7 000万 kW，南海及台湾以东的热能可发电量约6亿 kW·h，盐差能在1.6亿 kW以上，随着科学技术的发展，它将成为很有前途的能源资源。

2.5.4.2 我国海洋生态系统存在的问题

（1）过度捕捞。海洋生物资源是可再生资源。在适度捕捞的情况下，通过生物个体的繁殖、生长和发育，海洋生物资源可以得到补充和恢复。但是，从20世纪60年代末期以来，我国近海的捕捞量远远超过了资源的再生能力，使带鱼、大黄鱼、小黄鱼等许多传统的优质经济鱼类的数量急剧减少，在捕获的鱼类中低质小杂鱼的数量不断增多，海洋生物资源朝着低龄化、小型化、低质化方向演变。许多珍稀海洋生物也遭破坏，鲸、海龟、海牛等大量减少。

（2）海洋环境污染。目前我国近海的污染情况较严重，污染物来自城市工业废水、生活污水以及海港、船舶的排放物等，其中石油是近海海水中最主要的污染物。2008年沿海发生船舶污染事故136起，累积溢泄量（溢油、含油污水、化学品、油泥等）约155t。石油污染可导致海水表面形成一层油膜，这不仅会改变海水的物理和化学性质，还会阻止海水和大气之间的气体交换，使海水中溶解氧含量减少，进而危及海洋生物的生存。与成体相比，海洋动物的卵和幼体更容易受到石油污染的伤害，这是石油污染导致海洋生物种群数量减少的重要原因。

除石油污染以外，海洋污染还有重金属污染、农药污染和有机物污染等。重金属污染导致海洋生物中毒，并通过生物富集作用，导致海洋动物体内重金属含量偏高，对海洋动物产生致畸、致死和致突变作用，被人食用后会严重危害人体的健康。海洋遭到有机物污染后，有机物的分解大量消耗海水中的溶解氧，N、P 等元素增多导致富营养化和赤潮，同样对海洋生物资源造成严重威胁。

据统计，我国每年约有 100 亿 t 陆源污染未经处理直接排放到海洋。由于大量有机物和营养盐排入海洋，使水域富营养化，某些浮游植物、原生动物等在短时间内大量繁殖，从而引发赤潮。近年来赤潮在我国四大海域均有发生，给生物资源、海洋生态及沿海居民生活环境和身体健康带来危害，经济损失相当严重。2008 年，全海域共发生赤潮 68 次，累计面积 13 738 km^2。其中，渤海 1 次，面积 30 km^2；黄海 12 次，累计面积 1 578 km^2；东海 47 次，累计面积 12 070 km^2；南海 8 次，累计面积 60 km^2。其中有毒、有害赤潮生物引发的赤潮 11 次，累计面积约 610 km^2。全海域共发生 100 km^2 以上的赤潮 24 次，累计面积为 12 438 km^2，其中面积 1 000 km^2 以上的赤潮 3 次，累计面积 5 850 km^2。东海仍为中国赤潮的高发区，其赤潮发生次数和累计面积分别占全海域的 69.1% 和 87.9%。

由于渤海是封闭的内海，渤海湾底部的水体与外海彻底交换需 50 年之久，易污染难治理，一旦污染到严重程度，渤海将成为死海。1998 年底，国家环保总局会同有关部委和环渤海三省一市，正式启动实施"渤海碧海行动计划"，渤海的污染整治已列入国家"3.3.2.1.1"工程。2002 年国家海洋局确定了 10 个赤潮监控区，以加大对赤潮的监控力度。

（3）海洋生境破坏。许多沿海防护工程和沿海娱乐场所的兴建破坏了生物生境和生态系统，使原有野生物种丧失了大面积生境，水库的修建减少了入海泥沙，加上挖砂取沙，海岸出现侵蚀破坏，已引起了人们的高度重视。国内许多科研单位开展了海岸保护的研究，提出了海洋生境的保护措施。

（4）过度的水产养殖。20 世纪 80 年代开始，各沿海城镇水产养殖业发展迅速。由于人们忽视了水域生物承载量，致使一些水域出现超载养殖，超量投饵，滥用药物，不仅导致水产品质量、产量下降，而且导致生物群落结构改变，造成养殖生物多样性下降，严重影响了生态系统的稳定性。

（5）海岸侵蚀。我国沿海由于种种原因，出现海岸侵蚀现象，河北省秦皇岛市海面上、山东省沿海、江苏省沿海都出现了海岸侵蚀，今后随全球变暖、海平面上升，这一现象还会加重。

2.5.5 保护海洋生态系统的对策

2.5.5.1 修订、完善《海洋环境保护法》，健全海洋环境管理法规体系

我国现行的海洋环境保护法的修订已有 9 年之久，由于立法的历史背景、对海洋环境的认识、海洋环境保护与管理的能力以及目前我国海洋环境恶化趋势，迫切需要修改和完善海洋环境保护法，依据海洋环境保护管理的经验和需求，科学界定各涉海部门和行业的职责、权利、义务，建立协调、监督机制，加强地方海洋环境保护立法和相应的法规体系建设。

2.5.5.2 对全国近岸海域采取污染物入海申报许可和总量控制制度

抑制我国近海环境污染的重要措施是建立污染物入海总量控制制度和污染物排海申报许可制度。对所有排海的陆源排污口和污染物实施统一监督管理，在重点海域实施海域环境目标控制、陆源排污入海总量控制、海域容量总量控制和海洋产业排污总量控制，协调海陆污染物排放总量控制，把实现海洋环境目标与区域经济建设结合起来，将海洋环境污染控制与陆源污染治理并重，从而控制污染物入海的有序和适度，科学有效地充分利用海洋自净能力这个天然环境资源，为我国现阶段的社会经济发展，特别是沿海经济发展提供污水排海出路。

2008年初，国务院批复《国家海洋事业发展规划纲要》，明确要求保护海洋生态环境，加快实施以海洋环境容量为基础的污染物排海总量控制制度，并以此为依据制定相关具体规划，其中将海洋生物多样性相关的海洋生态环境保护作为专门章节进行详细规划。

2.5.5.3 将重点海域的环境整治纳入国家相关规划和计划之中

对于重点海域的治理，需要海陆协调进行。对大中城市毗邻海域和海湾的综合整治，需要在国家相关规划指导下纳入地方计划之中。从海域环境整治引导资源开发的种类和结构的合理布局，并牵动沿岸产业结构的调整，才能真正促使我国近岸海域环境整体质量转变。

2007年，国家发改委、国家海洋局、环境保护总局等部门联合编制完成了《渤海环境保护总体规划》，对渤海区域海洋生物多样性保护作出了详细规划，并安排了多项具体保护项目。

2.5.5.4 充分发挥国家海洋行政管理机构的职能，建立和健全海洋环境管理体制

管理体制问题一直约束海洋环境保护工作的顺利进行。国务院对各部门的职能和职责规定已明确国家环境保护总局在海洋环境保护工作的指导、协调和监督职能，而国家海洋局是监督管理海洋环境保护的行政机构；从而确定了国家海洋行政机构在全国海洋环境保护工作的地位，也理顺了相应的体制关系。因此，需要在海洋环境保护法的修改中明确这样的体制和国家海洋行政管理机构的地位，充分发挥其已有的工作基础和条件，一件事一个部门管。

2.5.5.5 加大对海洋环境保护科技研究与开发和海洋环境监测与执法监督的投入

多年来，海洋环境保护科技投入严重不足，海洋环境监测和执法监督系统装备落后与不完备，远不适应我国海洋环境保护的实际要求，迫切需要国家极大地增加对海洋环境保护科技研究以及基础建设的投入，将有关海洋环境保护的重大科技项目纳入国家有关计划之中；并对已有的海洋环境监测、执法监督体系进行重大技术改造，健全海洋环境监测系统和海洋执法监督系统。

依法行政、严格管理、强化监督，切实防止大规模海洋开发对各类典型海洋生态系统造成破坏，严格控制特殊海岸自然、人文景观及海岛生态的开发强度。

2.5.5.6 建设和管理海洋自然保护区

建立海洋自然保护区是对脆弱海洋生态系统进行保护的一项重要措施。各级海洋行政主管部门应加大海洋保护区的监管力度，稳步推进海洋保护区建设与管理的各项工作，采取有效措施加大红树林、珊瑚礁、海湾、海岛、入海河口和滨海湿地等脆弱海洋生态系统的保护力度。2008年，国家海洋行政主管部门批准建立了江苏海洲湾海湾生态与自

然遗迹国家级海洋特别保护区、浙江渔山列岛国家级海洋特别保护区、山东东营黄河口生态国家级海洋特别保护区、山东东营利津底栖鱼类生态国家级海洋特别保护区和山东东营河口浅海贝类生态国家级海洋特别保护区。

2.5.5.7 开展海洋生态恢复

开展海洋生态恢复，重点是滨海湿地、红树林、珊瑚礁、海草床等易受气候变化影响的典型海洋生态系统修复示范工程，使生态系统重要功能得到初步恢复。

沿海地方海洋部门也积极开展了形式多样的海洋生态恢复项目，如山东半岛实施了"底播增殖"工程，辽宁、江苏和厦门沿海开展了滨海湿地恢复整治项目，福建实施治理海岛生态破坏的"封岛栽培"工程，广东和浙江实施人工鱼礁工程，广西沿海开展了人工种植红树林项目，海南省开展了人工恢复珊瑚礁试点等。在海洋生态恢复项目实施过程中，许多都与沿海各地的海洋生物资源恢复、海洋污染治理、海洋灾害防治、海洋渔业结构调整、发展滨海旅游相结合，取得了综合效益。

2.6 陆地水生生态系统的保护

2.6.1 陆地水生生态系统概况

地球上的生命离不开水。分布在地面上的江河、湖泊、水库、池塘等水域便是我们所研究的陆地水生生态系统。陆地水生生态系统通常是相互隔离的，且大多数为盐度小于3‰的淡水水域，也有盐度为3‰～10‰的半咸水水域，甚至盐度10‰～40‰的咸水水域。

陆地淡水水域中，水生动物的种类不如海洋丰富。与水生动物相反，淡水水域的水生植物较海洋丰富。在淡水中植物群落十分发达，藻类种数也很丰富，有绿藻、蓝藻、隐藻、金藻、黄藻、甲藻、硅藻等。

陆地水生生态系统的分类主要是根据水域的物理、化学特点，水底地形和深度以及历史情况等来进行。根据水的运动状况可分为流水水生生态系统，如河流；静水水生生态系统，如湖泊；半流水水生生态系统，如水库。

2.6.1.1 河流生态系统

河流生态系统是指水生植物、水生动物、底栖生物等生物与水体等非生物环境组成的一类水生生态系统。从河流的结构来讲，河流一般由溪流汇集而成。在河流的源头先是没有支流的小溪流，它属于最小的一级小溪，当两个或更多一级小溪汇合后就形成稍大的二级小溪，两个二级小溪汇合就形成更大的三级溪流。每一条溪流或河流的排水区域构成它的流域，而每一个流域在其植被、地理特点、土壤性质、地形和土地利用方面都各不相同。

（1）水体。河流生态系统往往由流水系统和静水系统这两个不同而又相互关联的生境交替组成。流动水体是溪流初级产量的主要产地。水生附生物可附着在水下的岩石、倒木上，成为溪流浅滩的优势生物，主要成分是硅藻、蓝细菌和水藓，它们相当于湖泊中的浮游植物。在流动水体的上下游都分布有静态集水区。集水区的深度、流速和水化学方面都与流动水体不同。如果说流动水体是有机物生产的主要场所，那么集水区就是有机物分解的工厂。集水区的水流速度较慢，可使水中的有机物质沉淀下来。集水区是夏秋两季中二氧化碳的主要产生场所，这对于保持溶解态重碳酸盐的稳定供应是必不可少的。如果没有集水区，流水植物的光合作用就会把重碳酸盐耗尽，使下游能够利用的二氧化碳越来越少（流水中的二氧化碳大都是以碳酸盐和重碳酸盐的形式存在的）。

水流流速是影响溪流/河流特征和结构的一个重要属性，而河流或溪流通道的形状、陡度、宽度、水深、溪底平均深度和降雨强度以及融雪速度都对水流速度有影响。水流速度超过 50 cm/s 应该算是水流较急的溪流，在此流速下，直径小于 5mm 的所有颗粒物都会被冲走，留在溪底的将是小石块。高水位差可增加流速并能使水流搬运溪底的石块和碎砖瓦，对溪床和溪岸有很强的冲刷作用。随着溪/河床的加深加宽和水容量的增加，溪/河底就会积累一些淤泥和腐败的有机物质。当水流速度逐渐变缓时，河流（溪流）中的生物组成也随之发生变化。

水体 pH 值反映着溪流中的二氧化碳含量、有机酸的存在和水污染状况。一般来讲，与酸性的贫营养溪流相比，水的 pH 值越高表明水中碳酸盐、重碳酸盐和其他相关盐类的含量也就越多，水生生物的数量和鱼类的数量也就越多。溪水越过浅滩时的起伏大大增加了水体与空气的接触面，因此溪流中的氧含量升高，常常可达到即时温度下的饱和点，只有在深潭或受污染水体中，含氧量才会明显下降。

（2）生物。河流（溪流）的流动性是生物栖息所面临的主要问题。在这方面，河流（溪流）生物已形成了一些特有的适应性。为在流水中减少运动阻力，流线型体是很多河流动物的典型特征。很多昆虫的幼虫可抓附在石块的小表面，因为那里的水流较慢。它们的身体极为扁阔，甚至有的在下表面十分黏滑，这使它们能牢牢地黏附在水下石块的表面，并缓慢地在石块表面爬行。在植物中，水藓和分枝丝藻可靠固着器附着在岩石上，有的藻类则可形成垫状群体，外面覆有一层胶黏状物，其整体形态很像是石块或岩石。

栖息在急流中的所有动物都需要极高的接近饱和状态的含氧量，而且水的快速流动能保证它们的呼吸器官与饱含氧气的溪水持续接触，否则动物身体外围一层水膜中的氧气很快就会被耗尽。在水流缓慢的溪流中，具有流线型体的鱼种就会消失，代之以其他种类的鱼如银鱼等。这些鱼类失去了在急流中流动所需要的强有力的侧肌，体形较为紧凑，它们适应于在茂密的植物丛中穿行。

溪底或河底的性质是影响河流（溪流）整体生产力的重要因素。一般说来，沙质河底的生产力最低，因为附生生物难以在那里定居。基岸河底虽然为生物定居提供了一个坚固的基质，但它遭水流冲刷太强烈，因此只有抓附力最强的生物才能生活在那里。由沙砾和碎石铺成的河底对生物定居是最适宜的，因为这不仅为附生生物提供了最大的附着面积，而且为各种昆虫幼虫提供了大量缝隙作为避难所，因此这里的生物种类和数量最多，也最稳定。河底沙砾和碎石过大或过小都会使生物产量下降。

可见，河流（溪流）中的生物为河流生态系统提供了生命的活力，是河流生态系统持续发展的基础。

（3）河岸带。河岸带泛指河水与陆地交界处的两边、河水影响很小的地带。Nilsson C.等（2000）认为河岸带是指高低水位之间的河床及高水位之上直至河水影响完全消失为止的地带。河岸带也可泛指一切邻近河流、湖泊、池塘、湿地以及其他特殊水体并且有显著资源价值的地带。一般来讲，河岸带包括非永久被水淹的河床及其周围新生的或残余的洪泛平原。河岸带是水陆相互作用的地区，其界线可以根据土壤、植被等因素的变化来确定。河岸带生态系统具有明显的边缘效应，是地球生物圈中最复杂的生态系统之一。作为重要的自然资源，河岸带蕴藏着丰富的野生动物资源、地表和地下水资源、气候资源以及休闲、娱乐和观光旅游资源等，是良好的农、林、牧、渔业生产基地。

2.6.1.2　湖泊生态系统

按水的盐度将湖泊分为淡水湖（盐度小于 3‰）、半咸水湖（3‰～10‰）、咸水湖（10‰～40‰）。依据光的穿透深度和植物光合作用，湖泊具有垂直分层和水平分层现象。水平分层可将湖泊区分为沿岸带（littoral zone）、湖沼带（limnetic zone）和深水带（profundal zone）。沿岸带和深水带都有垂直分层的底栖带（benthic zone）。

（1）沿岸带。在湖泊和池塘边缘的浅水处生物种类最丰富。这里的优势植物是挺水植物，植物的数量及分布依水深和水位波动而有所不同。浅水处有灯芯草和苔草，稍深处有香蒲和芦苇等，与其一起生长的还有慈姑和海寿属植物。再向内就形成了一个浮叶根生植物带，主要植物有眼子菜和百合。这些浮叶根生植物大都根系不太发达，但有很发达的通气组织。当水再深一些浮叶根生植物无法生长时，就会出现沉水植物，常见种类是轮藻和某些种类的眼子菜，这些植物缺乏角质膜，叶多裂呈丝状，可从水中直接吸收气体和营养物。

沿岸带可为整个湖泊提供大量有机物质。在挺水植物和浮叶根生植物带生活着各类动物，如原生动物、海绵、水螅和软体动物；昆虫则包括蜻蜓、潜甲和划蝽等，后两者在潜水下寻觅食物时可随身携带大量空气。各种鱼类如狗鱼和太阳鱼都能在挺水植物和浮叶根生植物丛中找到食物和安全的避难所。太阳鱼灵巧紧凑的身体很适合在浓密的植物丛中自由穿行。

（2）湖沼带。谈到开阔的湖沼带，人们往往会想到鱼类，但其实湖沼带的主要生物不是鱼类而是浮游植物和浮游动物。鼓藻、硅藻和丝藻等浮游植物在开阔的水域进行光合作用，它们是整个湖沼带食物链的基础，其他生物都依赖它们为主。光照决定着浮游植物所能生存的最大深度，所以浮游植物大都分布在湖水上层。浮游植物可通过自身生长影响日光射入水中的深度，因此，随着夏季浮游植物的生长，它所能生存的深度就会逐渐变小。在透光带内各种浮游植物所在的深度则取决于它们各自发育过程的最适条件。浮游动物因其有独立运动能力而常常表现出季节分层现象。

在春季和秋季的湖水对流期，浮游植物常随水下沉，而湖底分解所释放出的营养物则被带到营养几乎耗尽的水面。春季当湖水变暖、开始分层时，浮游植物既营养也不缺阳光，因此会达到生长盛期，此后随着营养物的耗尽，浮游生物种群数量就会急剧下降，尤其是在浅水湖区。

湖沼带的自游生物（nekton）主要是鱼类，其分布主要受食物、氧含量和水温的影响。大嘴鲈鱼、狗鱼等鱼类在夏季常分布在温暖的表层水中，因为那里的食物最丰富；冬季它们则回到深水中生活。湖鳟则不同，它们在夏季迁移到比较深的水中生活。

（3）深水带。深水带中的生物种类和数量不仅决定于来自湖沼带的营养物和能量供应，而且也决定于水温和氧气供应。在生产力较高的水域，氧气含量可能成为一种限制因素，这是因为分解者耗氧量较多，使好氧生物难以生存。深水湖深水带在体积上所占的比例要大得多，因此湖沼带的生产量相对比较低，其中的分解活动也难以把氧气完全耗尽。一般来说，只有在春秋两季的湖水对流期，湖水上层的生物才会进入深水带，使这里的生物数量大为增加。

容易分解的物质在通过深水带向下沉降的过程中，常常有一部分会被矿化，而其余的生物残体或有机碎屑则沉到湖底，它们与被冲刷进来的大量有机物一起被构成了湖底沉积物，是底栖生物的栖息地。

（4）底栖带。湖底软泥具有很强的生物活性，而在深水带下面的湖底氧气含量非常少。由于湖底沉积物中氧气含量极低，因此生活在那里的优势生物是厌氧细菌。但是在无氧条件下，分解很难进行到最终的无机产物，当沉到湖底的有机物数量超过底栖生物所能利用的数量时，它们就会转化为富含硫化氢和甲烷的有臭味腐泥。因此，只有沿岸带和湖沼带的生产力很高，深水湖湖底的生物区系就比较贫乏。而具有深层滞水带的湖泊底栖生物往往较为丰富，因为这里并不太缺氧。此外，随着湖水变浅，水中含氧量、透光性和食物含量都会增加，底栖生物种类也会随之增加。

2.6.1.3 水库生态系统

水库生境介于河湖之间，但生物种数较同类型湖泊为少。水库水位变动很大，水库中水草十分贫乏，因而周丛生物和底栖生物也不发达。生物多样性有从上游到下游增加趋势。

2.6.2 陆地水生生态系统的功能与效益

2.6.2.1 经济效益

（1）提供水资源。这是陆地水生生态系统最基本的服务功能。河流、湖泊、水库为人类提供的水资源占人类利用水资源的绝大部分。根据水体的不同水质状况，被用于生活饮用、工业用水、农业灌溉等方面。据统计，2007 年全国总供水量 5 819 亿 m³，占当年水资源总量的 23%。其中，地表水源供水量占 81.2%，绝大部分由河流生态系统提供。

（2）水产品生产。生态系统最显著的特征之一就是生产力。陆地水生生态系统中，自养生物（高等植物和藻类等）通过光合作用，将 CO_2、水和无机盐等合成为有机物质，并把太阳能转化为化学能，贮存在有机物质中；异养生物对初级生产的物质进行取食加工和再生产，进而形成次级生产。陆地水生生态系统通过这些初级生产和次级生产，生产丰富的水生植物和水生动物产品，为人类的生产、生活提供原材料和食品，为动物提供饲料。截至 2008 年 10 月底全国淡水产品产量为 1 737.5 万 t。我国的赫哲族就是以打鱼为生的水上居民，水产品是他们的主要食物来源。

（3）内陆航运。河流生态系统承担着重要的运输功能。内陆航运具有廉价、运输量大等优点。因此，人们修造人工运河，发展内陆航运。2008 年底，全国内河航道通航里程 12.28 万 km。全国客运船舶完成客运量 2.0 亿人，旅客周转量 59.2 亿人·km，平均运距为 29.1km；全国水路货运完成货运量 28.6 亿 t，货物周转量 40 987.0 亿 t·km。内河客运量所占比重为 54.0%；旅客周转量所占比重为 45.5%。

（4）水力发电。河流因地形地貌的落差产生并储蓄了丰富的势能。水能是最清洁的能源，而水力发电是该能源的有效转换形式。世界上有 24 个国家依靠水电为其提供 90% 以上的能源，有 55 个国家依靠水电为其提供 40% 以上的能源。中国的水电总装机居世界第一位，年水电总发电量居世界第四位。

2.6.2.2 社会效益

（1）娱乐休闲。河流、湖泊生态系统景观独特，流水与河岸、鱼鸟与林草等的动与静对照呼应，构成了其景观的和谐与统一。河流、湖泊生态系统能够提供的娱乐活动可以分为两大方面：一方面是流水本身提供的娱乐活动，如划船、游泳、钓鱼和漂流等；另一方面是河岸等提供的休闲活动，如露营、野餐、散步、远足等。这些活动，有助于促进人们的身心健康，减轻现代生活中的各种生活压力，改善人们的精神健康状况等。据《2007 年水利发展统计公报》中的数据，2007 年累计批准国家水利风景区 272 个，其中，水库型景区 164 个，自然河湖型 41 个，城市河湖型 21 个，湿地型 19 个，灌区型 15 个，水土保持型 12 个。

（2）美学文化。河流、湖泊生态系统的自然美带给了人们多姿多彩的科学与艺术创造灵感。不同的河流、湖泊生态系统深刻地影响着人们的美学倾向、艺术创造、感性认知和理性智慧。河流生态系统是人类重要的文化精神源泉和科学技术及宗教艺术发展的永恒动力，如尼罗河孕育的埃及文明、幼发拉底河和底格里斯河孕育的古巴比伦文明、黄河孕育的中华文明等。

（3）河流、湖泊可以为科学家提供研究陆地水文的基地，也可以为教学实习提供条件。

2.6.2.3 生态效益

陆地水生生态系统的生态效益是指陆地水生生态系统维持的人类赖以生存的自然环境条件和生态过程的功能。

（1）调蓄洪水。河流生态系统的沿岸植被、洪泛区和下游的湿地、沼泽等具有蓄洪能力，可以削减洪峰、滞后洪水过程，减少洪水造成的经济损失。据《2007 年水利发展统计公报》中的数据，全国已建成各类水库 85 412 座，水库总库容 6 345 亿 m^3，其中，大型水库 493 座，总库容 4 836 亿 m^3，占全国总库容的 76.2%；中型水库 3 110 座，总库容 883 亿 m^3，占全部总库容的 13.9%。已建成江河堤防 28.38 万 km，已建成江河堤防保护人口 5.6 亿人，保护耕地 4.6×10^7 hm^2。

（2）河流输送。河流生态系统输送泥沙，疏通了河道，泥沙在入海口处淤积，保护了河口免受风浪侵蚀，增强了造地能力。同时，河流生态系统运输碳、氮、磷等营养物质是全球生物地球化学循环的重要环节，也是河口生态系统营养物质的主要来源。

（3）蓄积水分。河流生态系统的洪泛区、湿地、沼泽等蓄积大量的淡水资源，在枯水期可对河川径流进行补给，提高了区域水的稳定性；同时，河流生态系统又是地下水的主要补给源泉。

（4）土壤保持。河川径流进入湿地、沼泽后，水流分散、流速下降，河水中携带的泥沙会沉积下来，从而起到截留泥沙，避免土壤流失，淤积造陆的功能。

（5）净化环境。陆地水生生态系统的净化环境功能包括：空气净化、水质净化及局部气候调节等。陆地水生生态系统通过水体表面蒸发和植物蒸腾作用可以增加区域空气湿度，有利于空气中污染物质的去除，使空气得到净化；河流生态系统的陆地河岸子系统、湿地及沼泽子系统、水生生态子系统等都对水环境污染具有很强的净化能力，河流、湖泊生态系统通过水生生物的新陈代谢（摄食、吸收、分解、组合、氧化、还原等），使化学元素进行种种分分合合，在不断的循环过程中，一些有毒有害物质通过生物的吸收和降解得以减少或消除，使水环境得到净化；此外，河流、湖泊生态系统能够提高空气湿度、诱发降雨，对温度、降水和气流产生影响，可以缓冲极端气候对人类的不利影响，对稳定区域气候、调节局部气候有显著作用。用水力发电代替燃煤的火力发电，可以减少 CO_2 和 SO_2 等有害气体的排放。河流生态系统净化环境功能评价，可以用减少 CO_2 和 SO_2 的成本计算，按照发 1 kW·h 电需要 0.33 kg 煤，1t 标准煤燃烧排放 2t CO_2 和 0.02t SO_2 计算，则 2002 年全国水力发电可减少 0.50 亿 t C（1.82 亿 t CO_2）和 0.018 亿 t SO_2 的排放。

（6）固定 CO_2。陆地水生生态系统中的绿色植物和藻类通过光合作用固定大气中的 CO_2，释放 O_2，将生成的有机物质贮存在自身组织中。过一段时间后，这些有机物质再通过微生物分解，重新以 CO_2 的形式被释放到大气中。因此，河流生态系统对全球 CO_2 浓度的升高具有巨大的缓冲作用。

（7）养分循环。陆地水生生态系统中的生物体内存储着各种营养元素。河水中的生物通过养分存储、内循环、转化和获取等一系列循环过程，促使生物与非生物环境之间的元素交换，维持生态过程。

（8）提供生境。陆地水生生态系统为鸟类、哺乳动物、鱼类、无脊椎动物、两栖动物、水生植物和浮游生物等提供了重要的栖息、繁衍、迁徙和越冬地。

（9）维持生物多样性。生物多样性包括物种多样性、遗传多样性、生态系统多样性和景观多样性。内陆水域为各类生物物种提供了繁衍生息的场所，为生物进化及生物多样性的产生提供了条件，为天然优良物种的种质保护及改良提供了基因库。内陆水域中不仅具有许多水产经济种类，如鱼、虾、螺、蚌等，还拥有多种珍稀、名贵的水生动物资源，如我国内陆水域中有白鱀豚、中华鲟、江豚等国家保护动物。

2.6.3 我国陆地水生生态系统状况及存在的问题

2.6.3.1 我国陆地水生生态系统的状况

中国河流众多，水系庞大而复杂。中国境内的河流，仅流域面积在 1 000 km² 以上的就有 1 500 多条。全国径流总量达 27 000 多亿 m³，相当于全球径流总量的 5.8%。中国河流分为外流河和内流河。注入海洋的外流河，流域面积约占全国陆地总面积的 64%。中国河流从北到南主要有黑龙江水系、松花江水系、鸭绿江水系、辽河水系、海滦河水系、黄河水系、淮河水系、长江水系、珠江水系、东南沿海及岛屿水系等；西南有澜沧江、怒江、雅鲁藏布江等国际河流水系；西北有额尔齐斯河、伊犁河水系，还有塔里木河及新疆、甘肃、内蒙古、青海等内陆水系。

中国主要大河，大都自西向东流入太平洋。其中，长江（包括上游的金沙江、通天河）全长 6 380 km，流域面积 180.9 万 km²，是中国第一大河，仅次于非洲的尼罗河和南美洲的亚马孙河，为世界第三长河。长江中下游地区气候温暖湿润、雨量充沛、土地肥沃，是中国重要的农业区；长江还是中国东西水上运输的大动脉，有"黄金水道"之称。黄河是中国第二大河，全长 5 464 km，流域面积 75.2 万 km²。黄河流域牧场丰美、矿藏富饶，历史上曾是中国古代文明的发祥地之一。位于中苏边界的黑龙江和上源额尔古纳河以及中国境内的海拉尔河共长 3 979 km。珠江（西江—浔江—黔江—红水河—南盘河）

全长 2 216 km。横断山区河流则自北向南流，为国际河流，澜沧江出境后为湄公河入太平洋，怒江出境后为萨尔温江入印度洋。西藏南部的雅鲁藏布江，自西向东折向南流，穿过喜马拉雅山脉后为布拉马普特拉河，经印度及孟加拉国入印度洋。西藏西部的森格藏布河与朗钦藏布河为印度河及其支流的河源，向西流经印度和巴基斯坦入印度洋。新疆北部的额尔齐斯河，向西北流经苏联入北冰洋。这些汇入海洋的外流水系，流域面积共占全国面积的 63.8%，径流总量占全国的 95.5%。除天然河流之外，中国还有一条著名的人工河，那就是贯穿南北的大运河。它始凿于公元前 5 世纪，北起北京，南到浙江杭州，沟通海河、黄河、淮河、长江、钱塘江五大水系，全长 1 801 km，是世界上开凿最早的人工河。

其次，中国西部和北部的高原及沙漠地区，还有许多内陆河流和季节河流，分别注入内陆湖泊或消失在沙漠中。其中以新疆塔里木河最大，河长 2 179 km。这些内陆河流的流域面积，占全国面积的 36%，而径流总量仅占全国的 4.5%。

据统计，中国境内所有流域面积在 100 km² 以上的河流共 5 000 余条。其中，河长在 1 000 km 以上者有 20 条；流域面积在 1 000 km² 以上者有 1 600 余条；水能资源蕴藏量在 10 000 kW 以上者有 3 019 条。外流水系是中国河流的主体，其河流条数、水量和水能资源均占全国的 90%以上。构成河流水能资源的两大要素是径流和落差，中国具有径流丰沛和落差巨大的优越自然条件。

中国的湖泊面积在 100 km² 以上的有 2 848 个，面积达 800 万 km² 以上。根据地理分布有 5 个主要湖区。第一为东部平原湖区：包括长江和淮河中下游湖群和黄河与海河下游的湖泊。多属中营养型和富营养浅水湖，生物种类丰富。第二为东北平原和山地湖区：以富营养型浅水湖居多；如镜泊湖、扎龙湖等。第三为云贵高原湖泊：湖泊类型多样，生物种类丰富。如滇池、抚仙湖等。第四为蒙新高原湖区：多为内陆盐水湖，生物种类贫乏。如博斯腾河。第五为青藏高原湖区：湖水较深，以贫营养型和内陆盐水湖为主、生物种类贫乏。青海湖为中国第一盐水大湖（盐度为 12.2%），纳木错湖属寡盐湖。另外，我国现有大中小型水库 8 万多座，总库容 4 400 多亿 m³，控制流域面积约 150 万 km²。

从我国陆地水域分布情况看，我国水资源南多北少，地区分布差异很大，黄河流域的年径流量只占全国年径流总量的 2%左右，为长江水量的 6%左右，在全国年径流总量中，淮河、海河、滦河及辽河流域只分别约占 2%、1%、0.6%，黄河、淮河、海滦河、辽河流域的人均水量分别仅为我国人均值的 26%、15%、11.5%、21%。

2.6.3.2 我国陆地水生生态系统存在的问题

受全球气候异常的影响，加上人为因素干扰，我国陆地水生生态系统存在的问题主要有三大方面：即洪涝隐患加重、江河断流加剧、水域污染严重。

水域的洪涝隐患

我国水域的洪涝隐患首先体现在河床、湖底抬高、蓄洪、行洪、泄洪能力下降。我国河流、湖泊含沙量大，泥沙淤积严重，随着人口的剧增，人们不合理地开发自然资源，尤其是江河流域上游森林植被被破坏，地面失去植被的保护，造成水土流失，致使江、河、湖内泥沙淤积严重，河床湖底抬高，河流航道堵塞，湖泊、水库寿命缩短，降低行洪能力，增加洪水泛滥的机会，加大洪水危害的程度。

我国的黄河源头草场植被载畜量严重超标，鼠害猖獗，加上人为破坏，比如淘金者扒开的一座座山丘，成为一座座沙土山，一遇雨水，泥沙不断被冲进河中，所有这些原因导致源头生态环境被破坏，使我国的黄河已成为全球泥沙最多的河流，平均含沙量为 37 kg/m^3，每年输沙量为 16 亿 t。它的沙量 3/4 输入渤海，使河口三角洲平均每年扩大约 211 km^2，海岸线每年向外延伸 0.4 km；1/4 淤积在下游河床内，平均每年抬高河床 3～5 m，使黄河下游河床普遍高出两岸 3～5m，最高处达 10 m 以上，黄河已成为一条地上的"悬河"。

我国每年注入海域的泥沙量为 20 亿 t 左右，占世界总量的 13.3%，其中黄河占 60%，居世界河流之首。长江上游大量森林植被被砍伐，水土流失加剧，长江的泥沙仅次于黄河，在世界河流中居第四位，每年约有 2.2 亿 t 泥沙淤积在中下游河床内，4.68 亿 t 泥沙输入海洋。自 1954 年以来，长江中下游天然水面积已减少 13 000 km^2。如洞庭湖、鄱阳湖等大湖泊面积日趋缩小，湖底普遍淤高，蓄洪排涝功能减弱。20 世纪 50 年代建成的许多中小型水库，已淤满库，加剧水库灾害的发生。

（1）中国的其他大河，特别是北方河流一般含沙量较大，南方河流虽然含沙量较少，但由于水量大，输沙量也较大。

（2）地面沉降导致河床抬高、加剧洪涝灾害，除了泥沙淤积导致河床抬高外，地面沉降也是导致"悬河"抬高的主要原因。

随着人口的增加，工农业生产的不断发展，过量超采地下水，加上开采石油，天然气固体矿产而形成的大面积采空区等原因致使地面沉降，改变原来水动力的条件，使在沉降中心区的河道变浅，甚至形成"悬河"，使河流泄洪不畅，造成溃堤，导致洪涝灾害。

（3）围湖造田、抢占泄洪区，致使抵御洪涝灾害的能力受到削弱，泄洪受阻。人为的围湖造田使河床面及湖面减少。新中国成立初期，我们国家曾对江河湖泊进行有组织的大规模围垦，不到 30 年的时间里，被围垦的湖泊就多达 12 000 km^2。

（4）人口增长和经济发展使受灾程度加深，由于人口的增长使泄洪区内人口密集、经济密度大，一旦发生洪涝灾害损失惨重。人们面对洪水的威胁，无法泄洪疏导，而是以堵为主，增大防洪难度，使溃堤的几率增加。

（5）水利工程防洪标准偏低，不能满足目前防洪排涝的要求。目前除黄河下游可预防 60 年一遇洪水外，其余长江、淮河等 6 条江河只能预防 10～20 年一遇的洪水。许多大中城市防洪排涝设施差，经常处于一般洪水的威胁之下。广大江河中下游地区处于洪水威胁范围的面积达 73.8 万 km^2，占国土陆地总面积的 77%，其中有耕地 0.33 亿 hm^2，人口 4.2 亿。占全国总数的 1/3 以上，工农业总产值约占全国的 60%，此外，各江河中下游的广大农村地区排涝标准更低，随着农村经济的发展，远不能满足目前防洪排涝的要求。

（6）河道内盲目采沙也是洪涝的原因之一。一些人只贪图私利，在河道内偷沙挖沙，改变了河底地形，使水流力学结构发生变化，水流受阻，流速加急加大，增大水流对堤岸的冲击压力，容易造成部分区域内溃堤，这种情况在长江尤为严重。

以上六点，加上全球气候异常导致的大气降雨时空分布异常不均，是 1998 年夏季长江中下游地区和东北嫩江、松花江地区发生特大洪水的主要原因。

江河断流加剧，枯水期提前、延长

近些年来，我国部分江河出现断流，枯水期提前、延长，其主要原因就是气候异常，降水量时空分布不均，局部水量少，蒸发量大，致使我国部分地区水资源匮乏；其次就是人为因素致使流域内尤其是源头区、上游区植被被毁，致使植被对陆地径流的调蓄作用减弱，导致径流的年际、年内变化大；再就是水资源的管理及有关开发政策不协调致使引水工程过滥过多，流域内水库沟渠引水量、蓄水量加大。

我国河川枯水、径流减少尤以北方地区最为严重。我们的母亲河黄河断流趋势加剧，几乎成为季节河。就拿黄河流域来说，1960 年曾因三门峡、位山枢纽蓄水运营造成断流，而后断流频率趋增，于 1972 年后多次出现断流，并且断流时间增加，断流日期提前，断流河段逐年由河口向上延伸，断流距离加长。1997 年黄河断流 226 天。

除黄河之外，其他部分河流也遭同样命运，如天津至北京的运粮河、红水河支流漓江，到枯水期无法航运，过去的常流水的河流也出现断流。新疆的塔里木河也出现大规模断流的现象。

江河断流不仅影响城镇居民生活用水，影响工农业生产，而且加剧洪涝灾害。季节性断流和流量减少改变了河道冲刷模式，由于流量小、流速低，使泥沙沉积，引起河道萎缩，降低河道行洪能力；同时降低对流域内排放污水的净化能力，加重流域水污染，长期断流致使滩区沙漠化，尤其下游河道将成为一条巨大的沙漠，大面积灌区遭受断水威胁，将破坏已形成的农作物种植传统，最终加剧局部气候异常，灾害性天气增加，河道滩地沙丘增多，遇到供水形成"横河"，增加险情。江河断流及枯水期延长、提前，对水生生物具有灭顶之灾。枯水期的提前，使繁殖季节的水生生物无法延续后代，大量洄游性鱼类受阻，断流及枯水期的延长剥夺了水生生物的生存环境，将导致部分物种的灭绝，生物链断裂，其后果不堪设想，断流及枯水期的延长导致部分地区海水入侵，盐碱化加重，发生连锁反应。

陆地水域污染严重

农用化肥的流失、生活污水的排放使一些水域水体富营养化，鱼类缺氧而死，湖泊等衰退，向沼泽发展。工业的发展，尤其是一些科技含量低的中小企业，将有毒物质及工业余热直接排入陆地水域，致使水体理化因子发生变化，水质恶化，导致水域内生物富聚毒物，危害人类健康，甚至大量生物死亡，使水域生态系统发生逆向演替，生态环境进一步恶化。水域的污染还会造成较多的水资源失去使用价值，制约工农业和其他各项事业的发展。

据 2008 年中国环境状况公报，全国地表水污染依然严重。七大水系水质总体为中度污染，湖泊（水库）富营养化问题突出。200 条河流 409 个断面中，Ⅰ～Ⅲ类、Ⅳ～Ⅴ类和劣Ⅴ类水质的断面比例分别为 55.0%、24.2% 和 20.8%。其中，黄河、淮河、辽河为中度污染，海河为重度污染。28 个国控重点湖（库）中，满足Ⅱ类水质的 4 个，占 14.3%；Ⅲ类的 2 个，占 7.1%；Ⅳ类的 6 个，占 21.4%；Ⅴ类的 5 个，占 17.9%；劣Ⅴ类的 11 个，占 39.3%。主要污染指标为总氮和总磷。在监测营养状态的 26 个湖（库）中，重度富营养的 1 个，占 3.8%；中度富营养的 5 个，占 19.2%；轻度富营养的 6 个，占 23.0%。

2.6.4　保护陆地水生生态系统的对策

2.6.4.1　确立内陆水域在生态保护中的地位

内陆水域在整个生态系统中处于很重要的位置，"治国先治水"足以表明内陆水域在社会各个领域所起的重要作用。

2.6.4.2 建立生态屏障

我们应该吸取教训，总结经验，开展以流域生态保护为中心的生态绿化工作，在长江、大河及主要流域源头，上游区植树种草，兴建生态屏障。充分发挥植被固沙、蓄水、防风、调节径流的功能，这是生态保护的关键。

2.6.4.3 设立滞洪、蓄洪、泄洪区

竭力制止人为占用河床滩涂，退田还湖，将流域泄洪区内居民迁出，设立滞洪、蓄洪、泄洪区。

2.6.4.4 加强水资源的统一管理，健全法律，严格防治污染

我国内陆流域，一般都跨越省市，呈"多龙治水"局面。为地方利益，有些人不顾全局，无所顾忌地对水资源进行索取，以满足眼前利益；另一方面又疏于对水域资源进行保护，致使洪涝旱加剧，污染加重。应针对这一现实建立核心管理机构，制定水资源开发利用的法规政策及保护措施，对水资源进行垂直管理，编制水资源供需计划，协调各专业部门水资源的开发利用规划，制订排污标准，防止水域污染等。如对上游地区实行经济倾斜政策，以利于中上游的生态保护，下游地区实行有偿用水等合理化措施等。

2008年2月全国人民代表大会常务委员会审议通过了《水污染防治法》的修订实施。此次修订确立了三大原则：一是预防为主原则；二是防治结合原则；三是综合治理原则。突出了十个方面的亮点：①把保障饮用水安全放在首要位置；②进一步强化了地方政府的环境责任；③更加明确和严格了环境违法行为的界限；④进一步强化和拓展了总量控制制度；⑤明确了排污许可制度的法律地位；⑥从法律上保障了公众参与的权利；⑦增设了排污单位的自我监测义务；⑧强化了城镇污水处理和农业、农村水污染防治；⑨进一步加强了事故应急处置方面的要求；⑩提高了违法排污行为的处罚力度。

2.6.4.5 优化产业结构，建立节水型经济

为节约用水、清洁生产，必须发展素质好产值高、用水少、排污少的产业，并形成合理的产业结构，工业布局要适应水资源条件，要提高农业用水效率，使工农业产品用水定额与排水定额达到国内外先进水平，普及先进的生活节水设备，加强水的多次利用。建立污水处理系统，控制水污染，使污水资源化（目前我国正在全国范围内投资兴建多家污水处理厂）。

2.6.4.6 加强陆地水生生态系统的科学研究

对陆地水域进行全方位、多层次的科学研究，建立动态信息库，模拟水文灾害，加强对洪涝灾害的预测、预报，以利于采取有力的避灾、防灾措施，使灾害的损失降到最低。

2.6.4.7 对水利工程进行可行性分析评价

水利工程的上马，必须预先进行生态评价，不能只限于原来的环境评价，要着重考虑其对水生生物的影响，权衡经济、生态环境、社会三大效益。一旦上马，必须确保质量，保证充分、稳定、持续发挥其功能。

2.6.4.8 集中资金兴建综合效益大、波及区域广的水库工程

我国正在兴建的举世瞩目的长江三峡水库电站，就是集防洪、发电、航运多重效益于一身。三峡水库建成后，可使荆江地区防洪标准由目前十年一遇提高到百年一遇。如

遇 1998 年百年不遇的特大洪水，结合堤防和滞洪区分洪，可保证长江中下游地区的安全。

黄河小浪底水库也是集多种效益为一身的重大工程，它可以蓄洪拦沙、灌溉发电，使黄河下游防洪标准从现在的不足百年一遇，提高到千年一遇，从而保护中原油田的正常生产和 100 多万人的生命财产安全。它的拦沙作用，预计 50 年内可使河道减少过沙 96 亿 m^3，相当 25 年下游没有泥沙淤积，不必加高堤防，可节省经费投资 70 亿元以上。开创现代水利工程和堤防工程以及滞洪区联合防洪、下游引洪淤灌、用水用沙的新格局。国家最近启动的南水北调工程将使我国的水资源得到充分合理的管理和利用。

2.6.4.9 对受损的陆地水生生态系统进行生态治理

在过去的几十年，人类对水域生态系统破坏程度大于历史上任何时期，受损的速率也远远大于其自身的修复速率。如何延缓甚至阻止水域生态系统受损进程、修复受损水域生态系统、促进水资源健康发展已成为当今国际社会关注的焦点之一，所以应积极开展受损水体生态恢复，使生态系统重要功能得到初步恢复。

近些年来国家已经重视陆地水生生态系统的恢复治理。2008 年 1 月，原国家环境保护总局、国家发展和改革委员会联合印发了《三峡库区及其上游水污染防治规划（修订本）》；2008 年 4 月，环境保护部、国家发展和改革委员会、水利部、住房和城乡建设部联合印发了《淮河、海河、辽河、巢湖、滇池、黄河中上游等重点流域水污染防治规划（2006－2010 年）》；环境保护部配合国家发展和改革委员会编制了《太湖流域水环境综合整治总体方案》，于 2008 年 5 月经国务院批复实施。

2008 年 4 月，环境保护部组织在哈尔滨召开了全国环境保护部际联席会议（松花江流域水污染防治专题会议），9 月，在山东济宁召开了重点流域水污染防治工作会议，按照"让江河湖海休养生息"的思路，对重点流域水污染防治工作进行了总结、部署和安排。

2.7　湿地生态系统的保护

2.7.1　湿地生态系统概述

2.7.1.1　湿地的定义及分类

目前世界上关于湿地的定义基本上可以分为两大类。一类是科学家从科学研究的角度给出的定义，如 W.J.Mitsch 等的湿地定义，认为湿地的明显标志是有水的存在，具有不同于其他地区独特土壤，生长着适应多水环境的水生植物；另一类是管理者给出的定义，最权威、最具代表性的就是《湿地公约》，对湿地的定义为"天然或人工，长久或暂时性的沼泽、湿原、泥炭地或水域地带，静止或流动，淡水、半咸水、咸水水体，包括低潮时不超过 6m 的水域。"（拉姆萨尔公约，1971）《湿地公约》是目前唯一针对特定生态系统的全球性公约。我们可以理解为湿地是具有多水（积水或过湿），独特的土壤（水成土、半水成土）和适水的生物活动的独特景观。

湿地生态系统分布广泛，类别繁多，是地球上最复杂的生态系统之一。湿地的分类可根据湿地生态条件的区域差异、空间分布、生态过程等来进行。湿地的分类方法也是多种多样的，要做到湿地科学分类，就必须要有一套完整严密的分类依据和分类系统。

目前我们主张采纳《湿地公约》的湿地分类方法。按《湿地公约》定义，湿地包括近海和海岸湿地、内陆湿地和人工湿地三大类共 35 种。

湿地的分类，具体到某一个特定的国家，由于湿地生境状况的差异，可根据其本国的情况，依据《湿地公约》的分类方法作特定的修改。我国学者曾根据地理分布及形成特点的不同将湿地分为滨海湿地、河口湿地、河流湿地、湖泊湿地、沼泽湿地和人工湿地。

2.7.1.2 湿地生态系统的组成和结构

湿地生态系统通常处于陆地生态系统和水生生态系统之间的过渡区域，一般由湿生、沼生和水生植被、动物、微生物等生物因子和阳光、水分、土壤等非生物因子所构成。其生物部分包括生产者、消费者和分解者，它们之间通过物质循环和能量循环而相互联系和相互制约。

湿地植物包括乔木、灌木、小灌木、多年生禾本科、莎草科和其他多年生草本植物以及苔藓和地衣等。湿地植物是生态系统中能量的固定者和有机物质的最初生产者，是重要的营养级，居于特别重要的地位。不同地区、不同类型的湿地生态系统植物成分也有所区别。湿地动物是生态系统中的消费者，同时受到湿地植物群落的影响。分解者的种类和数量均较少，且以厌氧微生物为主。现介绍几种类型的湿地：

（1）红树林生态系统。红树林生态系统中植物主要由红树林群落树种组成。红树林群落树种是一种稀有的木本胎生植物，由红树科的植物组成，生长于陆地与海洋交界带的滩涂浅滩，是陆地向海洋过渡的特殊生态系统。红树科植物富含单宁，其韧皮部和木材显红褐色而得名。全世界约有红树林 1 700 hm^2，约有 16 科 23 属 53 种，以赤道热带为分布中心，大致分布在南北回归线之间。红树林生态系统由红树植物、动物、微生物及其周围的无机环境组成。红树林是至今世界上少数几个物种最多样化的生态系统之一，生物资源量大，也是高生产力海洋生态系统之一。

（2）盐沼湿地生态系统。盐沼湿地生态系统由喜湿耐盐碱的植物组成。由于沿海春季少雨干燥，土壤返盐，受海水浸润的影响，高矿度的盐水由海滨向大陆方向浸润，因此地面形成喜盐耐湿的草本植物群落。盐沼湿地附近有大量的潮汐沟，是生物迁徙、鱼类洄游、营养交换、能量和物质转移的通道。除高等植物之外，还生存着大量的低等植物和微生物，如绿藻、蓝藻、硅藻等，它们共同构成了这个系统中的生产者和分解者；消费者包括软体动物、鱼类、虾和多种昆虫。

（3）湖泊湿地。湖泊湿地植物主要包括湿生植物和水生植物。其植物群落的分布，由于湖水深浅、湖岸陡缓、水质透明度和水温的差别，而在湖中有不同的分布界限。同时，还形成了各种适应水生生态环境的生态类别，如挺水植物、浮叶植物、沉水植物、漂浮植物以及盐生植物等。它们在维持该地区自然生态平衡、调节区域气候、河川径流和蓄水分洪等方面起着重要的作用。

湖泊湿地动物主要指在湖泊湿地生境中生存或依赖湿地生态环境的脊椎动物以及水生的浮游动物和底栖动物。动物在湿地生态系统中占据各自的生态位，发挥各自的功能和作用，维持着生态的平衡，成为湿地景观的重要组成部分。据统计，松嫩平原湖泊湿地动物种类较多，其中又以鸟类居多，占动物种数的 70.6%。

（4）河流湿地。河流湿地通常位于水生生态系统和陆地（高地）生态系统之间。Brinson

等人提出了河流湿地景观区别于其他生态系统的 3 个主要特征：①由于邻近河流或水溪等，河流湿地具有线状形态；②从周围景观汇聚到河流湿地或通过河流湿地生态系统的能量和物质在数量上远大于其他生态系统；③河流湿地把上游和下游生态系统连成一体，把湖泊和河流连成一体。

河流生态系统具有较高的水位以及独特的植被和土壤特征，形成了复杂多样的生境，因而河流生态系统通常都具有丰富的物种多样性，较高的物种密度和生产力。研究表明，与周围高地相比，冲积平原具有更多的野生动物。这主要是因为河流生态系统介于水生和陆地生态系统之间，具有明显的"边缘效应"。

（5）泥炭地。泥炭地湿地生态系统属于典型的湿地类型，它主要包括两种：一种是酸性泥炭地，这里没有明显的地表或地下水的输入和输出，沉积物呈现酸性，植物多是喜酸植物，如苔草等；另一种是泥炭湿地，有明显的水分的输入和输出，植物通常是由禾草、苔草和芦苇组成，在我国青藏高原和温带地区极为典型。泥炭湿地的主要植被组成是泥炭藓、越橘、莎草、石楠、柳树、松树、云杉等，植物呈水平垫状，木本高度不超过 1 m。泥炭湿地鸟类较多，其他动物还包括两栖类、爬行类等。

（6）河口生态系统。河口湾是大陆水系进入海洋的特殊生态系统，由于许多河口湾是人类海陆交通要地，受人类活动干扰甚深，易于出现赤潮，河口生态学是一重要研究领域。一般地说，河口区生物的种类组成较为复杂，多样性指数较高。

中国沿海有 1 500 多条江河入海。河口及其附近水域，由于大量的淡水和陆源物质的注入，形成了独特的河口类型的海洋生态系统。中国的三大河口区——长江口、黄河口和珠江口，现已鉴定的浮游植物种类分别为 64 种、103 种、224 种；浮游动物为 105 种、66 种、133 种；底栖生物为 153 种、191 种、456 种；游泳生物则为 189 种、144 种和 356 种。由于河口区生态环境特殊性决定了三大河口区的群落结构有共同特点：都可分为淡水群落、咸淡水群落、海水群落 3 种类型。

2.7.1.3 湿地生态系统特点

（1）过渡性。湿地生态系统介于陆地生态系统和水生生态系统之间的过渡类型，既有适应陆地生活的生物种类，又有适应水生生活的种类，兼有适应水陆生活的种类，这种位于水陆交界面的物种组成的交错带，使湿地生态系统具有显著的边缘效应，这是湿地生态系统具有很高的生产力和生物多样性的基本原因。

（2）高生产力。湿地生态系统是地球上具有较高生产力的生态系统之一。湿地对水的开放程度是其初级生产力的最重要的决定因素，因为水流是营养物质进入湿地生态系统的主要渠道。必须指出的是，并不是所有的湿地生态系统都具有较高的生产力。

（3）多样性。湿地生态系统类型和生物种类极其丰富多样，是天然的基因库，在保护物种多样性方面具有重要意义。

（4）脆弱性。由于湿地生态系统处于水陆交界的生态脆弱带，很容易受到自然和人类的干扰，生态平衡很容易受到破坏，而一旦受到破坏，就很难恢复。

2.7.2 湿地生态系统的功能与效益

湿地具有"自然之肾"、"天然蓄水库"、"生物生命的摇篮"等美誉，是地球上一种具有多种功能和效益的独特生态系统，是重要的自然资源和人类生态环境的组成部分。

它有着重要的生态、经济和社会效益。它对地区、国家乃至全球经济的发展和人类的生存环境都具有重要影响。

2.7.2.1 经济效益

（1）提供丰富的动植物产品。中国鱼产量和水稻产量都居世界第一位；湿地提供的莲、藕、菱、芡及浅海水域的一些鱼、虾、贝、藻类等是富有营养的副食品；有些湿地动植物还可入药；有许多动植物还是发展轻工业的重要原材料，如芦苇就是重要的造纸原料；湿地动植物资源的利用还间接带动了加工业的发展；中国的农业、渔业、牧业和副业生产在相当程度上要依赖于湿地提供的自然资源。

（2）提供水资源。水是人类不可缺少的生态要素，湿地是人类发展工、农业生产用水和城市生活用水的主要来源。我国众多的沼泽、河流、湖泊和水库在输水、储水和供水方面发挥着巨大效益。

（3）提供矿物资源。湿地中有各种矿砂和盐类资源。中国的青藏、蒙新地区的碱水湖和盐湖，分布相对集中，盐的种类齐全，储量极大。盐湖中，不仅赋存大量的食盐、芒硝、天然碱、石膏等普通盐类，而且还富集着硼、锂等多种稀有元素。中国一些重要油田，大都分布在湿地区域，湿地的地下油气资源开发利用，在国民经济中的意义重大。

（4）能源和水运。湿地能够提供多种能源，水电在中国电力供应中占有重要地位，水能蕴藏占世界第一位，达 6.8 亿 kW，有着巨大的开发潜力。我国沿海多河口港湾，蕴藏着巨大的潮汐能。从湿地中直接采挖泥炭用于燃烧，湿地中的林草作为薪材，是湿地周边农村中重要的能源来源。湿地有着重要的水运价值，沿海沿江地区经济的快速发展，很大程度上是受惠于此。中国约有 10 万 km 内河航道，内陆水运承担了大约 30%的货运量。

2.7.2.2 社会效益

（1）教育和科研价值。复杂的湿地生态系统、丰富的动植物群落、珍贵的濒危物种等，在科研中都有重要地位，它们为教育和科学研究提供了对象、材料和试验基地。特别是湿地栖息的鸟类丰富，因此是研究鸟类的天然实验室。同样的原因，湿地生态系统还是教学实习的天然课堂。一些湿地中保留着过去和现在的生物、地理等方面演化进程的信息，在研究环境演化、古地理方面有着重要价值。有些湿地还保留了具有宝贵历史价值的文化遗址，是历史文化研究的重要场所。

（2）艺术价值。湿地风景秀丽，是文学家、艺术家从事文学、艺术创作的天然基地。

（3）观光与旅游。湿地具有自然观光、旅游、娱乐等美学方面的功能。中国有许多重要的旅游风景区都分布在湿地区域。滨海的沙滩、海水是重要的旅游资源，还有不少湖泊因自然景色壮观秀丽而吸引人们向往，辟为旅游和疗养胜地。滇池、太湖、洱海、杭州西湖等都是著名的风景区，除可创造直接经济效益外，还具有重要的文化价值。尤其是城市中的水体，在美化环境、调节气候、为居民提供休憩空间方面有着重要的社会效益。另外，一些以湿地为基础的垂钓、观鸟等娱乐活动还可产生直接效益。

2.7.2.3 生态效益

（1）滞留与降解污染物。湿地具有很强的降解和转化污染物的能力。在湿地中，由于物理、化学和生物的综合作用，沉淀、吸附、离子交换、配合反应、硝化、反硝化、营养元素吸收、生物转化和微生物分解等过程，可以降解进入湿地的污染物。在美国佛罗里达，城镇废水经过柏树沼泽后 98%的氮和 97%的磷被吸收净化。湿地植物还能够富集许多重金属，有时富集浓度是水体浓度的 10 万倍以上。由于湿地具有如此强力的净化作用，加之湿地污水处理系统的基建投资和运行费都相对较低，因而成为许多地区建立污水处理厂的首选。

（2）吸纳多余的营养物。湿地作为集水区的汇点可接受来自周围地区的过量营养物，并使湿地的植被及其生态系统从中收益，从而维持整个流域的生态平衡和水质的清洁。然而，湿地的吸纳能力是有限度的，超量的营养物输入会打破湿地生态系统的平衡机制，导致湿地富营养化。直至使湿地生态系崩溃。如过量的氮、磷输入使太湖、滇池经常爆发"水华"。

（3）湿地可以补充地下水，成为蓄水层的水源。当水从湿地流入到地下蓄水系统时，蓄水层的水就得到补充，成为浅层地下水系统的一部分。浅层地下水系统可为周围地区供水，维持水位，或最终流入深层地下水系统，成为长期的水源。

（4）调节河川径流、蓄积洪水。在天气多雨、河流涨水的季节，湿地像"海绵"一样储存过量的水分。洪水被储存在湿地土壤内（泥炭中 90%的孔隙），或以表向水的形式保存于湖泊和沼泽中，直接减少下游的洪水量。一部分洪水可在数天、几星期或几个月的时间内从储存的湿地中排放出来，在流动的过程中，通过蒸发和下渗成地下水而被排除。湿地的植被可以减缓洪水的流速，避免所有洪水在同一时间到达下游，从而降低下游洪峰的水位，并使河溪中一年的水流量能保持更长的时间。长江中下游的洞庭湖、鄱阳湖、太湖等许多湖泊曾经发挥着储水功能，防止了无数次洪涝灾害；许多水库，在防洪、抗旱方面发挥了巨大的作用。中科院研究资料表明，三江平原沼泽湿地蓄水达 38.4 亿 m^3，由于挠力河上游大面积河漫滩湿地的调节作用，能将下游的洪峰值削减 50%。

（5）防止盐水入侵。在地势较低的沿海地区，下层基底是可渗透的。沿海淡水湿地保持在淡水楔中。一般位于较深咸水层的上面，湿地淡水楔的减弱或消失，会导致深层咸水向地表上移，影响生态群落和当地居民的水供应，促使土壤盐碱化。同时，湿地地表淡水（如河流、小溪）适量外流可以限制海水的回灌，河流、渠道和沿岸植被也有防止潮水流入河流的功能。

（6）减缓风浪、保岸护堤、控制侵蚀。湿地植被中植物根系及堆积的植物体对海岸线、江河岸堤有稳固作用。并且削弱风浪、水流的冲力，沉降沉积物加固岸堤。红树林防浪护岸就是通过消浪、缓流和促淤来实现的，河口三角洲地带具有促淤造陆功能。强壮的海岸湿地植被可以减轻或防止潮水和风暴对海岸的侵蚀，这主要依靠湿地植被。①发达的根系及其堆积的植物体对土壤有稳定作用，如大米草根系的生物量是地上部分生物量的 30 倍，且通过分泌有机质将土壤颗粒联结起来，起到稳固作用。②粗壮高大的植株可削弱海浪和水流的冲力，如 200 m 宽的互花米草可将水体总高度小于 9 m 的海浪削减 60%以上、小于 6 m 的海浪削减 98%以上，即使到达特大潮时仍然可削减海浪 39%的能量。③沉降沉积物，提高滩地高度。如大米草可使淤泥沉降的速率提高数倍。又如红树林对湖水流动的阻碍可使林内的流速减低到潮水沟流速的 1/10，红树林发达的根系使粒径 >0.01 mm 的悬浮物沉积量增大，地表淤积速度是附近裸地的 2～3 倍，350 m 宽的白骨壤林带可使 1 m 高的海浪降到 0.3 m。厦门市青礁村的海岸在红树林被砍伐后 1 年内内侵 7 m。

专家举例说，印度的泰米尔纳德邦在 2004 年东南亚海啸中红树林外围住宅区的损失相对较小，红树林在保护房屋和其他建筑方面起到了关键的作用。相反，2005 年的卡特里娜飓风给美国造成重大损失，与新奥尔良周边湿地大量减少有一定关系。

（7）湿地能减缓全球气候变暖。光合作用的过程使二氧化碳转变成为植物形式的有机碳，在许多生态系统中，植物被降解，碳则以二氧化碳的形式回到大气中，湿地含有大量未被分解的有机物质，起着碳库的作用，而不是碳源的作用，从而削减了大气中的二氧化碳，为减缓全球气候变暖起到良好的作用。

（8）保持小气候。湿地的蒸腾作用可保持当地的湿度和降雨量。在有森林的湿地中，大量的降雨通过树木被蒸发和转移，返回到大气中，然后又以雨的形式降到周围地区。沼泽产生的晨雾可以减少土壤水分的丧失。

（9）防止土壤酸化。许多湿地处在原来是海的地方。通常在海水淹没时期，留下了富硫化铁的海泥。当湿地被排干时，海泥暴露于空气，就会被氧化而产生强酸性的硫化物，导致土壤酸化不适于农用。当干燥的底土在雨季重新蓄水时，使水呈强酸性，会杀灭大量鱼类。湿地掩盖海泥，防止了富硫化铁的沉积物暴露于空气，防止了氧化和酸化的发生。所以保持这类湿地不受干扰时的效益常大于改变湿地而产生的效益。

（10）湿地是重要的物种基因库。湿地是生物多样性的载体，是鸟类、鱼类、两栖动物的繁殖、栖息、迁徙、越冬的场所，其中有许多珍稀濒危物种在此栖息和繁衍。如我国吉林省向海湿地是丹顶鹤的故乡，西藏的玛旁雍错湿地则是藏羚羊的迁徙走廊。由于湿地生境多样，适于野生种群生存，是重要的物种基因库，具有保护生物多样性的功能。

在 40 多种国家一级保护的鸟类中，约有 1/2 生活在湿地中。我国是湿地生物多样性最丰富的国家之一。亚洲有 57 种处于濒危状态的鸟，在我国湿地已发现有 31 种；全世界有鹤类 15 种，我国湿地鹤类占 9 种。我国许多湿地是具有国际意义的珍稀水禽、鱼类的栖息地，天然的湿地环境为鸟类、鱼类提供丰富的食物和良好的生存繁衍空间，对物种保存和保护物种多样性发挥着重要作用。湿地是重要的遗传基因库，对维持野生物种种群的存续，筛选和改良具有商品意义的物种，均具有重要意义。我国利用野生稻杂交培养的水稻新品种，使其具备高产、优质、抗病等特性，在提高粮食生产方面产生了巨大效益。

2.7.3 我国湿地状况及存在问题

2.7.3.1 我国湿地状况

我国湿地的主要特点

（1）我国湿地类型多。我国湿地类型齐全、数量丰富，包括泥炭地、沼泽地、河流、湖泊、河口湾、海岸滩涂、盐沼、水库、池塘、稻田等各种自然和人工湿地，除苔原湿地外，其余类型均有分布，并且还有独特的青藏高原湿地。

（2）我国湿地分布广。从寒温带到热带、从沿海到内陆、从平原到高原山区，全国各地都有湿地分布。

（3）我国湿地面积大。根据最新调查结果，我国现有 100 hm^2 以上的 28 类湿地总面积 3 848 万 hm^2，其中，自然湿地 3 620 万 hm^2，包括滨海湿地 594 万 hm^2，河流湿地 821 万 hm^2，湖泊湿地 835 万 hm^2，沼泽湿地 1 370 万 hm^2。我国现存自然湿地仅占国土面积的 3.77%。

（4）我国湿地生物多样性丰富。我国湿地物种非常丰富。兽类 7 目 12 科 31 种，鸟类 12 目 32 科 271 种，爬行类 3 目 13 科 122 种，两栖类 3 目 11 科 300 种，鱼类有 1 000 多种。湿地高等植物约 225 科 815 属 2 276 种，苔藓植物 64 科 139 属 267 种，蕨类植物 27 科 42 属 70 种，裸子植物 4 科 9 属 20 种，被子植物 130 科 625 属 1 919 种。湿地植物种密度为 0.005 6 种/ km^2，是我国种密度（0.002 8 种/km^2）的 2 倍。

中国湿地的保护现状

（1）已列入《湿地公约》国际重要湿地名录的中国湿地：黑龙江省齐齐哈尔市的扎龙自然保护区、吉林省通榆县境内的向海自然保护区、海南省琼山县的东寨港自然保护区、青海省青海湖的青海鸟岛自然保护区、湖南省东北部的湖南东洞庭湖自然保护区、江西省北部的鄱阳湖自然保护区、香港西北部的米埔和后海湾国际重要湿地。

（2）被列入国际《人与生物圈》（MAB）网络的湿地：江苏盐城湿地保护区、浙江南麂列岛自然保护区、广西山口红树林自然保护区。

（3）加入"东亚—澳大利亚涉禽保护网络"（1996 年）的湿地：山东黄河三角洲、辽宁双台河口、辽宁鸭绿江口、江苏盐城、上海崇明东滩和香港米埔自然保护区等重要迁徙水鸟中途停歇地。

（4）加入"东北亚地区鹤类保护区网络"（1997 年）的湿地：兴凯湖、黄河三角洲、鄱阳湖、盐城国家级自然保护区。

（5）加入"雁鸭类迁飞网络"（1999 年）的湿地：黑龙江三江自然保护区。

（6）目前中国以自然保护区为主体，湿地公园、湿地保护小区等多种保护管理形式并存的保护管理体系正在逐步形成。截至 2008 年底，全国已建立湿地自然保护区 550 多处，国家湿地公园达到 38 处，共有 36 块湿地列入《湿地公约》的国际重要湿地名录。全国共有 1 790 多万 hm^2 自然湿地得到有效保护，约占总面积的 49%。

2.7.3.2　我国湿地存在的问题

由于我国湿地保护宣传教育滞后，人们对湿地的重要性认识不足，保护湿地的法规不完善，加上经济的高速发展对湿地产生巨大压力和威胁，我国湿地保护面临的形势相当严峻。存在的问题具体体现在如下几方面：

（1）农业围垦、城市开发造成湿地大面积削减。据统计，近 40 年来，中国沿海地区累计围垦滩涂面积 100 多万 km^2，相当于沿海湿地面积的 50%，围海造田工程使中国沿海湿地面积每年以 2 万多 km^2 的速度在减少。从 1950 年到 1980 年的 30 年间中国天然湖泊从 2 800 个减到 2 350 个，湖泊总面积减少了 11%。发展工业，扩建城市也使我国失去了大面积湿地。

（2）水土流失、泥沙淤积使湿地面积日益减少。中国最大的淡水湖洞庭湖每年有 1.2 亿 m^3 的泥沙沉积湖内，加之不断围垦，其面积由 20 世纪初的 4 350 km^2 萎缩到现在的 2 500 km^2。尤其 1998 年长江洪水过后，湖中央出现了湖心岛。

（3）湿地环境污染严重。大量的工农业废水、生活污水排入湿地。农药、化肥的使用，以及运输、油气开发等引起的漏油、溢油等事故，使湿地实际上成为工业污水、生活污水和农用废水的承泄区。污染物含量远远超过湿地的净化能力。

（4）湿地生物多样性下降。由于湿地面积的减少，湿地环境的严重污染，使湿地生境遭到破坏，以及人为的过捕滥捕导致珍稀物种丧失，生物多样性受到威胁。

（5）湿地功能下降。由于湿地生态系统的组成结构遭到破坏，致使湿地功能下降，尤其是蓄洪能力受到影响，大大削减了湿地的效益。

1998 年夏季的长江中下游地区和东北嫩江、松花江地区发生特大洪水，其主要原因之一就是人们漠视湿地价值和功能，大量围垦和占用沿江湖泊湿地。

新中国成立初期，长江中下游各类湖泊总面积约 35 000 km²。在单一农业经营思想指导下，对沿江湖泊等湿地进行了有组织的大规模围垦。在不到 30 年的时间里，多达 12 000 km² 的湖泊滩地被围垦，占新中国成立初期湖泊面积的 34.2%。导致季节性淹没区丧失，降低了泛洪平原天然蓄洪作用。仅长江原有的 22 个较大的通江湖泊，便因大量不合理的开发而减少了 567 亿 m³ 的容积，接近三峡工程防洪库容。长江中下游自 20 世纪 50 年代以来已丧失 80% 以上的天然蓄洪区，这就是 1998 年长江中下游洪水肆虐的主要原因之一。

海岸湿地大面积围垦使沿海地区失去了大面积的水生动物天然栖息地、产卵场、索饵场，引起物种种群和数量的减少。红树林、珊瑚礁的毁坏，使防浪护堤的天然屏障遭到破坏，给沿海居民造成财产和生命损失。1997 年我国发生的风暴潮、海浪等海洋灾害曾造成 200 多人死亡和失踪，直接经济损失达 300 多亿元。

2.7.4 保护湿地的对策

中国是个人口众多的发展中国家，经济薄弱，开发和保护的矛盾突出，长期以来对湿地资源的不合理利用使我国湿地资源遭受严重破坏。为了协调处理好保护、增值与利用的关系必须采取得力的对策措施。

2.7.4.1 利用各种途径，加强宣传教育，提高公众的湿地保护意识

湿地保护与合理利用政策的贯彻落实，仅仅依靠有关政府部门的努力是远远不够的，提高公众的保护意识是做好湿地保护的关键，通过公众保护意识的提高，可以转变对资源利用的观念，同时加强公众的监督意识。

2.7.4.2 建立湿地保护与合理利用的部门间协调机制，制定可持续发展的湿地开发利用政策

湿地保护与合理利用是目前中国政府提倡、各阶层普遍认同、符合中国国情和国际潮流的湿地主导政策，它包括"保护"与"合理利用"两个不可分割的目标。而合理利用同时又是保护的基础，没有合理利用，保护也无从实现。在湿地保护与合理利用政策的贯彻执行过程中，难点是合理利用，因为保护往往是一种大家都认可的抽象目标，而合理利用则是可能引起众多争议的实实在在的具体行动。湿地保护与合理利用必然是一个多目标决策过程，其最终目标是使湿地能够持续发挥最大综合功能。

湿地之所以难以保护是因为湿地的水、土、生物和矿产等资源分属不同部门管理，各部门管理湿地的目标和出发点不同，往往导致部门矛盾和纠纷。在此形势下，建立一种行之有效的部门间协调机制，尤其是在部门间僵持不下时的决策机制尤为重要。目前迫切需要制定充分体现可持续发展思想的部门湿地开发利用政策，将目前对湿地资源的粗放型开发模式，逐步转变为集约型开发模式，改变只重视湿地生产功能而忽视其生态功能的倾向。在充分开发利用湿地资源的同时，保护湿地生态环境，严禁盲目开发和破坏湿地，以全面发挥湿地经济和生态综合效益，实现湿地资源的可持续利用。

例如三江平原湿地的开垦问题，林业、环保等部门认为该区域目前残存的湿地对维持生物多样性和区域生态平衡具有不可替代的重要作用，应予以严格保护。但农业部门在巨大粮食需求的压力下，把三江平原的湿地仍然作为重要的后备耕地资源进行开垦，忽视了湿地除生产粮食外的其他重要用途，没有认识到如果三江平原的湿地被全部开垦，那么区域环境恶化可能使目前我们得到的耕地丧失殆尽。因此，在是否开发三江平原残余湿地的问题上就存在部门矛盾，而这种矛盾的解决目前只有通过政府协调解决。令人欣慰的是，黑龙江省政府作出的关于禁止开垦湿地的决定为这一争执画上了一个完整的句号。

对于湿地开发利用要维护湿地生境的完整性，开发强度应不超过生境更新及恢复的速度，以保护生境不存在净损失。在处理湿地保护与利用矛盾时可运用湿地调整策略，即总量平衡、动态管理、生态恢复、功能补偿。本着实事求是的科学精神，做到合法合理，协调兼顾，持续发展。

2.7.4.3 加强对湿地的科学研究

我国系统的湿地研究许多内容有待开展，如在全国进行湿地资源调查，逐步建立全国湿地资源监测体系，并在此基础上建立全国和区域湿地资源动态信息库；对生态工程技术与生物工程技术等进行研究与推广，开展湿地评价指标体系的研究，关于湿地开发的可持续利用途径研究等，加大湿地开发的科技含量。

2.7.4.4 完善湿地法规，加大执法力度

制定有关的湿地保护和合理开发利用的专门法规，完善配套法规；加大执法力度，执法部门把违法破坏湿地资源案件作为一项重要任务进行处理，做到执法必严、违法必究。

2.7.4.5 建立湿地保护和合理利用的示范区

我国湿地类型多，情况复杂，可根据不同类型和资源特点以及当地的传统习俗，试办各种不同类型的湿地保护和合理利用的示范区，通过典型试验，总结出成效显著又有代表性的经验加以推广，以点带面指导工作，为我国湿地保护和合理利用创出一条新路。

2.7.4.6 建立湿地保护区，实行典型湿地保护与恢复

对典型的湿地生态系统，生物多样性高和珍稀、濒危物种区域，典型自然景观区和自然历史遗迹区，通过建立保护区的方式，使这些区域的生态环境得到良好的保护与恢复，对一些已人工围垦的典型湿地，围垦后又没有利用前景的区域以及由于围垦引发自然灾害的区域进行重点恢复工作。

2.7.4.7 加强湿地保护领域的国际合作和交流

加强与有关国际组织的联系与合作，争取国际资金和技术援助，加强信息交流，促进湿地保护工作的开展。

2.8 物种保护

物种是一级生物分类单元，代表一群形态上、生理上、生化上与其他生物有明显区别的生物。通常这群生物之间可以交换遗传物质，产生可育后代。如果说遗传多样性损失常常是人们肉眼所不可见的，那么物种灭绝是人们所能看见的，是引起人们警觉的现

象。但是，由于物种数目繁多，许多物种在人们开展研究之前就可能已经灭绝。

2.8.1 物种的概念与形成方式

2.8.1.1 物种的概念

物种（species）是自然界中实际存在的生物群体单位。但生物界中物种的划分不是通过条件（特征）来进行逻辑分类所能完成，而是必须进行综合的分析。

对物种概念的定义有一个历史发展过程。早在 17 世纪，John Ray（1868）就认为物种是一个繁殖单元。林奈（Lynne，C. Von，1750）进一步提出，物种是由形态相似的个体组成，同种个体间可自由交配，并能产生可育后代；而异种个体间则杂交不育。达尔文提出，种是显著的变种，是性状差异明显的个体类群。杜布赞斯基（Dobzhansky，Th.）认为，物种是享有一个共同基因库、能进行杂交的个体的最大的生殖群落。迈尔（Mayer，E.，1982）给物种下了一个定义：物种是由种群所组成的生殖单元（和其他单元在生殖上隔离着），它在自然界中占有一定的生境地位。陈世骧（1987）对此定义作了补充：种是由种群所组成的生殖单元，在自然界占有一定的生境，在系谱上代表一定的分支。这个定义包括种的四个标准：种群组成、生殖隔离、生境地位和系谱分支，是一个广泛接受的较为完善的定义。尽管很多学者对物种的概念提出了各种各样的观点，但都忽视了营养无性生殖的低等生物，这有待进一步研究和探讨。

综合各学派的观点，物种的划分应综合考虑如下几个方面的内容：

（1）形态学标准。主要根据生物体的形态特征方面的差异进行物种的划分。在分类学上这仍然是常用的标准。这种分类方法方便易行，但标准难以统一，因而会出现划分结果不一致现象。

（2）遗传学标准。理论上是指以群体间的遗传组成方面的差异、染色体数目和结构方面的差异以及由遗传原因导致的生理生化方面的差异等作为标准，实际操作上是以能否进行杂交以及杂种后代有否繁殖能力作为标准，也即生殖隔离标准，这是区分不同物种的重要标准。这方面的标准已经发展到分子水平。凡能够进行杂交而且产生能生育后代的个体或类群，就属于同一个物种；凡不能进行杂交，或者能够进行杂交但不能产生有生育能力后代的个体或类群，则属于不同的物种。例如，水稻和玉米间不能进行杂交，所以它们分属于两个不同的物种。

（3）生态学标准。物种是生态系统中的功能单位，不同物种占有不同的生态位，不同的物种有不同的生态习性。

（4）生物地理学标准。不同物种的地理分布范围不同，有的分布区域很广阔，有的分布区域很狭窄；有的过去分布广，后来变狭窄了；有的则相反，过去分布很狭窄，后来变得宽阔了。

（5）宗谱分支和时间概念。宗谱分支概念是从指分支系统学的角度来考察物种的分化形成和物种间的区分。从生物进化的宗谱来看，每一次分支产生若干新物种。新物种间以及新物种与原物种间，既有明显的区别，又具有历史关联，并且在形态学、遗传学等方面也有一定的关联。时间概念是要从生物进化时间这个向量来考虑物种的形成与区分，认为某些物种之间的差别可能是在漫长的进化过程中，表型的改变量不同所致，这些在时间上存在关联的不同物种代表生物在时间向量上的连续性改变和进化。

2.8.1.2　物种形成的方式

物种形成（speciation）也叫物种起源，是指物种的分化产生，它是生物进化的主要标志。物种的形成是一种由量变到质变的过程。根据生物发展史的大量事实，物种的形成可以概括为两种不同的方式：一种是渐变式，即在一个相当长的时间内，旧的物种逐渐演变成为新的物种，这是物种形成的主要方式。另一种是爆发式，即在短时期内，以飞跃形式从一个物种变成另一物种，它在高等植物，特别是种子植物的形成过程中，是一种比较普遍的形式。

渐变式物种形成（gradual speciation）

渐变式物种形成方式是通过突变、选择和隔离等过程，首先形成若干亚种，然后进一步逐渐累积变异造成生殖隔离而成为新种。渐变式又可分为两种方式：继承式和分化式。

（1）继承式物种形成（successional speciation）：这是指一个物种可以通过逐渐积累变异的方式，经历悠久的地质年代，由一系列的中间类型，过渡到新的物种。例如纵观马的进化历史，就可以看到这种进化方式。

（2）分化式物种形成（differentiated speciation）：这是指一个物种的两个或两个以上的群体，由于地理隔离或生态隔离，而逐渐分化成两个或两个以上的新种。它的特点是种的数目越变越多，而且需要经过亚种的阶段，如地理亚种或生态亚种，然后才变成不同的新种。例如，加拉帕戈斯群岛上鸣禽的分化，就属于这种形式。

分化式物种形成又可分为异域式物种形成（allopatric speciation）和同域式物种形成（sympatric speciation）两种形式。前者又称为地理隔离式物种形成（geographic speciation），是指一个物种被分成两个或两个以上的地理分隔群体时，会产生随机漂移，再加上由于地理条件和生态条件不相同，适应性也不相同，所累积的遗传变异也就不一样，最终导致生殖隔离而形成不同的物种。后者是指分布在同一地区的物种的不同群体之间，由于生态的分异等原因，它们之间没有机会进行杂交和基因交流，从而分化形成新的物种；这主要是受精前的隔离因素如寄主以及交配季节和时间等的不同，使群体间个体不易进行杂交而造成的。

爆发式物种形成（sudden speciation）

爆发式物种形成方式，是指不需要悠久的演变历史，在较短时间内形成新物种的方式。这种形式一般不经过亚种阶段，而是通过染色体数目或结构的变异、远缘杂交、大的基因突变等，在自然选择的作用下逐渐形成新物种。

远缘杂交结合多倍化，这种物种形成形式主要见于显花植物。在栽培植物中多倍体的比例比野生植物多，所以这种物种形成方式与人类有密切关系。根据小麦种、属间大量的远缘杂交试验分析，证明普通小麦起源于两个不同的亲缘属，逐步地通过属间杂交和染色体加倍，形成了异源六倍体普通小麦。科学上已经用人工的方法合成了与普通小麦相似的新种。这种人工合成的斯卑尔脱小麦与现有的斯卑尔脱小麦很相似，它们彼此间可以相互杂交产生可育的后代。已知普通小麦是由斯卑尔脱小麦通过一系列基因突变而衍生的，因此这一事实有力地证明了现在栽培小麦的形成过程。

2.8.2 物种编目、濒危等级划分和保护优先序

2.8.2.1 物种编目

物种多样性是遗传多样性的载体和生态系统多样性的基本功能单位，因而物种是生物多样性保护的首要对象，开展物种保护首先应对所保护的物种登记造册即进行编目。

（1）编目内容。物种编目是指对地球上存在的生物类群加以鉴定并汇集成名录。编目强调对现有的类群进行登记和评估，包含各分类单元的名称或代码以及分布地点这两项基本内容。详细的编目还应包括与物种生物学和生态学有关的信息，如发生时间、栖息地类型、种群大小等。

编目可在不同的地域级别开展，如全球范围、区域范围、国家范围或地区一级。编目信息可通过直接的野外调查和分析获得，也可对已有的文献和资料（野外考察记录、标本收藏记录、动植物贸易记录）等进行整理收集。编目的成果形式是物种名录和物种编目数据库。

（2）编目的意义。随着生物多样性研究和保护的受重视程度的增加，越来越多的编目项目正在进行，其意义在于：①确定某一区域已鉴定物种的名录，表明物种存在与否；②可直接利用编目数据进行区域范围物种多样性特征、物种丰富度、特有性等的分析和比较，这些知识对制定保护决策甚为重要；③对重要的经济物种的编目数据可直接用于指导生产实践；④编目可作为自然监测的一个重要手段，某一地区的物种种类和分布的变化可通过编目进行监测，并可选择某些环境敏感类群作为环境指示类群进行长期的跟踪，编目达到环境监测的目的；⑤编目内容直接反映人类对自然界生物种类认识的深入程度。

2.8.2.2 物种濒危等级划分

濒危物种红皮书（Red Data Book）概念始于 20 世纪 60 年代，最早由 Peter Scott 爵士提出，其目的是根据物种受威胁的严重程度和估计灭绝的危险性将物种列入不同的濒危等级。地球上的生物多样性正在高速下降，许多物种面临着灭绝的威胁，我们必须有的放矢，针对物种的濒危等级提出具体的保护措施。目前，国际和国内有许多濒危物种等级的划分标准。

（1）IUCN 物种濒危等级。IUCN 全称是 International Union for Conservation of Nature and Natural Resource（国际自然及自然资源保护联盟），1948 年 10 月建立，是目前世界上最大的自然保护团体。

IUCN 早期使用的濒危物种等级系统包括灭绝、濒危、易危、稀有、未定和欠了解。上述标准存在很大的主观性。1994 年 11 月 IUCN 第 40 次理事会会议正式通过了 Mace-Lande 物种濒危等级作为新的 IUCN 濒危物种等级系统。

Mace-Lande 物种濒危等级定义了 8 个等级：①灭绝（EX）：如果一个生物分类单元的最后一个个体已经死亡，列为灭绝。②野生灭绝（EW）：如果一个生物分类单元的个体仅生活在人工栽培和人工圈养状态下，列为野生灭绝。③极危（CR）：野外状态下一个生物分类单元灭绝概率很高时，列为极危。④濒危（EN）：一个生物分类单元，虽未达到极危，但在可预见的不久的将来，其野生状态下灭绝的概率高，列为濒危。⑤易危（VU）：一个生物分类单元虽未达到极危或濒危的标准，但在未来一段时间里其在野生状态下灭

绝的概率较高，列为易危。⑥低危（LR）：一个生物分类单元，经评估不符合列为极危、濒危或易危任一等级的标准，列为低危。⑦数据不足（DD）：对于一个生物分类单元，若无足够的资料对其灭绝风险进行直接或间接的评估时，可列为数据不足。⑧未评估（NE）：未应用有关 IUCN 濒危物种标准评估的分类单元列为未评估（如下表）。

Mace-Lande 物种濒危等级标准中关于极危、濒危和易危物种的标准

	极危	濒危	易危
种群下降速率	10 年中下降 85%	10 年中下降 50%	10 年中下降 20%
分布范围	$<100\ km^2$	$<5\ 000\ km^2$	$<20\ 000\ km^2$
种群数量	种群数量 $N<250$ 存活数量 $Ns<50$	种群数量 $N<2\ 500$ 存活数量 $Ns<250$	种群数量 $N<10\ 000$ 存活数量 $Ns<1\ 000$
预计种群下降速率	3 年中下降 25%	3 年中下降 20%	3 年中下降 10%
灭绝概率	10 年中为 50%	10 年中为 20%	10 年中为 10%

（2）中国濒危物种红皮书和国家重点保护野生动物等级。中国动物红皮书的物种等级划分参照 1996 年版 IUCN 濒危物种红色名录，根据中国的国情，使用了野生灭绝、国内灭绝（绝迹）、濒危、易危、稀有和未定等等级。

中国植物红皮书参考 IUCN 红皮书等级制定，彼此相关但不相等。采用"濒危"、"稀有"和"渐危" 3 个等级。①濒危：物种在其分布的全部或显著范围内有随时灭绝的危险。这类植物通常生长稀疏，个体数和种群数低，且分布高度狭域。由于栖息地丧失或破坏，或过度开采等原因，其生存濒危。②稀有：物种虽无灭绝的直接危险，但其分布范围很窄或很分散或属于不常见的单种属或寡种属。③渐危：物种的生存受到人类活动和自然原因的威胁，这类物种由干毁林、栖息地退化及过度开采的原因在不久的将来有可能被归入"濒危"等级。

1988 年颁布的"国家重点保护野生动物名录"使用了两个保护等级。中国特产稀有或濒于灭绝的野生动物列为一级保护；将数量较少或有濒于灭绝危险的野生动物列为二级保护动物。

2.8.2.3 濒危物种保护的优先序

濒危物种保护受经费的制约，有限的资源应优先投入到一些应优先受到保护的物种。那么，哪一些濒危物种优先列为受保护物种呢？于是，人们提出了物种保护的"优先序"。但是，存在两种截然不同的观点。在下图所示的一个分类系统中，有 6 个假想的物种：A、B、C、D、E 和 F。可以用不同的方法测度这些物种之间的进化特有性。物种 F 代表的信息量等价于物种 A、B、C、D 和 E 的总信息量，应当受到优先保护。

Erwin 提出了一个相反的观点，他认为应当重点保护生物系统进化树上的那些"分支末梢"，以保存生物的进化潜力。生物系统进行树上那些代表古老、孑遗生物的分支已经停止了进化，如图中的 F，因而，这些分支失去了保护的价值，我们应当更重视分支 α 的保护。以灵长类为例，两种不同的观点反映了不同的保护对策。依照第一种观点，我们应当投入相等的资源来保护灵长类进化树上的每个分支，而依照 Erwin 的观点，我们应当将资源更多地投入猩猩类的保护。按照 Erwin 的观点，那些孑遗物种是不值得保护的。

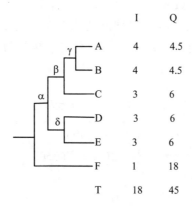

	I	Q
A	4	4.5
B	4	4.5
C	3	6
D	3	6
E	3	6
F	1	18
T	18	45

1 个分类系统中，有 6 个假想的物种：A、B、C、D、E 和 F。I 表示信息量，Q 表示相对分类特有性，以 1 个物种的信息量除以系统总的信息量。图中物种 F 代表的信息量等价于物种 A、B、C、D 和 E 的总信息量（自 Dobson，1998）

2.8.3 物种保护措施

2.8.3.1 物种资源调查与评价

为加强生物物种资源保护，摸清生物物种资源家底，防范生物物种资源流失和丧失，持续利用生物物种资源，需开展生物物种资源调查，研究制定国家重点保护生物物种资源目录。2004 年，全国生物物种资源调查项目专家组会议在中日友好环境保护中心召开，研究讨论全国生物物种资源调查项目实施方案和调查任务分工，修改形成调查项目具体实施方案。物种资源调查项目包括：全国重点生物物种资源调查、中国国家生物物种资源信息系统和数据库的建立、生物物种资源保护技术支持体系能力建设、物种资源保护联合执法检查。2008 年环保部继续开展全国生物物种资源重点调查项目，修改完善了"全国生物物种资源重点调查项目调查规范"。

生物多样性评价是生物多样性保护与管理的基础。从 20 世纪 90 年代起，国际上开始逐步重视生物多样性评价指标的研究。Reid 等（1993）提出了一套由 20 多个指标组成的指标体系，旨在建立地方、国家、区域和全球水平生物多样性现状评价的框架。我国自 2007 年开展全国生物多样性评价试点工作，选择生物多样性较丰富的云南、广西和江西 3 个省（自治区）作为第一批试点，2008 年试点扩大到北京、江苏、山东、湖南、青海 5 省（直辖市）。

2.8.3.2 就地保护

就地保护是生物多样性保护的最有效的措施。就地保护是在野生生物的原产地对物种实施有效保护，就是将有价值的自然生态系统和野生生物生境保护起来，以保护生态系统内生物的繁衍与进化，维持系统内的物质循环、能量流动与生态过程。就地保护最主要的方式是建立自然保护区。

2.8.3.3 迁地保护

迁地保护是通过将野生生物从原产地迁移到条件良好的其他环境中进行有效保护的一种方式。一般来说当物种原有生境破碎成斑块状，或者原有生境不复存在；或者当物种的数目下降到极低的水平，个体难以找到配偶；或者当物种的生存条件突然变化，物种面临生存危机的情况下，迁地保护成为保存物种的重要手段。物种迁地保护的场所主要有动物园、水族馆、植物园和野生生物繁育中心（基地）等。2008 年，一批濒危野生动物物种得到有效保护，国家重点保护野生动物数量总体呈上升态势。全国圈养大熊猫种群数量已达到 268 只；朱鹮突破 1 000 只；东北虎野外活动更加频繁，栖息范围有所扩展。朱鹮、麋鹿、野马、扬子鳄等濒危物种放归自然工作稳步推进。

2.8.3.4　离体保护

离体保护是对濒危物种的遗传资源，如植物的种子、动物的精液、胚胎以及真菌的菌株等进行长时期的保存。主要方式有建立种子库（在冷藏条件下保存植物种子）、基因资源库（将生物的遗传物质和细胞如精液、卵子和胚胎置于 $-196\,℃$ 的液氮环境中长期保存）等。

2.8.3.5　放归自然

放归自然即野化，指把笼养繁殖的后代再引入到自然栖息地，复壮面临灭绝的物种或重建已经消失的种群的过程。由于笼养繁殖的种群的个体捕食能力、防御天敌的能力较低，野化工作应循序渐进。例如鹿、野马的放归野化工作已开始，并取得一定成效。

2.8.4　有关物种保护的公约

2.8.4.1　《生物多样性公约》

《生物多样性公约》是在联合国环境规划署主持下制订的，并于 1992 年 6 月在巴西里约热内卢召开的联合国环境与发展大会期间签字，于 1993 年 12 月 29 日生效。中国于 1992 年 6 月 11 日签署，并于 11 月 7 日批准。

该公约由序言、41 项条款以及两个附件组成，主要规定了以下 4 个方面的内容：①各国对自己国土内的生物多样性具有主权，但确保自己国家的活动不危害其他国家。②对生物多样性采取保护和持续利用的方式。③向发展中国家优惠提供生物技术。④向发展中国家的生物多样性保护提供新的额外资金。

2.8.4.2　《濒危野生动植物种国际贸易公约》

《濒危野生动植物种国际贸易公约》（简称华盛顿公约）是 1973 年 3 月 3 日在美国华盛顿召开的缔结该公约全权代表大会上通过并向世界各国开放签字的，于 1975 年 7 月 1 日生效。中国是在 1981 年恢复加入这一公约的。

该公约由序言、25 条正文和 3 个附录组成。宗旨是通过国际合作采取许可证制度保护有灭绝危险的野生动植物，使其不因国际贸易而遭到过度开发利用。

2.8.4.3　《保护野生动物中迁徙物种公约》

《保护野生动物中迁徙物种公约》（简称波恩公约）是 1979 年 6 月 23 日在德国波恩公布并开放签字，于 1983 年 11 月 1 日生效。该公约由序言、20 条正文和两个附件组成，其宗旨是要求缔约国在公约框架范围内保护迁徙性野生动物及其栖息地。

2.8.4.4　《关于特别是作为水禽栖息地的国际重要湿地公约》

《关于特别是作为水禽栖息地的国际重要湿地公约》（也称拉姆萨公约）是 1971 年 2 月 2 日在伊朗拉姆萨通过，1975 年 12 月 21 日生效。现有 80 个缔约国。中国于 1992 年 2 月 20 日递交加入书，同年 7 月 31 日生效。

该公约由序言和 13 个条款组成。其宗旨是承认人类与环境的相互依存关系，通过协调一致的国际行动确保作为众多水禽繁衍栖息地的湿地得到良好的保护。

2.8.4.5 《保护世界文化和自然遗产公约》

该公约于 1972 年 11 月 16 日在联合国教科文组织全会上通过，1975 年 12 月 17 日生效，简称世界遗产公约。中国于 1985 年 11 月 22 日决定接受此公约，1986 年 9 月提交了首批遗产清单。

世界遗产公约由序言和 38 条正文组成，其宗旨是为国际社会集体保护具有重大价值的文化遗产和自然遗产建立一个长久性的有效制度。该公约要求缔约国采取步骤鉴别、保护、保持其管辖区内的文化与自然遗产，并将其传赠给后代。有突出世界价值的文化和自然区域列入世界遗产名单。该公约建立了世界遗产基金，可以由世界遗产委员会用于帮助各国建立和保护世界遗产遗址。

2.8.4.6 其他野生生物保护条约

涉及野生生物保护的国际条约还有很多。保护南极环境与生物资源的有《保护南极海洋生物资源公约》《保护南极海豹公约》《保护南极动植物议定措施》《关于环境保护的南极条约议定书》等；其他地区性条约有《西半球自然保护和野生生物保护公约》《保护自然和自然资源非洲公约》《保护欧洲野生生物和自然生境公约》《亚洲和太平洋区域植物保护协定》《丹麦、芬兰、挪威、瑞典环境保护公约》等；保护特定生物或生物类群的条约有《国际捕鲸管制公约》《狩猎和保护鸟类的比荷卢公约》《保护北太平洋海狗临时公约》《捕猎海豹管理措施和保护大西洋东北、西北海域海豹的协定》《保护北极熊协定》《欧洲经济共同体委员会关于保护野生鸟的指令》《保护骆马公约》等；保护海洋生物资源的有《捕鱼与养护公海海洋生物资源公约》和《联合国海洋法公约》。除了以上列举的多边条约外，还有大量国与国之间为生物资源保护和合理利用签订的双边条约，如《中日候鸟保护协定》《中澳候鸟保护协定》等。

2.9 外来入侵物种及其防治

2.9.1 外来入侵物种

2.9.1.1 概念

IUCN 对外来物种入侵的规范定义："外来入侵物种"，是指在自然、半自然生态系统或生境中，建立种群影响和威胁到本地生物多样性的一种外来物种。它与"外来物种"的概念不完全相同，"外来物种"是指出现在其过去或现在的自然分布范围及扩散潜力以外（即在其自然分布范围以外，在没有直接或间接的人类引入或照顾之下不能存在）的物种、亚种或以下的分类单元，包括其所有可能存活、继而繁殖的任何部分、配子或繁殖体。

2.9.1.2 确定外来入侵物种的标准

（1）借助人类活动越过不能自然逾越的空间障碍而被引入一个非本源地区域；

（2）当地的自然或人工生态系统中定居，并可自行繁殖和扩散；

（3）给当地的生态系统或景观造成了明显的损害或影响，损害当地的生物多样性；

（4）国内被引出其本源地的物种和来自其他国家的非本地物种。

2.9.1.3 外来物种入侵的特征

外来物种的入侵通常具有以下一些特征：

（1）外来入侵物种进入与扩散的途径及其危害形式复杂多样、难以防范，还存在通过不同的渠道多次引入的可能，但以人类有意或无意的行为所引起的入侵为主，入侵物种的登陆地点也相对集中。

（2）入侵行为具有隐蔽性和突发性，一旦达成入侵，往往在短时间内形成大规模爆发之势，极难防范和监测。

（3）入侵过程具有阶段性特征，通常可以分为四个阶段：引入和逃逸期、种群建立期、停滞（或潜伏）期和扩散期。但有目的引入的物种，如引种作物等，以及受干扰明显地区的物种，其两阶段间的成功率要高得多，因此其入侵的成功率也较高。

（4）入侵范围广泛（涉及陆地和水体的几乎所有生态系统），后果难以估量和预见，并可能引发一系列的连锁反应，且难以或甚至根本无法清除或控制（不可逆性），防除的代价和成本也极为高昂，而防除方法稍有不当或失灵，入侵将可能变得不可收拾，受影响区域可能会迅速扩大。

（5）入侵事实、后果及其影响可能长时间存在。

（6）入侵具有某种条件性或选择性特征，物种单一的、人为干扰严重的、退化的、有资源闲置的、缺乏自然控制机制的生态环境下，入侵成功的可能性较高，而生态完整性良好的生态系统较不易受到入侵。

2.9.1.4 外来物种入侵的渠道

外来物种入侵的渠道一般为：有意引进、无意引进、自然传播等形式，其中有意引进主要是为了满足农业、林业和渔业等生产活动的需要；无意引进主要通过贸易、商业、旅游等活动无意引进外来物种；自然传播主要是边界相邻国家之间，物种借助自然规律传播到另一国的现象。

2.9.2 外来入侵物种的危害

2.9.2.1 对生态环境的影响

外来入侵物种通过竞争或占据本地物种生态位，排挤本地种，如从洱海、程海和抚仙湖引进太湖新银鱼后鱼产量的变化来看，浮游动物为食性的银鱼不仅与本地鱼类的幼鱼发生强烈的食物竞争，而且与程海红鲌、大眼鲤、春鲤、洱海鲤等浮游动物食性的本地鱼类之间也产生强烈的食物竞争，导致本地鱼类种群数量急剧下降。或与当地物种竞争食物；或直接扼杀当地物种；或分泌释放化学物质，抑制其他物种生长，使当地物种的种类和数量减少，甚至濒危或灭绝，如豚草可释放酚酸类、聚乙炔、倍半萜内酯及甾醇等化感物质，对禾本科、菊科等一年生草本植物有明显的抑制、排斥作用。由于直接减少了当地物种的种类和数量，形成了单优势种群落，间接地使依赖于这些物种生存的当地其他物种的种类和数量减少，最后导致生态系统单一和退化，改变或破坏当地的自然景观。如有的入侵物种，特别是藤本植物，可以完全破坏发育良好、层次丰富的森林。

2.9.2.2 对人类健康的影响

经济全球化带来了许多新的医学问题，其中一些是外来物种入侵所带来的。淋巴腺鼠疫由跳蚤携带，而跳蚤通过寄生于入侵物种——原产自印度的黑家鼠，从中亚传播到北非、欧洲和中国。一些外来动物，如大瓶螺等，是人畜共患的寄生虫病的中间宿主。麝鼠可传播野兔热，极易威胁周围居民的健康。紫茎泽兰在开花时能引起人的过敏性疾病，农民下田沤肥时引起手脚皮肤炎，当地百姓称之为烂脚草。豚草花粉是人类变态反应症的主要病原之一，所引起的"枯草热"给全世界很多国家人们的健康带来了极大的危害。

2.9.2.3 对社会和文化的影响

外来入侵物种通过改变侵入地的自然生态系统，降低物种多样性，从而严重危害当地的社会和文化。我国是一个多民族国家，各民族聚居地区周围都有其特殊的动植物资源和各具特色的生态系统，对当地特殊的民族文化和生活方式的形成具有重要作用，特别是傣族、苗族、布依族等民族地区。由于紫茎泽兰等外来入侵植物不断竞争，取代本地植物资源，生物入侵正在无声地削弱民族文化的根基。凤眼莲往往大面积覆盖河道、湖泊、水库和池塘等水体，影响周围居民和牲畜生活用水，人们难以从水路乘船外出。

2.9.2.4 对经济发展的影响

外来入侵物种对人类的经济活动也有许多不利影响。杂草使作物减产，增加控制成本；农林业病虫害爆发，造成巨大经济损失；水源涵养区和淡水水源生态体系质量的下降会减少水的供应；旅游者无意中带入国家公园的外来物种，破坏了公园的生态体系，增加了管理成本；病菌传播范围的不断扩大，导致每年上百万人致死或致残。外来入侵物种给人类带来的危害是巨大的，造成的损失也是显而易见的。在我国，仅因烟粉虱、紫茎泽兰、松材线虫病等 11 种主要外来入侵生物，每年给农林牧渔业生产造成的经济损失就达 574 亿多元。外来生物入侵的威胁已成为农产品国际贸易技术壁垒的主要因素之一。

2.9.3　中国外来入侵物种的现状

中国外来物种入侵现状

据不完全统计，目前入侵我国的外来物种有 400 多种，其中危害较大的有 100 余种。在世界自然保护联盟公布的全球 100 种最具威胁的外来物种中，我国就有 50 余种。2003年 1 月 10 日国家环保总局和中国科学院联合发布《中国第一批外来入侵物种名单》，包括紫茎泽兰、薇甘菊、空心莲子草、豚草、毒麦、互花米草、飞机草、凤眼莲（水葫芦）、假高粱、蔗扁蛾、湿地松粉蚧、强大小蠹、美国白蛾、非洲大蜗牛、福寿螺、牛蛙等 16种已对我国生物多样性和生态环境造成严重危害的外来入侵物种。我国的外来物种入侵问题具有以下特点：

（1）涉及面广。全国 34 个省、直辖市、自治区均发现入侵物种。到 2008 年底，中国共建立了 2 538 个自然保护区，覆盖全国总面积的大约 15.5%，除少数偏僻的保护区外，或多或少都能找到入侵物种。

（2）涉及的生态系统多。几乎所有的生态系统，从森林、农业区、水域、湿地、草原、城市居民区等都可见到。其中以低海拔地区及热带岛屿生态系统的受损程度最为严重。

（3）涉及的物种类型多。从脊椎动物（哺乳类、鸟类、两栖爬行类、鱼类）、无脊椎动物（昆虫、甲壳类、软体动物）、植物，到细菌、病毒都能够找到例证。

（4）带来的危害严重。在我国许多地方停止原始森林砍伐，严禁人为进一步生态破坏的情况下，外来入侵物种已经成为当前生态退化和生物多样性丧失等的重要原因，特别是对于水域生态系统和南方热带、亚热带地区，已经上升成为第一位重要的影响因素。

2.9.4　外来入侵物种的防治对策

在发现外来物种具有潜在的入侵性或已经入侵时，应该尽快采取清除、抑制或控制等措施，以降低负面影响。控制方法应该为本地的社会、文化和道德所接受，要有效、无污染，而且不能危害本地动植物、人类以及家畜或农作物。2008 年，农业部继续在北京、天津、河北、内蒙古、辽宁、浙江、安徽、江西、山东、河南、湖北、湖南、广西、四川、云南等 15 个省（直辖市、自治区）开展外来入侵物种灭毒除害行动，全年动员各界力量 550 多万人次，对豚草等 14 种重大农业外来入侵物种进行了"灭毒除害"大行动，共铲除（灭除）外来入侵生物 3 200 多万亩次，防除效果达到了 75%以上。同时，重点对黄顶菊、薇甘菊、福寿螺等 22 种具有重大危害的农业外来入侵物种进行了全面普查，并建立和完善 427 种外来入侵物种的信息数据库。

2.9.4.1　建立快速有效的早期预警监测体系

（1）建立有害入侵物种的数据库和信息系统。收集可能有害或潜在有害的入侵物种的分类、原产地、入侵分布地、生理、生态、传播途径、防治方法等相关详细内容，并录入到数据库中，建立相应信息的查询工具，以各种形式提供给所有可能的使用和查询者。

（2）建立外来物种入侵风险评估体系。凡从国外引入，或者从国内跨不同的生态系统引入时，都要办理申请和经过评估。进行风险评估的方面主要有：健康风险、对经济生产的威胁、对当地野生生物和生物多样性的威胁，以及引起环境破坏或导致生态系统生态效益损失的风险等。同时要严格执行"物种引入许可证体系"。

（3）建立监测、早期预警和快速反应体系。我国目前并不具备对环境或生态的迁变进行监测的能力。因此，建立完备的外来入侵物种早期预警体系就显得格外迫切。实现早期预警，能够为以后的捕杀行动争取宝贵的反应时间。为了能够及时控制入侵物种的大爆发，还必须建立良好的快速反应体系。

2.9.4.2　采取有效措施，及时对入侵物种进行控制和铲除

（1）人工防治。依靠人力，捕捉外来害虫或拔除外来入侵物种，或者利用机械设备来防治外来植物，利用黑光灯诱捕有害昆虫等。人工防治适宜于那些刚刚引入、建立和处于停滞阶段，还没有大面积扩散的入侵物种。

（2）生境管理控制。生境管理控制方法，如火烧、放牧、水淹、排空水、种树、有机物覆盖地表、轮作倒茬等，对于防治外来物种都能起到一定的作用。

（3）化学防除。化学农药具有效果迅速、使用方便、易于大面积推广应用等特点。但在防除外来生物时，化学农药往往也杀灭了许多种本地生物，而对一些特殊环境如水库、湖泊，化学农药也应该限制使用。化学防除一般费用较高，在大面积山林及一些自身经济价值相对较低的生态环境如草原使用往往不经济、不现实。另外对于许多种多年生外来杂草，大多数除草剂通常只杀灭地上部分，难以清除地下部分，所以需连续施用，

防治效果难以持久。

（4）生物防治。生物防治是指从外来有害生物的原产地引进食性专一的天敌，将有害生物的种群密度控制在生态和经济危害水平之下，具有控效持久、防治成本相对低廉的优点。生物防治的一般工作程序包括：在原产地考察、采集天敌；天敌的安全性评价；引入与检疫；天敌的生物生态学特性研究；天敌的释放与效果评价；天敌和入侵种种群监测。通常从释放天敌到获得明显的控制效果一般需要几年甚至更长的时间，因此对于那些要求在短时期内彻底清除的入侵物种，生物防治难以发挥良好的效果。

（5）综合治理。将生物、化学、人工、生境管理等单项技术融合起来，发挥各自优势、弥补各自不足，达到综合控制入侵生物的目的，这就是综合治理技术。综合治理并不是各种技术的简单相加，而是它们的有机结合，彼此相互协调、相互促进。

2.9.4.3 建立和完善法制法规

中国已经有一些与检疫有关的法律和条例，然而这些法律和条例主要集中在与病虫害和杂草检疫有关的方面，或者说中国现有的有关生物的防御体系仅限于控制农业杂草、害虫和疾病，林业害虫和疾病，以及人类健康疾病。我国现有的法律体系并没有充分包含入侵物种对生态环境破坏的相关内容。应当制定防止入侵物种对当地生态系统造成危害的法律和条例。

2.9.4.4 加强国际合作

控制外来入侵物种涉及的范围十分广泛，它必然涉及国际贸易、海关、检疫等，并可能给经济和外交带来一些影响。加强有关入侵物种的国际交流和合作研究，共享、链接或共建入侵物种数据库和信息系统。一方面原产国相应物种的防治方法、生态特点、天敌生物等信息对入侵国的防治有着重要作用；另一方面，一个国家入侵物种的经验和教训，对其他国家在引入或防治同样物种时，有极大的参考价值。

2.9.4.5 加强宣传教育，提高民众对外来入侵物种的防控意识

针对外来入侵物种内容的教育和宣传，是环境保护的一个新领域。把入侵物种的概念、危害、国内外重要经验教训编辑成深入浅出的教育普及材料，以各种可能的方式（包括书本、刊物、小册子、互联网、广播、电视等）进行传播。一种新的有关环境保护的道德规范，要求人们自觉地将外来入侵物种与人类活动及其对自然环境所造成的影响紧密地联系起来，并将人类的日常生活习惯作为入侵物种问题的一部分来看待，从而改变人类有关的意识或行为。

以几个地区的案例为例，开展外来物种（特别是人工引入物种）的现状及其潜在威胁的研究，以便摸清我国入侵物种现状、危害程度，用科学和事实来教育管理、基层和广大群众，使大家对外来入侵物种有比较正确的认识，引起大家对引种的重视。其所针对的是每个人在生活消费领域中的生态安全细节问题，如随便携带、引进和种植或养殖外来物种，以及随便放生外来动物种等。并提倡尽可能地使用当地物种，尽量避免无意或有意地引入危险外来物种等。

2.9.4.6 建立政策和经济的激励与制约机制

按照"谁受益、谁补偿，谁破坏、谁恢复"的原则，建立完备的生态效益补偿制度。首先，必须将控制外来入侵物种作为生态保护的措施之一纳入国家和地方政府的基本计划与财政预算。其次，应建立风险基金。第三，制定外来物种造成损失的经济处罚办法

和效益补偿办法。第四，改善有关外来入侵物种的成本效益预算方法。最后，建立政策和经济激励机制，促进使用当地物种。外来物种仅在安全和必要的前提下，才能考虑是否引入。

2.10 生物安全

20 世纪 70 年代以来，以基因工程为核心的现代生物技术迅猛发展，在解决人类社会所面临的食品短缺、环境污染等重大问题上发挥了巨大作用，并逐渐发展成为强大的现代生物技术产业。然而，基因工程技术也可能对环境和人类健康产生巨大的风险或危险。因此，生物安全问题引起国际社会的广泛关注，生物安全管理十分迫切。许多国家在公众的强烈要求下制定了生物安全法规。《21 世纪议程》和《生物多样性公约》等国际文件也专门强调了生物安全对世界的环境和发展的重要性。

目前，生物安全问题的概念有狭义和广义之分。狭义的生物安全问题，是指现代生物技术的研究、开发、应用以及转基因生物的跨国越境转移可能对生物多样性、生态环境和人类健康产生潜在的不利影响。特别是各类转基因活生物体释放到环境中，可能对生物多样性构成潜在威胁。广义的生物安全问题是国家安全问题的组成部分，是指与生物有关的各种因素对社会、经济、人类健康及生态环境所产生的危害或潜在风险。广义的生物安全问题包括：①生物技术所引起的生物安全问题；②外来物种入侵所引起的生物安全问题；③物种灭绝问题等。

2.10.1 生物技术

2.10.1.1 概述

生物技术不完全是一门新兴学科，它包括传统生物技术和现代生物技术两部分。传统生物技术是指旧有的制造酱、醋、酒、面包、奶酪、酸奶及其他食品的传统工艺；现代生物技术则是指 20 世纪 70 年代末 80 年代初发展起来的，以现代生物学研究成果为基础，以基因工程为核心的新兴学科。当前所称的生物技术基本上都是指现代生物技术。根据生物技术操作的对象及操作技术的不同，生物技术主要包括 5 项技术（或称工程）。

（1）基因工程。基因工程是 20 世纪 70 年代以后兴起的一门新技术，其主要原理是应用人工方法把生物的遗传物质，通常是脱氧核糖核酸（DNA）分离出来，在体外进行切割、拼接和重组。然后将重组了的 DNA 导入某种宿主细胞或个体，从而改变它们的遗传品性；有时还使新的遗传信息在新的宿主细胞或个体中大量表达，以获得基因产物。这种创造新生物并给予新生物以特殊功能的过程就称为基因工程，也称 DNA 重组技术。

（2）细胞工程。一般认为，所谓的细胞工程是指以细胞为基本单位，在体外条件下进行培养、繁殖，或人为地使细胞某些生物学特性按人们的意愿发生改变，从而达到改良生物品种和创造新品种，加速繁育动植物个体，或获得某种有用的物质的过程。通常所说的克隆技术就属于细胞工程。

（3）酶工程。所谓酶工程是利用酶、细胞器或细胞所具有的特异催化功能，或对酶进行修饰改造，并借助生物反应器和工艺过程来生产人类所需产品的一项技术。

（4）发酵工程。利用微生物生长速度快、生长条件简单以及代谢过程特殊等特点，在合适条件下，通过现代化工程技术手段，由微生物的某种特定功能生产出人类所需的产品即为发酵工程，有时也称为微生物工程。

（5）蛋白质工程。蛋白质工程是指在基因工程的基础上，结合蛋白质结晶学、计算机辅助设计和蛋白质化学等多学科的基础知识，通过对基因的人工定向改造等手段，从而达到对蛋白质进行修饰、改造、拼接以产生能满足人类需要的新型蛋白质。

2.10.1.2 转基因生物

所谓转基因生物，就是利用分子生物学技术，将某些生物的基因转移到其他物种中去，改造生物的遗传物质，使其在性状、营养品质、消费品质方面向人类所需要的目标转变。目前国际上常用的名词有：GEO（Genetic engineering organism）是指经遗传工程处理的生物体；GMO（Genetically modified organism）是指经遗传修饰的生物体，其含义比 GEO 更广泛，但目前多数还是理解为经遗传工程处理的生物体；LMO（Living modified organism）是指经遗传修饰的活生物体。虽然 3 个名词不一样，但可广义理解为我国常称谓的转基因生物或工程生物。

1983 年世界上第一例转基因作物（烟草和马铃薯）问世，1986 年进入田间试验，2002 年 9 月全球田间试验数量已超过 20 000 例，其中仅美国就达 8 000 多例，有 50 多个国家 60 多种植物的转基因新材料和新品种在功效鉴定、遗传稳定性和生物安全性田间试验中表现出抗病虫、抗除草剂、改善品质、增加营养和附加值、医疗保健、环境治理等方面良好的性能，展现出广阔的应用前景。1994 年延熟保鲜转基因番茄在美国批准上市，1996 年转基因作物商品化应用进入迅猛发展时期，1999 年全球种植面积达到 3 990 万 hm^2，2000 年和 2001 年在有激烈争议的情况下种植面积仍比上年增加 11% 和 19%，分别达到 4 420 万 hm^2 和 5 260 万 hm^2。种植的国家增加到 13 个，其中美国、阿根廷、加拿大、中国分列前 4 位。各国已获准上市的转基因作物品种已达 100 多个（次），仅美国即达 53 个（次），包括番茄、大豆、玉米、棉花、油菜、水稻、马铃薯等 12 种作物。由转基因作物加工的转基因食品和食品成分已达 4 000 余种。全球转基因产品占该作物种植面积的比例依次为：大豆（46%）、棉花（20%）、油菜（11%）和玉米（7%）。在美国的比例更高，2001 年为大豆 68%、棉花 69% 和玉米 26%，2002 年为大豆 75%、棉花 71% 和玉米 34%。

中国目前已经研究开发转基因植物 50 多种，转基因动物 20 多种，转基因微生物 30 多种，涉及目的基因 200 多个。到 2001 年已经批准环境释放的转基因生物达 100 多项，批准商品化生产 59 项，属 6 个类型，其中转基因抗虫棉种植面积已达 200 万 hm^2。

2.10.2 生物技术的潜在风险

国际社会十分关注转基因生物及其产品对生物多样性、生态环境和人体健康可能产生的潜在影响。目前关注的主要问题是：

2.10.2.1 转基因生物对非目标生物的影响

释放到环境中的抗虫和抗病类转基因植物，除对害虫和病菌致毒外，对环境中的许多有益生物也将产生直接或间接的不利影响，甚至会导致一些有益生物死亡。

2.10.2.2 增加目标害虫的抗性和进化速度

研究表明，棉铃虫已对转基因抗虫棉产生抗性。转基因抗虫棉对第一、第二代棉铃虫有很好的毒杀作用，但第三代、第四代棉铃虫已对转基因棉产生抗性。专家警告，如果这种具有转基因抗性的害虫变成对转基因表达蛋白具有抗性的超级害虫，就需要喷洒更多的农药，将会对农田和自然生态环境造成更大的危害。

2.10.2.3 杂草化

释放到环境中的转基因植物通过传粉进行基因转移，可能将一些抗虫、抗病、抗除草剂或对环境胁迫具有耐性的基因转移给野生亲缘种或杂草。而杂草一旦获得转基因生物的抗逆性状，将会变成超级杂草，从而严重威胁其他作物的正常生长和生存。

2.10.2.4 对生物多样性和生态环境的影响

通过人工对动物、植物和微生物甚至人的基因进行相互转移，转基因生物已经突破了传统的界、门的概念，具有普通物种不具备的优势特征，若释放到环境，会改变物种间的竞争关系，破坏原有自然生态平衡，导致物种灭绝和生物多样性的丧失。转基因生物通过基因漂移，会破坏野生近缘种的遗传多样性。此外，种植耐除草剂转基因作物，必将大幅度提高除草剂的使用量，从而加重环境污染的程度以及农田生物多样性的丧失。

2.10.2.5 对人体健康的威胁和影响

转基因活生物体及其产品作为食品进入市场，可能对人体产生某些毒理作用和过敏反应。例如，转入的生长激素类基因就有可能对人体生长发育产生重大影响；转基因生物中使用的抗生素标记基因，如果进入人体，也可能使人体对很多抗生素产生抗性。由于人体内生物化学变化的复杂性，转基因食品对人体健康的影响可能需要经过较长时间才能表现和监测出来。

2.10.2.6 可能对人类社会秩序产生不利影响

包括克隆技术、遗传工程在内的现代生物技术，不仅将一切自然物加以人化，也在将人予以物化。对此国际社会提出一系列问题：人类是否有权将人体基因转移到其他生物体中去？人类是否愿意食用带有人体基因的食品？随着诸如克隆技术等现代生物技术的发展，特别是克隆人或人体器官技术，将人本身（而不是人体的一部分）作为物或商品，这有可能引起新的种族歧视、性别歧视、人身商品化、侵犯人的尊严等新的伦理道德问题，严重的会造成新的社会伦理风险、经济风险和社会动荡。

2.10.2.7 基因武器可能对人类带来毁灭性的危险

基因武器是指通过采用 DNA 重组技术改变细菌或病毒，使不致病的细菌或病毒成为能致病的，使可用疫苗或药物预防和救治的疾病变得难以预防和治疗。由于人类不同种群的遗传基因是不一样的，将不同基因组合的种族作为基因武器的攻击目标是完全可行的，这种新型武器被称为"种族武器"。人类基因组计划将不同种群的 DNA 排列出来后，就可以生产出针对不同人类种群的基因武器。据英国医学协会发布的《生物工程技术——生物武器》专题报告预测，基因武器的问世将不会晚于 2010 年。据称，美国曾利用细胞中的脱氧核糖核酸的生物催化作用，把一种病毒的 DNA 分离出来与另一种病毒的 DNA 相结合，拼接成一种具有剧毒的基因毒素——"热毒素"，只用万分之一毫克就能毒死 100 只猫；只用 20 g 就可以使全球 60 亿人死于一旦。随着转基因生物武器的研究和应用，有可能引起新的军备竞赛和战争危险，如果对基因武器失去理智或控制，有可能危及人类社会的生存。

2.10.3 国内外生物安全管理现状

2.10.3.1 国际生物安全管理

生物安全问题引起国际上的广泛注意，是在 20 世纪 80 年代中期。1985 年由联合国环境规划署、世界卫生组织和世界粮农组织联合组成了一个非正式的关于生物技术安全的特别工作小组，开始关注生物安全问题。经合组织（OECD）于 1985 年和 1992 年发布了有关重组 DNA 安全问题和生物技术安全问题的文件。国际上对生物安全立法工作引起特别重视，是在 1992 年召开联合国环境与发展大会后。此次大会签署的两个纲领性文件《21 世纪议程》和《生物多样性公约》，均专门提到了生物技术安全问题。此后，生物安全议定书的拟定就成为生物多样性公约缔约国大会的一项重要工作内容。从 1994 年开始，联合国环境规划署和《生物多样性公约》秘书处共组织了 10 轮工作会议和政府间谈判，为制订一个全面的《生物安全议定书》做准备；为拟定议定书初稿，召开了 4 次特别专家工作组会议。1999 年 2 月和 2000 年 1 月，先后召开了《生物多样性公约》缔约国大会特别会议及其续会，130 多个国家派代表团参加了会议。经过多次讨论和修改，《〈生物多样性公约〉的卡塔赫纳生物安全议定书》终于在 2000 年 5 月 15～26 日在内罗毕开放签署，其后从 2000 年 6 月 5 日至 2001 年 6 月 4 日在纽约联合国总部开放签署。该议定书阐述了可能对生物多样性产生负面效应的改性活生物体的安全转移、处理及利用，确定了预先通知协议、进口改性活生物体的程序等，并对发展中国家和尚未建立有关国内法律体系国家的状况给予了特别关注。2000 年 8 月 8 日，我国在联合国总部正式签署了该议定书。目前，《生物安全议定书》签署方已达 110 个国家和地区。

2.10.3.2 国外生物安全管理

在国际生物安全立法开始之前，一些发达国家已进行了关于生物安全的专门立法。例如，1976 年美国颁布了由国立卫生研究院制定的《重组 DNA 分子研究准则》，这是美国第一个对生物技术安全管理的法规。它将重组 DNA 实验按照潜在危险性程度分为生物安全 1～4 级，并设立了生物安全委员会等各类机构，为重组 DNA 活动提供咨询服务，确定实验的安全级别并监督安全措施的实施等。1978 年，德国颁布了《重组生物体实验室工作准则》。英国也于同年发布了《基因操作规章》，规定任何人未事先通报卫生与安全局及基因操作咨询小组，不得从事基因操作活动。日本于 1979 年制定了《重组 DNA 实验管理条例》，开始了生物技术的安全管理。欧共体于 1984 年成立了协调委员会，协调相关的技术政策，欧洲各国也建立了相应的管理机制。2003 年 7 月，欧洲议会通过一项法律，不再禁止欧盟各国利用转基因技术生产食品，但要求转基因食品必须加贴标签后才能出售。

2.10.3.3 中国生物安全管理

我国是生物技术相对比较发达的国家。从 20 世纪 80 年代后期开始，生物技术在我国迅速发展，得到了我国政府的密切关注和优先资助，认为它将成为解决粮食问题的一个主要方法和高技术革命的一项主要内容。但是，由于认识上及其他方面的原因，生物安全的研究和实践活动还远远落后于生物技术的发展。90 年代以来，适应国际大环境的影响和生物技术发展本身的要求，我国政府有关部门开始积极行动解决生物安全问题。如成立了相应的组织来管理生物安全，有关部门拨出专门经费用于生物技术安全研究，制定有关的法律法规和指南等。

1993 年 12 月国家科委发布《转基因安全管理办法》，1996 年 7 月农业部发布《农业生物基因工程安全管理实施办法》，以促进我国农业生物基因工程领域的研究和开发，加强安全管理，防止基因工程产品对人体健康、人类赖以生存的环境和农业生态平衡造成危害。

2000 年，我国政府将生物安全列为健康和环境保护的新领域。2000 年 8 月我国作为第 70 个签署国加入《卡塔赫纳生物安全议定书》。2000 年 9 月，国家环保总局、中国科学院、农业部、科技部等联合编制了《中国国家生物安全框架》，是我国生物安全的政策体系、法规体系和能力建设的国家框架方案，总体目标是：通过制定法规、政策以及相关的技术准则，建立管理机构和完善监督机制等，保证将现代生物技术及其产品可能产生的风险降到最低限度，最大限度地保护生物多样性、生态环境和人类健康，同时确保现代生物技术的研究、开发与产业化发展能够健康有序地进行。

2001 年 5 月，国务院颁布了《农业转基因生物安全管理条例》，规定今后转基因产品的生产和销售都必须拥有政府有关部门颁发的批准证书，而且须加贴标签予以注明。2002年 1 月，农业部公布了《农业转基因生产安全评价管理办法》《农业转基因生物进口安全管理办法》和《农业转基因生物标识管理办法》3 个配套规章，并于 2002 年 3 月 20 日起施行。目前，《中华人民共和国生物安全管理条例》和《生物安全法》正在制定之中。

在中国履行《生物多样性公约》工作协调组的基础上，成立了国家环保总局生物安全管理办公室，对外作为国家生物安全联络点和生物安全信息交换所，主要任务是组织履行《生物安全议定书》，协调开展生物安全管理工作。

2.10.4　应对生物安全问题的主要措施

2.10.4.1　积极参与国际合作

生物安全问题的跨国性、突发性、不确定性和长期性以及生物安全学的科学性，决定了解决生物安全问题的策略应是系统的、全方位的。应在全球范围内建立一个综合性生物安全体系，加强国际合作，进而增进全球化时代的国家安全。从 2003 年中国与东南亚地区及世界卫生组织联合抗击"非典"行动到 2004 年东南亚地区联合抗击禽流感等，人们看到了国际合作的重要性。

2.10.4.2　逐步建立健全生物安全法规体系

目前我国虽然已制定了若干有关生物安全的法规政策文件，包括专门性的生物安全立法文件和相关性的生物安全立法文件，但与国外生物安全立法发达国家相比，我国的生物安全立法的法规级别较低，立法体系不够健全，远不能适应我国面临的相当严峻的生物安全问题。为此，应该抓紧制定一部《生物安全法》。

2.10.4.3　加快建立生物安全评估机制

所谓安全评估，是指在发展生物技术、进行生物技术的应用和市场化推广，以及在进行特定生物、生物技术产品转移和贸易的过程中，基于生物安全国际法所确立的安全性标准，对相应的活动进行评估，以最大限度地避免因该活动而可能产生的风险。如环境生物安全性考虑的是对可能引起环境危害或灾害的环境生物种群、群落及其生物技术，从发生源、传播途径、爆发模式及相关生物技术的研究、开发、生产到产品实际应用整个过程中的环境安全性控制方针、对策、标准、方法、途径、评估、预测等问题，进行系统探查、研究和技术开发；着重对环境生物体及相关技术活动本身或产品，如基因工程技术活动和一些生态农业或养殖业技术及其产品可能对人类和环境的不利影响及其不确定性和风险性进行科学评估和预警，采取必要的措施加以管理和控制，力求在经济持续发展的同时，保障人体和生态环境的安全健康。

2.10.4.4 尽早建立生物安全问题的监测和快速反应体系

为了能够及时控制任何生物安全问题的爆发，我们必须建立良好的快速反应体系，一旦安全问题被监测到，能够迅速组织专家进行鉴定、研究、制订控制计划，采取相应的控制措施，并能够迅速提供保证这一系列行动的经费等。力求避免短期突击性的做法，真正体现社会公益性的国家能力建设。

2.10.4.5 加强实验室的安全建设与管理

自生物实验室诞生以来，实验室安全问题时有发生，轻则导致实验人员感染，重则造成病源外泄、疫病的流行和蔓延，甚至导致生物灾难的发生。人们在实践中往往注重的是实验室的硬件建设，却忽略了实验室的正确使用和规范化管理，因此，建立健全完善的生物安全操作规程和规范化管理制度并严格执行是非常必要的。我国政府于 2004 年 5 月 28 日正式颁布了《实验室生物安全通用要求》条例，属于强制性国家标准，就实验室生物安全管理和实验室的建设原则作了规定，同时还规定了生物安全分级、实验室设施设备的配置、个人防护和实验安全行为等方面内容。这标志着我国实验室安全管理和实验室生物安全认可工作已步入科学、规范的发展阶段。

2.10.4.6 加强对生物安全宣传工作的管理

确定有关部门对有关转基因农作物的报道进行审核把关。同时加强对现代生物技术和生物安全知识的科普宣传，以防止不适宜的新闻炒作，减少负面影响。

复习思考题

1. 简述森林的生态效益。
2. 阐述当前生物多样性的危机及原因。
3. 说明我国草原生态系统存在的问题。
4. 简述荒漠生态系统的保护对策。
5. 简述海洋资源与海洋生态系统的重要性。
6. 简述陆地水生生态系统的功能与效益。
7. 湿地生态系统有哪些特点及功能？
8. 物种保护的措施有哪些？
9. 简述外来入侵物种的防治方法。
10. 简述我国应对生物安全问题采取的主要措施。

第3章 自然资源保护

3.1 概 述

3.1.1 自然资源概念

3.1.1.1 自然与自然环境

自然是地球上无机物质和有机生命机体各种组成因子相互作用，经历漫长地质历史时期，演化而成的自然综合体。起初地球上只有无机的岩石圈、大气圈和水圈，继而又形成了土壤圈和生物圈。这五个圈组成了现在地球上生物与非生物的总体。自然是人类和其他生物生存的一切物质基础。

自然环境泛指人类社会以外的自然界，通常是指非人类创造的物质构成的地理空间。阳光、空气、水、土壤、野生动植物都属于自然物质，这些自然产物与一定的地理条件相结合，即形成具有一定特性的自然环境。所以，也可以说自然环境是人类赖以生存、生活、生产所必需的，不可缺少的而又无须经过任何形式摄取就可以利用的外界客观的物质背景条件的总和。

3.1.1.2 自然资源

资源泛指人类所需要的一切要素。它不仅包括物质要素，也包括由这些物质要素构成的环境或条件要素，人们通常所说的资源主要是指物质资源。

自然资源是指在一定的技术经济条件下，自然界中能被人类利用的一切物质与能量，如土壤、水、草场、森林、野生植动物、矿物、阳光、空气和风光景观等。它是社会物质财富的源泉，是社会生产过程中不可缺少的物质要素，是人类生存的自然基础。自然资源的开发与利用有一个过程，在当时经济技术条件下，可以利用的自然资源称之为资源，暂时还不能利用的自然资源称之为潜在的资源。

3.1.2 自然资源的分类

自然资源分类是研究自然资源特点及其对社会经济活动影响的基础。自然资源按其用途、属性、生存和活动的自然空间，以及能被人类利用的时间长短等，可以进行若干不同的分类。

根据自然资源的形成条件、组合情况、分布规律等地理特征可分为：矿产资源、气候资源、水资源、土地资源、生物资源；

根据用途分类可分为：生产资源、风景资源、科研资源等；

根据其生存和活动的自然空间可分为：空间资源、地面资源、海洋资源、生物资源等；

根据自然资源能否再生可分为：不可更新资源和可更新资源（可再生资源）。

3.1.2.1 不可更新资源

不可更新资源是假定在任何对人类有意义的时间范围内，资源质量保持不变，资源蕴藏量不再增加的资源。耗竭即可看做是一个过程，也可以看做是一种状态。不可更新资源的持续开采过程也就是资源的耗竭过程。当资源的蕴藏量为零时，就达到了耗竭状态。

（1）可回收的资源。资源产品的效用丧失后，大部分物质还能够回收利用的不可更新资源是可回收的资源。主要指金属等矿产资源，如汽车报废后，汽车上的废铁可以回收利用。但资源的可回收利用程度是由经济条件所决定的，只有当资源的回收利用成本低于新资源的开采成本时，回收利用才有可能。

（2）耗竭性资源。使用过程不可逆，且使用之后不能恢复原状的不可更新资源是耗竭性资源。主要指煤、石油、天然气等能源资源，这类资源被使用后就被消耗掉了。例如，煤一旦燃烧变成了热能，热量便消散到大气中，变得不可恢复了。

3.1.2.2 可更新资源

能够通过自然力以某一增长率保持或增加蕴藏量的自然资源是可更新资源。例如太阳能、大气、森林、鱼类、农作物以及各种野生动植物等。许多可更新资源的可持续性受人类利用方式的影响，在合理开发利用的情况下，资源可以恢复、更新、再生产甚至不断增长；在开发利用不合理的条件下，其可更新过程就会受阻，使蕴藏量不断减少以致耗竭。例如，水土流失导致土壤肥力下降；过度捕捞使渔业资源枯竭，并且进一步降低鱼群的自然增长率。有些可更新资源的蕴藏量和可持续性则不受人类活动影响，例如太阳能，当代人消费的数量不会使后代人消费的数量减少。

根据财产权是否明确，可更新资源可以分为可更新商品性资源和可更新公共物品资源。

（1）可更新商品性资源。财产权可以确定，能够被私人所有和享用，并能在市场上进行交易的可更新资源是可更新商品性资源。例如，私人土地上的农作物、森林等。

（2）可更新公共物品资源。不为任何特定的个人所拥有，但是却能为任何人所享用的可更新资源是可更新公共物品资源。如公海鱼类资源、物种、空气等。

3.1.3 自然资源的特点

3.1.3.1 有限性

有限性是自然资源的固有特性。因为人类的需要实质上是无限的，而自然资源是有限的。自然资源相对于人类需要在数量上的不足，是人类社会与自然资源关系的核心问题。但资源的有限性问题不仅仅是数量有限造成的，更多的是不合理的利用、科学技术的欠缺以及经济—社会结构的不合理所造成的，有的表现为全球性资源有限性，有的表现为地区性资源有限性。

3.1.3.2 整体性

人类通常是利用某种单一资源甚至单一资源的某一部分，但实际上自然资源之间是相互联系、相互制约形成的一个整体系统。如土地资源是气候、地形、生物及水源共同影响下的产物。

3.1.3.3 地域性

自然资源的形成服从一定的地域规律，因此其空间分布是不均衡的，总是相对集中于某些区域之中。如石油资源就相对集中于波斯湾地区。

3.1.3.4 多用性

大部分自然资源具有多种功能和用途。例如，一条河流对能源部门来说可用做水力发电，对农业部门来说可作为灌溉水源，对交通部门而言则可能是航运线，而旅游部门又把它当成风景资源。

3.1.3.5 社会性

地理学家卡尔·苏尔认为"资源是文化的一个函数"。即自然资源由于附加了人类劳动而表现出社会性，它或多或少都有人类劳动的印记。人类不仅变更了植物和动物的位置，而且也改变了它们所居住地方的地形与气候，甚至还改变了植物和动物本身。

3.1.3.6 可变性

自然资源加上人类社会构成"人类—资源生态系统"，它处于不断的运动和变化之中。这种变动可表现为正负两个方面。正的方面如植树造林、修建水电站等，使人类与资源的关系呈现良性循环。负的方面如滥伐森林、围湖造田，使资源退化衰竭，甚至加剧自然灾害。

3.1.4 我国自然资源的现状及存在问题

3.1.4.1 我国自然资源的基本现状

资源即财富之源泉。自然资源即人类可以利用的自然形成的物质与能量。自然资源主要包括土地、水、气候、生物、矿藏资源，它们在自然界中是彼此联系、相互结合的有机整体，又是独立存在的。我国自然资源具有下列共同特点：

（1）资源总量大，种类齐全。中国国土 960 万 km^2，仅次于俄罗斯与加拿大，居世界第三位，海域 473 万 km^2。中国主要自然资源的总量均居世界前列。实际耕地约 1.33 亿 hm^2，占世界的 6.8%，居世界第三位。森林面积 1.27 亿 hm^2 占世界第 5 位。草地面积约 4 亿 hm^2，居世界第二位。河川径流量 2.7 万亿 m^3，居世界第六位，可开发的水力资源 3.7 亿 kW，居世界第一位。矿产资源总值，居世界第三位。其中，钨、锑、钛、稀土、菱镁矿居世界第一位，煤、钒、硫居世界第二位，磷、锌、钼居世界第三位，镍居第九位，石油储藏量也居世界第九位。中国主要自然资源的总丰度与世界各国比较，仅次于俄罗斯与美国，居世界第三位，堪称资源大国。这个概念基本上符合社会公众的一般认识。

地大物博，资源丰富，种类齐全是中国资源的优势。一个国家的人口与经济发展的规模在很大程度上取决于该国的自然资源总量，目前除日本等少数国家外，世界上经济大国都是资源大国。自然资源总量大是中国综合国力的重要方面。

（2）人均占有资源量少，资源相对紧缺，生存空间狭小。中国人口众多，已达到 13 亿。因此，按人口平均，中国则是资源小国。中国人均国土面积仅 0.8 hm^2，为世界人均量的 29%。中国山地丘陵占 2/3；半干旱、干旱地区约占国土的 1/2。东半部半湿润、湿润地区集中了 90%以上的人口，每平方公里 225 人，特别在沿海和平原地区，生存空间狭小。各类资源的人均量是：人均耕地 0.11 hm^2，仅为世界平均数的 1/3；人均草地 0.33 hm^2，为世界平均数的 1/2；人均森林面积 0.1 hm^2，为世界平均数的 1/6；人均森林储积量为世界平均数的 12.2%；人均水资源是 2 300 多 m^3，为世界平均数的 1/4；人均可开发的水力资源装机 0.31 kW，所占比重最大，也仅为世界平均数的 3/4；人均矿产储量总值 1 万美元左右，至于各类矿产资源如果按 13 亿人口平均，绝大部分均低于世界人均占有量。

人均占有资源量少是中国资源的一大劣势，一个国家居民消费水平和生活方式在很大水平上取决于该国的人均自然资源的占有量或消费量。中国人口仍将持续增长，人均占有资源量还将继续降低，这是难以改变的事实，表明中国人口对资源的压力过大。

中国资源相对紧缺，特别是决定国计民生的耕地人均量过小与淡水供应不足，成为约束性的两大稀缺资源。至 21 世纪 20～30 年代，中国人口将达到 15 亿，那时人均耕地面积将下降到 0.08 hm^2，人均占有淡水资源也下降到 1 800 m^3，资源供应形势将愈来愈严重。人口多，耕地少，供水不足是中国的基本国情。

（3）资源质量相差悬殊，低劣资源比重偏大。中国不同地区与不同种类的资源质量相差悬殊，但低劣资源比重偏大。从地面资源看，草地资源质量普遍较差，中下等草地占 87%，加以季节不平衡，冬春草不足，载畜能力低，1～1.33 hm^2 才能养一只绵羊单位，但天然草地质量差异也很大，东部的草甸草原质量较佳，产草量可高于荒漠草地 10 倍。中国有林地质量总的看是较好，一等林地占 65%，但现有林地的中幼龄林比重大，林场生产力普遍较低，与林地潜力很不相称，中国的耕地资源一般情况下都是在最好的土地上开垦，但质量也相差悬殊，好地即无限制的一等耕地占 40%左右，而有各种限制的耕地，即不同程度的水土流失、风沙、盐碱、洪涝灾害的中下等耕地与中低产田则占总耕地面积的 60%左右，这是由于中国人口多，平原好地不足，山坡地、沙荒地、滩地、湿地开垦以及管理不善造成的，中国耕地质量总体看不算高。

矿产资源，不同矿种质量相差也很悬殊。煤炭资源总体看质量较高，品种较全，分布集中，开采条件也较好。还有一些小矿如钨、稀土等质量也较好。但相当部分矿种质量较差，表现为富矿少，贫矿多，综合组分多，单一整装矿少，开采难度大。如铁矿，贫矿占 95%以上。铜矿中，品位低于 1%的占 2/3。大于 30%（P_2O_5）的富矿占全国磷矿总储量的 7.1%，而小于 12%的贫矿却占总储量的 19%。而且中国矿产一般埋藏较深，可供露天开采的大型巨型矿产极少。这一特征大大加重了资源更新、改造、开发利用的难度，对投资和技术条件的要求较高。

（4）资源地区分布不平衡，组合错位。资源分布不平衡，各类资源按其成因和地理分异规律，分布在一定的区域内，资源分布的区域性是资源的一个共同特点。各类资源分布的差异，它的组合特点，很大程度上影响着资源开发利用与经济发展。中国各类资源匹配总体上不理想，组合错位。中国南方地区水多耕地少，水资源占全国水资源总量的 81%，而耕地只占全国耕地的 35.9%。能源资源普遍短缺，其中东部（华东、华中与华南）也是矿产资源较贫乏的地区，煤炭仅占全国的 1.0%，石油占 0.7%，铁占 18.6%；西南则水力资源占全国的 70%，铁、有色金属、磷、硫较为丰富，也有一定煤炭资源（占全国的 10.3%），但山高坡陡，耕地资源更缺，也是严重的石油短缺地区；北方地区，水少耕地多，耕地资源占全国耕地总面积的 64.1%，而水资源只占全国水资源总量的 19%，能源与矿产资源丰富，煤炭资源的 90%，铁矿的 60%，石油资源几乎全部在北方。在北方地区中，华北地区耕地占 38.5%，而水资源仅占 7.5%，水土资源严重不平衡，而且矿产资源丰富，煤炭占 50%，石油占 38%，铁矿资源占 29%，水是主要限制条件；西北干旱地区，耕地占 5.8%，水资源占 4.6%，似乎基本平衡，但西北土地辽阔，土地总面积却占全国土地的 35.4%，大部分土地因干旱缺水而不能开发，西北地区是中国富能地区，煤炭资源占 28%，石油资源占 13%，而且前景看好，大有潜力，有色金属资源也很丰富，但铁矿资源只占 7%，偏少，水资源是限制西北资源开发与经济发展的约束性因素；东北地区耕地占 20%，水资源占 7%，东北石油能源丰富，占 48%，煤炭占 8.5%略少，铁占 24%，而且森林资源丰富，有林地面积占全国的 30%，木材蓄积量占全国的 42%，东北地区除辽河流域缺水严重外，总体看资源匹配较好；青藏高原，高寒、缺氧是限制条件。

从人口分布看，中国北方人口占 45.3%，土地面积占 63.6%，以黄淮海地区人口最为集中，占全国总人口的 33%，土地面积只占 15%，人口密度最大；中国南方人口占 52%，土地面积占 36%，人口密度比北方高，其中长江流域，人口占 35%，土地面积占 19%，人口密度也是全国最大地区。

再从人与资源关系的角度分析，可以认为，中国南方是人地矛盾，而中国北方普遍是水土矛盾，华北地区即黄淮海地区则处于水土矛盾与人地矛盾叠加的焦点，又是矿产资源丰富，经济重心地区，因此为促进华北地区经济的发展，解决水资源短缺是首要问题。

（5）资源开发强度大，后备资源普遍不足。中国人口众多，各类资源在经济技术所能及的范围内，都得到开发利用。宜农地资源的利用率达到 90%以上，后备资源不足。而且适宜开发种植农作物的后备耕地资源面积仅 0.1 亿～0.13 亿 hm^2，只可开垦净耕地 0.67 亿 hm^2，为现今实际耕地的 1/20，宜农耕地资源已处于"饱和"甚至"超饱和"状态。不少地区，特别在黄土高原、风沙地带和西南山区，因平地耕地不足，而采取陡坡开荒造成大面积水土流失、土地沙化和退化。中国荒漠化地区的耕地退化达 45%左右。天然草地过牧超载 1/3，造成草地生产力普遍下降 30%～50%。中国林地资源丰富，利用率只有 50%略多，还有 1.13 亿 hm^2 的宜林荒山荒地，提高森林覆盖率潜力很大。但现实森林资源同样是采大于育，采育失调，木材供应赶不上需要，将有枯竭危险。华北平原地下水资源开采过度，缺乏水资源补充，普遍发生大漏斗，有些滨海地区已发生海水倒灌。东部油田，储采比降到约 10：1，大都已进入中晚期，且新油田接替不上，后续资源不足。中国的铁矿资源，由于富矿少，已部分由国外供应。因此，为了社会经济的持续发展，一方面必须坚持资源的节约利用、综合利用、持续利用，另一方面要大力寻找新的后备资源，刻不容缓。

3.1.4.2 我国自然资源开发利用中存在的主要问题

自然资源是人类生存和经济发展的物质基础。在经济发展的历史过程中，人类极大地依赖于自然资源的开发利用。随着社会的进步、生产力的提高，人类开发利用资源的深度和广度不断拓展。自然资源的开发利用创造了物质财富，同时也带来了资源的耗竭和环境的破坏。为了合理利用自然资源，人类不断探索并选择适合自然与社会相协调的，能够支持人类社会持续发展的正确方式，逐步形成了自然资源持续利用理论并开展了大量的实践。

从自然资源持续利用的角度看，我国资源利用上目前主要存在以下几个问题：①在发展经济的途径上，过分依赖自然资源的投入，出现大量的资源浪费和环境污染；②在自然资源的分配上，采用不适当的行政干预方式，阻碍了自然资源的合理配置，带来浪费和破坏资源的不良后果；③在自然资源的核算上，没有正确理论指导，造成自然资源无价、低价和随意定价，即难以对自然资源的破坏和浪费起控制作用，实际上还助长了破坏和浪费的蔓延；④在自然资源的使用管理上，部门分割，多头使用；所有权、管理权和使用权混淆，使自然资源不能统筹进行保护和利用，严重影响自然资源的开发、利用和有效管理。要从根本上解决这些问题，必须改变传统的非持续利用自然资源的做法，代之以人类与自然界和谐为基础的，能够持续支持经济社会发展的自然资源利用方式，即自然资源的持续利用模式。

3.1.5 自然资源保护的对策

按照科学家的研究预测，地球的寿命大约在 100 亿年。目前地球表层演化到一个非常特殊的时期。从热力学的能量分析来看，地球表层目前能量的收入与支出大体平衡，处在一个"耗散阶段"，既能维持生机勃勃的局面，又比较敏感、脆弱，易遭破坏而又难以恢复。自从人类产生以来，在原始社会破坏生物，在农业社会破坏土地和植被，在工业社会又直接破坏大气和水进而产生全球环境问题，威胁全人类的生存和发展。因此保护地球表层的自然生态环境是人类面临的共同的重大的战略问题。

3.1.5.1 实行全面节约战略，建立资源节约型经济和社会发展体系

首先经济增长要以提高经济效益为中心，通过经济体制改革和市场竞争，形成节约资源、降低消耗和提高效益的经济运行机制；其次要狠抓资源节约和综合利用，大幅度提高资源利用率。在生产、建设、流通、消费等领域中都要厉行节粮、节水、节能、节材，节约用地，千方百计地减少自然资源的浪费和消耗。

3.1.5.2 强化自然资源法制管理

为确保自然资源能得到合理的、综合的开发利用，使自然资源得到适当的、积极的养护和增殖，必须对自然资源的开发利用通过立法加以干预和管理，目前我国自然保护法规日趋完善；重要的是要进一步建立健全自然资源法治管理和监督体制，强化执法和监督能力，规范执法和监督程序，使现有的法律法规能够得到认真的贯彻落实。

3.1.5.3 建立自然保护区

对珍稀资源的保护要采取建立自然保护区的手段。如对珍稀物种、地形地貌、水源地、典型生态系统都应建立保护区，以便合理地开发利用自然资源，使珍稀资源从得不偿失到永续利用。

3.1.5.4 建立自然资源的价值观和资源储备制度

（1）完善自然资源有偿使用制度和价格体系。传统观念认为，没有通过劳动产生的东西就没有价值，这是长期以来造成资源浪费、乱开滥挖的主要原因之一。然而自然资源是有价值的，其价值主要体现在它的有用性上，其价值的大小，取决于它的稀缺程度、供求状况以及开发利用条件等。因此，在建立市场经济过程中，要逐步完善各种价格体系，从而有效地制止和约束自然资源开发利用中损害生态价值的行为。

（2）建立主要资源国家储备制度。为了抵抗自然灾害、应对国际上发生的不测事件，保证正常的社会发展和人民生活的需要，建立主要资源的储备制度是非常必要的，尤其对于经济发达和资源短缺的国家。如日本是通过大量进口必需的资源进行资源储备的。美国从 1939 年就建立了资源储备制度。中国也应将资源储备制度进一步完善。

3.1.5.5　加强科学技术的研究

科学技术是经济社会发展的重要动力，在未来的国际竞争中将起着重要的支柱作用。科技进步对扩大资源探明储量，减少资源消耗，提高资源利用效益起到至关重要的作用。尤其是地区性自然资源及其生态作用的相关研究在我国是一个薄弱环节，这对采取针对性措施，确立发展目标有重大的影响，因此，我们必须要加强科学技术的研究。

3.1.5.6　加强宣传教育

要将自然保护的宣传教育工作纳入到环境教育之中，不断提高公民的意识。尤其要对小学生进行热爱自然、亲近自然和保护自然的教育；同时还要进行自然保护法律法规的宣传教育；而且在进行法律法规的制定和修改工作时，要努力创造条件组织公民参与讨论和发表意见，使法律有更坚实的群众基础，这也是深入宣传、增强公民守法意识的重要手段。

3.2　土地资源的保护

3.2.1　土地资源的概念

3.2.1.1　土地和土地资源

土地通常是指地球表面的陆地部分。随着社会生产力发展和科学技术的进步，人们对土地的认识和理解在逐步加深和扩大。基于人们理解问题的视角和学科研究目的的不同，对"土地"概念的界定也不尽相同。一般说来，土地是地球陆地的表层，它是由地形、土壤、植被、直接影响土地的地表水、浅层地下水、表层岩石以及作用于地表的气候条件等各种自然要素组成的自然综合体。土地最能反映各种自然因素相互联系、彼此作用、紧密结合的总体关系，同时也反映人类过去、现在的活动对它产生的影响。

土地资源和土地是有区别的，它是指土地总量中，现在和可预见的未来，能为人类所利用、能用以创造财富、产生经济价值的这部分土地。但是，在目前的科学技术条件下，人们还很难断定哪部分土地是绝对不能直接或间接地为人类所利用。所以通常把全部土地都作为土地资源，土地和土地资源在习惯上是通用的。

3.2.1.2　土地资源的分类

土地资源的分类有多种方法，既可以按照其自然属性又可以按其社会属性分类。在我国较普遍的是采用地形分类和土地利用类型分类：

（1）按地形土地资源可分为高原、山地、丘陵、平原、盆地。这种分类展示了土地利用的自然基础。一般而言，山地宜发展林牧业，平原、盆地宜发展种植业。地形对工业、交通、城镇建设也有直接的影响。

（2）按土地利用类型可分为已利用土地耕地、林地、草地、工矿交通居民点用地等。宜开发利用土地——宜垦荒地、宜林荒地、宜牧荒地、沼泽滩涂等；暂难利用土地——戈壁、沙漠、高寒山地等。这种分类着眼于土地的开发、利用，着重研究土地利用所带来的社会效益、经济效益和生态环境效益。

3.2.1.3 土地资源的生产力

土地资源的生产力是通常所说的自然生产力，它的基本含义是在一定时间内单位土地上的自然生态系统的生物总存量和增长量，包括数量和种类。土地生产力是土地本身的性质、阳光、水、空气、气候条件和人类的干预等多种因素综合作用的结果。从满足人类的需求和保护生态环境系统角度看，目前开发建设的人工生态系统要优于自然生态系统。如生态农业，不仅能得到综合产出的最佳效果，而且可以不断改良土壤，提高土地的生产力。但一个特定地区的土地，由于受到各种环境要素和社会经济技术条件的限制，其生产力是有限的，可供养的人口也就受到了限制。对一个国家来讲，这是一个非常现实的问题。因此，我们必须要保证有足够数量的耕地，供养我国十几亿的人口，同时要不断开发各种高效生态技术，提高产量和品质，改善人们的食品结构，既要使土地现时发挥最大效力，又要使土地能够永续利用。

3.2.2 土地资源的特点

3.2.2.1 数量的有限性

土地是自然历史过程的产物，而不是像其他生产资源那样是人类劳动的产物可以创造，从而数量不断增加。地球自形成之日起，土地面积就基本固定了，生产活动可以改良土地、促进土地质量的转变，可以改变地形地貌，但不能改变土地的总量，某类土地的增加就会引起另一类土地的减少。因此，为满足发展的需要，就需要统筹规划、优化配置，提高土地利用集约化的程度。

3.2.2.2 位置的固定性

土地资源的地理位置是固定不变的，我们不能像搬动各种日用化妆品那样把土地从一地运往另一地，不能移动的土地和特定的社会经济条件结合在一起，从而使土地利用具有明显的地域性差异。因此人们必须根据土地的自然生态环境特点因地制宜地利用土地，宜农则农、宜牧则牧、宜林则林，合理布局。

3.2.2.3 土地利用的永续性

土地是与地球共存的自然资源，永远不会单独消失。它作为人类生存的活动场所和生产资料，只要合理利用，其生产能力和使用价值能不断提高，是永续的生产资料；在政局稳定、经济健康发展的背景下，土地作为财产会不断增值。

3.2.2.4 土地的双重性

土地是自然环境的立地基础，又是各种自然资源的载体。所以土地是人类赖以生存、生活的最基本的物质基础和环境条件，是人类从事一切社会实践的基地。对农业生产来说，土地既是农业生产最基本、最主要的生产资料，又是劳动的对象，土地是植物生长发育的营养供给源和动物栖息、繁衍后代的场所，土地在人类出现之前为自然物，但是人类出现之后，人类过去和现在的活动，如开垦、耕种、灌溉、防洪、围海、围湖、整修土地及建设房屋、道路、工矿等都强烈地改变着土地的自然性状与面貌，而且随着科学技术的发展，人类的影响将越来越强烈和广泛。因此，土地资源也可以说是自然与人工综合作用的产物，它既有自然属性，又具有社会属性。

3.2.3　我国土地资源状况及存在问题

3.2.3.1　我国土地资源及其利用的基本情况

我国土地资源的基本国情是人口多，人均土地少，耕地后备资源不足。我国土地资源总面积就是幅员面积。全国幅员面积为 960 万 km^2（9.6 亿 hm^2），占世界陆地面积的 6.4%，仅次于俄罗斯和加拿大，居世界第三位，但人均占有土地面积只有世界人均数的 29%；人均占有的耕地、草地、林地分别是世界人均量的 33%、42%和 26%，因此我国的土地资源是总量多，人均少。《2008 年中国环境状况公报》公布，全国耕地为 1.22 亿 hm^2，园地 0.12 亿 hm^2，林地 2.36 亿 hm^2，牧草地 2.62 亿 hm^2，其他农用地 0.25 亿 hm^2，居民点及独立工矿用地 0.27 亿 hm^2，交通运输用地 0.02 亿 hm^2，水利设施用地 0.04 亿 hm^2，其余为未利用地。

随着人口的增长，人们对土地的需求越来越大，土地资源的供需矛盾日趋加剧，因此我们要合理利用好有限的土地资源，实现我国经济和社会的可持续发展。我国土地资源有以下特点：

（1）幅员辽阔、地理位置优越，土地资源类型多样。我国土地总面积占世界陆地面积的 1/5，南北跨纬度 49°，是世界跨纬度最广的国家之一，自北向南依次为寒温带、中温带、暖温带、北亚热带、中亚热带、南亚热带、北热带、中热带、南热带 9 个气候带。我国东西跨度为 62°，按经度的地带性水分条件划分，从东到西依次为湿润区、半湿润区、半干旱区和干旱区。地势从东部海拔 50 m 以下的平原到西部海拔 4 000 m 以上的青藏高原。湿度、温度、地形的多种条件，形成了我国土地条件地域差异悬殊，土地资源类型多种多样的特点。

（2）山地多、平地少。我国为多山国家，山地面积约占全国土地面积的 33%，高原占 26%，丘陵占 10%，盆地占 19%，平原只占 12%，与世界领土面积较大的国家俄罗斯、加拿大等国比较，我国是山地比重较大的国家。

（3）后备耕地资源不足。据统计，我国尚有疏林地、灌木林地与宜林宜牧的荒山荒地约 1.23 亿 hm^2，其中，适宜开垦种植农作物、人工牧草和经济林果者约 3 530 hm^2，仅占国土面积的 3.7%，而质量较好的一等地仅有 310 万 hm^2，质量中等的二等地有 800 万 hm^2，质量差的三等地有 2 430 万 hm^2，可见，数量少、质量差是我国后备土地资源的主要特点。同时，多分布在边远地区，地质条件较差，开垦难度较大。

（4）具有明显的地域差异。我国土地资源质量的地域差异表现在：东、西部地区差异悬殊，南、北部地区也有差别，而山区和平原差异又很明显。我国东部地区多为平原和丘陵，气候湿润，雨热同季，土地肥沃，生产条件优越。东部地区土地面积占全国面积的 47.6%，耕地却占全国的 90%，人口占全国的 93%；西部地区气候干旱、海拔高，难利用土地多，耕地少。西部地区土地占全国面积的 52.4%，人口只占 7%。我国南部地区属于热带、亚热带地区，水热条件好，耕地以水田为主。而北部水、热条件稍差，耕地以旱田为主。

3.2.3.2　我国土地资源开发利用中存在的主要问题

与 2007 年相比，耕地面积净减少 1.93 万 hm^2，其中，建设占用 19.16 万 hm^2；灾毁耕地 2.48 万 hm^2，生态退耕 0.76 万 hm^2，因农业结构调整减少耕地 2.49 万 hm^2，以上四项共减少耕地 24.89 万 hm²，同期土地整理复垦开发补充耕地 22.96 万 hm²。现有水土流失面积 356.92 万 km²，占国土总面积的 37.2%，其中水力侵蚀面积 161.22 万 km²，占国土总面积的 16.8%，风力侵蚀 195.70 万 km²，占国土总面积的 20.4%。

（1）耕地锐减，形势严峻。世界人均耕地为 3.75 亩，中国只有 1.6 亩，仅为世界人均数的 43%。全国有 2 800 多个县级行政单位，人均耕地小于 0.8 亩的有 666 个，占总数的 23.7%。其中小于 0.5 亩的有 463 个。全国 66% 的耕地分布在山地、丘陵和高原地区。全国 1/5 的耕地受到污染，干旱、半干旱地区 40% 的耕地严重退化。我国城市建设盲目外延，城市平均容积率仅为 0.3，5% 的土地处于闲置状态。

随着工业不断发展，城市规模不断扩大，工矿业、交通运输、旅游业、军用设施等建设占用大量土地，耕地面积将会不断减少。在我国，乱占耕地现象加剧了耕地面积锐减速度。

（2）水土流失严重。由人类活动破坏植被引起的水土流失是当前土地资源遭到破坏的主要原因。新中国成立初期水土流失面积为 116 万 km²，20 世纪 90 年代初已增至 150 万 km²，水土流失以黄土高原最为突出，长江流域由于上游森林砍伐，水土流失也很严重，1998 年长江流域的特大洪水同时也是一次特大范围、集中性的水土流失。2002 年 1 月 21 日水利部在北京举行了全国第二次水土流失遥感调查成果新闻发布会，公布了水利部从 1999 年开始，历时两年的水土流失遥感调查结果，全国现有水土流失面积 356 万 km²，其中受水力侵蚀的水土流失面积为 165 万 km²，受风力侵蚀的为 191 万 km²。全国水土流失面广量大，山区、丘陵区、风沙区、农村、城市，都存在不同程度的水土流失问题。受水力侵蚀的地区主要分布在长江上游的云、贵、川、渝、鄂和黄河中游地区的晋、陕、蒙、甘、宁等省（区、市）。同时，在中、东部地区的一些省份，如黑龙江、辽宁、山东、河北等省的部分地区，水土流失也非常严重。受风力侵蚀最严重的地区为西北地区，包括新疆、内蒙古、青海、甘肃等省（区）。这次遥感调查结果表明，改革开放以来，我国水土保持生态建设取得很大成就，预防监督工作得到加强，有效地控制了人为水土流失，水土保持综合治理在局部地区成效显著。但我国水土流失防治任务仍然十分艰巨，西部地区，特别是大江大河上中游地区，水土流失严重，生态恶化的趋势尚未得到有效遏制。因此，必须充分认识防治水土流失的紧迫性、艰巨性和长期性，进一步加强水土流失综合治理。

（3）土地沙化在扩展。我国是世界上受沙漠化危害最严重的国家之一，每年因沙漠化造成的直接经济损失超过 540 亿元。我国土地沙化的成因主要是干旱、少雨、大风等自然因素，但人类不合理的开发建设活动是导致沙化面积不断扩大的主要原因，突出表现在 3 个方面：①水土资源开发利用不合理，盲目扩大耕地面积，缺乏有效的统一管理；②过度放牧，导致草场严重退化、沙化；③乱采滥挖，造成植被严重破坏。我国土地沙化主要发生在风力侵蚀地区，并集中分布于西北地区及华北北部。风力侵蚀最严重的地区主要分布在西北地区的新疆、内蒙古、青海、西藏、甘肃等省区的沙漠、戈壁等区域。据国家林业局防沙治沙办公室提供的资料，目前中国沙漠化面积已相当于 10 个广东省。

（4）土地生态环境污染严重。近年来由于工业迅猛发展，大量城市工业和乡镇企业生产过程中排放的"三废"，有的未经处理直接任意排放，严重影响到周边的土地环境；

农业生产中长期的污水灌溉，已经引起土质污染，土壤板结、肥力下降；矿业生产中形成的土地裂缝、塌陷以及建材生产中的取土挖坑都会造成对土地资源的破坏；不合理的化肥和农药施用也会造成土壤污染。污染严重的土地生态环境会使动植物或各种农产品中有毒物质大量积累。前几年我国水果、粮食、肉食等农产品质量安全问题比较突出，再加上国际贸易绿色壁垒，给我国农产品的出口贸易工作带来了严重的消极影响。

（5）土地次生盐渍化面积较大。土地次生盐渍化是全球干旱、半干旱地区土地利用中存在的重要环境问题。不良的灌溉（如灌溉水量过大、灌溉水质不好等）可导致地下水水位上升，引起土壤盐渍化，由此生成的盐渍土称次生盐渍土。土壤盐渍化严重时，一般植物很难成活，土地就成了不毛之地。盐渍土主要分布在内陆干旱、半干旱地区和滨海低地。我国盐渍土分布范围很广，在华北、华东和西北均有分布。据统计，我国东北、西北、黄淮海平原大约有 0.07 亿 hm^2 盐碱地。全世界有 0.67 亿 hm^2 盐碱地，占全世界陆地面积的 1/3。随着生态环境的不断恶化，工业现代化，灌溉地和保护地栽培面积扩大，土地次生盐渍化面积正在逐年增加。土地盐渍化和淡水短缺已成为人类生存的两大问题。因此，迫切需要开发利用广大的中低盐度盐碱地。开发与改良利用广大的中低盐度盐碱地，既可以阻止盐渍化的进一步加剧，又能扩大种植面积，缓解人口增加与耕地骤减的矛盾，具有较大的生态效益、社会效益和经济效益。国家"十五"计划中将投入200 亿元，重点开发盐碱地，发展抗盐林木生产。

（6）各类低产田面积扩大。中国辽阔国土上多种类型的土壤，是综合农业生产的基地。由于土壤性状及环境条件的差异，其生产潜力与利用改良途径各不相同。由于近年来农田基本建设投入不足，工程不配套以及对农田不合理灌溉、农业生产粗放、重用轻养、肥料结构不合理，致使耕地质量下降，部分地区低产田面积在不断扩大。

（7）农用土地结构调整缺乏规范化管理。目前，农用土地结构调整是造成耕地面积减少的重要原因之一。农民为了生存和追求利益，不断调整农业内部生产结构势在必然。粮食种植会改为蔬菜种植、果园或鱼塘等。据资料显示，2001 年全国耕地面积比上年减少 61.73 万 hm^2。主要原因是：国家建设用地、农村集体建设用地（如乡镇企业、个人建房等）、农业结构调整用地、灾害损失等。

3.2.4 保护土地资源的对策

3.2.4.1 加强土地管理，确保耕地的数量和最佳土地利用结构

（1）做好土地资源的调查和规划工作。做好土地资源的调查工作，是合理开发利用土地资源，保护土地资源的基础和前提，在此基础上，认真进行地籍管理，开展土地资源动态监测和预报工作，编制土地利用规划及有关专项规划，如城市发展和建设用地规划、农业发展用地规划、农田保护规划等，以保证土地资源的合理利用和优化配置，保护好耕地，稳定耕地面积。

（2）建立土地资源宏观调控与微观管理运行机制。对土地利用的宏观调控，就是通过土地利用总体规划和中长期、年度供地计划，在政府干预下运用行政、经济、法律和技术手段对土地资源进行统筹安排和合理利用。微观管理的主要途径：①年度用地计划要通过每个具体项目用地管理来落实，并按地块实行用途管制；②各项建设用地项目按有关权限逐项审批；③开发复垦荒废土地要遵照规划，按规定权限审批；④吸引外资经

营成片土地和开发，要按有关规定分级审批和管理；⑤农业内部结构调整也应纳入土地利用总体规划和年度计划，实行审批管理。

（3）落实最严格的耕地保护制度，积极推行征地制度改革。首先要建立完善的基本农田保护制度，要保证粮田、棉田和其他主要农产品的种植面积，把土壤、水利、交通设施等条件好的耕地划为一级基本农田，长期不许占用。划定保护区的界线，明确位置、面积、等级，将保护面积落实到地块和责任人，坚持基本农田的地力保养和环保制度，建立有效的监督检查制度和奖惩办法。认真组织开展基本农田保护检查工作；严把新增建设用地审查报批关；积极开展耕地占补平衡检查和清欠耕地补偿费工作；征地管理实行必须执行规划计划、必须充分征求农民意见、必须补偿安置费足额到位才能动工用地、必须公开征地程序和费用标准及使用情况的"四个必须"；推进征地制度改革，完善征地补偿安置制度；落实国务院关于将部分土地出让金用于农业土地开发的要求，各地普遍加大土地开发整理力度。

（4）增加土地投入，加强农田基础设施建设，提高土地利用率和土地综合生产效益。增加土地投入主要用于开发复垦耕地和其他农用地，以及改造中低产田。为了加大开发复垦力度，需采取以下措施：在摸清待开发土地资源的基础上，编制土地开发复垦的中、长期规划和分年度实施计划，有计划、有重点地进行荒废土地的综合开发，以求得最佳的经济、社会和生态效益；实行耕地补偿制度，占用耕地实行"占用多少，补偿多少"的原则；建立土地开发复垦专项资金，建议成立国家土地银行，引进市场竞争机制，开拓资金渠道；实行科学管理，开发与治理相结合，社会、经济、生态效益并重，对开发项目要实行生态环境影响评价制度、项目全程管理与跟踪管理制度；注意科技投入，吸引科技人员投入科学开发荒废土地资源，建设高产优质高效农业，加强农田基本建设，改善农业基本生产条件；提倡跨省区、跨行业的联合经营和异地开发。

3.2.4.2 加强土地治理，确保土地质量，提高各类土地的生产力

（1）水土流失的防治。防治水土流失，①在水土流失重点预防保护区，坚持"预防为主、保护优先"的方针，实施大面积保护；②在开发建设比较集中的地区，实施重点监督，严格贯彻执行开发建设项目水土保持"三同时"制度，有效遏制人为造成新的水土流失；③在水土流失严重的长江、黄河上中游地区和风沙区，开展水土保持生态环境建设和退耕还林，坚持以小流域为单元、山水田林路统一规划、综合治理，坚持工程、生物和农业技术三大措施因地制宜、科学配置，坚持生态、经济和社会三大效益统筹兼顾。同时，依靠大自然的力量，充分发挥生态的自我修复能力，加快生态环境建设步伐。

2008 年中国实施水土流失治理重点工程。全国共实施水土流失防治面积 7.3 万 km^2，其中综合治理 4.7 万 km^2，封育保护 2.6 万 km^2，治理小流域 3 209 条。当年完成水土流失治理面积 3.9 万 km^2，完成封育保护面积 2.05 万 km^2，完成小流域治理 1 829 条，完成小流域治理面积 1.58 万 km^2。全国共改造坡耕地、沟滩地 65 万 hm^2，营造水土保持林草 493 万 hm^2，在黄土高原地区建设淤地坝 1 239 座。全国水土保持重点工程治理水土流失 1.76 万 km^2，比上年增加 8 000 km^2。全国有 1 200 多个县实施了全面封禁，累计实施封育保护面积 71 万 km^2，其中 39 万 km^2 的生态环境得到初步恢复，依靠生态自我修复能力加快了水土流失防治进程。

（2）土地沙化的防治。沙漠化与沙漠、戈壁不同，沙漠化不能抽调人为活动的实质，

沙漠化的实质是人地关系的矛盾造成生物或经济生产力下降与丧失，地表呈现类似沙漠景观的土地严重退化过程。沙漠化防治是人地关系相互协调，人与自然和谐相处，改善环境，土地生产力再恢复，经济可持续发展的过程。人类对水土资源的不合理开发利用，导致水资源紧缺—河水断流—地下水位下降—植被衰败—土地沙漠化发展，因此，防治土地沙漠化关键在于合理开发利用水土资源。多年来我国防治土地沙漠化工作以水土资源为前提，优化水资源配置，采取综合措施，科学防治，走出了路子，积累了经验，取得了成效。在干旱和半干旱地区应根据自然条件因地制宜，确定土地利用方向，其中大部分土地应以牧为主，在河谷、滩地等水分条件较好的土壤肥沃地段，安排农业生产。对质量较好的耕地需采取带状耕作、粮草轮作、作物留茬、营造林带等措施，以防土壤风蚀，在易沙化的土地上采用少耕和免耕等措施。营造植被是防治土壤沙化的主要措施，旨在保护原有植被的基础上，根据不同条件不同类型进行造林和种草。

（3）土地盐渍化的防治。土地盐渍化是影响农业生产和农业生态环境的一个重要因素，是限制林业生产的一个重要因子，更是一项世界性难题，防治土地盐渍化的根本措施在于通过水利工程措施和农业措施，将地下水位控制在临界水位之下，以控制地面返盐。主要措施有：疏通骨干河道，建立排灌工程体系，平整土壤，采用引水压盐，井灌井排，降低地下水位，促使土壤脱盐等工程措施；采取培肥土壤，精耕细作，抑制返盐，建立农田林网，改善农田生产环境，农、林、牧、渔全面开发等生物措施，综合治理。

（4）土壤污染的防治。

☞ 土壤污染状况调查：2008 年 1 月 8 日，原国家环境保护总局在北京召开第一次全国土壤污染防治工作会议，要求搞好全国土壤状况调查，强化农用土壤环境监管和综合防治，加强城市建设用地和遗弃污染场地环境监管，拓宽土壤污染防治资金投入渠道，增强土壤污染防治科技支撑能力，建立健全土壤环境保护法律法规和标准体系，加强土壤环境监管体系和能力建设，加大宣传教育力度。2008 年 6 月 6 日环境保护部印发了《关于加强土壤污染防治工作的意见》，明确了土壤污染防治的指导思想、基本原则和主要目标。指出了土壤污染防治的重点领域是农用土壤和污染场地土壤。要求建立污染土壤风险评估和污染土壤修复制度。按照"谁污染、谁治理"的原则，被污染的土壤或者地下水，由造成污染的单位和个人负责修复和治理。

☞ 到 2008 年底，全国 31 个省（直辖市、自治区）共采集土壤和农产品等样品 78 940 个，完成了 78 852 个样品的分析测试，获得近 300 万个有效调查数据，制作图件 8 575 件。

☞ 土壤污染的防治：为了控制和消除土壤的污染，首先要控制和消除土壤污染源，加强对工业"三废"的治理，合理施用化肥和农药。同时还要采取防治措施，如针对土壤污染物的种类，种植有较强吸收力的植物，降低有毒物质的含量（例如羊齿类铁角蕨属的植物能吸收土壤中的重金属）；或通过生物降解净化土壤（例如蚯蚓能降解农药、重金属等）；或施加抑制剂改变污染物质在土壤中的迁移转化方向，减少作物的吸收（例如施用石灰），提高土壤的 pH，促使镉、汞、铜、锌等形成氢氧化物沉淀。此外，还可以通过增施有机肥、改变耕作制度、换土、深翻等手段，治理土壤污染。同时还要注意合理利用污水进行灌溉；加强土壤污染的环境监测和评价，及时预报环境质量变化。

3.3 水资源的保护

3.3.1 水资源的概念

3.3.1.1 水资源的概念

水是人类及一切生物赖以生存的必不可少的重要物质，是工农业生产、经济发展和环境改善不可替代的极为宝贵的自然资源。水资源一词虽然出现较早，随着时代进步其内涵也在不断丰富和发展。但是水资源的概念却既简单又复杂，其复杂的内涵通常表现在：水类型繁多，具有运动性，各种水体相互转化的特性；水的用途广泛，各种用途对其量和质有不同的要求；水资源所包含的"量"和"质"在一定条件下可以改变，更为重要的是，水资源的开发利用受经济技术、社会和环境条件的制约。目前，关于水资源普遍认可的概念可以理解为人类长期生存、生活和生产活动中所需要的既具有数量要求又具有质量前提的水量，包括使用价值和经济价值。一般认为水资源概念具有广义和狭义之分。

广义上的水资源是指能够直接或间接使用的各种水和水中物质，对人类活动具有使用价值和经济价值的水均可称为水资源。

狭义上的水资源是指在一定经济技术条件下，人类可以直接利用的淡水。

3.3.1.2 水的循环

地球的水不是静止的，而是不断运动变化和相互交换的。水的循环分为自然循环和社会循环两种。

（1）自然循环。地球上种种状态的水在太阳辐射和地心引力的作用下，从海洋、江河、湖泊、陆地表面以及植物体表通过蒸发、蒸腾、散发变成水汽，进入到大气中，随大气运动进行迁移，在适当条件下凝结，然后以降水的形式（雨、雪、雾、雹、霜等）落到海面或陆地表面。到达地面的水在重力作用下，部分渗入地下形成地下径流，部分形成地表径流流入江河，汇归海洋，还有一部分重新蒸发回到空中。自然界的水就是这样，通过蒸发、输送、凝结、降水、径流、渗透、汇流构成一个巨大的、统一的连续循环过程。

（2）社会循环。所谓社会循环指的是：人类社会为了满足生活和生产的需求，要从各种天然水体中取用大量的水。这些生活和生产用水经过使用以后就成为生活污水和生产废水。它们被排放出来，最终又流入天然水体。这样，水在人类社会中也构成了一个局部的循环体系，这就叫做水的社会循环。

无论是自然循环，还是社会循环过程，都是大自然提供的一个自动净化过程，在蒸发的过程中，矿物质包括一些有害物质绝大部分留在了海洋里，比较纯净的水降到地面后，在渗透进入地下的过程中，又得到土壤的进一步过滤、吸附和微生物分解净化。人类在生产和生活过程中向水中排入大量有害物质，大部分可能通过水的流动、蒸发和水中生活的微生物、水中的化学物质和水本身的化学活性得到降解（水体自净作用）。水循环提供的净化潜力是巨大的，人类所做的努力与之相比微不足道，可以说没有水的循环，人类和其他生物就不可能得到源源不断的、廉价而又干净的水。

3.3.1.3 水在地球上的分布

水是地球上分布最广的物质，是人类环境的一个重要组成部分，以气、液、固 3 种聚集状态存在。地球上水的总量接近于 14 亿 km^3，如果全部铺在地球表面上，水层厚度可达到约 3 000 m。海洋中聚集着绝大部分的水，占地球总水量的 97.2%，它覆盖着地球表面 70%以上。陆地上到处都分布着江河湖沼，这些地面水总量约为 23 万 km^3，其中淡水约一半，只占地球水总量的万分之一左右。地下土壤和岩层中含有多层地下水，总量估计有 840 万 km^3，在高山和冰冻地区还积存着巨量冰雪和冰川，占陆地水总量的 3/4，天空大气中总是流动着大量的水蒸气和云，在动植物机体中也饱含水分。例如，大多数细胞原生质内含水分约 80%，人的体重有 70%是水分，黄瓜的重量中水竟占约 95%，即使在矿物岩石结构中也包含了相当量的结晶水。由此可见，水在地球上几乎是无所不至，确实是一种分布极广的常见物质，它在整个自然界和人类社会中发挥着不可估量的巨大作用。

3.3.2 水资源的分类

3.3.2.1 按存在位置分类

大气圈水

大气圈的水主要来自海洋面、陆面、土壤蒸发和植物蒸腾。大气圈里有对流层、平流层、中间层、暖层，每时每刻总有 1.38 万 km^3 的气态水在向液态转化。蒸发到大气圈的水通常是以汽、水滴和冰晶固体微粒的形式存在。

地表水

地表水是指地球表面各种水体（海洋、近海、湖泊、池塘、沼泽）。高纬度地区冬季水体的水常呈固体状态，如极地区有厚厚的冰层，山区雪线以上有雪和冰川等。地表水中绝大部分是海洋水，其他水体的水相对于海洋水来说是很小的，但是它们对生态系统具有十分重要的意义。

（1）海洋水。全球大洋及半封闭的边缘海、岛间海和内陆海是地球表面最大的水体。全球海和洋的总面积有 3.61 亿 km^2，占地球表面积 5.1 亿 km^2 的 70.8%。海洋对人类的作用是综合性的，它可以调节气候，提供鱼虾等高蛋白食物，提供廉价的航运通道，洋底蕴藏着大量的矿物资源，同时海洋也是巨大的能源供给者，海洋波浪、海流、潮汐的能量是非常巨大的，仅潮汐能就达 8.0×10^4 亿 kW，比陆地上水能发电的能量还大 105 倍。许多沿海地区和干旱国家正在越来越依赖海水淡化提供淡水资源，海洋资源开发被认为是 21 世纪人类可能取得革命性进步的途径之一。

（2）湖泊和沼泽水。湖泊是陆地上较为封闭的天然水域，是湖盆与运动水体及水中物质互为作用的综合体，它虽然没有海洋那样宏伟壮观，也不像河流那样奔流不息，但它却千姿百态、大小不定、咸淡各异、形态复杂。

世界上湖泊分布很广，我国也是个多湖泊的国家，全国天然湖泊在 1 km^2 以上的有 2 800 个，总面积 8 万 km^2 以上。

湖泊是自然资源的重要组成部分，它不仅有丰富的水利资源，可开发利用为农业灌溉、为工业生产和城乡人民生活提供宝贵水源，还可用来发电、航行和防洪，调节河川径流，改善区域气候条件和生态环境，还可为人类提供多样的水产资源，同时湖泊又是重要的环境资源，湖泊周围环境秀丽，常是重要的旅游和疗养胜地。

沼泽也属于湖泊的一种类型，它是一种地表终年积水或土壤层水分过饱和的地方，沼泽生长有沼生植物，并有一定厚度的泥炭堆积，植物根系一般不能穿过泥炭伸展到矿质土壤中，土壤有明显的潜育层。沼泽有海滨沼泽、湖泊沼泽、河流沼泽等类型。

沼泽在生态环境中的作用十分重要。它是良好的蓄水体，可以大量吸收地表径流，对气候具有重大影响，沼泽常常是一些珍禽的栖息地或迁徙过程中的停留地。

（3）河流水。河流是水的天然径流，也是河床中从高地向低地搬运岩石、泥沙物质的载体。河水的流动可能破坏岩石，把岩石变为卵、砾石、沙、泥，并堆积在河流的下游部位。较长的河流通常分为 3 段：上游，河床较直较窄，径流快，跌水、瀑布常见；中游河床加宽，径流较平静；下游河床最宽，流速小，能使沙、淤泥沉积下来。河流冲刷和暴雨径流常造成水土流失，使河水夹带大量泥沙，毁林开荒、工业化和都市化使泥沙淤积成为当今的一个世界性问题，我国的黄河就是以它的高含沙量而得名的。

（4）冰川水资源。冰川形成在雪线以上，确定雪线应当考虑许多因素，通常采用物质平衡方法，即冰川物质积累与消融的零平衡线，平均可以取海拔 3 500 m 的高度。在雪线以上，粒雪变成的冰含空气 20%，空气和冰一起在新覆盖冰的压力作用下，年复一年地越压越实，越盖越厚。

地球上冰的总储量为 $3.5\times10^7\,km^3$，储水量为 $2.4\times10^6\,km^3$，除了南极洲和格陵兰以外，地球的其他地方，特别在南北极圈的海岛上和大陆高山区还有大量冰川，但是所有这些冰川区的面积和体积都比不上一个格陵兰岛。

（5）泉水。在地面下流动的地下水，在适宜的地形地质条件下，能溢出地面，变成地表水，这种有地下水特征的特殊的地表水称为泉。我国的泉很多，大约有 10 万余处，其中被誉为"天下第一泉"的就有四处，分别是山东济南的趵突泉、北京西郊玉泉山的玉泉、镇江金山之西的中冷泉和江西庐山汉阳峰康王谷中的谷帘溪泉。

泉水常常是河流的水源，如我国山东博山的珠龙泉、秋谷泉和良庄泉是孝妇河的水源。山区中沟谷纵横，泉水淙淙，许多清泉汇合成为溪流。在石灰岩地区，许多岩溶本身就是河流源头。

地下水

地下水是地球内部含水的总称，根据估算仅存在于地壳中的水就有 4 亿多 km^3，有人称为地下海洋，地下水既有液态水也有气态水和固态水。地下水可分为以下 4 种：

（1）毛细水。在直径小于 1 mm 的微小孔隙和宽度小于 0.25 mm 的狭窄裂隙中的水，既受重力作用又受毛细管作用控制。自然界的毛细水一般作垂直运动，通常分布于地下潜水面以上，形成毛细水层，它是地表水与地下水之间联系的重要纽带。在农业生产上，把在毛管力作用下，土层中达到最大的毛管悬着水量称为田间持水量。田间持水量是计算农业灌溉用水定额的重要依据，因为植物根的吸水作用是以毛细水作为它需要的主要水源。

（2）吸附水。在细颗粒土层中被吸附在各颗粒表面上的水叫吸附水。它是靠分子引力和静电引力吸附在颗粒表面上的。它不受重力作用的影响，也不受毛细作用的控制，甚至植物的根也不能使它离开岩石。

（3）矿物水。在组成岩体、土体的岩石和土的固体颗粒内部也有水，它通常作为矿物的一部分存在于矿物结晶结构之中，称为矿物水。例如褐铁矿是由两个氧化铁分子和 3 个水分子结合而成的，水分子占总重量的 25.2%。许多矿物都含有矿物水，如芒硝、蛋白石、绿泥石、滑石、黏土矿物等。矿物水又可细分为结构水、结晶水、沸石水和层间水。

（4）重力水。溶洞、大裂缝、大孔隙中的水，在重力作用下，由高向低自由流动，这种水被称为重力水。地下河流、地下湖泊和井水等属于重力水，它们能被人们广泛地利用。

生物水

生物水是指包含于生物体体内的水量，在生物界中生物总量约为 1.4×10^{12} t，生物质中水含量平均为 80%，即有 1.12×10^{12} t 生物水，生物体内含水总量的 60%参加水分循环，所以在地球水分循环中，生物水是一个重要环节，例如，大部分的陆面水蒸发是通过植物蒸腾从土壤到达大气，地表蒸发有 12%是通过植物产生的。所以地表植被是影响局地气候的非常重要的因素。

3.3.2.2 按水温分类

水依据温度状况可分为 6 个类别：它们是：过冷水（<0℃）、冷水（0～20℃）、温水（20～37℃）、热水（37～50℃）、高热水（50～100℃）和过热水（>100℃）。

3.3.2.3 按含盐量分类

按 1 L 水中溶解盐类物质的多少来划分，可将水分为 5 种。

（1）淡水，溶解物质不足 1 g。

（2）微咸水，溶解物质 1～3 g。

（3）咸水，溶解物质 3～10 g。

（4）盐水，溶解物质 10～50 g。

（5）卤水，溶解物质大于 50 g。

3.3.2.4 按盐类类型分类

根据水中含有主要盐类的阴离子类型，大致可将水分为氯化水、硫酸水和重碳酸水等类型。一般而言，自然界低矿化度水大多为重碳酸水；随着水的矿化度增加，其中 SO_4^{2-} 和 Cl^- 均有所增加，形成硫酸水和氯化水；达到咸水后就以 Cl^- 为主，属氯化水了。

还可依据水中主要阳离子的类型，将水简单地分为"硬水"和"软水"。通常将含有较多钙、镁和铁盐的水称为硬水。这种水可与可溶性肥皂反应，生成不溶性肥皂，它们黏附在纤维之上，因而用硬水洗衣服不易洗干净，这时需要用合成洗涤剂代替肥皂。与硬水相比，人们把含有极微量或不含钙和镁盐的水称为软水。软水对人们生活和工农业生产都是十分重要的，而且是必需的和不可代替的用水。

3.3.2.5 按水质分类

根据水的物理、化学和生物等指标，可以将水分成若干类，对于不同的工农业生产和人畜饮用需求，就要限定一定级别的水，各国根据自己的情况，都制定了严格的水质标准，主要水质指标包括：物理指标、化学指标、生物指标、放射性指标等。这些标准不仅要保护水体中那些基本的和重要的生物以及水的使用者，而且要保护那些依靠水生生物而生存的或者有意无意食用水生生物的生物。因此各类水如生活用水、景观用水、农田灌溉水和各行业工业用水都有相应的水质标准。

3.3.3 水资源的特征

3.3.3.1 水资源的储量是有限的

从全球来看，地球表面尽管有 71%覆盖着水，总水量为 138.6 亿 t，但人们需要的淡水仅为 3.5 亿 t，占总储量的 2.53%，而且由于开发困难或技术经济的限制，到目前为止，仍有绝大多数水暂不能被利用，全球能被人类开发利用的只占淡水储量的 0.34%，为 104.6万 t，因此地球上水的总储量是有限的。

3.3.3.2 水资源是人类社会赖以生存和发展不可替代的自然资源

水资源的总量虽然是有限的，但由于水的循环，自然界的水会源源不断地供给人类新水源，供给人类再次使用，但如果人类过度开采，或污染水体，也即破坏了水的循环及其周期性，使循环恶性发展，或是水循环周期拉长，导致更新水资源不能如期而至，甚至减少。对于生物来说水是不可替代的，没有氧气可以有生命存在（如厌氧细菌），但没有水便没有生命。人的身体 70%由水组成，植物含水 75%～90%。如果缺水，植物就要枯萎，动物就要死亡，物种就会绝迹，目前人类还不能找到水资源的替代品，这也是水资源区别于其他自然资源的一个显著特点。

3.3.3.3 水资源时空分布不均匀

水资源具有很强的时间性，这是水资源区别于其他自然资源的特性之一。降水、河川径流、冰川消融等都存在着明显的年际变化和年内分配。水资源的这种变化特性，不仅受气候变化的控制，而且也受到人类活动的影响，这给水资源的开发利用带来许多障碍。人类针对水资源的时间特性，采取了许多措施，如修建引取、积聚、调节、储存和分配水资源的工程，开展适应水资源特点的种植利用、保护水源、涵养功能等措施。

水资源的空间分布也存在着差异，如我国水资源的分布规律为：东南多，西北少；沿海多，内陆少；山区多、平原少等特点。因此说，水资源具有区域性差异。

3.3.3.4 水资源可以重复利用

水资源的重复利用性也是水资源区别于其他自然资源的一个特点，如煤、石油、天然气等一旦被人类使用，就很难再重复利用，而水资源则不同，使用过的水可以重复利用，如工业生产过程中的冷却水，在工业生产中的用途是热的载体，用过之后水质变化不大，经过简单处理和补足水量之后便可以循环使用；另外，一个部门使用过的水经过处理之后也可以用于其他部门进行循序使用。这对水资源日益紧张的今天具有不可忽视的意义。

3.3.4 世界和中国的水资源概况及存在问题

3.3.4.1 世界水资源概况

从表面上看，地球上的水量是非常丰富的。地球 71%的面积被水覆盖，其中 97.5%是海水。如果不算两极的冰层、地下冰等，人们可以得到的淡水只有地球上水的很小一部分。此外，有限的水资源也很难再分配，巴西、俄罗斯、中国、加拿大、印度尼西亚、美国、印度、哥伦比亚和扎伊尔等 9 个国家已经占去了这些水资源的 6%。从未来的发展趋势看，由于社会对水的需求不断增加，而自然界所能提供的可利用的水资源又有一定限度，突出的供需矛盾使水资源成为国民经济发展的重要制约因素，主要表现在如下两个方面：

（1）水量短缺严重，供需矛盾尖锐。随着社会需水量的大幅度增加，水资源供需矛盾日益突出，水量短缺现象非常严重。联合国在对世界范围内的水资源状况进行分析研究后发出警报："世界缺水将严重制约 21 世纪经济发展，可能导致国家间冲突。"同时指出，全球已有 1/4 的人口面临着一场为得到足够的饮用水、灌溉用水和工业用水而展开争斗。预测"到 2025 年，全世界将有 2/3 的人口面临严重缺水的局面"。

目前，全球地下水资源年开采量已达到 550 km³，其中中国、美国、印度、巴基斯坦、欧共体、俄罗斯、伊朗、墨西哥、日本、土耳其的开采量占全球地下水开采量的 85%。亚洲地区，在过去的 40 年里，人均水资源拥有量下降了 40%～60%。

（2）水资源污染严重，"水质型缺水"突出。随着经济、技术和城市化的发展，排放到环境中的污水量日益增多。据统计，目前全世界每年约有 420 km³ 污水排入江河湖海，污染了 5 500 km³ 的淡水，约占全球径流总量的 14% 以上。由于人口的增加和工业的发展，排出的污水量将日益增加。估计今后 25～30 年内，全世界污水量将增加 14 倍，特别是第三世界国家，污、废水基本不经处理即排入地表水体，由此造成全世界的水质日趋恶化。据卫生学家估计，目前世界上有 1/4 人口患病是由水污染引起的。发展中国家每年有 2 500 万人死于饮用不洁净的水，占所有发展中国家死亡人数的 1/3。

水源污染造成的"水质型缺水"，加剧了水资源短缺的矛盾和居民生活用水的紧张和不安全性。1995 年 12 月在曼谷召开的"水与发展"大会上，专家们指出，"世界上近 10 亿人口没有足够的安全水源"。

3.3.4.2 我国水资源概况

我国水资源基本国情

20 世纪 80 年代以来，我国经济总量快速增长，综合国力迅速提升，人民生活大为改善，总体上开始进入小康。与此同时，在急剧推进的城市化和工业化过程中，造成人口与资源矛盾的空前尖锐，产生了大规模的生态破坏和十分严重的环境污染，形成了我国历史上最大规模的"资源危机"和"生态赤字"。在此发展背景下，我国的水问题日趋突出，水资源整体态势异常严峻和复杂，表现为相互交织的多重危机和挑战。

洪涝灾害的威胁依然长期存在。经过 50 余年大规模的水利建设，我国的主要江河初步形成了堤防、水库和蓄滞洪区等工程组成的防洪工程体系，一些洪涝灾害频繁的中小河流也得到不同程度的整治，常遇洪水已初步得到控制。但目前多数江河防洪工程体系标准不高，大江大河的防洪标准仅能抵御 20～50 年一遇的洪水，抗御较大洪水的能力依然不足。1998 年长江流域特大洪水之后，国家对防洪投入的力度非常大，防洪设施整体上的改善明显，但由于经济密度的增加及洪泛区缺乏有效的综合管理等原因，洪水造成的损失也在同步加大，平均每年损失在 100 亿美元以上。

水资源短缺日趋突出。我国目前人均水资源量仅 2 200 m³，不足世界人均占有量的 1/4，只有美国的 1/5、俄罗斯的 1/7、加拿大的 1/50。目前我国有 18 个省（自治区、直辖市）人均水资源量低于联合国可持续发展委员会审议的人均占有水资源量 2 000 m³ 的标准，其中 10 个省（自治区、直辖市）人均低于 1 000 m³ 的最低限。海河、淮河和黄河流域的人均水资源占有量仅为 350～750 m³，属严重缺水地区，并由于水污染和水土流失使情况更为恶化。目前，全国 669 座城市中有 400 多座供水不足、110 座严重缺水，年缺水量 60 亿 m^3，影响工业产值 2 000 多亿元。农业年缺水量达 300 亿 m^3，农村地区大多缺少完善的水卫生设施。干旱缺水成为我国尤其是北方地区经济社会发展的重要制约因素。

水体污染危害严重。全国有近 50%的河段、90%的城市水域受到不同程度的污染。北方河流有水皆污，南方河流由于污染守着河流无水喝的情形频频发生。近海海域局部污染加重，赤潮发生面积和频率逐年增加。地下水污染问题日益突出，90%城市的浅层地下水不同程度地遭受有机或无机污染物的污染，目前已经呈现由点向面的扩展趋势。资源型缺水和水质型缺水并存，已经危及人民群众的身体健康和生产生活，全国目前有 3 亿多人无法获取安全饮用水。水污染事故频繁发生，2004 年的沱江污染事故，2005 年接连不断发生的松花江污染事件、广东北江污染事件、湖南资江污染事件等，表明水环境危机已经敲响了警钟。

水土流失形势严峻。我国是世界上水土流失最严重的国家之一，全国共有水土流失面积约 356 万 km^2（包括水力侵蚀和风力侵蚀），占国土面积的 37%，需治理的面积超过 100 万 km^2。随着水土保持工作的开展，局部有所改善，但新的水土流失仍在不断产生，水土流失总面积变化不大。目前，我国约有 1/3 的耕地受到水土流失的危害，其中尤以长江上游、黄河中游、东北黑土地和珠江流域石漠化地区危害最为严重。导致水土流失既有自然的原因，更是人类不合理的耕作方式和开发建设造成植被破坏的结果。

水生态迅速恶化。我国西北、华北和中部广大地区因水资源短缺造成水生态失衡，引发江河断流、湖泊萎缩、湿地干涸、地面沉降、海水入侵、森林草原退化、土地荒漠化等一系列生态问题。华北地区因地下水超采而形成了 3 万~5 万 km^2 的漏斗区。国际公认的流域水资源利用警戒线为 30%~40%，而我国大部分河流的水资源利用率均已超过该警戒线，如淮河为 60%、辽河为 65%、黄河为 62%、海河高达 90%。黄河、淮河、海河三大流域目前都已处于"不堪重负"的状态。河流系统在众多的水利工程的"雕琢"下，不断渠道化、破碎化，造成洪水调蓄能力、污染物净化能力、水生生物的生产能力等不断下降。水资源的过度开发利用，使众多珍稀的水生生物数量锐减。城镇水生生态系统面临着严峻的挑战。大多数城镇因工业、生活污水排放和农业面源污染超过了当地水系生态自我修复的临界点，不仅引发了大量水生物种的消失，而且导致富营养化，使水质不断恶化。

总的来看，中国目前所面临的水问题，已经从区域性问题发展为流域性和全局性问题，已经从单一问题演变成为复合性问题，且每一个问题均呈现高度的复杂性。特别是水短缺、水污染和水生态问题，其严重性已经不亚于洪涝灾害。可以说，我国正在以最稀缺的水资源和最脆弱的水生态系统，支撑着历史上最大规模的人口，负担历史上最大规模的人类活动，同时我们面临着历史上非常严峻的水危机，不仅对当代人的身体健康和生活构成威胁，而且直接危及子孙后代的生存条件。

展望未来，随着社会经济的进一步发展，水资源不安全、水环境不安全和水生态不安全还会越来越突出，有可能演化为未来几十年中华民族生存与发展的主要危机之一。21 世纪上半叶，持续增长的人口压力和庞大的人口规模，将使水资源短缺的基本矛盾更加突出。据估计，到 2030 年左右，我国人均水资源量将从目前的 2 200 m^3 下降到 1 700 m^3 左右，而国民经济需水量还将增加约 1 400 亿 m^3，主要是工业用水和城市生活用水的增长;废污水排放量也将相应大幅度增加,从 1997 年的 584 亿 t,增加到 2030 年的 850 亿～1 600 亿 t。缺水将导致生产、生活用水更多挤占生态用水,加之污水排放量的进一步增长,将使本来脆弱的水生态系统趋向更加恶化。可以预见,我国在未来几十年建设全面小康社会的进程中,以及未来几十年迈向中等收入国家的道路上,水问题将成为制约经济社会发展的最大资源瓶颈之一,水危机将始终是国家安全的心腹之患。

我国水资源开发利用中存在的问题

（1）水资源总量多,但人均水资源量严重短缺。我国水资源总量约为 2.7 亿 m³,居世界第六位,仅次于巴西、俄罗斯、加拿大、美国和印度尼西亚。但人均水资源量仅为 2 200 m³,是世界平均水平的 1/4,已被列为世界 13 个最贫水的国家之一。

（2）水资源的时空分布不均匀,加重了水资源危机。在时间分布上,我国降水多发生在 6—9 月份,降水总量占全年的 70%～80%,此外降水年际变化也较大,多水年洪涝成灾,少水年干旱连绵。在空间分布上,北方水少,南方水多;东部水多,西部水少。而且水资源配置极不平衡,水资源形成的南多北少的格局,与耕地面积形成反差。全国水资源总量的 80%集中在长江流域及其以南地区,而这一地区的耕地面积却只占全国耕地面积的 36%,人口占 52%,其中西南各河水资源占总资源量的 21%,而耕地不到 2%,绝大多数水流被高山峻岭所隔,开发利用困难。北方和西北水资源不到总资源量的 20%,而耕地占总耕地的 64%,尤其是黄河、海河、淮河、淮河流域的耕地几乎占全国的 40%,而水资源只有全国的 6.2%,造成这一区域严重缺水。

由上可知,我国水土资源分布的不均匀,加剧了我国水资源短缺的程度,使我国水资源的开发利用更具有复杂性和地区性。

（3）水污染问题严重。在我国社会经济发展过程中,越来越多的地方成了中国的经济发达地区,但在开发利用水资源的同时,水污染防治和环境保护却相对滞后,使水体遭受污染。据统计,我国 2008 年污水排放总量为 571.7 亿 t,水污染情况严重,约 63%的城市河段受到了中度或严重污染,97%的城市地下水受到了不同程度的污染。在 10 万km 的评价河段中,水质在Ⅳ类以上的污染河长占 47%。北方辽河、黄河、海河、淮河等流域,污水与地表径流的比例高达 1∶14～1∶6。全国湖泊有 75%以上的水域,近岸海域约有 53%以上受显著污染,全国 118 座大城市中,97.5%的城市受到不同程度的污染,其中 40%的城市受到重度污染。

严重的水污染不仅使大量的水资源失去了应有的价值,本来水资源就不充足的地区,加重了水资源短缺的严重性,而且也影响了人们的身体健康,社会的稳定团结,生态环境的平衡。

（4）水资源利用效率低,浪费严重。目前,工农业生产中水浪费现象严重,我国农业灌溉工程不配套,大部分灌区渠道没有防渗措施,渠道漏失率为 40%～50%,部分农田采用漫灌方法,因渠道跑水和田间渗漏,实际灌溉有效率为 20%～40%,水资源利用低;在工业生产中用水浪费也十分惊人,由于技术设备和生产工艺落后,我国工业万元产值用水量平均为 103 m³,是发达国家的 10～20 倍,水的重复利用率平均为 40%左右,而发达国家平均为 75%～85%;此外,节水机制尚不完善,用水需求缺乏合理制约;水资源配置不科学,没有实现按不同用途分质、分类使用,大量污水没有得到有效利用。

（5）盲目开采地下水造成地面下沉。目前，由于对地下水的开发利用缺乏规范管理，所以开采严重超量，出现水位持续下降、漏斗面积不断扩大和城市地下水普遍污染等问题。如我国苏州市区近30年内最大沉降量达到1.02 m，继上海之后，又有十几个城市发生地面下沉，京津唐地区沉降面积达8 347 km^2，并在华北地区形成了全世界最大的漏斗区，总面积达到5万 km^2，且沉降面积仍在不断扩展。沿海地区由于过量开采地下水，破坏了淡水与咸水的运移平衡，引起海水入侵地下淡水层，破坏地下水资源。过量开采还加速了地下水的污染，城区、污灌区地下水污染日益明显。

地下水的过量开采往往形成恶性循环，过度开采破坏地下水层，使地下水层供水能力下降，人们为了满足需要还要进一步加大开采量，从而使开采量与可供水量之间的差距进一步加大，破坏进一步加剧，最终引起严重的生态退化。

（6）湖泊容量减少，环境功能下降。我国是一个多湖的国家，长期以来，由于片面强调增加粮食产量，在许多地区过分围垦湖泽，排水造田，结果使许多天然小湖从地面消失。号称"千湖之省"的湖北省，1949年有大小湖泊1 066个，现在只剩下326个。据不完全统计，我国近40年来由于围湖造田减少的湖面为133.33 hm^2，损失淡水资源350亿 m^3。围湖造田不仅损失了淡水资源，削弱了湖泊防洪排涝能力，也减少了其自净能力，破坏了湖泊的环境功能，造成湖区气候恶化，水产资源和生态平衡遭到破坏，进而影响到湖区多种经营的发展。

3.3.5 水资源保护对策

3.3.5.1 统筹规划，科学管理

就是要求正确处理水与社会经济发展的关系、当前与长远的关系、节水与开源的关系、水资源利用与水环境保护的关系、建设与管理的关系、需要与可能的关系。通过制定和实现水的中长期供求计划，制定和实施流域综合水利规划、区域综合水利规划以及水资源保护、节约用水等一系列综合规划和专项规划，协调供需矛盾，实现水资源的合理配套。

（1）从水资源的特点出发进行统筹规划。水资源最突出的特点是它的整体性、有限性和对生态环境的基础性作用。在开发利用时必须对此有充分的认识和理解，全面考虑区域生态系统的健康发展。

地下水、地表水、湖泊水等各类水资源之间的互补关系非常明显，具体到一个地区，其互补性在很大程度上是直接的。在一个流域内不同的水资源保持着一定的动态平衡关系，河流的水量与地下水位，以及与湖泊面积大小、水深等紧密相关。在一条河流、一个湖泊、地下水径流的不同部位取水，必须考虑其他部位的取水需求，否则很容易造成类似黄河断流的现象发生，直接影响其他地方社会经济的发展和人民群众的生活。

此外，水资源的利用还会影响赖以生存的生物资源及其构成的生态环境。如地下水位的下降影响地表植被，湖泊和沼泽的干涸影响局部气候，造成干旱土地退化等。

因此，在水资源开发利用时，要根据水资源的可开采量，考虑流域内社会经济发展的总体要求和各个城市、乡村、各个行业和各个部门的需要，从持续利用水资源的角度出发，近远期结合，合理规划水体功能，取水位置分布、取水量和取水方式，使水资源得到充分利用，发挥最佳效益。

（2）设立保护区，重点保护饮用水源。明确饮用水源地，划定保护区范围，依法严格控制保护区内的社会经济活动，将保护饮用水资源，保证为人民群众提供合格的饮用水放在最重要的地位。

（3）运用经济手段管理水资源。合理确定水价、水资源补偿费等，是促进节约用水、合理配置水资源的重要手段。适当提高水价，既可以促进节约用水，又可以筹措一定的资金，用于开展水资源保护工作，以及开展科学研究、宣传教育等活动。

3.3.5.2 强化监督执法

我国与水资源有关的法规已比较健全，如《中华人民共和国环境保护法》《中华人民共和国海洋环境保护法》《中华人民共和国水法》《中华人民共和国水污染防治法》《地表水和污水监测技术规范》《水污染物排放总量监测技术规范》以及防治水土流失、资源开发等方面的有关规定和条例等。这些法规对政府有关部门、企业和个人在水资源的开发利用的关系、责权利等都有明确的规定，各部门要各负其责，严格执法，运用法律武器保护水资源。

3.3.5.3 发展科学用水技术

（1）发展和推广节水技术，建立节水型社会。推广、鼓励节约用水的技术、行业和产品，限制高耗水行业的发展规模和布局，鼓励循环用水，发展分质供水以及中水技术。2001 年全国城市节约用水 38 亿 m^3，比 1991 年多节约 17 亿 m^3。

农业是用水大户，我国农业用水浪费非常严重，发展农业科学用水技术是我国节水技术的重点，当前要鼓励有条件的地区发展喷、滴灌技术。

（2）开源与节流并举，发展替代技术。在有条件的地方和淡水资源紧缺的地方，要鼓励发展替代技术，如海水淡化、人工增雨等。其中海水淡化技术是解决人类所面临水危机的重要方法，因为地球上 97% 的水都是海水，而海水淡化还包括略带咸味的地下水和湖水。海水淡化目前已有很多成熟的技术，如反渗透法、电渗析法、蒸馏法、真空冰冻法和冻结脱盐法等。迄今为止，只有反渗透法和蒸馏法在商业上是可行的，但海水淡化将是我们解决水资源危机的最终出路。

（3）改变用水结构，补充生态用水。生态用水是指河流必要的天然径流量，可以受纳一定的污水，维持水生生物的生长，以及维持区域地下水的补给。生态用水需要多少有地带性特征。在我国北方，黄河、淮河、海河等河流出现了季节性断流，河水干涸，河不成河，所以就谈不上生态用水。在生态用水严重短缺的河段，一定是污染严重、农灌缺水、中下游水位下降、海水倒灌等现象突出，因此必须补充生态用水。要做到这一点，需要改变用水结构，改变水循环过程，从节水的角度调整工业、农业的产业结构，以及实行分质供水、污水回用、雨水补给地下水等。同时应尽快构建生态用水技术保障体系，建立生态用水评价理论和指标体系，合理评价生态用水，确立生态用水阈值，编制生态用水各种预案，完善生态用水监测体系，建立生态用水专家支持系统。因此，各部门必须打破条块分割的局面，树立全国一盘棋的思想，用经济的杠杆完成调控，补充生态用水，还生态欠账。

3.3.5.4 积极防治水污染

在水污染防治方面我国颁布了相关的法律和一系列标准规范，并出台了相关的政策，相继制订了淮河、辽河、海河、太湖、滇池、巢湖等流域的水污染控制总体规划，各省市也制订了相应的水污染治理规划，其中城市污水处理设施的建设与运营是重要的组成部分。"九五"期间，各级政府对城市污水处理的投入累计达到 602.7 亿元，比"八五"期间多投入 442.4 亿元，增加了 2.8 倍。截至 2001 年底，全国已有城市污水处理厂 452 座，其中二三级污水处理厂 307 座。城市排水管道约 15.8 万 km。城市污水处理率达到 36.5%，比 1995 年提高了约 17 个百分点（其中 50 万以上人口城市污水处理率达到了 41.4%）。2001 年底，污水处理能力 3 106 万 m^3/d，比 2000 年增加 948 万 m^3/d，比 1990 年增加 2 829 万 m^3/d，比 1980 年增加 3 036 万 m^3/d，2002 年新增污水处理能力 1 654.88 万 m^3/d，污水处理率达到 40.3%。

根据《国民经济和社会发展第十个五年计划纲要》，"十五"期间我国提出的目标是：所有设市城市都必须建设污水处理设施，要新增城市污水日处理能力 2 600 万 m^3，到 2005 年，城市污水集中处理率要达到 45%，届时城市污水处理厂规模将超过 4 000 万 m^3/d，其中绝大多数是二级生化污水处理设施，50 万人口以上的城市达到 60% 以上，到 2010 年全国设市城市和建制镇的平均污水处理率不低于 50%，设市城市的污水处理率不低于 60%，重点城市的污水处理率不低于 70%。

总之，我们不要因水污染使有限的水资源中可用部分进一步减少，并对社会经济发展造成严重影响。

3.3.5.5 保护和改善水资源生态环境

水资源生态环境是整个陆地生态系统中的重要组成部分，是自然界物质和能量交换的重要枢纽。森林在这个系统中起着非常重要的作用。它能调节气候，促进大气水、地表水和地下水的正常循环，森林能涵养水源，使水源漫溢于河道和其他水体。历史证明，因毁林等不注意保护水资源生态系统而造成的恶果遍布全球，巴比伦文明的毁灭，丝绸之路的荒芜，北非部分地区和中东一些国家的沙漠化，近现代美苏一些地区的黑风暴，都与森林破坏，水资源缺乏有关，最终使一些地区的整个生态系统严重退化。

要大力提倡植树造林，恢复一些重要流域的森林和植被，坚决执行国务院有关禁伐林木的规定，重建良好的水资源生态系统。

3.3.5.6 加强水利建设，有计划、有步骤地跨流域调水

我国水资源存在着空间分布不均衡的特点，因此为了开发缺水地区，促进这些地方社会经济发展和人民生活水平的提高，必须进行跨流域调水。我国是世界上最早进行调水工程建设的国家之一，有著名的都江堰、灵渠等。新中国成立以后特别是改革开放以来，为解决缺水城市和地区的水资源紧张状况，我国又修建了 20 座大型跨流域调水工程，如天津引滦入津、广东东深供水、河北引黄入卫、山东引黄济青、甘肃引大入秦、山西引黄入晋、辽宁引碧入连、吉林引松入长等。这些已建的调水工程大都取得了显著的经济效益、社会效益和环境效益，工程本身的收益也较好。

我国的南水北调工程堪称世界上最大规模的跨流域调水工程，也是世代人的梦想。我国水资源时空分布不均匀的特点是南水北调工程的原因所在。长江是我国最大的河流，水资源丰富，水量的 94% 以上东流入海。而长江以北水系流域面积占全国国土面积的 63.4%，水资源量仅占全国的 19%，广大北方地区长期干旱缺水，尤其是黄淮海地区人均水资源量仅为全国平均水平的 22%，是我国水资源供求矛盾最突出的地区。近年来，随着经济社会的发展和城市规模的扩大，北方地区水资源供需矛盾日益尖锐，许多河流断

流、湖泊干涸，地下水过量开采，水体污染严重，仅靠节水和挖掘当地水资源潜力，将无法解决今后北方地区的水资源短缺问题，因此南水北调工程具有重大的意义。

南水北调工程是缓解我国北方地区缺水矛盾，实现水资源合理配置的重大战略性工程。南水北调东、中、西三条线将与长江、黄河、淮河和海河相互连接，形成"四横三纵"的水资源配置总体格局，达到南北调配、东西互济的水资源配置目标。三条线路总调水量为 380 亿～480 亿 m^3，可基本改变我国黄淮海地区水资源严重短缺状况。

在跨流域调水过程中，一定要做好工程环境影响研究和评价，采取适当措施，这些工程不仅能提高水资源利用率，避免不良环境变化，还会对缺水地区的环境恢复与重建起到巨大的推动作用。

3.4　矿产资源的保护

3.4.1　矿产资源

3.4.1.1　矿产资源及其分类

矿产资源是指由地质作用形成的、具有利用价值的，呈固态、液态或气态的自然资源，可具体划分为能源矿产（如煤、石油等）、金属矿产（如铁、铜等）、非金属矿产（如硫、磷等）和水气矿产（如地下水、二氧化碳气等）4 种类型。矿产资源是人类生产和生活资料的基本源泉，是国民经济和社会发展的重要物质基础，是人类社会发展的动力。

3.4.1.2　矿产资源在国民经济中的地位和作用

矿业是支撑国民经济运行的十分重要的基础产业，几乎与一切经济部门密切相关。新中国成立五十多年来，矿产资源勘查开发取得巨大成就，探明一大批矿产资源，建成比较完善的矿产品供应体系，为中国经济的持续快速协调健康发展提供了重要保障。统计数字显示，我国约有 95% 的一次性能源、80% 的工业原材料、70% 以上的农业生产资料和 30% 以上的农田灌溉用水及饮用水都来自于矿产资源。

我国是一个发展中国家，产业结构的不尽合理和粗放型经营，使得国民经济的高速发展在很大程度上仍要依靠大量消耗自然资源，特别是矿产资源来实现，1953—1988 年，国民收入增长了 8.6 倍，而能源、铁、铝、铜等的年消费量却增加了 15～16 倍，未来 20～30 年内我国矿产品的年绝对需求量仍将有大幅度增加，主要矿产品 2020 年的需求量将是目前的 2 倍，可见矿产资源是国民经济发展的重要物质基础。

矿产资源是地球赋予人类极其宝贵的不可再生资源，其储量是有限的。在矿产资源日趋减少和需求日趋增加的今天，矿产资源的保护显得尤为重要。

3.4.2　矿产资源保护概念及其模式

矿产资源保护是指人们为了保证矿产资源的合理开发和永续利用而采取的一系列方法、措施与对策的总称。矿产资源保护有广义和狭义之分，狭义的保护是指将矿产资源保护起来，不予开发；广义的保护是指在保护中开发，在开发中保护，实现矿产资源合理开发利用。

矿产资源保护因经济体制、经济发展状况不同而各具特点，归纳起来主要有 3 种模式：

一种是美国保护模式。美国等市场经济发达的国家，主要采取间接保护模式，其特点是主要运用市场法则保护矿产资源。即将矿产资源的保护隐含在矿业政策、矿业法律制度中，通过矿业政策、矿业法律制度的贯彻执行来实现保护的目的。对战备性矿产资源，则采取只勘探不开发或限制开发，尽量将资源供给地建立在发展中国家，以尽可能地保护本国矿产资源。

另一种是前苏联保护模式。前苏联等计划经济体制国家，多采取直接保护模式，其特点是主要运用行政监督手段保护矿产资源。即直接制定矿产资源保护法规、条例来保护矿产资源，不仅体现在宏观层面，还直接体现在微观管理上。

第三种是综合管理模式。印度尼西亚的矿业政策采取的是政府监控与企业自主决策相结合的矿产资源保护，即直接保护模式与间接保护模式相结合的一种矿产资源保护模式。印度尼西亚将矿产资源分为战略矿产、重要矿产和其他矿产三大类，对其实施分类管理。对战略矿产资源只允许国家进行开发，对重要矿产资源可由国有企业开发，也可由本国的私营企业和合资企业及个体经营者进行勘查和开发工作，对其他矿产资源则主要由省政府掌握和管理。

3.4.3 我国矿产资源的状况及存在问题

3.4.3.1 我国矿产资源的特点

据统计，截至 2007 年初，全国已发现 171 种矿产，有查明资源储量的矿产 159 种，其中能源矿产 10 种，金属矿产 54 种，非金属矿产 92 种，水气矿产 3 种。我国矿产资源的主要特点如下：

（1）矿产资源总量丰富，但人均资源量相对不足。我国是世界上少有的几个矿产资源大国，已探明的矿产资源总量约占世界的 12%，列世界第 3 位，但人均矿产资源占有量仅为世界人均的 58%，排名第 53 位。石油人均只有世界人均的 11%，有色金属只有世界人均的 52%，大部分支柱性矿产的人均占有量都很低。

（2）矿产资源储量有丰有欠，优势矿产多数用量不大，大宗矿产又多半储量不足，难以满足国民经济和社会发展的需要。从已探明的储量来看，储量充足的矿产多半用量不大。除了煤炭之外，钨、锡、锑、钼、汞等储量比较多，但用量有限。用量大的矿产，如铁、锰、铜、石油、天然气、钾盐等，则多半储量不足。统计资料显示，从静态保证程度看，我国已探明的 45 种主要矿产储量，到 2010 年严重短缺和不能自给的有 24 种，到 2020 年短缺矿产资源将达到 39 种，目前我国铁矿、石油等一些支柱矿产已大量依赖进口。

（3）贫矿多，富矿少。我国矿产资源贫矿多，富矿少。如我国铁矿石平均品位为 33.5%，比世界平均水平低 10 个百分点以上。锰平均品位仅 22%，离世界商品矿石工业标准（48%）相差甚远。铜矿平均品位仅为 0.87%。磷矿平均品位仅为 16.95%。

（4）共生、伴生矿多，单一矿少。我国已探明矿产储量中，大多是共生或伴生矿。据统计，我国的共、伴生矿床约占已探明矿产储量的 80%。目前，全国开发利用的 139 个矿种，有 87 种矿产部分或全部来源于共、伴生矿产资源。例如我国有 1/4 的铁矿，2/5 的金矿，3/4 的银矿均为综合矿，因此必须加强综合勘探和开发利用。

（5）矿产分布不均匀。由于地质条件不同，中国矿产分布具有明显的地域性差异，如煤炭集中于晋、陕、蒙 3 省区；铜矿主要集中于江西、西藏、云南、甘肃、安徽、内蒙古、湖北和山西 8 省区；磷矿主要集中于云、贵、川、鄂 4 省，此外还有一些大型矿床分布在中国边远地区，如新疆、内蒙古、西藏、青海等。

（6）中小型矿床多，大型、超大型矿床少。对国民经济建设具有支柱性的部分矿产，如铁、锰、铜、硫、铀等矿产规模均以中小型为主。以铜矿为例，中国迄今发现不同矿产地 900 个，其中大型矿床仅占 2.7%，中型矿床 8.9%，小型矿床多达 88.4%。致使中国 329 个已开采的铜矿区累计铜产量只有 43 万多吨，不及智利丘基卡玛塔一个矿山的年产量（65 万 t）。我国铁矿共有 1 907 处，大型矿也仅占 5%左右。

3.4.3.2　我国矿产资源开发利用中存在的主要问题

（1）综合利用水平低。我国共、伴生矿产资源综合利用率不足 20%，矿产资源总回收率约 30%，而国外先进水平均在 50%以上，差距分别为 30 个和 20 个百分点。在品种上，我国综合利用的矿种只占可以开展综合利用矿种总数的 50%左右。在数量上，我国铜、铅、锌矿产伴生金属冶炼回收率平均为 50%左右，发达国家平均在 80%以上，相差 30 个百分点左右。我国伴生金的选矿回收率只有 50%～60%，伴生银的选矿回收率只有 60%～70%，与国外先进水平相比，均落后 10%左右。

（2）乱采滥挖严重。由于我国长期以来对矿业的粗放式经营，人们大多对我国的资源情况缺乏正确的认识。矿山企业盲目开采，对于共（伴）生矿物不利用或利用率很低，采富弃贫的现象十分普遍。更为严重的是，一些小企业无证违规经营，进行破坏性开采，导致了严重的资源浪费。

（3）生产布局不合理。目前我国矿产分属许多部门来管理，这样使综合性的矿山很难得到全面的开发和综合利用。此外，小矿山的开采给资源造成很大的破坏，给国家大规模采矿造成了困难。

（4）技术落后，利用总量少。我国目前还有许多小矿在采用最原始的手工挖矿的采矿方法。在国有企业中，工艺落后的现象也很严重，如我国国有重点煤矿采煤机械化程度比世界主要采煤国低 20%。生产技术的落后直接导致了废物产出多，综合利用困难。据统计，全国金属矿山尾矿存量已超过 50 亿 t，每年新增尾矿排放量约 3 亿 t，而尾矿的综合利用率很低。

（5）给周围环境造成污染和破坏。矿产资源的开采给人类创造了巨大的物质财富，同时也导致原有的自然环境状态发生巨大变化，环境质量下降，生态系统和人们正常生活条件被扰乱和破坏。开采矿产资源常常给区域环境带来严重污染和破坏。主要表现采矿及各类废渣、废石堆置导致严重的水土流失和土地荒漠化；不合理的采矿破坏了地形地貌，诱发地面开裂、塌陷、塌陷坑、崩塌、泥石流和滑坡等地质灾害；采矿使矿区产生各种水环境问题；"三废" 排放产生大气污染和酸雨。

3.4.4　矿产资源保护的基本原则与对策

3.4.4.1　矿产资源保护的基本原则

矿产资源的保护工作贯穿在找矿、探矿和矿山建设，开采、选矿、冶炼、矿产品加工和使用、环境保护等许多方面。矿产资源保护的总原则是：在保护中开发，在开发中保护，矿产资源开发和节约并举，把节约放在首位，努力提高矿产资源利用效率。具体如下：

（1）坚持"预防为主，保护优先"的原则。"预防为主，保护优先"体现的是积极主动的保护思想，就是以最低的代价，达到最佳的保护效果，避免走先破坏、后治理的老路。"预防为主，保护优先"，不是绝对的保护，一切矿产资源都不要开发，而是要对重要生态功能保护区的矿产资源实施抢救性保护，对重点资源开发区的矿产资源实施强制性保护，对生态良好地区的矿产资源实行积极性保护。

（2）坚持实施可持续发展战略的原则。落实矿产资源保护措施，正确处理经济发展与矿产资源保护的关系。在保护中开发，在开发中保护。加强矿产资源勘查，合理开发和节约使用资源，努力提高资源利用效率，走出一条科技含量高、经济效益好、资源消耗低、环境污染少、人力资源优势得到充分发挥的新型工业化道路。

（3）坚持区域矿产资源勘查、开发与环境保护协调发展的原则。统筹规划，正确处理东部地区与西部地区、发达地区与欠发达地区、矿产资源勘查与开发、国有矿山企业与非国有矿山企业，以及规模开发与小矿开采之间的关系。推进西部大开发战略，加快西部地区矿产资源特别是优势矿产和国内紧缺矿产的勘查开发，支持矿业城市、老矿山寻找接替资源，促进区域经济协调发展和矿产资源勘查开发的健康发展。按照预防为主、防治结合的方针，加强对矿山环境的保护和恢复治理。

（4）坚持扩大对外开放与合作的原则。改善投资环境，鼓励和吸引国外投资者勘查开发中国矿产资源。按照世界贸易组织规则和国际通行做法，开展矿产资源的国际合作，实现资源互补互利。

（5）坚持科技进步与创新的原则。实施科技兴国战略，加强矿产资源调查评价、勘查开发及综合利用、矿山环境污染防治等关键技术和成果的攻关和推广应用，加强新能源、新材料技术和海洋矿产资源开发等高新技术的研究与开发，加强新理论、新方法、新技术等基础研究。提高劳动者素质，培养一批掌握先进科学理论、有创新能力的矿产资源勘查开发科技队伍和人才，促进矿产资源勘查与开发由传统产业向现代产业、由劳动密集型向技术密集型、由粗放经营向集约经营的转变。

3.4.4.2 矿产资源保护的对策

（1）制定科学的矿产资源规划，并坚决付诸实施。我国正处在迅速推进工业化阶段，人口增长逼近高峰期，对能源、原材料矿产需求持续扩大；经济全球化、科技革命以及不断变化的国际矿业环境，又给我国矿业带来新的挑战。加入世贸组织后，国外低成本的矿产品及相关资源、原材料产品的进入将使我国矿业面临强大冲击。要解决这些问题，必须周密筹划制定出符合我国实际的、科学的矿产资源规划。各省、市、县要根据《全国矿产资源规划》（2008—2015 年），组织编制省、市、县级矿产资源总体规划，以及矿产资源勘查开发重点矿种、重点领域的专项规划和区域规划，并坚决付诸实施。

（2）建立健全矿产资源保护体系，严格执法。《矿产资源法实施细则》《探矿权采矿权转让管理办法》《矿产资源补偿费征收管理规定》等法规和规章确立了资源管理的基本法律制度，为实行依法行政、依法管矿、依法办矿提供了法律保障。但不容忽视的是，中国目前的矿产资源保护法律体系还很不健全，有许多地方需要予以修改、补充和完善。同时，中国长期存在的部门分割、行政区域封闭管理形成的种种弊端和巨大的惯性作用，对矿产资源的保护还会产生不良影响，因此，摒弃部门、地方保护主义，建立完善的、系统的、兼具矿种特色的矿业法规体系是当务之急。各级人民政府及其国土资源行政主管部门要认真学习有关矿产资源保护的规律、法规，严格执法，依法行政，对非法开采矿产资源、破坏矿产资源等行为，坚决予以查处。

（3）采取适宜的经济政策。国内外实践证明，矿产资源无价或矿产资源低价，是导致矿产资源浪费和不合理利用的一个根本原因。要进一步完善矿产资源开发的经济管理办法，全面征收矿产资源税和资源补偿费。制定合理的矿产品价格政策和保护矿产资源生产行为的扶持政策。充分发挥市场经济手段在提高资源开发利用效率，减少浪费和破坏方面的作用。例如，对凡是能采用招标、拍卖方式出让的探矿权采矿权，一律不得采用行政审批的方式授予；对新设立的探矿权采矿权，原则上都要有偿取得，要大力推进招标、拍卖、挂牌，规范协议出让，积极探索多次报价出让等其他有偿出让方式；对不能采用竞争方式出让的，也要按照有关规定实行有偿出让。

（4）推进科技进步和技术创新。要重视人才培养，提高整个行业队伍素质。培养一批掌握先进科学理论，有创新能力的矿产资源勘查开发科技队伍和人才。要建立完善以企业为主体、市场为导向、产学研相结合的矿产资源开发科技创新体系，加强自主创新和引进消化吸收再创新，鼓励地质勘查新理论、新技术、新方法的研究、推广和应用。积极扶持和引导矿山企业研究开发、引进和应用先进的采选技术，提高解决资源问题的科技支撑能力。

（5）防止环境污染和生态破坏。开采矿产资源必须遵守有关环境保护的法律规定，防止废水、废气、废渣、尾矿等污染环境。对因采矿受到破坏的耕地要因地制宜采取复垦利用、植树种草或其他利用措施。要特别注意采矿中的植被景观保护工作，防止水土流失。大型矿山开发前要做好环境影响评价工作，大型矿山企业要设立专门的环境保护机构，采取积极的措施，防止重大生态破坏事件发生，改善和恢复矿区的生态环境。

（6）加强国际间的合作。中国矿业应具有全球性眼光。应充分利用"两种资源、两个市场"，利用经济全球化和加入世界贸易组织的有利时机，充分利用国外资源，不断增强我国矿业在国际矿产品市场和资本市场的竞争力，保障安全、稳定、可靠的国外矿产供应来源。

利用国外矿产资源，要采取多种方式，贸易与勘查开发并举。例如，对于中国急需的矿产或国际市场价格较低的矿产，可以从国际矿产品市场上直接购买；对于中国短缺而国外资源探明储量保证程度较高的矿产（如铁矿、钾盐），可以通过购买现有矿山企业股权或合资合作的方式来实现；对于中国探明储量保证程度不高的矿产，如石油、天然气、金刚石等，要鼓励企业到国外开展风险勘查开发。再有，可以鼓励外商与国内大中型矿山企业进行合作。允许外商以先进技术和设备参股，或者购买非油气国有大中型企业的探矿权、采矿权。

（7）加大宣传教育力度，增强全民的矿产资源保护意识。充分利用新闻、报刊、广播、网络等进行广泛宣传，使全体公民牢固地树立科学发展观，增强矿产资源保护意识。引导人们自觉地珍惜和节约资源，有意识地变废为宝，化害为利，提高资源的综合利用率，减少环境污染。

3.5 自然旅游资源的保护

自然旅游资源是大自然的造景，是大自然赋予地理区域的天然资源。我国疆域辽阔，东西差异和南北差异都比较大，形成了各具特色的区域自然风光，构成了我国旅游资源的重要组成部分。

3.5.1 自然旅游资源的分类

在旅游学、旅游地理学和区域旅游资源的调查研究与开发方案的编制过程中，都要涉及旅游资源的分类问题。一般来说，比较普遍的分类法是将旅游资源划分成自然旅游资源和人文旅游资源两大类。所谓自然旅游资源是依照自然发展规律天然形成的旅游资源，是可供人类旅游享用的自然景观与自然环境。自然旅游资源的形成有其一定的地学条件。从宏观角度来看，它是地表层所有自然要素之间相互联系、相互制约以及有规律运动的结果。例如黄山的"四绝"——奇松、怪石、云海、温泉，即决定于垂直构造节理发育的花岗岩山岳地貌，温暖的气候，茂盛的植被，以及特定的涌泉条件。

由我国国家旅游局提出，国家质量监督检验检疫总局 2003 年 2 月 24 日发布并于 2003 年 5 月 1 日实施的国家标准（GB/T 18972—2003）《旅游资源分类、调查与评价》，将自然旅游资源划分为 4 个主类，17 个亚类。

表 3-1 自然旅游资源分类

主类	亚类	基本类型
A 地文 景观	AA 综合自然 旅游地	AAA 山丘型旅游地　　AAB 谷地型旅游地　　AAC 沙砾石地型旅游地　　AAD 滩地型旅游地　　AAE 奇异自然现象　　AAF 自然标志地　　AAG 垂直自然地带
	AB 沉积与 构造	ABA 断层景观　　ABB 褶曲景观　　ABC 节理景观　　ABD 地层剖面　　ABE 钙华与泉华　　ABF 矿点矿脉与矿石积聚地　　ABG 生物化石点
	AC 地质地貌 过程形迹	ACA 凸峰　　ACB 独峰　　ACC 峰丛　　ACD 石（土）林　　ACE 奇特与象形山石　　ACF 岩壁与岩缝　　ACG 峡谷段落　　ACH 沟壑地　　ACI 丹霞　　ACJ 雅丹　　ACK 堆石洞　　ACL 岩石洞与岩穴　　ACM 沙丘地　　ACN 岸滩
	AD 自然变动 遗迹	ADA 重力堆积体　　ADB 泥石流堆积　　ADC 地震遗迹 ADD 陷落地　　ADE 火山与熔岩　　ADF 冰川堆积体　　ADG 冰川侵蚀遗迹
	AE 岛礁	AEA 岛区　　AEB 岩礁
B 水域 风光	BA 河段	BAA 观光游憩河段　　BAB 暗河河段　　BAC 古河道段落
	BB 天然湖泊 与池沼	BBA 观光游憩湖区　　BBB 沼泽与湿地　　BBC 潭池
	BC 瀑布	BCA 悬瀑　　BCB 跌水
	BD 泉	BDA 冷泉　　BDB 地热与温泉
	BE 河口与海面	BEA 观光游憩海域　　BEB 涌潮现象　　BEC 击浪现象
	BF 冰雪地	BFA 冰川观光地　　BFB 长年积雪地

主类	亚类	基本类型
C 生物 景观	CA 树木	CAA 林地　　CAB 丛树　　CAC 独树
	CB 草原与 草地	CBA 草地　　CBB 疏林草地
	CC 花卉地	CCA 草场花卉地　　CCB 林间花卉地
	CD 野生动物 栖息地	CDA 水生动物栖息地　　CDB 陆地动物栖息地 CDC 鸟类栖息地　　CDE 蝶类栖息地
D 天象与 气候景观	DA 光现象	DAA 日月星辰观察地　　DAB 光环现象观察地　　DAC 海市蜃楼现 象多发地
	DB 天气与 气候现象	DBA 云雾多发区　　DBB 避暑气候地　　DBC 避寒气候地　　DBD 极端与特殊气候显示地　　DBE 物候景观

3.5.2 自然旅游资源破坏的主要原因

自然旅游资源是我国旅游资源的重要组成部分，有其独特的魅力。从理论上讲，自然旅游资源作为一个国家或地区旅游业的基本资产，如果开发和利用得当，可以用之不尽，从而造福于子孙后代，但是，这些资源若利用和管理不善，也是很容易遭到破坏的。这种破坏轻者会造成自然旅游资源质量的下降，影响其原有的吸引力；重则有可能导致这些资源遭到损毁，危及该地旅游业的存在基础。

在我国旅游业的发展过程中，环境问题相当突出，生态环境恶化的趋势十分严峻。旅游开发引起旅游者数量增加，大量旅游者的踩踏使土壤板结，树木枯死；游人在山地爬山登踏时，挖掘土石，造成水土流失，树木根系裸露，成片山草倒伏，这些都对自然生态环境产生了巨大的破坏。在一些旅游城市和旅游景区中，游客的进入和旅游活动的开展影响生态环境质量。旅游活动中交通工具排出的大量废油、废气，污染了旅游地的大气和水体；游客食宿产生的大量生活污水和生活垃圾就近排入景区等都对生态环境造成了严重破坏。

造成自然旅游资源破坏、旅游环境下降的原因是多方面的，概括起来主要有两方面的原因：自然因素和人为因素。

3.5.2.1 自然因素

自然旅游资源是大自然的一部分，它们无时无刻不受自然界的影响。自然界的发展变化既能塑造旅游景观，也会破坏旅游景观。它引起的破坏力有大有小，小的破坏可在较短时期内得以恢复，大的破坏在长时间内也不可能恢复甚至使其消失。例如自然环境的突变：地震、洪水、泥石流等，使受灾地区的自然旅游资源遭到严重的破坏。例如，2008 年 5 月 12 日，发生在四川的一场突如其来的大地震，使旅游业受到严重创伤。位于成都彭州市的龙门山风景名胜区在这次地震中受到了严重伤害。彭州市发展改革局曾副局长介绍"银厂沟景区要休养生息，龙门山风景区一带花两至三年时间能够重新迎接客人。"

3.5.2.2 人为因素

人为因素破坏是由于人类的某些不当行为，如过度开发等所引起的。人的有些行为可能造成某些资源的永久破坏，某些物种的消亡或旅游价值丧失。人为因素对自然旅游资源的破坏是持久和严重的，应引起人们的高度关注。主要体现在以下几方面：

开发建设中的破坏性行径对自然旅游资源的危害

所谓破坏性行径是指出于开发利用的目的，在旅游区或城市中兴办的建设项目，尽管建造者的初衷不是危害旅游资源，但实际上造成对旅游资源、旅游环境的破坏。我国自然旅游资源的开发可以说取得了一些成绩，带来了各种效益。但不能否认的是在片面追求经济效益的同时，不免出现了许多不能回避的问题。为了眼前利益，往往急功近利，竭泽而渔，甚至进行掠夺性开发，使一些自然旅游资源的开发出现了无序的状态。

（1）违反自然规律的开发，使自然旅游资源所依存的天然条件改变，导致自然景观的变异，甚至消亡。此种现象是令人相当惋惜与痛心的。如由于在黄山大建宾馆、人工蓄水，造成黄山人字瀑的断流；青海湖鸟类的减少、白洋淀的境遇等无不是违背自然规律，而遭受自然的惩罚。自然景观作为地域综合体是受诸如地质地貌、风力风向、温度湿度、地理方位等因素影响的。人为地改变其中的一点或几点因素，就有可能导致整体失衡，从而改变整个景观。因此，人们在开发自然旅游资源时，应按自然规律办事，在顺应自然、保护自然的基础上，利用自然旅游资源。

（2）自然旅游景观的非自然化倾向。自然景观的非自然化倾向是指城市化、公园化、人工化，导致旅游景点特有风格与美感的消失。世界上最高、载重量最大的户外观光电梯——张家界百龙观光电梯，其350 m的高度比法国埃菲尔铁塔观光电梯还要高出233 m。它虽然赢得了两项世界之最，方便了游人，增加了地方税收。但它对景观美感的破坏是毁灭性的。它让地质、旅游、美学等专家学者扼腕，让真正懂得美、欣赏美的旅游者痛惜。它带来的经济效益无论有多么可观，都是有限的，可它损毁的却是用金钱无法衡量的，是多少钱也买不回来的。

（3）自然旅游景点商业化、集市化，最终导致旅游景点的世俗化，失去吸引旅游者的原有特色，削弱了旅游价值。在旅游地随意设摊经商，往往将清丽、幽静、脱俗的自然景观弄得一片喧嚣，照相机、摄像机的镜头总也躲不开煞风景的摊点。如此开发，只能使自然旅游景观渐渐失去昔日的魅力，对旅游者的吸引力大打折扣，失去其应有的旅游价值，最后只能是得不偿失。

自然旅游资源管理体系不完善

在我国有诸多的自然旅游资源管理机构。国家风景名胜区由建设部管辖，国家森林公园属林业局管辖，自然保护区则又分属环保总局、农业部、林业局、海洋局、地矿局、水利总局管辖。在各旅游景点内很容易出现由于分属不同部门管辖而造成的管理混乱局面。特别是在利益诱导下，各管理部门对于收费、立项等有利可图的事项争相管理，对那些要担风险、负责任的事项则互相推诿、互相扯皮，一方面导致行政效率不高，另一方面也给自然旅游资源的保护带来了困难。

超负荷接待导致旅游景区的自然生态环境恶化、旅游资源受损

旅游景点"超负荷"工作屡见不鲜，绝大多数的风景名胜区在旅游旺季都不同程度地"超负荷"工作，各热点景区人满为患。频繁的交通带来的是汽车等交通工具废气排放量的大量增加，导致旅游区的空气污染、噪声污染和水质污染加剧；大量的游客超过景区承载力，致使景区污染严重，旅游景观受损，生态环境遭到破坏。

法律的忽视与不完善

我国对旅游资源进行保护的法律是极不健全和完善的，甚至可以说是贫乏的。我们

没有专门针对旅游资源的立法，更没有针对世界遗产进行的专项立法。新刑法虽然增加了大量环境犯罪、文物犯罪的规定，但仍不能对旅游资源保护起到很好的作用。虽然，国务院于 2006 年发布了《风景名胜区条例》，但是很多现实中存在的问题仍在法律上找不到依据，问题的解决也就无法通过法律的途径来进行，其后果是在实际操作中很多违法现象的出现，既有管理过程中的，也有处理问题解决矛盾确定责任归属过程中的。特别是对那些决策造成旅游资源永久性破坏且无法恢复的责任追究的问题，应当引起立法者的重视。总之，在目前，我国旅游资源保护的法律体系尚未形成，尤其缺乏法律责任的相关规定。

游客带来的破坏

部分游客旅游资源保护意识相当的薄弱，很多人认为旅游资源保护是管理者和专家的事，游客到景点就是来享受美的事物的，怎么方便怎么来，只管自己玩得尽兴，在旅游景点随意触摸攀爬古木古迹，甚至在上面乱刻乱画的现象，损害旅游资源的本来风貌和寿命。还有一些旅游者在旅游区内狩猎、采伐、露营和野炊，这样的行为不仅给景区的日常管理增加了难度，同时还极大地破坏了旅游资源，增大了自然旅游资源保护的难度。现实生活中经常有专家学者奔走呼吁对某某景区进行保护，却少有成效。与此不同的是，西方国家的公众对环境和风景名胜的保护意识是相当强的，这种保护是积极的、有意识的并且是有效的。相比之下，中国公众在旅游资源保护中的作用不明显，有待提高。

3.5.3 自然旅游资源保护的理论基础

随着经济的高速发展，我国旅游业得到了迅猛的发展，产生了可观的经济效益。在我国许多地区，旅游业已成为带动区域经济发展的支柱产业、优势产业或先导产业。但是，在旅游业发展一派繁荣的同时，旅游资源已出现衰败的迹象，不规范的旅游业发展对旅游地的环境产生了严重的不良影响，使旅游业的生存和发展受到直接威胁。这种形势，迫切要求我们必须从理论和实践上对旅游资源保护给予高度重视。旅游资源是发展旅游业不可缺少的前提条件，独特且具有吸引力的旅游资源是旅游业发展的灵魂。旅游业在未来能否持续、稳定、健康、协调发展，关键要看旅游资源的保护能否真正落实到实处。

旅游业已成为第三大产业中的主导产业，正确认识旅游资源与旅游环境保护的重大意义，将进一步促进旅游业持续稳定的发展。人与自然的协调关系与可持续发展这两个理论是指导旅游开发与规划的基础理论。

3.5.3.1 人与自然的关系理论

人是自然演化的产物，在漫长的发展演变过程中，人与自然的关系历经了原始适应、顺应自然和改造自然三个历程。随着社会生产力的提高，人类面临着全球环境问题和资源危机，人类需要重新认识自然的价值，树立正确的自然观，达到人与自然的互惠互利的共生关系。

关于人与自然关系的学说

（1）人类中心论。人类中心论认为自然是为人类而存在，是任人摆布的，而人类则是大自然的主宰者，人类可以征服、改造和控制自然。提出了"人定胜天"的口号，把人的主观能动性过分夸大，强调人的支配地位。结果以牺牲良好的自然资源和环境为代价，造成世界性的资源枯竭、环境质量严重退化，威胁着人类的生存。

在遭到大自然无情报复的残酷现实下，人类开始总结经验和教训。冷静地认识到只有改变人与自然对立的观点，遵循自然规律，与自然协调发展，共创理想的环境，才是人类得以生存与发展的唯一选择。

（2）人与自然协调论。人与自然协调论认为人是大自然的组成部分，人与自然是平等的。人与自然的关系应协调在生态系统承受的范围之内，这一学说源于当人类面临现在的生存危机而重新考虑大自然价值的基础上。

（3）人与自然共生论。现在被各国科学家能接受的是另一论点——"共生论"。所谓"共生"，一般指生物间的一种互利的关系，并促使彼此的生长，如根瘤菌与豆科植物的共生关系。人类提出人与自然关系应是共生关系，是希望人类能够回归自然，返璞归真，在高科技发达的今天再度建立起人与自然的新的共生关系。人们认为人与自然共同组成的生物圈应为智慧圈。人类现在仍然继续改造自然，只是不再违背自然规律，而是遵循生物圈的组织原则，补充生物圈，并将生物圈作为统一的有机组成部分，形成技术圈与生物圈的"共生现象"。这里的技术圈代表人的主观能动性，生物圈代表自然及自然环境，人与自然共同创造的和谐的生态环境，人与自然是合作关系。

人与自然共生论是保护旅游资源发展旅游业的前提条件

旅游资源是旅游业生存和发展的物质基础，旅游业又是在环境保护及可持续发展方面具有天然优势的产业，旅游业中提倡人与自然的共生理论，推动了对旅游资源及环境的合理开发利用而实现的旅游良性循环与发展，可以为环境保护和改善提供物质基础和条件，对环境保护起到促进作用。

人与自然共生理论推动了对自然资源、野生动植物及环境的保护，如非洲有许多国家公园，到20世纪80年代初期，东非与南非已建立了2 072万km²的国家公园，成为世界上最大的野生动物庇护所，当地政府意识到发展旅游可以赚取外汇，如一个野象群每年创汇61万美元，一头狮子获得0.85万美元，而作为商品出售仅得到0.1万美元左右。人们意识到，只有保护好吸引旅游者的旅游资源，在非洲主要是保护野生动物，才能使旅游业不断发展。

许多旅游资源都是大自然的组成部分，人为破坏旅游资源，其实就等同于破坏人类的自然环境。不科学的旅游开发与规划不仅会破坏景观的美感，还会动摇旅游业发展的物质基础，更无从谈起旅游经济产业化的发展宏图。

3.5.3.2 可持续发展理论

"可持续发展"解释为"既满足当代人的各种需要，又保护生态环境，不对子孙后代的生存和发展构成危害的发展"。已经变成人类未来发展的最优选择，它是一个复合性的概念，包括生态可持续发展、经济可持续发展和社会可持续发展三者有机的统一。"可持续发展"理论的目的是保护环境，维护当代和后代人之间的公共关系。

旅游业的可持续发展是指在发扬地方与民族文化特色、保护文物古迹和生态环境的同时，满足人们对经济、社会和审美的需求。它既能为今天的旅游者提供高质量的经历和体验，又能为旅游目的地的居民提供良好的生计和生活质量，同时还能满足后代人的发展需求和利益。

在旅游领域，对《21 世纪议程》的反应是世界旅游组织（WTO）、世界旅游理事会（WTTC）与地球理事会（EARTHCOUNCIL）联合制订的《关于旅游业的 21 世纪议程》。其中，提出可持续旅游发展，是在保护和增强未来机会的同时，满足现实旅游者和东道区域的现实需要。1995 年 4 月 24 日至 28 日，联合国教科文组织、环境规划署和世界旅游组织在西班牙召开了"可持续旅游发展世界会议"，会议通过了《可持续旅游发展宪章》和《可持续旅游发展行动计划》。

旅游资源和旅游环境是旅游活动形成的客体，是旅游业得以持续发展的基础。大多数旅游资源属不可再生资源，一旦破坏，难以复原。旅游环境虽有一定自我调节能力，但长时期超负荷的运营，必然造成质量退化和污染。"先污染，后治理"的弯路，教训是惨痛的，我们不能重蹈覆辙。在可持续发展理论的指导下，旅游业努力寻求旅游可持续发展。包括中国在内的世界许多国家已经开始将可持续发展的理论、原则引入旅游业中来，以可持续发展作为旅游开发管理工作的准则，提倡生态旅游、绿色旅游，处理好旅游效益中近期与远期、公平与效率的关系，强调生态环境保护的重要性和迫切性，并用可持续发展理论来指导旅游业给旅游地带来的经济、社会、环境、文化等影响。

3.5.4　自然旅游资源的保护措施

根据自然旅游资源衰败的原因，应用可持续发展理论和人与自然共生理论，对自然旅游资源采取相应的以防为主，防治结合的保护措施。

3.5.4.1　制定和实施科学的旅游发展规划

对于旅游发展规划是旅游资源与旅游环境保护和建设的必要手段。国家旅游局在《中国旅游业发展十年规划和第八个五年计划》中明确指出"旅游资源的开发利用，要做到开发和保护并举。对于那些稀缺的、不可再生的旅游资源，则应以保护为主，在不破坏资源前提下，有限度地、科学地开发利用"。使开发和保护实现互惠互利的双赢局面，是一个极为重要的问题，这就要求在做好保护区总体规划的同时，还需要进行充分的科学研究和环境影响评估，确定合理的游客承载量，编制详细的旅游专项规划，为自然旅游资源的开发提供科学依据。

有好的规划还要在实际工作中贯彻、落实。所以要制定具体的开发、利用和保护的措施，大力开展监督管理，把保护工作落到实处。

3.5.4.2　积极倡导生态旅游是实现可持续发展的必然选择

自然旅游资源的开发应以生态旅游为主。生态旅游以自然景观山、水、生物群落等为主要观赏对象，以欣赏和研究自然景观、自然环境、野生动植物文化特色为主要目的。生态旅游强调旅游者与自然景观的和谐统一，通过旅游人们在认识自然、享受自然的同时，倡导尊重自然、保护自然，实现人与自然的情感交流。20 世纪 80 年代以来，随着人类对自然界认识的不断提高和回归大自然意识的兴起，生态旅游在世界范围内正经历着一个蓬勃发展的时期。我国将 1999 年定位"生态旅游年"，2009 年国家旅游局再次将旅游主题确定为"生态旅游"，口号为"走进绿色旅游，感受生态文明"，是贯彻党的十七大关于建设生态文明的总体部署，落实全面、协调、可持续发展的科学发展观的具体工作。这有利于满足全球范围内日益增长的生态旅游需求，也是推广环境友好型旅游理念和资源节约型经营方式、倡导人与自然高度和谐的重大举措。发展生态旅游是自然旅游资源开发的必然选择，也是可持续发展的有效保障。

合理有效地开发利用自然旅游资源，实现双赢，应加强生态旅游的科学研究和生态监测。有关行政管理部门和自然旅游资源管理机构应组织科研力量，重点开展生态旅游容量计算方法、资源开发利用阈值、生态旅游规划方法及生态旅游对自然旅游资源的潜在影响等方面的研究，切实解决生态旅游发展中存在的问题。同时，开展生态旅游的自然旅游资源，特别是自然保护区，还应加强生态旅游的生态监测工作，在旅游区建立永久监测点，并与核心区的研究样点同时观察，进行比较分析，以监测旅游开发区的环境质量变化，促进旅游的健康发展。

3.5.4.3 完善法律法规，形成旅游资源保护的法律机制

法律是旅游资源保护的最后一道屏障。我们应当尽快建立完善的法律法规，为旅游资源保护提供依据。通过制定相关法律法规，建立起一套融民事、行政和刑事责任为一体的法律责任机制。并且注意与相关法律的配合与协调。应当制定一部《旅游资源保护法》，在该法中明确旅游资源保护的意义，各类旅游资源的管理部门，管理部门的职责，与旅游资源相关的错误决策后果的承担，旅游景点配套设施的规划、建造与管理，法律责任等。根据该法，还可以制定相应的实施细则。旅游活动的高速发展，呼唤旅游资源法和旅游环境法的日渐成熟和完善。

3.5.4.4 多方筹集和规范使用旅游资源保护资金

市、县市区人民政府要研究制定筹集旅游资源保护资金的办法和措施，增加经费投入。每年在财政预算内要安排一定的旅游资源保护专项经费，并逐年有所增加。可从景区景点的门票收入和经营网点的营业收入中按一定比例提取旅游资源有偿使用费，作为旅游资源保护的专项资金。

各地要创造条件，积极申报各种项目，争取省、国家及其他基金会、社团组织的项目资金。要发动、引导、鼓励和支持各社会团体、民间组织、企业和公民个人通过捐赠、冠名认保和投资等方式参与旅游资源的保护和保护性开发。

各级财政部门和旅游行政主管部门要完善制度，加强对资源保护资金的管理，做到专款专用，不断提高资金使用效益。

3.5.4.5 培养旅游资源保护的专门人才

旅游资源类型多、分布广，引起破坏的原因多种多样，故旅游资源的保护涉及多门学科、多种技术，是一项综合性的科研项目，我们要在实践的基础上，积极开展旅游资源保护、修复等科学研究。旅游资源保护，无论是理论研究还是制定措施，都需要具体的人员来关心和实施。因此，旅游资源保护的专业人才培养也是刻不容缓的。

3.5.4.6 加强旅游资源和旅游环境保护的宣传教育工作

开展旅游资源和旅游环境保护教育目的就是要努力提高全民族的旅游环境意识。充分利用新闻媒介及其他大众传播工具，使旅游者通过参加生态旅游，在大自然中接受旅游资源和环境保护教育，遵守景区的规章制度，掌握保护的基本方法，使景观美与道德美融为一体，保护人类赖以生存的自然环境，美化人类的精神世界。旅游资源和旅游环境保护的宣传教育要从娃娃抓起。

（1）加强游客管理。目前我国旅游者的环保意识还不强，极容易对生态系统造成破坏，开展生态旅游必须要加强游客管理。加强游客管理可以主要通过以下 3 个渠道

来实现：

☞ 根据保护区内环境承载能力的状况，利用门票等经济手段，以及线路设计、分区规划等技术手段对游客进行引导，使其在时间上和空间上合理布局，以达到不破坏保护区内生态系统的目的。

☞ 针对目前生态旅游开发中普遍存在的重开发、轻宣传教育的问题，必须加大宣传教育的力度。一方面是通过利用展览馆厅、宣传牌以及导游讲解对游客进行直接的宣传教育；另一方面是通过电视、报刊等大众传媒工具进行范围更广泛的宣传教育，既起到对全民进行自然保护教育的作用，同时也起到扩大生态旅游社会影响，吸引更多的游客来自然保护区进行生态旅游的作用。

☞ 通过建立一定的法律、法规和制度，对旅游者的行为进行约束，避免对环境造成不良影响。通过这些措施的实施，不但可以提高旅游者的素质，保护生态环境，也必将加速我国生态旅游市场的兴起和成熟。

（2）提高公众旅游资源保护意识，实现全民参与旅游资源保护。我国公众的旅游资源保护意识薄弱，这与我国整体的环境保护水平不高有很大的关系。公众认为旅游资源保护是专家、政府的事，而事实上也只有专家学者经常对旅游资源的现状表示担心，主管部门对这些言论很少采纳，更加使公众对旅游资源的保护持漠视态度，这种现状亟待改变。国家应尽可能地通过各种形式宣传、教育公众进行资源保护，同时对现有旅游资源进行全面普查，增加保护力度。各类民间组织、社会团体应积极行动起来，以各种灵活、有效的方式进行宣传，公众也应当自觉地提高参与意识。一旦形成全民参与、自下而上保护的局面，旅游资源的可持续使用也就不再遥远了。

旅游资源保护是环境保护中的一项重要内容，它的保护程度与环境保护的水平成正比。目前我国旅游资源保护的现状不容乐观，甚至面临严峻的考验。我国大多数的自然旅游资源具有强烈的城市化倾向，还有相当一部分珍贵资源处于毁损灭失的边缘，这种现状遭到了相关国际组织的批评，还有一些已列入世界遗产名录的旅游资源地因不符合保护的标准而被删除出名录，这就给我们提了一个醒，我们不能因为自然旅游资源丰富就忽视对它们的保护，否则总有一天我们会品尝苦果。

复习思考题

1. 什么是自然资源？自然资源有什么特征？
2. 简述我国土地资源现状。
3. 我国水资源开发利用中存在的问题有哪些？
4. 什么是矿产资源？我国矿产资源保护对策有哪些？
5. 简述自然旅游资源保护的主要对策。

第4章 自然保护区

4.1 概述

4.1.1 概念和含义

4.1.1.1 概念

《中华人民共和国自然保护区条例》将自然保护区定义为"对有代表性的自然生态系统、珍稀濒危野生动植物物种的天然集中分布区、有特殊意义的自然遗迹等保护对象所在的陆地、陆地水域或海域，依法划出一定面积予以特殊保护和管理的区域"。

4.1.1.2 含义

（1）区域。顾名思义，自然保护区是一块区域，依法划出一定的面积，有明确的边界，这个区域，包括陆地、陆地水域和海域。

（2）自然区域。自然保护区的区域不是行政区域，而是自然区域，是自然形成的自然界中部分区域。这些自然区域，既可以是自然生态系统的区域，也可以是珍稀濒危野生动物植物物种的天然集中分布区，还可以是有特殊意义的自然遗迹所在的自然区域。

（3）以特殊保护和管理为主的自然区域。自然保护区既不是行政区域，也不是经济区域，不以经营为主，而以特殊的保护和管理为主，其他活动取决于这个前提。

4.1.2 建立自然保护区的条件及自然保护区的类型与级别

4.1.2.1 建立自然保护区的条件

按《中华人民共和国自然保护区条例》的规定，凡具备下列条件之一者，应当建立自然保护区：

- ☞ 典型的自然地理区域、有代表性的自然生态系统区域以及已经遭到经保护能够恢复的同类自然系统区域。
- ☞ 珍稀、濒危野生动植物物种的天然集中分布区域。
- ☞ 具有特殊保护价值的海域、海岸、岛屿、湿地、内陆水域、森林、草原和荒漠。
- ☞ 具有特殊保护价值的地质构造、著名溶洞、化石分布区、冰川、火山、温泉等自然遗迹。
- ☞ 经国务院或省、自治区、直辖市人民政府批准，需要给予特殊保护的其他自然区域。

4.1.2.2　自然保护区的类型

我国的自然保护区的分类

根据我国的国家标准《自然保护区类型与级别划分原则》（GB/T 14529—93）的规定，我国自然保护区共分 3 个类别九个类型（表4-1）。

表 4-1　自然保护区类型划分表

类　　别	类　　型
自然生态系统类	森林生态系统类型 草原与草甸生态系统类型 荒漠生态系统类型 内陆湿地和水域生态系统类型 海洋和海岸生态系统类型
野生生物类	野生动物类型 野生植物类型
自然遗迹类	地质遗迹类型 古生物遗迹类型

（1）自然生态系统类自然保护区。自然生态系统类自然保护区，是指以具有一定代表性、典型性和完整性的生物群落和非生物环境共同组成的生态系统作为保护对象的一类自然保护区，以下分 5 个类型：

☞　森林生态系统类型自然保护区：是指以森林植被及其生境所形成的自然生态系统作为主要保护对象的自然保护区。

☞　草原与草甸生态系统类型自然保护区：是指以草原植被及其生境所形成的自然生态系统作为主要保护对象的自然保护区。

☞　荒漠生态系统类型自然保护区：是指以荒漠生物和非生物环境共同组成的自然生态系统作为主要保护对象的自然保护区。

☞　内陆湿地和水域生态系统类型自然保护区：是指以水生和陆栖生物及其生境共同组成的湿地和水域生态系统作为主要保护对象的自然保护区。

☞　海洋和海岸生态系统类型自然保护区：是指以海洋、海岸生态与其生境共同形成的海洋和海岸生态系统作为主要保护对象的自然保护区。

（2）野生生物类自然保护区。野生生物类自然保护区，是指野生生物物种，尤其是珍稀濒危物种种群及其自然生境为主要保护对象的一类自然保护区，以下分两个类型：

☞　野生动物类型自然保护区：是指以野生动物物种，特别是珍稀濒危动物和重要经济动物物种种群及其自然生境为主要保护对象的自然保护区。

☞　野生植物类型保护区：是指以野生植物物种，特别是珍稀濒危植物和重要经济植物物种种群及其自然生境作为主要保护对象的自然保护区。

（3）自然遗迹类自然保护区。自然遗迹类自然保护区是指以具有特殊意义的地位遗迹和古生物遗迹作为主要保护对象的一类自然保护区，以下分两个类型：

☞　地质遗迹类型自然保护区：是指以特殊地质构造、奇特地质景观、珍稀矿物、奇泉、瀑布、地质灾害遗迹作为主要保护对象的自然保护区。

☞ 古生物遗迹类型自然保护区：是指以古人类、古生物化石产地和活动遗迹作为保护对象的自然保护区。

综上所述，可以看出我国自然保护区的分类原则是以保护对象确定保护区的分类。这种分类方法简便易行，保护对象明确，解决了自然保护区保护什么的这个首要问题。

其他国家和国际组织的自然保护区分类方法

其他各个国家的自然保护区分类方法不尽一致，对自然保护区的建设和管理带来许多困难，1972 年召开第二届国家公园世界大会要求 IUCN（世界自然保护联盟）为自然保护区制定分类标准，后来几经修改，1993 年形成了"保护区管理类型指南"，按管理目标将自然保护区分为六个类型，供各国结合本国情况，选择分类系统作为参考（表 4-2）。

表 4-2　1993 年修订的 IUCN 保护区类型划分表

序号	类型	主要管理目标
1	严格的自然保护区/荒野区	前者用于科学研究，后者用于荒野区保护
2	国家公园	用于生态系统保护和娱乐
3	自然纪念地	用于特殊自然特征的保护
4	生境/物种管理区	通过管理的干预达到保护目的
5	受保护的陆地景观/海洋景观	用于陆地和海洋景观的保护与娱乐
6	受管理的资源保护区	用于自然生态系统的持续利用

IUCN 提出的保护区划分，其原则是根据保护区保管的保护目标确定保护区类型，这种划分方法可能解决保护区怎么保护和保护到什么程度的问题，很明显这种分类方法对于明确自然保护区的管理和保护工作方向，是具有明确指导意义的。不足的是这种分类方法没有明确保护对象，对按保护对象分类指导、监督和明确重点是不利的。

4.1.2.3 自然保护区的级别

根据我国的国家标准《自然保护区类型与级别划分原则》（GB/T 14529—93）的规定，我国自然保护区分为国家级、省级、市级、县级四个级别，但是标准简化为国家级、省级、市县三级。我国已有一批自然保护区加入了联合国教科文组织的"国际生物圈保护区网"，还有一批自然保护区被列入《国际重要湿地名录》，这些自然保护区，由国际组织确定并掌握标准，因此，没有列入我国的国家标准之中。另外，我国乡、村两级自然保护小区也没有列入国家标准。

（1）国家级自然保护区。国家级自然保护区，是指在全国或全球具有极高的科学、文化和经济价值，并经国务院批准建立的自然保护区。它包括自然生态系统、野生生物、自然遗迹三类国家级自然保护区。

（2）省级自然保护区。省（自治区、直辖市）级自然保护区，是指在本辖区内或所属生物地理省内具有较高的科学、文化和经济价值及休息、娱乐、观赏价值，并经省级人民政府批准建立的自然保护区。它包括自然生态系统、野生生物、自然遗迹三类自然保护区。

（3）市级和县级自然保护区。市、地级和县（自治县、旗、县级市）级自然保护区，是指在本辖区或本地区内具有较为重要的科学、文化经济价值及娱乐、休息、观赏价值，并经同级人民政府批准建立的自然保护区。它包括自然生态系统、野生生物、自然遗迹三类自然保护区。

4.1.3 自然保护区的名称

4.1.3.1 自然保护区名称的类型

世界各国自然保护区的名称很多，主要有自然保护区、保护公园、国家公园、自然区、自然公园、原野地等几十个名称。

我国除了自然保护区外，还建有森林公园和风景名胜区。虽然这两种名称与自然保护区的名称有明显区别，但其性质与功能也有共同之处。自然保护区是以绝对保护为主，而森林公园（也可以是地质公园、海洋公园、草原公园等）和风景名胜区保护和开发旅游并重。自然保护区的科学意义较大，自然性最强，而森林公园和风景名胜区则融自然、社会和人文景观于一体。

由于森林公园和风景名胜区确实起到了一些保护自然的作用，因此有人认为应当把森林公园、风景名胜区和自然保护区作为我国广义的自然保护区体系。但是目前国家环保部公布的自然保护区名录不包括森林公园和风景名胜区，国家林业局也未将森林公园列入自然保护区名录。但是我们不能低估森林公园和风景名胜区保护自然的作用，应充分发挥它们的作用。

4.1.3.2 自然保护区的命名

为了便于管理和交流，自然保护区应当有统一的命名规范。目前我国自然保护区命名一般采用两名制和三名制两种方法。

两名制，即采用"省名＋地名"来给保护区命名，如黑龙江扎龙自然保护区、海南东寨港自然保护区等。

三名制，即采用"省名＋县名＋地名"来给保护区命名，如贵州道真大沙河自然保护区、河北昌黎黄金海岸自然保护区。

当然在命名时加上保护区级别和类型，保护区的名称就更加全面、更加明确了。例如：河北昌黎黄金海岸国家级海洋自然保护区。这个名称既明确了保护区所在的省、县、地，又明确了保护区的级别，还明确了保护区的类型。

4.1.4 自然保护区的发展与现状

4.1.4.1 世界各国自然保护区的发展与现状

（1）发展过程。19 世纪中叶，德国博物学家汉伯特首倡建立自然保护区。1872 年美国建立世界上第一个国家公园——黄石公园。1879 年，澳大利亚建立了 6 处国家公园，新西兰也建立了两处国家公园。1885 年加拿大建立了 3 处国家公园。1898 年，南非设立了 Sabie 野兽保护区；同期，英国在其殖民地印度建立了阿萨姆卡齐兰加保护区。到了 20 世纪，自然保护区建设工作得到迅速发展。1909 年，瑞典划定一批自然保护区，欧洲其他国家跟着效仿。1925 年，比利时在刚果设立了阿尔贝国家公园。1926 年，意大利在索马里设立国家公园。同期，法国、荷兰等国分别在马达加斯加和印度尼西亚开展自然保护区建设工作。20 年代以后自然保护区的发展速度加快，1972 年联合国召开人类环境会议之后，自然保护区加快发展并走上规范化的道路，20 世纪 50 年代以来，发展中国家相继独立，也开始建立自己国家的自然保护区，世界自然保护区的数量和面积一直在上升。

（2）现状。北美洲的自然保护区以国家公园为主，历史悠久，面积广大。美国是世界上第一个建立保护区的国家，自 20 世纪 30 年代发生"黑风暴"事件后，更加注重保护区建设。美国现有 669 处自然保护区、38 处国家公园，总面积达 9 360 万 hm^2，占其国土总面积的 10%。加拿大有国家公园 48 处。在北美洲，各种动植物及自然资源都受到了较好的保护。所有的国家公园和自然保护区管理手段十分先进，有健全的法制和严格的规章制度。

欧洲自然保护区的建设首先是从瑞典开始的，现有 16 处国家公园、899 处自然保护区，总面积 360 万 hm^2，占国土面积的 8%。西欧各国大批的国家公园和自然保护区，大多数是在 20 世纪 60 年代以来建立的。英国有 10 处国家公园、100 处自然保护区，总面积占国土面积的 10%。法国有 8 处国家公园、42 处自然保护区，总面积占国土面积的 5%。

大洋洲的自然保护区工作发展很快，历史也比较悠久。由于大洋洲的动物和植物区系成分较为特殊，被保护的内容丰富多彩，保护价值较高，加上各国都十分重视自然保护区工作，所以这里的国家公园和自然保护区数量较多。澳大利亚现有国家公园 60 多处、自然保护区 1 000 多处。新西兰国内建有森林公园 18 处、国家公园 10 处、自然保护区 1 000 多处。

亚洲的自然保护区和国家公园以印度、斯里兰卡和印度尼西亚的数量较多，历史较长，其他国家的自然保护区大多数都是近 30 年才建立的。日本现有国家公园 369 处、自然保护区 2 816 处，总面积 840 万 hm^2，约占其国土面积的 20%。

非洲的自然保护区和国家公园历史较长，虽数量不多，但面积大。整个非洲，面积超过百万公顷的国家公园有十几处，主要以保护野生动物闻名于世界。在博茨瓦纳，保护区面积约占其国土的 50%。肯尼亚有 15 处国家公园、22 处自然保护区，总面积占国土面积的 10%。

南美洲的国家公园和自然保护区建立比较晚，数量少，规模也小。墨西哥是这个洲自然保护区工作开展得最好的国家，有 44 处国家公园、22 处自然保护区，总面积占国土面积的 2%。自然条件优越、群落类型复杂、植物种类为世界之冠的巴西，近些年来开始重视自然保护工作，目前已建成 40 处自然保护区和国家公园。

目前世界上有超过 44 000 个保护区，覆盖 10% 左右的地球表面。

4.1.4.2 中国自然保护区的发展历程和现状

我国古代便有了朴素的保护自然和保护自然资源的思想，并认识到保护和利用自然资源与人类生存发展的关系。许多古代典籍如《周礼》《吕氏春秋上农篇》《汉书食货志》、《墨子非乐》《荀子王制篇》《国语》《淮南子主术训》等有比较详细的记载：规定采伐和捕猎的一定时机，禁止采集鸟卵，禁伐幼树，禁捕孕兽，禁止随意围湖造田。

中国历代帝王的禁猎区、苑囿和庙宇园林等，虽然主要为其享乐和宗教礼仪服务，但多少具有保护区的性质和作用。

宗教力量也起了很大的作用，佛教、道教在我国人民中的影响很大，一般在寺庙、道观植被和生态系统维护较好，还有保护风水宝地而禁伐森林，敬畏神灵而封禁森林等。这些区域都有保护区的性质或雏形。

近代中国的自然保护区事业是在新中国成立以后才逐渐开展起来的。

发展历程

我国自然保护区建设起步较晚，从无到有、从弱小到壮大已经经历了近 50 年的历史（表 4-3）。总体上可以分为开创期、停滞期和缓慢发展期、快速发展期、稳定发展期四个阶段。

（1）开创期。新中国成立初期，为适应国民经济从恢复走向发展时期对森林资源保护、野生动植物保护和狩猎管理的迫切需要，在 1956 年 9 月第一届全国人民代表大会第三次会议上，秉志、钱崇澍等科学家提出了 92 号提案："请政府在全国各省区划定天然森林禁伐区，保存自然植被以供科学研究的需要案。"同年 10 月，第七次全国林业会议上，提出了《天然森林禁伐区（自然保护区）划定草案》，提出了自然保护区的划定对象、划定办法和划定地区，从此启动了我国自然保护区建设。1956 年建立第一个自然保护区——广东鼎湖山自然保护区；1957 年建立福建省建瓯县万木林自然保护区；1958 年在云南西双版纳建立了小勐养、勐仑、勐腊 3 个自然保护区；1960 年建立了吉林长白山自然保护区；1960 年还建立了黑龙江伊春丰林自然保护区；1961 年建立了广西花坪自然保护区。到 1965 年为止，我国共建立自然保护区 19 处，面积共 64.9 万 hm^2，保护对象主要为原始森林资源和珍稀野生动植物资源。

这一时期对建立自然保护区的意义认识处于萌芽时期，建设速度较慢。

（2）停滞期和缓慢发展期。"文革"时期，我国自然保护区事业受到了严重影响，多数自然保护区遭到了严重破坏，区内捕猎和砍伐活动相当严重，研究工作几乎停止，原本有待完善的管理体系被削弱。

1972 年联合国人类环境会议后，我国对环境问题逐步重视，自然保护区建设进入了一个缓慢发展的阶段，青海湖、四川卧龙等一批自然保护区相继建立。1973 年原农林部召开了"全国环境保护工作会议"，通过了《自然保护区管理暂行条例（草案）》和《中国省级自然保护区规划》。此后，浙江、安徽、广东、湖北等 12 省（自治区）相继建立了 25 个自然保护区。到 1978 年底，全国共建立自然保护区 34 个，总面积 126.5 万 hm^2，占国土面积的 0.13%。

（3）快速发展期。1980 年 4 月，在全国农业自然资源调查和农业区划委员会下成立了自然保护区区划专业组，同年 9 月该小组在成都召开了"全国自然保护区区划工作会议"，研究和部署了全国开展自然保护区区划工作的原则和步骤，全国的自然保护区发展开始走上正轨。

1984 年《中华人民共和国森林法》的颁布和实施，为建立和完善自然保护区体系铺平了道路。1987 年国务院环境保护委员会正式发布了《中国自然保护纲要》，国家先后颁布了《草原法》《野生动物保护法》《森林和野生动植物类型自然保护区管理办法》《中华人民共和国自然保护区条例》等法律法规，对自然保护区的建设和管理作出了专门的规定，促进了自然保护区的发展，自然保护区的数量、面积得到了迅速增加和扩大。

（4）稳定发展期。1999 年以来，国家实施了一系列生态工程建设项目，为自然保护区事业的发展注入了新的活力，随着科学发展观的贯彻落实，实现人与自然和谐发展的社会，自然保护区进入了稳定发展阶段。截至 2007 年底，全国共建立自然保护区 2 531 个，总面积约占陆地国土面积的 15.19%。

现状

截至 2008 年底，我国自然保护区共有 2 538 个，面积达 148.94 万 km²，占国土面积的 15.51%。其中国家级 303 个，面积 91.20 万 km²，有 28 个自然保护区加入联合国教科文组织"人与生物圈保护区网络"，有 36 处湿地被列入《国际重要湿地名录》，有 20 多个自然保护区成为世界自然遗产地的组成部分。

存在的问题

自然保护区在迅速发展的过程中，也暴露了许多问题。这些问题，有的本来就潜在，有的是在快速发展的过程中新出现的。比如自然保护区的自然资源仍面临被破坏的威胁；不少保护区权属或权属变更不清，划界不明，土地纠纷增多，给保护区的发展和管理带来许多障碍；保护区与当地政府、周边社区的关系不协调；保护区管理水平不高，管理体制有待完善，法律法规体系和行业规范不健全；对保护区的资金投入普遍不足；科技力量薄弱等。

表 4-3　中国自然保护区发展情况

年份	自然保护区数量	占陆地国土面积百分比/%
1956	1	0
1965	19	0.07
1978	34	0.13
1982	119	0.40
1985	333	2.10
1987	481	2.47
1989	573	2.82
1991	708	5.54
1993	763	6.89
1995	799	7.49
1997	926	8.02
2000	1 276	12.44
2001	1 551	12.90
2002	1 757	13.20
2003	1 999	14.00
2004	2 194	14.81
2005	2 349	15.00
2006	2 395	15.16
2007	2 531	15.19
2008	2 538	15.51

4.2　自然保护区的目标、任务和作用

4.2.1　自然保护区的目标

4.2.1.1　自然保护的目标

（1）《世界自然资源保护大纲》规定，自然保护有以下 3 个目标：

☞　保持基本的生态过程与赖以生存的生态系统。

☞　保护基因的多样性。

☞　保护物种使之能被永续利用。

（2）《中国自然保护纲要》规定，中国自然保护的 3 个目标如下：

☞　保护人类赖以生存和发展的生态过程和生命保障系统，使之免遭破坏和污染。

☞　保证生物资源的永续利用。

☞　保存生物物种的遗传多样性与保留自然历史纪念物。

4.2.1.2　世界自然保护区的作用

在《世界自然资源保护大纲》规定的自然保护 3 个目标的基础上，1994 年提出自然保护区管理的 5 个目标：

（1）关键的生态过程必须保护，必须丢弃单个物种的管理方式，而应当重点保护生态过程。

（2）管理的目标必须来自对自然保护区系统的生态学理解。

（3）将外部的负面影响如污染等减至最小，而外部有益的方面必须使之达到最大。

（4）进化过程必须得到保护。

（5）自然保护区的管理应是顺应生态规律的，要将人为的介入降到最小。

4.2.1.3　我国自然保护区的目标

根据世界自然保护区的五项目标，结合我国的实际，制定了我国自然保护区的管理目标，共有四项：

（1）保护自然环境和自然资源，维护自然生态的动态平衡，在科学的管理下保持本来的自然面貌，一方面维持有益于人类的良性的生态平衡，另一方面创造最佳人工群落模式和进行区域开发的自然参照系统。

（2）保持物种的多样性，即保存动物、植物、微生物物种及其群体的天然基因库。

（3）维持生命系统包括生物物种和自然资源的永续发展和持续利用，使其不但成为种质资源的提供基地，也成为经济建设的物质基础。

（4）保持特殊的有价值的自然人为地理环境，为考证历史、评估现状、预测未来提供研究基地。

4.2.2　任务

自然保护区是一种具有多种功能的自然区域，但与经济、技术、社会有着密切的联系。自然保护区的任务是在保护自然的前提下，如何为人类服务，为经济、技术和社会发展服务，为我国的社会主义现代化建设服务。

4.2.2.1 保护自然资源

我国大多数自然资源的人均水平远远低于世界平均水平，而我国目前又处在工业化、城市化的过程中，对自然资源的需求是巨大的，对其的压力也是巨大的，建立足够数量的自然保护区，可以有效地保护自然资源。不仅可以保护生物资源，还可以保护水资源、土地资源、海洋资源、矿产资源、旅游资源等。

4.2.2.2 为可持续发展提供条件

可持续发展战略已成为全人类的共识，实行可持续发展战略的条件之一，是通过建立自然保护区，保留自然界的基本本底和基本过程，为人类长远的发展储存必要的资源。随着科技的进步，今后人类将会更合理地、有效地、充分地利用各种自然资源。

4.2.2.3 提高全民族的生态意识，成为科教兴国的阵地

建立自然保护区，并配合必要的宣传教育，努力提高全民族的生态意识，普及生态学的知识，自然保护区还可以进行多学科、多专业的科学研究工作，为科学研究，特别是生态科学、环境科学、生物科学、地球科学的研究提供不可替代的宝贵的场所。总之，建立自然保护区是一个国家，一个民族的文明进步的保证。

4.2.3 自然保护区的作用

4.2.3.1 保护了典型的生态系统和自然环境

本着"抢救为主，积极保护"的原则，我国自然保护区多分布于典型的森林、湿地和荒漠生态系统地带，以及野生动植物重点分布区域和生物多样性丰富的区域，有效地保护了我国 85%的陆地生态系统、85%的野生动物种群和 65%的高等植物群落；尤其是保护区内的天然林约占全国天然林的 20%，天然湿地面积已占全国天然湿地面积的 40%。

我国还保护自然遗迹，如火山、化石产地、地质剖面都建有相应的自然保护区，保护了其自然面貌和状态。

4.2.3.2 保护了重要的野生动植物资源和基因资源

野生动植物资源是人类社会赖以生存的重要物质资源，而建立自然保护区是保护野生动植物最基本、最有效的方法。

全世界众多的生物，仅仅依靠实验室、动物园、植物园、水族馆、种子库、精子库的保护是不现实的，保护物种及其遗传基因多样性的最主要的途径是建立自然保护区。

更为重要的是，目前许多物种还没有被鉴定记录，甚至还没有被发现，因此建立自然保护区就可以将这些物种先保存下来，等待今后科技发展到更高水平时，再认识、研究和利用它们。我国自然保护区有效地保护了 300 多种珍稀濒危野生动物的主要栖息地，130 多种珍贵树木的主要分布地，有效地保护了大熊猫、金丝猴、扬子鳄、华南虎、麋鹿、百山祖冷杉、红豆杉和苏铁等物种。

4.2.3.3 科学研究的"天然实验室"

自然保护区为科学研究提供了不同类型的自然生态系统的基地，使连续地、系统地监测与研究成为可能。研究与监测成果又会使我们更加深刻地、准确地认识自然，同时也为保护生态环境提供了依据。

自然保护区保护了大量的动植物物种。保证了生物学家们不受干扰或少受干扰地观测研究生物物种。因此，在某种意义上讲，自然保护区是生物学天然的标本库和实验室。

自然保护区还保护了大量非生物自然资源，是地球科学和环境科学研究自然资源的组成结构、分布规律、演化规律的天然场所，地球科学家们对岩石、矿物、古生物化石、地质构造、地层的研究者要首先在野外现场研究，地质类型的自然保护区，充分地满足了地球科学家的需要，将珍贵的自然遗产——火山、岩石、矿物、古生物化石及其产地等保护下来以供研究。

4.2.3.4 天然的"自然博物馆"

自然保护区保护了大批宝贵的自然遗产，保留了地球演化和生物进货所留下来的大量信息，可供有关专业的教师引导学生进行野外实习，是一座天然的"自然博物馆"。我国云南省地处几大自然区域的交汇处，自然生态环境复杂多样，生物多样性极为丰富，是我国有名的"生物王国"。因此我国许多高等学校生物学专业的学生都到云南去进行教学实习。我国其他一些自然保护区，例如鼎湖山自然保护区、武夷山自然保护区等，也具有很高的生物多样性，吸引了许多高校师生前去进行生态学和生物学的野外实习。

我国的自然保护区数量多、类型全，为开展科普教育提供了基地。许多中小学与自然保护区合作，在允许的功能区内开展科普教育，也取得了十分显著的效果。

4.2.3.5 生态旅游的"天堂"

近年来，生态旅游异军突起，发展迅猛，自然保护区保护了自然界的原貌，具有很高的旅游价值，所以是开展生态旅游的最佳场所。在保护的前提下，在划定的功能区中的实验区，可以开展旅游。另外，在自然保护区中开展生态旅游，还可以促使游客在享受自然的同时，认识自然，提高科学文化水平。在自然保护区中开展旅游要加强管理，以保护为前提，开展旅游的收入必须提取一定的比例用于自然保护区的建设与管理。

4.2.3.6 维持生态环境的稳定性

自然保护区可以改善环境、保护资源、涵养水源、保持水土、净化空气、调节气候、保护生物的多样化，所有这些功能都有利于维持生态环境的稳定性。在大江大河的源头地区，建立水源涵养林自然保护区极为重要。我国长江、黄河等大江大河上游，水源涵养林的作用关系重大，非同小可。2000 年我国在黄河、长江、澜沧江的发源地建立了"三江源自然保护区"。

4.2.3.7 树立我国重视生态保护的良好形象

人类共同克服着生态破坏带来的灾难，共同承担着生态建设和资源保护的使命。我国是《生物多样性公约》《濒危野生动植物种国际贸易公约》《湿地公约》《防治荒漠化公约》《气候变化框架公约》等公约的签署国。我国还与许多国家签署了有关候鸟、虎、自然保护交流与合作等多边或双边协定。自然保护区是履行国际公约、开展国际交流与合作的重要载体。我国已有长白山、鼎湖山、卧龙、武夷山、梵净山、锡林郭勒、博格达峰、神农架、盐城、西双版纳、天目山、茂兰、九寨沟、丰林、南麂列岛等 28 个自然保护区加入了联合国教科文组织的"国际人与生物圈保护区网络"，有 20 多个自然保护区被列为世界自然遗产，有 36 处湿地被列入国际重要湿地名录。

4.3 自然保护区的评价、设计与规划

4.3.1 自然保护区的评价

4.3.1.1 自然保护区的生态评价

国内外对自然保护区的生态评价做了很多工作。20 世纪 60 年代以来自然保护区的生态评价涉及 30 多个指标，出现频率较高的有多样性、稀有性、自然性、面积、代表性、文化教育价值、科研价值、人类威胁、潜在价值、感染力、脆弱性、物种丰度、土地有效性等。这些指标过多，又有交叉叠加的因素，因此进一步筛选。我国科学工作者 1994 年根据兼顾性、可行性、易操作性、避免重复交叉、系统性 5 个原则，确定了自然保护区生态评价的 6 个主要指标，即多样性、稀有性、代表性、自然性、面积适宜性、生存威胁。

指标阐述

（1）多样性。可分为生境多样性、群落多样性、物种多样性。多样性一般用多、中、少三级评价。我国科学工作者用物种相对丰度来进行评价。物种的相对丰度即物种数与所在生物地理区或行政省内物种总数的比例，这样评价可以增加不同自然条件地区的可比性。

（2）稀有性。对于很多自然保护区来说，其保护的一个最重要的目的是保护稀有或地方特有种、特有的群落或是某种独特的生境，特别是所谓的植物避难所，那里汇集了很多稀有种。生境的独特性可以孕育独特的生物群落和物种，因此生境的稀有性尤其不能忽视。

（3）代表性。表明自然保护区的所在类型、级别中具有代表性的程度，与典型性有区别，但共同点更多，因此典型性指标删去了。

（4）自然性。习惯上用自然性来表示植被或立地未受人类影响的程度，这种自然性对于建立科学研究目的的自然保护区或是核心区有特别重要的意义。

（5）面积适宜性。自然保护区必须满足维持保护对象所需的最小面积。自然保护区的最小面积或者最适宜面积，因保护对象的特征和生物群落类型的不同而有差异。一般来说，面积越大，保护的生态系统越完整，生物种群受外来影响的程度也越小。但这也不意味着一味追求面积的广阔，而应以最适宜面积为理想。

（6）生存威胁。含人为干扰、破坏与生态系统，物种、自然遗迹本身的脆弱性两个方面。

自然保护区生态评价赋分标准

评价生态系统类自然保护区应以多样性指标赋分最高；野生生物类型则以稀有性指标赋分最高；自然遗迹则以代表性、自然性等指标赋分最高：

A 多样性（共 25 分）

A1 物种多样性（共 15 分）

A2 生境类型多样性（共 10 分）

B 代表性（共 15 分）

C 稀有性（共20分）

C1 物种濒危程度（共8分）

C2 物种地区分布（共6分）

C3 生境稀有性（共6分）

D 自然性（共15分）

E 面积适宜性（共15分）

F 生存威胁（共10分）

自然保护区生态评价的评判

自然保护区生态评价的赋分方法：一是集中了专家的意见；二是引入了权重。因此比较全面合理，赋分总分为100分，指以下总分高低确定，自然保护区的生态质量等级：

$K_{总分}$=86～100分　生态质量很好

$K_{总分}$=71～85分　生态质量较好

$K_{总分}$=51～70分　生态质量一般

$K_{总分}$=36～50分　生态质量较差

$K_{总分}$=35分以下　生态质量差

上述评判方法适用于生态系统类型的自然保护区，珍稀濒危生物类型的自然保护区只要其保护对象的稀有性突出，自然遗迹类自然保护区的自然性、代表性突出其生态质量等级不高，它的级别也不会低。

4.3.1.2 自然保护区管理水平评价

世界各国关于自然保护区管理水平没有统一的评价标准，我国为了便于检查评比，1994年提出四项自然保护区管理水平评价指标，即管理条件、管理措施、管理基础、管理成效，各赋分为管理条件30分、管理措施21分、管理基础21分、管理成效28分，总分100分，根据总分高低，评判自然保护区管理水平的高低。共分以下五个级别：

$R_{总分}$=86～100分　管理很好

$R_{总分}$=85～71分　管理较好

$R_{总分}$=51～70分　管理一般

$R_{总分}$=36～50分　管理较差

4.3.1.3 自然保护区的社会经济效益评价

自然保护区的效益是多方面的，综合性的，除了生态效益以外，不定期有经济效益和社会效益，以自然保护区的生态、经济、社会的效益分析，是应用生态经济学的方法进行的。其主要方法有以下几种：

（1）市场价格法。此方法以市场价格为标准评价自然保护区的效益。

（2）基于代用品市场价格法。这种方法是用市场价格间接地近似计算自然保护区提供的物质和服务的价值。

（3）基于刺激的市场价格法。对有代表性的一部分人进行询问调查，由他给予自然保护区货币定价。

4.3.2 自然保护区的设计与规划

4.3.2.1 选址

自然保护区的选址工作程序主要由科学考察、条件分析、综合评价和上级审批四个阶段组成，缺一不可。

（1）科学考察。对拟建自然保护区区域的地貌、地质和矿产资源、气候、土壤、水文、动植物区系、植被和生物资源特点、自然灾害的可能影响、需要保护的各种生境、景观、物种及其遗传资源现状、发展趋势和保护措施等有比较充分的了解。编制各种大比例尺图件，从 1∶2.5 万到 1∶10 万都可。通过这些图件详细地表示出该地区的地质、植被、生物资源等数据的分布。同时，对人口和劳力、牲畜、土地、农业生产类型和水平及其加工工业、能源、交通运输以及生活水平的变化和发展趋势也要搜集足够可靠的资料，并加以分析。

（2）条件分析。将科学考察的结果与《中华人民共和国自然保护区条例》第二章第十条的规定对照，如果符合规定的五项条件之一者，即可认为符合建立自然保护区的条件。

（3）综合评价。对符合国家规定条件的拟建自然保护区，分别进行生态评价、社会经济评价，然后作出总体评价，并编写出建立自然保护区的可行性研究报告。

4.3.2.2 面积、形状和生境走廊

面积

面积要适当，能满足保护的基本需要，即不能小于保护自然生态系统、保护珍稀濒危物种、保护自然遗迹的最小面积。

在面积相等条件下是一个大的保护区好，还是多个小型保护区好。如果二者包含的生境类型相同，那么应该选择建立较大的保护区，而且大型保护区降低了边缘效应；另一方面，当保护区面积扩大到一定程度，范围再进一步扩大，物种数目的增加量将会逐渐下降。这种情况下，再扩大现有保护区面积的意义不大，更好的策略是在离现有保护区一定范围之外建立保护区，这样可以保护更多的物种。而且建立多个小型保护区，有利于防止某些灾难性的影响，如外来物种、疾病的传播、火灾等可能对连成一片的大型保护区内整个种群的破坏。

大型保护区保护众多物种的能力优于小型保护区，因为前者包括的生境类型要多一些，种群数量也比较大。然而，管理完善的小型保护区也有特殊的价值，特别表现在保护植物、无脊椎动物和小型脊椎动物方面。有时我们必须面对建立小型保护区的现实，因为在保护区周围无法得到更多的土地归入保护区管辖。

确定自然保护区的面积是一个相当难的问题，国内外研究者做了一些有益的尝试，主要采用的一些理论有物种-面积关系及岛屿生物地理学、有效种群理论、最小可存活种群理论、种群生存力分析。

（1）物种-面积关系及岛屿生物地理学。物种-面积关系的经典形式可表示为某一区域的物种数量随着面积的幂函数增加而增加，即：

$$S=CA^Z$$

式中：S——物种数；

A——面积；

C——所研究的群落参数，一般为单位面积（空间）的物种数量；

Z——根据群落不同取值在 $0.18 \sim 0.35$ 之间，其前提假设是物种丰富度为对数正态分布。

岛屿物种的迁移速率随着距离增加而降低，灭绝速率随着面积减小而增加，岛屿物种数是物种迁入速率与物种灭绝速率平衡的结果，这就是岛屿生物地理学的"平衡理论"。

物种-面积关系和平衡理论是保护生物学发展初期的核心理论之一，自然保护区犹如一个个被人类社会包围的生态岛屿，早期人们据此提出了一些关于保护区设计和管理的一般性原则。但此理论的有效性和真实性却一直不乏争议。物种-面积关系只是物种丰富度与面积关系的粗略反映，具体形式应根据具体的数据和条件，选择合适的模型和相应统计判断标准；参数 Z 实际是一个复杂的函数项，但目前未提出恰当的表达式。

（2）有效种群理论。生态系统中关键种可以用来估测自然保护区的最适宜面积。关键种包括食肉动物、重要的被捕食动植物等。一些植物学家认为，植物有效种群的下限为 $1\ 000 \sim 4\ 000$ 个个体；对于大型动物，有效种群数量应保持 500 个以上个体。但是对于计算某个物种的有效种群是一件相当复杂的工作。当性别比例不对称时，计算有效种群可采用下列公式：

$$N_e = (4N_m \cdot N_f) / (N_m + N_f)$$

N_e 表示有效种群数量，N_m 表示育龄雄性，N_f 表示育龄雌性。

对于植物，有效种群包括土壤中有活力种子或孢子。

需要优先保护的物种可通过保护优先序列计算，然后根据这些物种在保护区的密度，结合关键种有效种群的数量估算出自然保护区的面积。

（3）最小可存活种群理论。最小可存活种群通常指那些在环境正常变化范围内，至少能存活 $1\ 000$ 年以上，且遗传多样性减少程度不高于 10% 的种群。据此确定自然保护区的最小面积可分为如下 3 个步骤：确定主要的保护对象或关键种；确定这些种的最小可存活种群；根据最小存活种群确定最小面积。

形状

自然保护区的设计应该考虑到减少边缘效应的不良影响。保护区形状为圆形时，边缘的周长与面积比最小，所以理想化的保护区应该为圆形。然而这个原则是很难被贯彻的，因为获得建立自然保护区的土地并不是一个简单的几何问题，往往是机遇问题。即使这样，保护区的形状应尽可能近似圆形。

生境走廊

生境走廊指保护区之间的带状保护区，也被称为保护通道或者运动通道，可以使植物和动物在保护区之间散布，保持了保护区之间的基因流动，也使一个保护区的物种能够在另一个保护区中合适的地点定居并繁衍。生境走廊可以帮助某些迁徙物种随季节的变化在不同生境之间迁移，寻找食物，寻找繁殖条件。但是生境走廊也有不少潜在的缺陷。例如生境走廊可能成为疾病传播的通道，动物在沿生境走廊散布时，有暴露在猎人和其他捕食者面前的危险，由此猎人和捕食者可能在必经之路上集中捕杀。一般说来生境走廊的价值要具体情况具体分析。

4.3.2.3 功能区划

自然保护区一般分为核心区、缓冲区和实验区，有不同的功能和要求。

（1）核心区。自然保护区内保有完好的天然状态的生态系统或者珍稀、濒危动植物的集中分布地，划为核心区，严格禁止任何单位和个人进入。进入国家级自然保护区核心区进行科研活动须经国务院主管部门的批准，进入地方级自然保护区核心区进行科研活动须经省一级政府主管部门的批准。国家级自然保护区核心区的面积不能小于 1 000 hm^2。

（2）缓冲区。核心区外围划定一定面积的缓冲区，可以包括一部分原生性生态系统类型和由演替类型所占据的地段。一方面可以防止核心区受到外界的影响和破坏，起到一定的缓冲作用；另一方面，可以用于某些科学研究，但不应该破坏其群落环境。

（3）实验区。缓冲区周围还应划出相当面积的保护地段作为实验区，可包含荒山荒地在内，最好也能包括部分原生或次生生态系统类型。可进行教学系参观、旅游、物种驯化繁殖等活动。

原批准建立自然保护区的政府有权在自然保护区外划定一定面积的外围保护地带。

4.3.2.4 自然保护区管理机构的位置

自然保护区管理机构一般应设在实验区交通比较便利的地方，也可以在自然保护区外围交通比较便利的地点。在山区的自然保护区，其管理机构的位置往往是在进山的山口，交通既便利，又容易控制整个自然保护区。在沿海狭长的海岸类型自然保护区，其管理机构的位置也应设在由外进入自然保护区的路口，既便于出入，又能控制整个海岸线。自然保护区的管理机构的位置绝对不能设在核心区。

4.3.3 国家级自然保护区申报程序

4.3.3.1 填报建立国家级自然保护区申报书

申报书说明如下："

一、申报书由国家环境保护部统一编号，申报单位不填。

二、'地点'指自然保护区所在的县级行政区划单位名称。

三、'地理坐标'指自然保护区所跨的经纬度范围。

四、'自养能力情况'主要包括自养手段，每年纯收入及其占总支出的比例等内容。

五、'基础设施概况'主要包括自然保护区现有业务用房、辅助用房、生活用房、交通工具、通信手段、重要仪器设备的情况。

六、'科学研究概况'主要包括已完成的科研项目名称及成果、正在进行的科研项目名称、科研计划及国际合作交流计划等内容。

七、'前期工作及总体规划简介'主要包括对前期准备工作情况和自然保护区总体规划的简明介绍。

八、'自然环境状况'主要包括自然条件和自然资源概况、现在和潜在的环境问题等内容。

九、'社会经济状况分析及其评价'主要包括以下方面：

1．人口分布、密度、民族状况、主要生产方式；

2．生产布局、产业结构及运输等情况；

3．土地与其他资源的开发状况；

4．与当地政府及群众的关系；

5．主要社会、经济活动对保护对象可能造成的影响及其预防措施。

十、'土地权属状况'是指自然保护区内的土地权属、土地权属使用证认领状况及是否存在土地使用权属纠纷。

十一、'管理协调状况'包括自然保护区管理部门与区内有关部门的关系协调状况，区内是否有风景名胜区、森林公园及国家重大基础建设工程。

十二、专家论证意见由申报单位在申报前组织专家论证后提出，须经专家签名方为有效。

十三、申报书所要求的附件必须齐全，其他附件由申报单位自行决定。

十四、申报书须填报一式 32 份。

十五、申报书一律用 A4 纸印制，翻印申报书时不得改变其格式和内容。

十六、申报书必须于每年 5 月 31 日前报送，逾期则作为次年度申报处理。

十七、申报书的内容和填报要求，由国家环境保护部负责解释。

附件一：拟建国家级自然保护区的综合考察报告。

附件二：拟建国家级自然保护区总体规划及专家论证意见。

附件三：拟建国家级自然保护区的位置图、地形图、水文地质图、植被图、规划图等图件资料。

附件四：拟建国家级自然保护区的自然景观及主要保护对象的多媒体视频资料以及照片集。

附件五：自然保护区批建文件和土地使用权属复印件。"

4.3.3.2 经过国家级自然保护区评审委员会评审

评审委员会评审额由国家环保部提出审批建议，并报国务院批准，其评审标准是国家环保总局 1999 年修订的环发[1999]67 号标准。

4.3.4 国家级自然保护区总体规划大纲

2002 年原国家环保总局为指导国家级自然保护区总规划的编制工作，制定了规划大纲。

具体分解如下：

前言

1．基本概况

1.1 区域自然生态/生物地理特征及人文社会环境状况

1.2 自然保护区的位置、边界、面积、土地权属及自然资源、生态环境、社会经济状况

1.3 自然保护区保护功能和主要保护对象的定位及评价

1.4 自然保护区生态服务功能/社会发展功能的定位及评价

1.5 自然保护区功能区的划分、适应性管理措施及评价

自然保护区核心区就是最具保护价值或在生态进货中起到关键作用的保护地区，所占面积不得低于该自然保护区总面积的 1/3，实验区所占面积不得超过总面积的 1/3。三区的划分不应人为割断自然生态的连续性，可尽量利用山脊、河流、道路等地形地物作

为区划界线。

1.6 自然保护区管理进展及评价

2. 自然保护区保护目标

保护目标是建立该自然保护区根本目的的简明描述，是保护区永远的价值观表达与不变的追求。

3. 影响保护目标的主要制约因素

4. 规划期目标

规划期目标是该自然保护区总体规划目标的具体描述，是保护目标的阶段性目标。

4.1 规划期：一般可确定为 10 年，并应有明确的起止年限。

4.2 确定规划目标的原则

确定规划目标要紧紧围绕自然保护区保护功能和主要保护对象的保护管理需要，坚持从严控制各类开发建设活动，坚持基础设施建设简约、实用并与当地景观相协调，坚持社区参与管理和促进社区可持续发展。

4.3 规划目标内容

4.3.1 自然生态/主要保护对象状态目标

4.3.2 人类活动干扰控制目标

4.3.3 工作条件/管护设施完善目标

4.3.4 科研/社区工作目标

5. 总体规划主要内容

5.1 管护基础设施建设规划

5.2 工作条件/巡护工作规划

5.3 人力资源/内部管理规划

5.4 社区工作/宣教工作规划

5.5 科研/监测工作规划

5.6 生态修复规划（非必须时不得规划）

5.7 资源合理开发利用规划（如生态旅游等）

5.8 保护区周边污染治理/生态保护建议

6. 重点项目建设规划

重点项目为实施主要规划内容和实现规划期目标提供支持，并将作为编报自然保护区能力建设项目可行性研究报告的依据。重点项目建设规划中基础设施如房产、道路等，应以在原有基础上完善为主，尽量简约、节能、多功能；条件装备应实用高效；软件建设应给予足够重视。

重点项目可分别列出项目名称、建设内容、工作/工程量、投资估算及来源、执行年度等，并列表汇总。

7. 实施总体规划的保障措施

7.1 政策/法规需求

7.2 资金（项目经费/运行经费）需求

7.3 管理机构/人员编制

7.4 部门协调/社区共管

7.5 重点项目纳入国民经济和社会发展计划

8. 效益评价

效益评价是对规划期内主要规划事项实施完成后的环境、经济和社会效益的评估和分析，如所形成的管护能力、保护区的变化及对社区发展的影响等。

附录

包括自然保护区位置图、功能区划分图、建筑、构筑物分布图。

本附录只适于已经批准为国家级自然保护区的总体规划，申报建立国家级自然保护区的总体规划附录事项按现行要求不变。

4.4 自然保护区的建设与管理

4.4.1 自然保护区的管理体制

《中华人民共和国自然保护区条例》第八条对自然保护区管理体制的规定："国家对自然保护区实行综合管理与分部门管理相结合的管理体制。国务院环境保护行政主管部门负责全国自然保护区综合管理。国务院林业、农业、地质矿产、水利、海洋等有关行政主管部门在各自的职责范围内，主管有关的自然保护区。"

我国是将实体自然资源按照自然资源的属性分属不同的行政主管部门管理，而不同类型和性质的自然保护区的具体要求、发展规律和管理方法确有不同，这两方面因素决定了不同类型和性质的自然保护区由不同的行政主管部门管理。

4.4.1.1 国家环境保护部和地方环保部门

国家环境保护部和地方环保部门作为全国和地方的自然保护区的综合管理部门，主要负责全国和地方的自然保护区规划和区划的编制；组织起草和编制有关自然保护区的法规、标准、政策；制定自然保护区的管理指南和评价指南；负责组织对已建的自然保护区的监督检查；负责相应级别的自然保护区的评审和报批等。国家和地方环保部门从强化监督管理和建立示范的目的，也直接建设和管理着一批自然保护区。

4.4.1.2 各有关资源管理部门

（1）林业部门。林业部门主要负责森林生态系统类型和以陆生野生动物为主要保护对象的野生动物类型以及以森林珍稀野生植物为主要保护对象的野生植物类型自然保护区的建设与管理。

（2）农业部门。农业部门主要负责草原与草甸生态系统类型，以水生野生动物为主要保护对象的野生动物类型以及以驯化物种野生亲缘种和遗传资源为主要对象的野生动植物类型自然保护区的建设与管理。

（3）海洋部门。海洋部门主要负责海洋和海岸生态系统类型以及部分海洋生物类自然保护区的建设与管理。

（4）国土资源部门。国土资源部门主要负责地质遗迹和古生物化石产地类型的自然保护区的建设与管理。

（5）水利部门。水利部门主要负责以水源涵养林为主要保护对象的自然保护区的建设与管理。

（6）建设部门。建设部门主要负责具有风景名胜资源和旅游资源的自然保护区的建设与管理。

（7）科教部门。科学院和高教部门为了从科研与教学的目的出发，负责建设和管理着一些科学实验与监测的自然保护区。

4.4.1.3 自然保护区管理体制有关问题的探讨

（1）对自然保护区系统的宗旨与目标、定性与定位不清。我国目前存在的自然资源保护形式主要有自然保护区、森林公园、风景名胜区、天然林保护区等，由于有些类型的性质与功能没有严格界定，从而导致它们之间发生混淆。越来越多的森林公园与风景名胜区建立在自然保护区中。有许多国家级自然保护区甚至"一个机构两块牌子"，即这些自然保护区既是保护区，又是森林公园或风景名胜区。有许多自然保护区在旅游与资源开发中，旅游区位于保护区的中心位置。这种现象在地方级自然保护区更为普遍，这一现象如不及时改变，将严重影响我国自然保护区的发展及对生物多样性的有效保护。

（2）多头管理与机构重叠。一方面由于受到部门体制的制约，具体主管部门与综合管理部门之间缺少沟通和协调。综合管理部门既缺乏有效的管理措施和手段。在实际工作中，综合管理变成了"低效率的重复"管理，增加了管理层次和管理成本。综合管理部门在实际工作中既是综合管理者，又具体管理和建立自然保护区，既是裁判员又是运动员，使综合管理缺乏科学性和公正性。另一方面，在很多地方，自然保护区与风景名胜区、森林公园、地质公园等相互重叠，形成多头管理的格局，管理目标的冲突和利益上的矛盾导致政策多样，建设管理混乱。一些自然保护区涉及多个行政区域和管理部门，如对于自然保护区的水域、土地和违法破坏生态环境和渔业资源等现象，自然保护区管理机构和主管部门难以协调监管。例如，按照国家规定，林业行政主管部门负责陆生野生动物的保护管理，农业部门负责水生野生动物的保护管理，这就造成了一个自然保护区有多个部门进行管理的混乱。在对湿地类型保护区的调查中发现，有 5 个以上的行政部门参与管理。

（3）责权不对等。主要表现在两方面：①投入机制缺乏保障；②自然保护区的业务指导与实际管理权的分离。自然保护区的管理人员组成、工资待遇、经费开支等，由地方政府承担，国务院有关主管部门只对保护区进行业务指导。一边是业务主管，一边是衣食父母，当地方利益与生态保护发生矛盾时，自然保护区的管理者难免陷入一种尴尬、被动的局面。

（4）权属利益冲突。自然保护区的资源权属、利益关系在"条条"、"块块"之间存在矛盾冲突，这种冲突有历史沿革性和客观要求性。在我国，影响各类自然保护区发展的主要矛盾主要有资源的开发与保护之间的矛盾和权属矛盾。由于当地居民对自然保护区资源的利用有着历史沿革性和客观要求。如盘锦滨海湿地曾两度遭到油田开采破坏，辽宁双台河口自然保护区是 20 世纪 80 年代中期建立的，而辽河油田早在 60 年代就已经在那里开采了。我国的自然保护区绝大部分建立于 1980 年之后。划建自然保护区时，土地大多已经划归集体，边界问题和土地权属必然成为自然保护区管理部门与当地政府及社区最常见的纠纷。例如，辽宁双台河口自然保护区超过 10 万 hm² 的湿地被围垦和改造，管理处却束手无策，根本原因是那些土地属于当地的各个乡政府。土地的使用由乡政府决定，保护区管理部门只能进行"指导和劝说"。1984 年黑龙江省政府文件确定扎龙自然保护区面积为 21 万 hm^2，而保护区管理局实际拥有管理权的区域只有 100 hm^2，其他区域无法按照《条例》正常管理。

4.4.2 自然保护区的法制建设

4.4.2.1 有关国家立法

《宪法》第九条"国家保障自然资源的合理利用，保护珍贵的动物和植物。禁止任何组织和个人用任何手段侵占或者破坏自然资源"，第二十六条"国家保护和改善生活环境和生态环境，防治污染和其他公害"。

《环境保护法》是我国环境保护的基本法律。该法第十七、二十、二十四条都含有保护珍稀濒危野生动植物物种和建立自然保护区的明确规定。

《森林法》是我国森林保护的基本法律。该法第二十条明确规定"国务院林业主管部门和省、自治区、直辖市人民政府，应与在不同的自然地带的典型森林生态地区，珍贵的动物和植物生长繁殖的林区，天然热带雨林等具有特殊保护价值的林区，划定自然保护区，加强保护管理"。

《海洋环境保护法》是我国海洋环境保护的主要法律。该法对划定海洋自然保护区作出了明确的规定。

此外还有其他一些法律，如《草原法》《渔业法》《水法》《矿产资源法》《野生动物保护法》等，也有关于建设和管理自然保护的相关条款，另外，还有一些与上述法律配套的规定、条例和办法等行政规定。

4.4.2.2 行政法规

1994 年 9 月 2 日国务院第 24 次常务会议讨论通过《中华人民共和国自然保护区条例》，于 1994 年 12 月 1 日起施行。

这个条例是国家专门为建设和管理自然保护区制定颁布的法规，对我国自然保护区的发展起着指导、规范作用。

还有 3 个关于自然保护区的管理办法，其作用和地位也非常重要。1985 年经国务院批准，林业部公布实施了《森林和野生动植物类型自然保护区管理办法》；1995 年国家科委和农业部联合下发了《海洋自然保护区管理办法》；1997 年 10 月农业部又下发了《水生动植物自然保护区管理办法》。

1995 年，我国通过了《自然保护区土地管理办法》，对我国自然保护区中土地的使用、转让、管理等作出了规定。

1997 年我国发布了《中国自然保护区发展规划纲要（1996—2010）》，指出自然保护区建设的总目标是：建立一个类型齐全、分布合理、面积适宜、建设和管理科学、效益良好的全国自然保护区网络。

4.4.2.3 地方立法

我国领土辽阔，环境复杂，自然保护区类型多样，因此各地方政府依据国家立法，结合本地实际，陆续制定并颁布了一些地方的有关自然保护区的法规，例如《新疆自然保护区管理条例》《贵州省自然保护区管理条例》《浙江省自然保护区管理条例》《陕西省自然保护区管理暂行办法》等，据不完全统计，我国已有十几个省、自治区、直辖市制定了地方自然保护区管理法规。

此外，我国也有一些自然保护区地方人大或单独立法进行管理，一个自然保护区一项法规的立法体制正在逐步实施，如吉林省颁布了《吉林省长白山国家级自然保护区管理条例》《吉林省伊通火山群自然保护区管理办法》，山东省颁布了《黄河三角洲国家级自然保护区管理办法》等。

4.4.2.4 国际协定、条约

我国缔结了一些有关自然资源的国际协定或条约如《气候变化框架公约》《生物多样性公约》《海洋法公约》《世界文化和自然遗产保护公约》《国际濒危动植物物种贸易公约》《拉姆萨尔湿地公约》《防治荒漠化公约》等。

双边和多边协定，如1981年中国政府和日本政府签订《保护候鸟及其栖息环境协定》；1986年中国政府和澳大利亚政府签订《保护候鸟及其栖息环境协定》；1990年中国政府与蒙古政府签订《关于保护自然环境的合作协定》。

4.4.3 自然保护区的管理机构

4.4.3.1 管理机构的几种形式

（1）有独立的管理机构。这类保护区成立了管理局或管理处，并配备一定数量的管理人员，这类自然保护区独立性强，便于开展各项管理工作。

（2）两块牌子一套人马。这类自然保护区主要是从国有林场中划出一定面积的区域建立的森林生态系统和野生动植物类型的自然保护区。这些自然保护区的管理机构和原来林场管理机构的人员编制合一，其优点是发挥了原有的优势和互补作用，其缺点是有时管理人员不固定，有时忽视管理。

（3）两个或两个以上自然保护区成立联合管理机构。有些县有几个小的自然保护区，由一个管理机构管理。另外还有由级别较高的自然保护区管理机构兼管另一个较小自然保护区的管理工作。

（4）有管理机构，但无固定管理人员。这种情况一般为一些以候鸟为保护对象的自然保护区。候鸟在这里栖息时，由临时人员负责管理，候鸟迁徙到其他地区时，这里就没有管理人员了。

（5）无管理机构但有固定管理人员。有些自然保护区因种种原因机构一直无法建立，业务主管部门借用或雇用人员来进行管理。

4.4.3.2 管理机构的设置与运转

（1）资源管理部门。负责资源的保护与管理，下辖若干管理站。

（2）行政管理部门。负责日常行政管理工作。

（3）科教部门。负责资源调查，生态监测，承担科研项目等科研工作和宣传教育工作。

（4）公安派出所。负责自然保护区的公安保护工作。

（5）生产部门。负责经营生产，为自然保护区筹集经费。

（6）旅游管理部门。负责旅游接待与管理，也可为自然保护区筹集经费。

4.4.4 自然保护区的科学研究

科学研究是自然保护区实施有效保护，实现保护区管理目标的保证，又是获取丰富科技信息资源，推动保护区各个分支学科发展的一种重要途径。

4.4.4.1 常规调查研究

主要是进行生态和资源的调查，例如自然地理、动植物区系、动植物种群、物种消长变化、社会经济状况等项调查。通过这些调查可以摸清自然保护区的"家底"。

4.4.4.2 生态监测研究

生态监测是指按照预先设计的时间和空间，采用可以比较的技术和方法，对自然保护区内的生物种群、群落及其非生物环境进行连续的观测和生态质量评价的过程。其目的是掌握人类活动和自然因素对保护对象及其相关因素的影响、危害，为调整保护措施、改进保护管理提供依据。联合国环境规划署（UNEP）全球环境监测系统（GEMS）的许多生态监测工作都是在自然保护区中进行的。我国也选择自然保护区作为生态监测研究的地点。目前我国属于中国科学院生态定位站系统的有长白山、鼎湖山、沙坡头等生态试验站；属于国家环境保护部生态监测网的有锡林郭勒和西双版纳生态监测站。

4.4.4.3 专门技术研究

自然保护区在保护工作过程中，往往存在重大的技术难题，往往通过专项技术研究给予解决。例如，我国四川、甘肃、陕西等省的自然保护区开展的大熊猫保护研究，浙江天目山自然保护区开展的天目铁木人工繁殖研究，江苏盐城自然保护区开展的丹顶鹤驯化繁殖的研究等，都取得重大成果。

4.4.4.4 自然保护区信息系统的建立和发展

1981 年世界自然保护联盟（IUCN）开始建立自然保护区的信息系统。1983 年又成立了世界自然保护监测中心（WCMC），建立自然保护（含自然保护区）的数据库。国家环境保护部和林业局已各自建立了自然保护的数据库。各自然保护区加入这一数据库，对加强自身管理也有促进作用。

4.4.5 自然保护区的宣传教育

4.4.5.1 宣传教育的对象

宣传教育的对象包括保护区内外两个方面。对内指保护区的职工，对外指各级领导干部、保护区及附近的群众、旅游者、广大青少年、中外科学考察者和大专院校师生。

4.4.5.2 宣传教育的内容

宣传教育包括科普宣传、法制宣传和本保护区的宣传。

4.4.5.3 公众参与

自然保护区的资源和环境的有效保护除了政府职能部门和保护区的管理机构加强管理外，还必须发动公众的广泛参与，特别是保护区周边社区的群众。

4.4.6 自然保护区的生态管理与资源管理

4.4.6.1 根据功能分区进行生态管理

核心区

核心区是自然保护区的最重要的地区，应采取最严格的生态管理办法。

（1）核心区不应有固定的居民，如果建立前核心区内有居民，应迁出；

（2）核心区内任何人不得入内活动，只有科学研究和生态监测人员在得到上一级政府批准之后才能有计划有限制地进行活动；

（3）核心区的生态过程禁止人为干扰，即使是枯木、病木，也不允许清理。

缓冲区

缓冲区对保护核心区的生态系统和自然资源起到很好的缓冲作用，因此也必须采取相应的措施加以保护。

（1）只能从事科研和教学实习活动；

（2）禁止狩猎和经营性采伐活动；

（3）一般不开展旅游活动。

实验区

实验区在自然保护区外围，起着与周边群众联系的纽带作用，应采取适当的政策加以管理。

（1）可以进行植物引种栽培和动物的驯养繁殖研究，但是必须严格防止引进的外源物种对自然保护区的生态系统和动植物物种产生不良影响；

（2）实验区内自然资源可适度开发，旅游活动也可以划出专门区域进行，但其收入必须提取足够比例用于生态保护和资源保护。

4.4.6.2 资源的保护管理

（1）土地资源的管理。自然保护区依法拥有其所有土地资源的管理权。因此自然保护区必须有明确的边界，也必须拥有土地证，依靠法律严禁侵占自然保护区的土地资源，即使是自然保护区管理机构，也无权将土地转让。

（2）矿产资源和自然遗迹的管理。矿产资源的开发必须依法经自然保护区主管部门和地质矿产部门批准，并通过环境影响评价才能开采；开采中要实施"三同时"，开采后要恢复原有地貌。

（3）生物资源的管理。这是保护管理的重点，必须依法严格管理，保护与促进生态系统的更新演替。

4.4.7 我国自然保护区的经费和投资

建设和管理我国如此多的自然保护区，必须有足够的投入作为支撑条件，然而目前对自然保护区的投资严重不足，已经成为影响自然保护区发展的关键问题。

4.4.7.1 国家和地方政府投资

（1）国家主管部门的投资。国家林业局、农业部、国家环境保护部、国土资源部对其主管的自然保护区都给予一定的投资，其中国家林业局几十年来给其主管的自然保护区的投资总额达数亿元左右。

（2）地方政府的投资。地方政府以其主管的自然保护区给予了一定的基建投资，而且对国家自然保护区也给了一定比例的基建投资。除国家林业局和国家海洋局主管自然保护区以外，其他各级各类保护区人头行政费都是由地方政府支付的，另外，各地方政府带给自然保护区拨付数额不等的专项经费。

4.4.7.2 自筹资金

（1）社会及民间资助。

（2）国外资助。一些国际组织、基金和国家如 IUCN，WWF（世界自然基金会），GEF（全球环境基金），近年来都逐步加强对我国自然保护事业的资助。

（3）银行贷款。

（4）其他。其他来源如门票收入，保护区依靠自身资源条件进行各种创收等。

4.4.7.3　多渠道筹措资金

制定有利的经济政策

（1）制定有利的税收政策。为减轻自然保护区的负担，提高其经费自给能力，应制定并实施优惠的保护区税收政策。

（2）实施资源补偿政策。根据"谁受益、谁投资"的原则，受益单位或个人应向自然保护区交纳资源补偿费。

开展多种经营，提高自养水平

自然保护区在保护的前提下可以开展多种经营，增加收入，提高自养水平，自然保护区发挥优势，从事种植业和养殖业，出售苗木花卉和经济动物，有明显的经济效益，有些自然保护区还可以开展旅游业，利用门票、接待、商业服务等收入，提高自养能力和水平。

复习思考题

1. 简述自然保护区的定义。
2. 我国对保护区类型是如何划分的？
3. 简述自然保护区的作用。
4. 自然保护区的生态评价一般使用哪几个指标？
5. 自然保护区的功能区划，各功能区的管理要求如何？

第5章 农业与农村的生态保护

5.1 农业生态系统

5.1.1 农业生态系统的概念、组成和结构

5.1.1.1 农业生态系统的概念

　　按照人类对生态系统干预的程度，地球表面的生态系统可划分为自然生态系统，半自然的人工生态系统和人工生态系统。其中半自然的人工生态系统主要是指农业生态系统。这里的农业不是传统的狭义农业——种植业，而是包括农、林、牧、副、渔、菌、虫及微生物的大农业。

　　农业生产的主要对象是农业生物，包括农业植物（农作物、林木、果木、蔬菜等）和农业动物（畜、禽、鱼类、虾类、贝类等）。农业生产是在一定的气候、土壤、水分、地形等自然条件的制约下进行的，因此农业生态系统与自然生态系统有着密切联系及许多相似之处。可以说，农业生态系统是由自然生态系统脱胎而来的。

　　什么是农业生态系统？它就是在人类活动干预下，农业生物与其环境之间相互作用，形成的一个有机综合体。也可以将它概括为：农业生态系统=农业生物系统+农业环境系统+人工调节控制系统。

　　由上式可以看出，农业生态系统中不仅有生物和非生物，还包括人为调节控制系统，即包括了人类农业生产活动和社会经济条件，而且经济因素和社会因素是整个农业生态系统中十分重要的内容。因此，更确切地讲，农业生态系统是一个社会—经济—自然复合生态系统。

5.1.1.2 农业生态系统的组成与结构

农业生态系统的组成

　　农业生态系统主要由农业生物系统、农业环境系统和人工调节控制系统三部分组成。其中农业生物系统包括农业植物（畜、禽、鱼类、虾、蟹、贝类、蜂、蚕、特种经济动物等）和农业微生物；农业环境系统包括农业气候、光照、地形、坡向坡度、土壤、温度、降雨量等；人工调节控制系统包括各种农业技术和农业输入，如品种选育、土壤改良、施用化肥和有机肥、灌溉、病虫杂草防治等。

　　农业生产，无论是植物生产还是动物生产，在本质上也同工业生产一样，是一个物质能量的转化过程，一方输入原料，另一方输出产品，中间经过"厂房，机器"的转化、交换，构成一个输入输出系统。与工业生产不同的是，农业生产输入的是光、热、水、

气和养分，输出的是粮食、油料、纤维、奶、糖、茶等，中间经过多种农业生物转化、循环，将环境资源潜在生产力变为现实的农业生产。农业生产要获得更多产品输出，就必须通过人工调控系统来调节和控制农业生物系统和农业环境系统，提高物质、能量输入量以及系统的转化效率。

农业生态系统的结构

（1）农业生态系统的总体结构。农业生态系统的总体结构如图 5-1 所示。

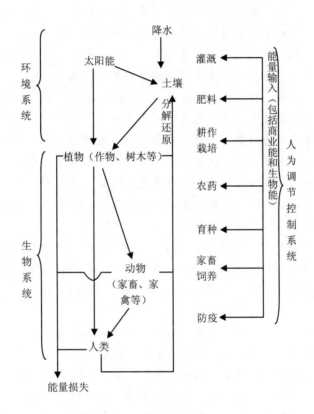

图 5-1　农业生态系统

从图 5-1 可以看出：

☞ 农业生态系统由农业环境与资源、农业生物、农业技术、农业输入输出等部分构成。

☞ 农业环境和农业生物是农业生态系统的两个基本方面，两者之间关系密切。农业技术是调节两者之间矛盾的重要手段，其主要作用有 3 点：第一是利用丰富的生物种类或品种去适应千差万别的自然环境；第二是通过土壤改良、施肥、灌溉、防治病虫、杂草等措施使农业环境适应农业生物；第三是通过农业结构、种植结构调整和品种改良使农业生物适应农业环境。

☞ 为了实施农业技术，必须有一定的劳动与资本输入、工业支援、农业经营管理、农业科学技术等，而这一切又受到农业政策的影响。农业技术和农业输入体现了人的能动作用，是农业生态系统中最积极的因素。

☞ 经济效果在农业生态系统中起着重要的支配作用，只有经济效果不断提高，才能保证农业生产者收入的提高，保证农用工业，农业科学，教育事业的较快发展，保证农业劳动者的生产积极性，保证农业投入的适当增加。

（2）农业生态系统的形态结构。

☞ 水平结构：指在一定生态区域内，各种农业生物种群或类型所占的比例或分布情况，即通常所说的区划和布局。最佳水平结构应与当地自然资源相适应，并能满足社会要求。

☞ 垂直结构：即农业生物群体在垂直空间上的组合与分布。对于农田生态系统而言，垂直结构还分为在地上结构和地下结构两部分。地上结构主要是研究复合群体茎、枝、叶在空间的合理分布，以求得群体最大限度地利用光、热、水、气资源。地下结构部分主要是研究复合群体根系在土壤中的合理分布，以求得各层土壤水分、养分的合理利用，达到种间互利、用养结合的目的。

☞ 时间结构：指在生态区域内从时间角度来看各个农业生物种群的生长发育和生物量积累与当地自然资源协调吻合状况。我国为充分利用时间结构，提高农业生态系统的生产力，创造了不少农业技术，如水稻、蔬菜、林木的育苗移栽，小麦套种玉米或棉花，棉花套种蚕豆或油菜，芝麻套种黄豆、绿豆或花生等。再如适时适量施肥、打药、灌溉和加强农田管理，以实现较高的生态效率。

（3）农业生态系统的食物链结构。农业系统中存在着许多食物链结构，其中有些是生物在长期演化过程中形成的。如果在食物链中各种生物能更充分地、多层地利用自然资源，一方面可以使有害生物得到抑制，增加系统的稳定性，另一方面可以使原来不能利用的产品再转化，增加系统的生产量。通常利用或改善食物链的方式有以下两种。

☞ 食物链环：①生产环。可分为一般生产环和高级生产环。凡是生物需要的资源也是人类所需要的一级产品的，称为一般生产环。例如，牛羊、兔等食草动物，其食料（如粮食、蔬菜、秸秆、糠等）是人类需要的一级产品，因此其转化只能由低价值提高到高价值，由低能量提高到高能量。凡是某种生物需要的资源不是人类需要或直接利用的，并且经过某个环节后可产生高效或经济产品的，称为高效生产环。如为蜜蜂提供花粉，可产生蜂蜜、黄蜡、王浆、蜂胶等。②增益环。指为扩大生产环的效率而加入的环节，主要是利用残渣中的营养成分，生产高蛋白饲料。例如，利用猪粪、鸡粪养蚯蚓或蝇蛆，再以蚯蚓或蝇蛆养鸡等。③减耗环。在食物链中，有的环节只是消耗者或破坏者，对农业生态系统不利，可称为"耗损环"。例如，人工饲养赤眼蜂和七星瓢虫，放到棉田中，可有效地控制棉铃虫和蚜虫的危害。④复合环。如稻田养鱼或养鸭，既可以除虫灭草，又可以增肥松土，既能增产稻谷，又能增产鱼和鸭蛋，具有多种效益。

☞ 产品加工环：严格地讲，产品加工环不属于食物链范畴，但与农业生态系统关系密切，与城市、乡镇等生态系统也有一定的关系。它通过改善食物链中某环节达到提高整个生态系统的经济效益和生态效益的目的。目前，农业生态系统中输出的多以生猪、原粮、毛菜等形式出现，从输出到消费者手中，物质量的损失很大，因此输出中有一部分是无效的。有人估计无效输出量达20%～30%。如果能就地加工，不仅可以提高生物物质的回收率，减少无效输出，经过加工转化后还可以提高系统功能和增加经济效益。有些废料可以直接返回土壤，提供肥料，既减少了系统能耗，又增加了物质投入，还可以减少不必要的往返运输，节约了人力和费用。此外，农业生态系统的无效输出部分，对于城市生态系统而言是污染物，如大白菜的菜根、菜帮等，而对于农业生态系统而言则是一种资源。因此，实现农业产品的就地加工，如净菜入市、肉禽加工等，具有良好的经济效益和环境效益。

（4）因果网络结构。从某个角度来看，农业生态系统的结构就是因果联系。有一个物理学常识为"气温低于零度水就结冰"，这是一个最简单的因果关系。农业生态系统中的因果关系不是简单的一因一果关系，而是因中有因，果中有果，形成一个因果网络。例如农作物产量增加是一个果，因是什么？只是多施肥料吗？不是，还有气象条件、人力物力投入、科技投入等。历史上文明古国之一的巴比伦帝国早已消失，为什么？文学家、历史学家认为巴比伦是被波斯人打败的，原因在于波斯人的快马和长矛。生态学家则从生态系统的因果关系的角度出发，认为巴比伦的失败在于它的斧头和山羊。斧头砍树，山羊啃草原，结果导致森林和草原的破坏。农业生态系统平衡的破坏，使农业生产力大幅度下降，国力减弱，结果才被波斯人打败。由此可见，对于农业生态系统有必要从因果关系的角度加以认识。

（5）层次结构。从系统角度出发，可以将农业生态系统看成是一个层次结构。其中，每一个高级层次对低一层次处于战略地位，高级层次影响低级层次，反过来，低级层次也会影响到高级层次。不同层次解决问题的内容、影响的因素是不同的。

☞ 第一层——国家：这一层次主要内容有人地比例、人均占有资金和政治经济制度等 3 个方面，它们影响每一个地区的农业生产经营方针。例如，我国人多地少，土地总面积居世界第三位，但人均占有量却低于世界平均水平。这种人地比例概况就决定了我国农业经营方针是提高单产。

☞ 第二层——气候地理环境：在国家下面，需要按气候地理环境来划分农业生态系统。例如，按气候可分赤道、热带、亚热带、温带、寒带农业生态系统，每一个气候带内可按地理环境划分成海岛区、沿海平原区、沿海山地区、内陆平原区、内陆山丘区、内陆高原区、内陆干旱草原区等农业生态系统。

☞ 第三层——农林牧副渔物质能量运转系统：在特定的气候地理环境条件下，产生相应的农林牧副渔结构。农林牧副渔之间存在着十分密切的联系。

☞ 第四层——农业、林业、牧业、副业、渔业的内部布局：如种植业内部粮食作物、纤维作物、饲料作物、绿肥作物、油料作物的比例安排，林业内部水分涵养林、薪炭林、防护林的比例安排，牧业内部食草类、杂食类、牲畜的比例安排等。

☞ 第五层——农业生物的群落结构：如粮食作物中水稻、小麦、玉米、高粱、谷子的数量比例及这些作物在时间、空间上的配置等。

☞ 第六层——产量结构：如在粮食作物中，产量结构一般可以写成下式。

$$产量 = 亩穗数 \times 穗粒数 \times 粒重$$

5.1.2 农业生态系统的特点

农业生态系统的特点可概括为以下几点。

5.1.2.1 人为作用

生态系统是人类干预下由自然生态系统脱胎而来的,因此它是人类活动的产物。人为作用大致可以归纳为以下3个方面:

(1)人是农业生态系统的参加者;

(2)人是农业生态系统运转成果的享用者;

(3)人是农业生态系统的改造者。

5.1.2.2 社会性

农业生态系统不可能脱离开社会经济条件,它是一个社会-经济-自然复合生态系统。社会制度、经济体制、经济增长方式、经济政策和科学技术发展水平因素,均会深刻地影响农业生态系统的组成、结构和生产力。

5.1.2.3 波动性

对于农业生态系统的波动性,应该用一分为二的观点来看待。系统不稳定,原生态平衡容易被打破,也容易建立新的生态平衡。基于此,人们可以凭借经营管理来进行调节,按照人的意愿建设新的更高效、和谐、稳定的农业生态系统。

5.1.2.4 综合性

农业生态系统的结构和功能是复杂而综合的,不仅其内容、措施多种多样,自然因素和人为活动的关系也十分复杂。因此,发展农业必须树立整体观点,把农业当做整体进行综合分析,全面考虑。例如对大农业内部的农、牧、渔、林、副五结构布局、作物布局、各项农业措施的搭配等诸多方面,如果不进行全面考虑、综合平衡,就可能导致农业比例失调、生态结构不合理及生产不能全面发展。

5.1.2.5 选择性

所谓选择性即因地制宜,分别进行分析,选择针对性措施。农业生态系统的内在矛盾很多,要分清主次,明确缓急,选择适宜措施对症下药。如果措施选择不当,有时可能会出现相反的结果。因此,选择的前提条件是要认真分析和研究农业生态系统,弄清其机构、功能及演变规律。

5.1.2.6 开放性

农业生态系统是一个开放式的生态系统。在该系统中,生产的有机物大部分输出到系统之外,因此维持营养物质输入输出的平衡,必须大量地向系统中输入物质和能量,否则营养物质平衡就会失调,地力就会逐渐衰退,系统生产力就会不断下降。

5.1.2.7 经济性

它是指从货币价值角度来看,农业生态系统的输出价值大于其输入价值。目前,该系统经济性存在的问题主要是经济效益不高。

5.1.3 农业生态系统的能量流动与物质循环

5.1.3.1 农业生态系统的能量流动

能量流动的路径

生态系统的能量流动始于初级生产者（绿色植物）对太阳辐射能的捕获，通过光合作用将日光能转化为储存在植物有机物质中的化学潜能，这些暂时储存起来的化学潜能由于后来的去向不同而形成了生态系统能流的不同路径。

第一条路径（主路径）：植物有机体被一级消费者（食草动物）取食消化，称为二级生产者，二级生产者又被称为二级消费者所取食消化，称为三级生产者等。能量在食物链各营养级流动，每一营养级都将上一级转化而来的部分能量固定在本营养级的生物有机体中，但最终随着生物体的衰老死亡，经微生物分解将全部能量逸散归还于非生物环境。

第二条路径：在各营养级中都有一部分死亡的生物有机体，以及排泄物或残留体进入到腐食食物链，在分解者的作用下，这些复杂的有机化合物被还原为简单的二氧化碳、水和其他无机物质。有机物质的能量以热量的形式散发于非生物环境。

第三条路径：无论哪一级生物有机体在其生命代谢过程中都要进行呼吸作用，在这个过程中生物有机体中存储的化学潜能做功，维持了生命的代谢，并驱动了生态系统中物质流动和信息传递，生物化学潜能也转化为热能，散发于非生物环境中。

以上 3 条路径是所有生态系统能量流动的共同路径，对于开放的农业生态系统而言，能量流动的路径也更为多样。从能量来源上讲，除太阳辐射能之外，还有大量的辅助能的投入，人工辅助能的投入并不能直接转化为生物有机体内的化学潜能，大多数在做功之后以热能的形式散失，它们的作用是强化、扩大、提高生态系统能量流动的速率和转化率，间接地促进生态系统的能量流动与转化。从能量的输入来看，随着人类从生态系统内取走大量的农畜产品，大量的能量与物质流向系统之外，形成了一股强大的输出能流，这是农业生态系统区别于自然生态系统的一条能流路径，也称为第四条能流路径（图 5-2）。

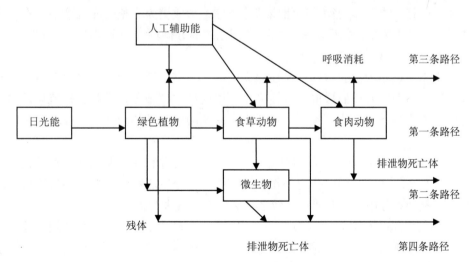

图 5-2 农业生态系统能量流动路径示意图

农业生态系统能量流动的特点

农业生态系统是人类参与调控的生态系统，因而其能量流动具有与自然生态学系统不同的特点。

（1）农业生态系统的能量流动以作物、牧草为主。在自然生态系统中，植物净生产量大部分未被利用而直接由腐食食物链分解，但农业生态系统中，除地下部分外，人类将所收获的植物产品尽可能地加以利用，而不能利用部分才作为肥料输入土壤，通过腐食食物链进行腐解。因此，应重视有机肥料的施用，注意腐食食物链的加强。

（2）食物链越长，能量散失越多，就总体来说，人类对其能量利用效率越低。为了更有效地利用光合产物所贮藏的能量，人类要尽可能缩短食物链，提高其能量的利用效率。人类直接利用光合产物是最经济的利用方式，但从另一方面讲，为了使光合产物所贮藏的能量更合理地充分利用，又要在人为控制下，延长食物链，使农业初级产品所贮存的能量，多次向对人类有用的方向转化，使能量得到多级利用，以提高人类对光合产物能量的总利用率。

（3）农业生态系统是一个开放系统，是一个能量的投入产出系统。自然生态系统输入的是以太阳能为主体的自然能，生物以呼吸与排泄方式输出的也是自然能，没有任何人工能的投入或移出。而农业生态系统除了自然能的输入与自然生物能的消耗以外，还要加上人工辅助能量的消耗与补给。一方面，大量生物能量随农产品的消耗而移出系统之外；另一方面，人们不断补给必要的人工辅助能，以弥补自然能量的不足，从而有效地提高能量转化效率。

5.1.3.2 农业生态系统的物质循环

农业生态系统物质循环的一般模式

农业生态系统的养分循环，通常是在土壤、植物、畜禽和人这样 4 个养分库之间进行的，同时，每个库都与外系统保持多条输入与输出流。根据研究目的，养分循环模型的边界可有不同。例如，研究农田生态系统可以包括土壤和植物两个库；研究农牧系统可以包括土壤、植物、畜禽 3 个库，而把人类库作为外系统对待；研究农业生态系统的养分循环，应把人类库作为循环的组成部分考虑，形成更为完整的库流网络体系，这个循环体系当然是更大范围的区域系统以致全球系统养分循环的一个组成环节（图 5-3）。

农业生态系统物质循环的特点

农业生态系统是为了获取农产品而建立的人工生态系统，它虽然是由森林、草原、沼泽等自然生态系统开垦而成的，但在多年频繁的耕作、施肥、灌溉、种植与作物收获等人为措施的影响下，形成了不同于自然生态系统的养分循环特点。主要表现在以下几个方面：

（1）农业生态系统有较高的养分输入与输出。这是指随着作物收获和产品销售，大量养分被带至系统之外；同时作为补偿，又有大量养分以肥料、饲料、种苗等形式被带回系统，使整个养分循环的开放程度较之自然生态系统大为提高。

（2）农业生态系统的库存量较低，但流量大，周转快。自然生态系统地表稳定的枯枝落叶层以及土壤有机质的积累，形成了较大的有机养分库，并在库存大体平衡的条件下，缓慢释放出有效养分供植物吸收利用。农业生态系统在耕种条件下，有机养分库加速分解与消耗，库存量较自然生态系统大为减少，而分解加快，形成了较大的有效养分库，植物吸收量加大，整个土壤库养分周转加快。

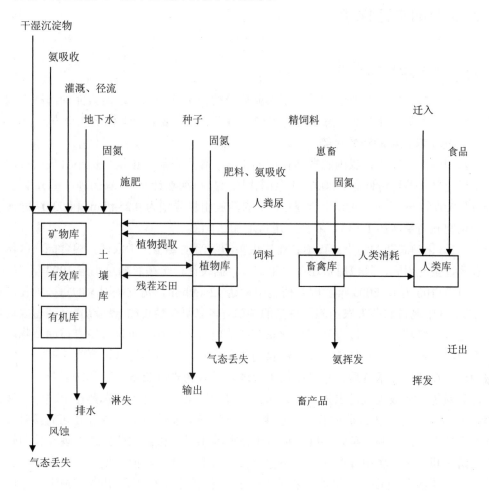

图 5-3 农业生态系统养分循环的一般模型（仿 Wetselear 和 Ganry 修改）

（3）农业生态系统的养分保持能力弱，流失率高。农业生态系统有机库小，分解旺盛，有效态养分投入量多，同时，生物结构较自然生态系统大大简化，植被及地面有机覆盖物不充分，这些都使得大量有效养分不能在系统内被吸收利用，而易于随水土流失。

（4）农业生态系统养分供求同步机制弱。自然生态系统养分有效化过程的强度随季节的温度变化而消长，自然植被对养分的需求与吸收也适应这种季节变化，形成了供求同步调节的自然机制。农业生态系统的养分供求关系是受人为的种植、耕作、施肥、灌溉等措施影响的，供求同步性差，是导致病虫草、倒伏、养分流失、高投低效的重要原因。

农业生态系统的上述养分特点，随着农业集约化进程而不断加强。认识这些特点，建立合理的养分循环模式和管理体系，是引导农业向良性循环发展的基础。

5.2 农业的生态保护

5.2.1 农业生态环境问题

农业环境污染和农业生态破坏是农业环境的根本性问题。这两方面的问题引起了农业环境质量下降，使农业生态系统的生产能力降低。主要表现在以下几个方面。

5.2.1.1 化学农药和肥料的污染

新中国成立以来，我国农药和化肥的生产与使用发展得很快，但不合理的使用也带来了日益严重的环境问题。2007 年全国化肥（按折纯法计算）、农药施用量分别达 0.42 t/hm^2、0.015 t/hm^2，而 1998 年全国化肥、农药施用量分别为 0.25 t/hm^2 和 0.007 t/hm^2，10 年间化肥施用量增加 1.7 倍，农药施用量增加 2.1 倍。

（1）化学农药的污染。我国农业病虫害的防治主要靠化学农药，粮食高产区往往也是农药过量使用区，且使用量还在逐年增多。据统计，全国农药总用量 1990 年 73 万 t，1999 年近 100 万 t，2003 年我国农药施用量达 12 kg/hm^2，是发达国家的每公顷使用量的 2 倍多，其中高毒农药占农药施用总量的 70%，国家明令禁止的一些高毒高残留农药仍在部分地区生产和使用。过量施用化学农药会造成人体中毒，而且杀伤有益动植物，造成严重的经济损失，尤其是某些高残留农药如六六六、滴滴涕等有机氯类农药，在农药使用中还存在使用技术落后、品种结构不合理以及农药本身质量问题和缺乏农药的安全性评价等问题，造成大气、水体、土壤和作物等的污染。如有机氯农药在土壤中可残留数年至 10 余年，它们大部分残存于耕层土壤中，进而污染农作物，农作物可直接吸收，并残留于植株体内，粮、菜、茶叶、烟草中都曾检出过有机氯农药残留。现在使用较多的有机磷农药，在土壤中残留时间虽不像有机氯农药那样长，但它使土壤中微生物、原生动物的种类及数量都显著减少。被农药长期污染的土壤还出现明显的酸化，土壤养分（P$_2$O$_5$、全氮、全钾含量）随污染程度的加重而减少。农药污染也给整个生态系统带来不良影响，不仅对害虫有杀伤作用，使害虫的天敌及传粉昆虫等益鸟虫难以幸免，也使大气和水体受到污染，并通过生物链危及畜禽和人类健康。

（2）化肥污染。农田施用的任何种类的化肥都不可能被作物全部吸收利用，用量过大或使用虽正常，但由于其他自然和人为原因，都会使化肥大量流失。我国的化肥生产与使用以氮肥为主，品种比较单一。流失的氮肥和磷肥与其他来源的氮磷元素，通过地表径流进入水体，引起水体富营养化，使水质下降，破坏了生态系统的养分平衡。施用氮肥过多的土壤，使蔬菜和牧草等作物中硝酸盐含量增加，间接危害人畜健康。另外化肥中含有各种污染物质，随着其施用而进入农田，污染土壤和作物。我国长期过量单纯地施用化肥，导致土壤养分失调与衰竭、土壤有机肥质缺乏、土地资源退化，严重地影响了作物产量和质量的提高，影响了农业生产的可持续发展。

5.2.1.2 土壤污染及退化

各种重金属污染物、酸、碱和其他无机污染物、有机污染物、病原微生物和放射性污染物，通过农区大气和农田水源进入农田土壤。这些污染物也可通过农药、肥料、污水、污泥、城市垃圾和其他固体废物等进入农田，引起土壤污染。

近年来，工业污染日益严重，2007 年全国工业排放废气 388 169 亿 m³，工业固体废弃物 175 632 万 t。城市空气中总悬浮颗粒物超标现象时有发生，酸雨污染普遍存在。2008 年酸雨发生面积约 150 万 km²，20 个省份 10%以上城市（区）受到酸雨影响；浙江、福建、江西、湖南、上海、重庆、广东、广西 8 省区 70%以上城市受到酸雨影响；贵州、湖北 50%以上城市受到酸雨影响。城市的工业及乡镇企业污染源排放的有害气体，通过降水淋洗，污染土壤，降低肥力，破坏了土壤结构与生态系统。同时，城市污水中常含有大量重金属、有机污染物和农药等，这些污染物被农作物吸收和积累，常常超过人畜食用标准，使农产品品质下降。污水中所含的无机盐类，如可溶性钠盐，随污水进入土壤后，造成所含钙、镁等离子流失，引起土壤盐碱化，土壤理化性质发生变化，不利于农作物生长。污泥、垃圾常用做肥料，但污泥中常含有重金属等污染物质，垃圾中常含有污染病菌和其他有害物质，都污染了土壤。有些无机盐类破坏土壤结构，并使肥力降低。农田附近堆积的尾矿、工业废渣等，因雨水冲洗流失，也会引起土壤污染和退化。

5.2.1.3 水资源污染及破坏

全国主要江、河、湖、库和近岸海域不同程度地受到污染，特别是近年来我国东南工业与乡镇工业发达地区，水污染已成为严重危害农、牧、渔业生产的一大环境问题。2008 年全国地表水 746 个国控断面 I ～III 类水质比例为 47.7%，劣 V 类水质比例为 23.1%，各主要河流都有不同程度污染。农田也由于灌溉了受污染的水，受到不同程度的污染，引起农作物减产。据国家统计局农村社会经济调查司 2004 年的数据，从 1978 年到 1998 年，我国农业"污灌面积"从 33.33 万 hm² 增加到 361.8 万 hm²，占全国总灌溉面积的 7.3%。大量的化工、农药、工业的生产废水排放到自然水体中，除了直接杀死一些鱼群外，一些由于逐步适应而生存下来的鱼群，将水中多种脂溶性有机物质吸入鱼鳃和体内，富积到很高的浓度，以致带有严重的化工废水臭味，使人望而生畏。另外，农家肥使用不当，畜禽人粪尿的处理不当，也给环境和水资源造成污染。

5.2.1.4 水土流失和土地资源的减少

据调查，目前我国水土流失面积为 356.92 万 km²，占国土面积的 37.2%，每年流失表层土在 50 亿 t 以上，丧失的肥力高出全国化肥的产量，这不仅造成巨大的经济损失，而且使土壤肥力逐渐下降，土壤肥力愈来愈瘦，从而形成恶性循环。据科学家研究推算，土壤流失的速度比土壤形成的速度快 120～400 倍，自 20 世纪 50 年代以来，由于水土流失而失去的耕地为 267 万多 km²，平均每年 6.7 万 km² 以上。沙化地区燃料匮乏导致的"乱采滥伐"，加剧了对沙生植被的破坏，同时滥挖沙生植物，如甘草、麻黄、发菜等都大量的破坏土地资源。据测算，每挖 1 kg 甘草就要破坏 8～10 亩土地。

5.2.2 农业生态保护

控制农业环境质量恶化的趋势，维护农业生态平衡，促进良性循环，提高农业生态系统的生产能力，提高农作物单位面积产量，是保证我国农业可持续发展的必要条件。保护农业环境必须注意生态建设与发展农业经济相结合；发展生态农业与防治农业环境污染相结合；改善生态环境与控制生态破坏相结合；宏观控制与微观控制相结合。具体应采取以下几项主要措施。

5.2.2.1 发展生态农业技术

生态农业技术是从农业生态系统的资源和环境特点出发，为了提高系统生产力和改善生态环境而采取的调节系统能量流动、物质循环和协调组分之间相互关系的综合技术。它着重解决各种农业生物的量比关系、功能关系和结合方式，并将种植业与养殖业等各项生产有机结合，保证资源的合理利用和永续利用，提高系统生产力和生产效率，以取得更好的社会效益、生态效益和经济效益。具体采用的技术有：

自然资源立体利用技术

（1）立体种植技术。根据种群地上部分和地下部分的分布特点，立体种植包括：①复合群体地上部分在同一层次内，而地下部分分布在两个不同层次；②地上部分高秆作物与矮秆作物配合，地下部分在同一层次内；③地上高矮秆、地下深浅根合理分布在不同层次；④地上部分木本植物与高矮秆作物结合，形成三层群体。无论是哪种立体种植形式，其技术要点可归纳为：①选用适宜的农业生物种群和品种；②确定合理的种群密度与田间结构；③采取相应的栽培技术。

（2）立体养殖。根据依托资源的不同，立体养殖分为陆地立体养殖和水体立体养殖。陆地立体养殖是根据个体的大小和生活习性不同，分层养殖家禽、家畜或其他农业经济动物。水体立体养殖是根据在同一水体中农业动物的生活习性和取食特点不同，进行分层养殖，有鱼种的分层养殖、水禽与鱼分层养殖等。无论陆地立体养殖还是水体立体养殖，除掌握具体的饲养技术外，还应注意因地制宜合理安排种群、种群密度适中和及时管理。

（3）立体复合种养。立体复合种养是指在同一地上或水体中同时分层种养农业植物、动物以及微生物的方式。根据新系统的环境资源和种群的不同，可分为稻田立体种养、果园、胶园立体种养、林地立体种养以及庭院立体种养等形式。

物质能量多层次利用技术

生态系统中物质的循环和能量流动通过生产者、消费者和分解者的生命活动过程及取食关系来完成。通过合理配置生产者、消费者、分解者来达到物质和能量的多层次利用，提高物质、能量的利用效率。实现物质能量的多层次利用的主要技术如下：

（1）食物链加环技术。人类利用食物链原理，在农业生态系统中加入新的营养级，从而达到增加系统的经济产品常年产出，防止有害昆虫、动物危害的方法，一般称为"食物链加环"。食物链加环分为两个方面：一是在一级产品生产过程中加环，主要是通过引入捕食性动物或昆虫，抑制以一级产品为食的害虫、害兽，减少一级产品生产过程中的损耗；二是产品的加环，农业的各级产品中，有相当一部分副产品或排泄物，不能直接为人类利用，这些东西本身就是下一级产品的资源，加入新环以后可以使之转化为直接利用的产品。

（2）食物链加环与工艺结合技术。食物链加环有时需要与一些工艺技术相结合才能取得很好的效果，如：食物链加环与秸秆降解工艺技术相结合，通过糖化或碱化等技术，先把秸秆变成饲料，然后利用牲畜的排泄物及秸秆残渣来培养食用菌，生产食用菌的残余料又用于繁殖蚯蚓，这样使秸秆得到多级有效利用。

（3）食物链的"解链"技术。农业生态系统食物链的最高一级往往是人类，人们建造良性循环的生态系统，除了保证日益增长的人类需要外，还要确保农产品的质量，食物链的每一环节出现的问题都要影响到人类本身。因此农业生态系统一方面要满足人类的需要，另一方面要严格防止有害于人类的物质，沿着食物链进入人体。环境中的有毒有害物质沿着食物链富集达到一定浓度之前，及时地使之与人类相联系的食物链环节中断，这种方法成为"食物链解链"。

养地技术

农业始于土地归宿于土地，持续提高土地生产力是农业生态系建设的重要内容。养地技术由一系列的技术环节构成，根据各技术环节在养地中的作用不同，可分为：

（1）生物养地技术。生物养地技术主要利用生物及其残体培养或改良土壤的技术，主要技术环节有：强化生物固氮、增加生物有机体的归还等。

（2）有机肥与无机肥结合技术。有机肥与无机肥均有各自的优点，无机肥的优点是肥效快，短期内能大大提高土壤肥力和土地生产力，但长期使用将导致土壤结构变坏、肥力下降、环境污染的一系列问题；而有机肥恰好相反，其肥效慢，但有利于良好土壤结构的形成和土壤肥力的持续提高。因此有机肥与无机肥结合使用可以取长补短，充分发挥有机肥和无机肥的作用，有机肥和无机肥的搭配根据土壤肥力状况和作物而定。

有害生物的生态防治技术

所谓有害生物的生态防治技术，即是以改良农业优势生物品种和改进其栽培饲养技术为主要手段，发挥农业优势生物的抗性优势和有害生物天敌优势，必要时才合理地辅助以农药，调控农业生态系统使之向对农业优势生物有利而对有害生物不利的方向发展，从根本上有效地控制有害生物，实现农业持续增产和保护环境等多方面的效益。目前有害生物生态防治技术主要有以下几个方面：

（1）农业措施。主要通过轮作、间混作等种植方式控制病、虫、草害，通过收获和播种时间的调整防止或减少病、虫、草害以及通过培育和应用抗性品种等来实现对有害生物的生态防治。

（2）利用天敌。在有害生物生态防治技术体系中，利用天敌防治有害生物的方法，应用较普遍。目前用于有害生物防治的生物（天敌）主要有：捕食性动物、寄生性生物和病源微生物三类。

5.2.2.2　农业面源污染控制技术

控制农药污染

（1）改善农药品种结构。我国目前使用的农药品种老化、结构欠合理，其中相当一部分是高毒高残留品种，大力加强新型农药、特别是生物源农药的研制与开发，淘汰对人体危害很大的高毒、高残留农药。只有从源头上改变农药品种结构，限制高毒农药品种的使用，才有可能从根本上减少农药对农产品的污染。

（2）建立农药残留检测标准技术体系。完善农药残留检验手段，建立农产品中准确、简便、可靠的农药残留检测技术，特别是农药残留快速检测技术，建立全国性农药残留检测与监督体系。目前农药残留检测标准技术体系主要包括以下 3 个方面：流动注射免疫分析法、生物传感器检测法和分光光度计快速测定法。

（3）农产品安全生产过程控制技术。加强农药在农业生态系统中迁移、积累和转化规律的研究，探讨农产品污染控制和安全生产的关键技术和生物调控途径，提出农产品安全源头控制方法和技术措施，建立农产品安全生产的技术理论体系，实现产前、产中、产后的全过程安全控制。当前，农药安全施用过程控制技术亟须加强的重要环节是与减量化相配套的农药飘移控制技术，主要包括合理的施药方法及少飘移或无飘移农药使用技术。

（4）大力发展精确施药技术。精准施药是在认识田间病虫草害相关因子差异性的基础上，获取农田小区病虫草害存在的空间和时间差异性信息，即获取地块中每个小区病虫草害发生的相关信息，准确地在每一个小区上喷洒农药，改变传统的大面积、大群体平均投入的农药浪费型做法，区别对待，实行按需、定位施药，即"处方施药"。精准施药技术的直接目标不是仅仅提高产量，而是要通过农药投入的合理分配，减少浪费，最大限度地提高农药的利用率，降低成本，提高效益；同时降低作物产品中有毒物质的残留量，提高作物产品的品质。

（5）提倡生物防治技术。利用害虫的天敌自然控制害虫是一条经济有效的途径。1980年以来，我国已从国外引进害虫的天敌 225 种/次。利用丽蚜小蜂控制温室白粉虱、盲走螨控制苹果叶螨等；用赤眼蜂防治玉米螟、松毛虫和棉铃虫等害虫；从美国引进蝗虫微孢子虫治蝗技术、防治农田飞蝗和土蝗等。上述技术不污染环境，对人畜安全，耗资低效果持久，直接降低农药的使用数量及强度。我国天敌资源极其丰富，要因地制宜地保护和开发利用，以降低农药用量，减少农药污染。

控制化肥污染

（1）确定合理的施肥量，减少化肥的使用。化肥施用过量时造成农田化肥污染的最直接原因，而化肥少施又会使作物减产造成直接的经济损失，确定合理的施肥量是实现农田高产、保护生态环境的必要环节。一般随着施肥量的增加，产量逐渐升高，至某施肥量时达到经济效益最佳，但随着施肥量的进一步增加，经济效益下降，当超过最高施肥量时，随着施肥量的增加，产量几乎不增加，甚至表现为减产，肥料利用率和增产效果都趋于降低，肥料损失及环境污染则趋于增加。寻找施肥适宜用量，是协调高产与环境保护的基础。

（2）采用适宜的土地利用方式，防止化肥的溶出和侵蚀。科学地进行农业土地区划，采用适宜的土地利用方式是控制农田养分流失的首要环节。如从环境的角度考虑，将不宜植稻区改植旱作，可大大减少化肥损失。在一些化肥流失的敏感区推行合理的轮作制度，则农业面源污染可大为减轻。另外少耕或免耕、丘陵地区营造梯田、保持良好植被等措施均应大力推广。

（3）改进施肥方法，提高肥料利用率。配方施肥。配方施肥是施肥技术的重大改革和发展，是综合运用现代农业科技成果，根据作物吸肥规律、土壤供肥性能与肥料效应，在有机肥为基础的条件下，提出氮、磷、钾和微量元素的适宜用量和比例，以及相应的施肥技术。配方施肥的方法包括地力分区配方法、目标产量法、养分丰缺指标法、氮磷钾比例法、配料效应函数法等。

施用化肥增效剂。使用脲酶抑制剂可延缓尿素在土壤中的水解进程，从而减少氨的挥发和毒害作用。氢醌能延缓尿素的水解和铵及亚硝酸盐的氧化。硝化抑制剂是一种杀菌剂，它的使用可抑制土壤中亚硝化毛杆菌的活力，能抑制或延缓土壤中铵的硝化作用，又可能减少氮的淋洗和反硝化损失。

（4）加强水肥管理，实施控水灌溉。合理的水肥管理措施有助于降低施肥后存留于田面水中的肥料损失。如作为基肥施用时，采用无水层混施或上水前翻耕时条施于犁沟；作为追肥时，可以田面落干、耕层土壤呈水分不饱和状态下表施化肥后随即灌溉。另外通过加强田间水浆管理，采用潜水勤灌，干湿交替，减少排水量，可有效减低农田化肥流失。

5.2.2.3　控制土壤污染

（1）控制污水对土壤的污染。城市污水必须经过处理，达到污水灌溉的农田使用标准，才能用来污灌。对污灌用水应严格控制用量，通过控制污灌定额，实行清、污轮灌或混灌，尽量减少污水总量。还应根据土壤性质、作物布局等具体情况，对污灌方式、时间、水量及次数等作出科学安排。

（2）防治固体废物对土壤的污染。城市垃圾、污泥和农业废弃物等固体废物，用于农田施肥时，要严格控制有毒有害物质进入农田，要经过高温发酵（如堆肥）以消除病菌等微生物的污染。

（3）控制乡镇企业的污染。由于一些乡镇企业缺乏技术人才，管理水平低，工艺落后，设备简陋，能源和原材料消耗高，没有或很少使用防治环境污染的设施，并且乡镇企业与农田毗邻，容易造成农业环境的污染和破坏。因此应全面规划，合理布局，综合防治"三废"污染。

（4）因地制宜地改革耕作制度。应避免单一的耕作制度，实行轮作倒茬，实行水旱轮作，可以减轻或消除土壤污染，在严重污染的土壤上可改种非食用性的食物，如花卉、林木、纤维作物等。

5.2.2.4　控制水土流失

（1）多种途径解决农村能源问题。我国农村人多、地广，情况复杂，解决能源问题应当"因地制宜，多能互补，综合利用，讲求实效"。要尽快改变我国农村因能源短缺而伐木当柴、掘草为薪、烧秸取火而引起的植被破坏、水土流失等现象。可采取推广节柴灶、营造薪炭林、发展沼气、增加生活用煤等措施，同时还要发展小水电、太阳能、地热、风能、潮汐能等新能源。

（2）重视农村生态建设。抓好各主要流域源头天然林保护，有效涵养水源，确保水资源量不减少。同时要特别重视生态系统中自然绿地（森林、草地）的建设。森林、草地可以调节当地的温度、湿度，含蓄水源，有利于水土保持。绿地还是农业益虫、益鸟和害虫天敌的重要栖身场所。此外，农田、森林及草原绿地还必须保持一定的比例，以保证农业生态系统的良性循环。

（3）合理利用土地资源。随着人口增多，人们对农畜产品的需求量也越来越大，因此合理利用与保护土地资源具有非常重要的意义。我国土地类型多样，土地的开发利用应按自然条件、资源特点和经济规律办事。要因地制宜，合理布局，调整安排好农林牧渔各业用地。在土地资源利用上，我们一方面要加强管理，节约用地；另一方面还要充分利用现有土地资源，用养结合，在科学种田、提高土地生产力上下工夫。

5.3 生态农业

5.3.1 生态农业的提出

近半个世纪以来，世界各国面临着日益严峻的环境和资源问题，世界各国已承诺共同走可持续发展道路。作为第一产业的农业如何采取行动，对于可持续发展具有重要作用。人们为了摆脱困境，先后提出了"有机农业"（美国等）、"生物农业"（西欧各国）、"精久农业"（美英及第三世界国家）、狭义"生态农业"（欧美及亚洲国家）等"替代农业"（Alternative Agriculture），以积极探索农业发展的新途径。经过世界各国的有益实践，多种"替代农业"在保护环境、节约资源、缓解生态危机方面，都取得了一定成效，但同时也因减少或拒绝"石化能"的投入，降低了产出和效益，发展十分缓慢。而"生态农业"汲取了传统农业与现代农业的精华，在不断提高生产率的同时，保障生物与环境的协调发展，是高效、稳定的新型农业生产体系，具有顽强的生命力和广阔的发展前景。生态农业最早兴起于欧洲。1924 年，德国农学家鲁道夫·斯蒂纳（Rudolf Steiner）最先提出"生态农业"的概念。20 世纪 30 年代和 40 年代，生态农业在瑞士、英国和日本得到发展。60 年代，欧洲的许多农场转向生态耕作。从 90 年代开始，生态农业在欧洲得到国家的补贴支持，世界各国生态农业有了较大发展。

我国农业经过近 20 年的结构调整与环境资源建设，基本形成了适应国内对农牧产品需求的农业结构。但农业生产仍面临着诸多问题。如农产品的成本高；化肥、农药的大量使用；土壤中有毒和有害物质含量超标；以水源、地力为核心的资源环境长期超载使用等。致使农业的可持续性受到威胁，农业环境资源短缺与农业系统内资源闲置浪费并存。加入 WTO 后的我国农业，农牧产品逐渐走向国际市场，但因品质质量不合格屡屡遭遇梗阻。在完全融入国际市场的今天，我国农业如何发挥自己具有数千年历史的传统农业优势，克服现代农业的弊端，建设一个具有中国特色的可持续农业，是摆在我们面前的重要问题。我国学术界对农业发展道路的讨论开始于 20 世纪 70 年代末 80 年代初。1980 年，全国农业生态经济学术讨论会在银川召开。在会上我国第一次使用了"生态农业"一词。当时的国家环保局局长曲格平指出：中国的生态农业建设不仅要发展农业，还要以全面提高乡村环境质量为目标。此后，各种关于生态农业的研究成果相继发表，这些研究推动和促进了生态农业建设全面展开。

5.3.2 生态农业的概念

1981 年，英国农学家 Worthington M.将生态农业定义为"生态上能自我维持，低输入，经济上有生命力，在环境、伦理和审美方面可接受的小型农业"，其中心思想是把农业建立在生态学的基础上。此后，各国学者对狭义生态农业作出多种不同的解释。

国内学者关于生态农业含义的阐述也有多种。我国著名农业经济管理和生态学家叶谦吉先生在其专著《生态农业·农业的未来》（1988 年）中对生态农业概念作了概括："生态农业就是从系统的思想出发，按照生态学原理、经济学原理、生态经济学原理，运用现代科学技术成果和现代管理手段以及传统农业的有效经验建立起来，以期获得较高的经济效益、生态效益和社会效益的现代化的农业发展模式。简单地说，就是遵循生态经济学规律进行经营和管理的集约化农业体系。"

我国著名生态学家、环境学家和生物学家马世骏教授在其专著《中国的农业生态工程》（1987 年）中指出："生态农业是生态工程在农业上的应用，它运用生态系统的生物共生和物质循环再生原理，结合系统工程方法和近代科技成就，根据当地自然资源，合理组合农、林、牧、渔、加工等比例，实现经济效益、生态效益和社会效益三结合的农业生产体系。"

中国国家环境监测总站的概括是："生态农业是按照生态学和生态经济学原理，应用系统工程方法，把传统农业技术和现代农业技术相结合，充分利用当地自然和社会资源优势，因地制宜地规划和组织实施的综合农业生产体系。它以发展农业为出发点，按照整体、协调的原则，实行农林水、牧副渔统筹规划，协调发展，并使各业互相支持，相得益彰，促进农业生态系统物质、能量的多层次利用和良性循环，实现经济、生态和社会效益的统一。生态农业建设的内涵是极其丰富的，第一，生态农业是协调我国人口、资源和环境关系，解决需求与经济发展之间矛盾的有效途径，是我国发展农业和农村经济的指导原则；第二，生态农业是对农业和农村发展做整体和长远考虑的一项系统工程；第三，生态农业是一套按照生态农业工程原理组装起来的，促进生态与经济良性循环的实用技术体系。"

综合国内学者的阐述，生态农业又称自然农业、有机农业和生物农业，它是"运用生态学、生态经济学、系统工程学、现代管理学、现代农业理论和系统科学的方法，把现代科学技术成就与传统农业技术的精华有机结合，优化配置土地空间、生物资源、现代技术和时间序列，把农业生产、农村经济发展和生态环境治理与保护，资源的培育与高效利用融为一体，促进系统结构优化、功能完善、效益持续，最终形成区域化布局、基地化建设、专业化生产，并建立具有生态合理性，功能良性循环的新型综合农业体系和产供销一条龙、农工商一体化的多层面链式复合农业产业经营体系，是天、地、人和谐的农业生产模式"。

5.3.3 生态农业的作用

生态农业作为一种促进生态良性循环和有利于资源环境保护的农业生态体系，在实践中已显示出合理性和科学性，并且已得到世界各国人民的高度重视，在农业增产、农民增收、农村经济发展及农业生态环境保护等方面起到重大作用。

5.3.3.1 生态农业是可持续发展的必然选择

生态农业具有降低能量消耗、改善环境质量、改善农产品质量、保护自然资源、经济效益高等特点，是由资源浪费的粗放经营向资源节约的集约经营转变的成功模式，是由破坏生态环境的掠夺式经营走向资源开发利用和资源保护相结合的有效途径，将成为世界各国农业和农村经济可持续发展的必然选择。

5.3.3.2 生态农业是增加农民经济收入的有效途径

增加农民收入是世界各国农村工作的重要任务之一。生态农业和普通农业相比，它不仅生产出农副产品，同时可以带来很好的社会和生态效益。例如，在我国贵州省出现的"六位一体"生态养殖，就是把养猪、建沼气池、建水池、种草、种果树、修通到户水泥路有机结合，配套改厕、改圈的一种养殖模式。按照这种模式，农村建成一栋猪舍、一片草地、一口沼气池、一口水池、一片果林、一条通家水泥路的生态农业家园，通过猪食牧草，猪粪产气，沼气烧饭、照明，沼液喂猪、喂鱼、浸种、施肥。沼渣肥种树、种草，田中养鱼，稻鱼共生，彻底改变了农家烟熏火燎、蚊蝇乱飞的环境，生活质量明显改善，经济效益也得到明显地提高，农民的收入得到增加。

5.3.3.3 发展生态农业能促进农村地区产业结构调整和升级，推动农村经济发展

生态农业的产业关联度较大，可以带动基础设施建设、食品加工、交通运输和商业贸易等其他相关产业的发展。这可以增加大量的就业机会，缓解农业劳动力过剩，推动农村第二、第三产业的发展，有效地促进农村产业结构调整和升级。

5.3.3.4 缓解农村剩余劳动力就业压力

生态农业强调的是物质、能量的多层次循环和深层开发利用，必然会派生出一系列的新产业，而且具有劳动力集约使用的鲜明特点。例如，农业清洁源产业、食用菌产业、再生饲料产业、再生肥料和商品有机肥产业、农副产品深加工产业、生态农业技术服务产业等。这些产业需要大量的劳动力，在一定程度上可以缓解我国农村剩余劳动力就业的压力。

5.3.4 我国生态农业的特点

5.3.4.1 以追求高产、优质、高效为目的

除了保护生态环境和维持农业的可持续发展外，我国的生态农业强调必须产量最高、质量最好、效益最佳，这一点和国外的各种替代农业不同。发达国家的农业现代化水平很高，农产品大量过剩，增产粮食不再是主要目标，现在的主要矛盾是如何控制粮食生产，所以重点不是增产与发展，而是将注意力集中在资源与环境的保护上。我国的农业生产，必须坚持高产优质，这是由我国的国情所决定的：①人多地少且人口增加快。耕地减少迅速，地力下降，农副产品人均占有量较低。据预计，到 2010 年我国人口将达到 15 亿～16 亿，而我国耕地只有不到 1.3 亿 hm^2，并且近 10 年每年减少 25 万 hm^2，再就是土地质量下降，优质农田仅占 20%，中低产田占 70%；粮食总产量多，但人均水平低，不到 400 kg。②现代化建设的需要。现代化的农业，必须是高产高效的农业，人民物质生活水平的提高需要更多的农副产品，这一点在有限的土地资源上，只有提高产量才能达到。③农业发展现状的需求。我国的农业正处在由传统农业向现代农业的转型期，既需要有较高的生产力，同时又要避开走资源枯竭、环境污染的老路。

5.3.4.2 传统农业的精华和现代科学技术相结合

我国的生态农业模式源远流长，有些生态农业模式很早就已出现，而且至今仍兴盛不衰。例如稻田养鱼、桑基鱼塘，都已有上千年的历史。当代的生物技术、生态技术、化学技术、机械技术，以及软科学技术，在生态工程中常与传统技术结合运用，不但易于被农民接受，而且更适合我国农业生产条件复杂和劳动力资源丰富的特点。

5.3.4.3 强调物质的适当投入

生态农业是一个复杂的开放的经人工驯化的生态系统。耗散结构理论认为，开放系统要得以维持和发展，必须不断输入物质和能量。生态农业系统仅仅依靠其自身的物质和能量循环过程往往很难维持整个高产出系统的持续发展，特别是在系统受到巨大干扰

的时候，如病虫害大规模发生时，仅依靠自身的防御能力难以维持，必须由外界输入必要的物质和能量，但生态农业要注意物质投入的合理的量，避免过量投入的副作用。

5.3.4.4　劳动力密集型和技术密集型相结合

我国人口众多，特别是农村劳动力丰富，发展生态农业必须充分运用这一有利条件。发展劳动力密集型农业，配以精湛的农业工艺和农业生态工程技术，往往使我国某些地区在人均只有几分地的情况下出现丰衣足食的奇迹。

5.3.4.5　个别农场发展与区域发展相结合

我国生态农业强调从促进区域整体可持续发展的角度出发，以生态户、生态村、生态乡（镇）、生态县，甚至生态市、生态省为单元，进行不同等级的生态建设，这样，就将农户、农场的发展与整个区域的发展紧密地结合起来，相互促进，共同发展，因而具有旺盛的生命力，得到了广大农户和各级政府的大力支持，发展迅速。

5.3.5　我国生态农业的类型

中国的生态农业具有鲜明的地方特色。中国地域辽阔，自然条件复杂多样，适应不同地方的特色，发展了不同技术特点的生态农业类型，包括：

5.3.5.1　立体复合型

利用生物群落内各层生物的不同生态位特性和互利共生关系，分层利用自然资源，以达到充分利用空间，提高生态系统光能利用率和土地生产力。这是一个在空间上多层次，在时间上多序列的产业结构，种植业中的间混套作、稻鱼共生，经济林中乔灌草结合及池塘水体中的立体多层次放养等均是这种类型。

5.3.5.2　物质循环型

模拟生态系统的食物链结构，在生态系统中建立物质的良性循环多级利用链条，一个系统排放的废物是另一个系统的投入物，废物可以循环利用，在系统内形成一种稳定的物质良性循环，达到充分利用资源、获得最大经济效益的目的，同时有效地防止了废弃物对环境的污染。

5.3.5.3　生态环境综合治理类型

采用生物措施和工程措施相结合的方法来综合治理诸如水土流失、盐碱化、沙漠化等生态恶化环境，通过植树造林、改良土壤、兴修水利、农田基本建设等，并配合模拟自然经济群落的方式，实行乔、灌、草结合，建立多层次、多年生、多品种的复合群落生物措施，是生物技术和工程技术的综合运用。

5.3.5.4　病虫害防治型

利用生物防治技术，选用抗病虫害品种，保护天敌、利用生物以虫或菌来防治病虫害，选择高效、低毒、低残留农药，改进施药技术等，保证农作物优质、高产、安全。

5.3.6　我国生态农业的发展模式

生态农业模式（ecological agriculture model）是在生态农业实践中形成的、结构相对稳定的农业生态系统。我国地域辽阔，资源状况地区间差异很大，地形、地势交错复杂，社会、经济、技术条件参差不齐，发展水平悬殊。因此，各地区在长期实践的基础上，总结探索出多种多样的行之有效的生态农业模式。根据自然环境类型及农业资源的利用方式，一般可分为平原区、山区、丘陵区、江湖塘区、沿海滩涂区、城郊区、庭院生态农业模式。

5.3.6.1 平原区生态农业模式

（1）农田互利共生立体种植模式。立体共生的生态农业模式，就是农业生产者在有限的农业环境里，为将其经营的生态系统形成一个稳定的多维结构而建立的多层次利用的生产形式，这种模式中，作物、果树、食用菌等生物种群合理排列与组合，占据不同的生态位，表现出互利性和互容性，使农田寸土不闲，产量和效益很高。这种模式包括以粮棉油作物为主的农田套复种模式、粮棉油菜菌共生互利种植模式和农果共生互利种植模式等。

（2）种养结合模式。这类模式是将种植与养殖紧密结合，种植业为养殖业提供发展的物质来源，养殖业转化种植业的物质能量，形成经济产品，并为种植业提供肥料、资金等，促进种植的发展。种植业的模式包括上述的农田互利共生种植模式；养殖业包括畜禽养殖、野生动物、微生物养殖及池塘养鱼，并根据种植业提供的饲料情况配置和调整优化养殖业结构。这一模式中很重要的一点是通过养殖业的转化，一些有机废弃物资源转化成人类直接可用的经济产品。这种模式包括对废弃物资源多级利用循环生产的平原区家庭养殖模式，渔、作物结合的"稻田养鱼"模式，渔、林结合的"基桑鱼塘"模式（图 5-4）和以鱼改碱的"碱地养鱼"模式等。

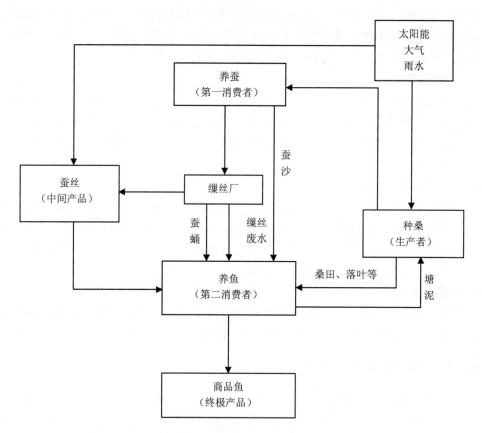

图 5-4　"基桑鱼塘"模式图（引自杨文宪等，1999）

（3）种、养、加工结合型。这类模式是在种养结合模式的基础上增加了加工业，使系统内的物质和能量的流向更为合理，效益增加，形成了生态经济上的良性循环。这类模式的最大特点是增加了"加工链"，加工项目主要是以第一性和第二性生产产品加工为主的无污染或少污染的项目。加工业的发展促进了种植、养殖业的发展，起到了以工补农、以农促工的作用，同时解决了农村剩余劳动力的就业问题，社会效益与经济效益同步提高。

（4）贸工农开放复合模式。这类模式是根据市场的消费趋势，及时调整产业结构和产品结构及其整体功能建立起来的，最大的优点是商品性强，是以商品生产的规律指导加工业的布局和结构，带动养殖业、种植业的发展；是以市场为中心，兼顾国家计划发展种养业的。这类模式目标主要在平原区的城郊和发达地区实施。

（5）整体规划的生态农业模式。整体规划的生态农业模式，是以生态学理论为依据，在某一特定区域（如一个农户、自然村、乡、县等），因地制宜地规划、组织和进行生产的农业生态系统，其主要内容有生态农业户、生态农业村和生态农业县等。

5.3.6.2　山区、丘陵区生态农业模式

我国是世界上多山的国家之一，山地面积占国土面积的 2/3，大约 70%的县市位于山区，居住着全国 1/3 的人口，是主要的贫困区，在山区、丘陵区发展生态农业具有重要意义。

（1）我国南方红壤丘陵区立体农业开发模式。江西省泰和县千烟洲是我国南方亚热带红壤丘陵区一个人均耕地较多，土地后备资源充足的小村。该村实行的"丘上林草丘间塘，河谷滩地果鱼塘"的立体农业布局，以及林、果为主导的土地资源开发方式和"先予而后取"的治理策略，形成了我国红壤丘陵区立体农业的综合开发模式。这种模式的关键措施和主要经验有：①以治水为突破口，立足沟谷，建设高产基本农田；②以林、果为主导，改善生态环境，提高开发的综合效益；③广东省实行多种经营。蓄养结合、农牧结合。

（2）我国北方山区小流域综合治理生态农业模式。小流域综合治理是山西省 20 世纪 80 年代首先开展的，着眼于解决水土流失，保护下游村庄、农田、河道的农业生态工程。刚开始实行承包制，承包户就在流域内发展经济林木和种草发展畜牧业。后来在科技人员帮助下，很快发展为小流域综合开发和治理，规模也愈来愈大，从几平方公里到几十平方公里，涉及几个村或几个乡。在一个流域内，从山顶到山沟，统一安排农业生产和治理工程，不仅治理了水土流失，还把小流域建设成综合生产基地。从各地模式分析，其形式大体相似：山顶防护林和种牧草；山中部种干果；山下部种水果；山沟两岸是农田，村落散布其中。沟里有蓄水工程，坡上有旱井，有的山顶还有蓄水设施，蓄积雨水，用于灌溉农田和果园，一般采用节水灌溉技术。

（3）林业先导型生态农业模式。在我国北方一些既有丘陵山地，又有河川平坝的地区，可选择林果业作为发展生态经济的突破口，大力发展林业，既种植防护林防风固沙，又种植薪炭林解决农民的燃料问题，同时栽种大量经济林增加农民收入。由于绿化面积的扩大，改善了生态环境条件，也促进了农业的发展。这种模式的主要措施有：①以改善生态环境为重点，狠抓造林绿化；②实行综合治理，建立林果业生产基地；③狠抓各种资源的综合利用，提高农业生态效益；④狠抓龙头企业建设，保证生态农业的良性循环。

（4）农牧结合、粮草轮作型生态农业模式。我国北方干旱、半干旱地区人多地少，干旱而多风沙，土地贫瘠，水土流失严重。造林、种草，实行粮草轮作，并进一步发展农牧集合是农业生产由恶性循环向良性循环转变的有效途径。

5.3.6.3 城郊区生态农业模式

城郊区是沟通城乡之间物质、文化经济、科技等交流的纽带，具有城乡一体化的特点。城郊生态农业建设应根据当地的自然地理条件和社会经济条件，在充分利用当地资源的基础上，围绕城市农副产品需求情况，建立合理的食物链结构，形成不同类型、不同层次、不同规模的物质能量良性循环。我国在这方面已经进行了广泛的探讨，设计创造了许多独具特色的模式。总体上讲，可根据近郊、远郊、郊县生态环境类型及自然资源和社会资源状况，设计具有地区特色的农业生产结构。

（1）近郊的"贸工农"、"贸工商"生态农业模式。城市为近郊提供了农副产品市场、对外贸易及发展乡镇加工业和第三产业的优势条件，近郊生态农业建设应立足这一优势，大力发展以农畜产品加工为主题的乡镇企业和商业服务性产业。如建立肉类加工厂、食品加工厂、奶制品厂等。养殖业要充分利用城市食品工业下脚料和农业生产提供的饲料、饲草，重点发展畜禽养殖，为城市提供牛奶、禽蛋、猪肉等主要副食品。种植业要从近郊污染重的实际情况出发，减少根、茎、叶菜面积，主要安排满足养殖业、食品加工业原料为目的的作物生产。林果业以建立城市绿色保护圈为目的，适度扩大葡萄、猕猴桃、樱桃、杏等不便运输、市场紧俏的稀有果品面积。随着城市人民生活水平的提高，精神生活的投入逐渐增加，因此，美化环境、美化生活的花卉、苗木、草坪需求量增加，近郊可建立一些花卉、草坪生产基地。同时可建立园艺性公园，为城市居民提供旅游、疗养场所。

（2）近郊以"无公害"蔬菜生产为目的的生态农业模式。蔬菜是城市居民日常生活不可缺少的主要副食品，发展蔬菜生产是郊区农业服务于城市的一个主要方面。在城市远郊，自然条件适宜、污染少的区域，建立"无公害"蔬菜生产基地，并根据产业规模与数量并重的原则，在突出蔬菜生产的基础上，因地制宜，发展其他辅助性产业，形成以菜为主的生态农业模式。

（3）郊县资源利用型生态农业模式。郊县与郊区相比，交通往往不便，科技信息不畅。这些地区在生态农业建设上应根据土壤、水域、菜场、森林等自然资源状况，合理开发利用，建立为城市提供肉、蛋、奶、鱼、果等农副产品的生产基地，并围绕基地生产，合理配置各业比重，以保证资源的永续利用。

5.3.6.4 江湖塘生态农业模式

近年来，随着人民生活水平的不断提高，被人们称之为"蓝色革命"的水域开发发展很快，在一些江湖塘地区形成了各具特色的生态农业模式。

渔农综合型

（1）基塘渔业模式，主要有桑基鱼塘、蔗基鱼塘、果基鱼塘、花基鱼塘等；

（2）种草养鱼模式；

（3）稻田养鱼模式和稻、萍、鱼模式。

渔牧综合类型

（1）鱼禽综合模式，主要有鱼、鸭模式，鱼、鹅模式和鱼鸡模式；

（2）鱼畜综合模式，主要有鱼、猪模式，鱼、牛模式和鱼羊模式。

渔农牧综合模式

（1）三元模式，主要有菜、猪、鱼模式，猪、草、鱼模式，鸭、草、鱼模式和鸡、猪、鱼模式。

（2）多元模式，主要有鱼、鸡、草（菜）模式，鱼、猪、沼气、草模式，鱼、猪、鹅、鸭、草（菜）、林果模式。

其他类型

（1）鱼、水生经济植物综合模式，主要有鱼、芡、菱、藕模式，鱼、猪、菱、藕模式和鱼、芦苇模式。

（2）鱼、特种经济动物总和养殖模式，主要有鱼、鳖混养，鱼、蚌混养，鱼虾混养和鱼、蟹混养。

（3）主要养殖鱼类的水体立体混养模式，即鲢、鳙（上层）—草鱼、鳊鱼（中层）—青、鲤、鲫（下层）。

（4）"三网"养鱼模式，网箱、网围、网栏养鱼全称"三网"养鱼。它在大水面上围栏养殖的半人工生态系统，密集的集约化养殖方式，简称"小、精、高"养殖，即水面上利用"以小治大"；在饲料肥料循环上是"以精带粗"；在产量、质量、效益上是"高产、优质、高效"。

5.3.6.5 农村庭院生态经营模式

农村庭院是我国 80%以上人口居住的地方，是我国人类社会的一个重要组成部分，它具有独特的生态环境、特定的自然景观、多产业的经济活动和风俗、伦理、文化等的发展与更迭。在我国，一方面农村庭院是农业生产活动的重要场所，它包含了农、林、牧、副、渔、工、商、交通、建筑、金融、文化、教育、法律、社会服务、风俗、伦理等全部人类社会活动的内容；另一方面，农村问题却长期被忽略和轻视，成为一个亟待开发的领域，需要我们下大力气研究和探索。随着对农村人类居住地这一新领域研究的不断深入，农业庭院生态模式成了生态农业中一个十分重要的组成部分。

多种经营模式

庭院经营的对象是环境复杂的小院，在这样的条件下，应该因地制宜地利用，采取多种经营的措施，比如，荫凉的地方可以种植耐荫的经济植物（如食用菌、药材）或养殖喜欢荫湿的动物（如土元、蝎子、蜈蚣等）。而院子阳光好的地方可以种植果树、花卉、蔬菜、药材。养殖业大部分应分布在离居室较远的角落，温室和塑料大棚应安排在向阳避风的地方。庭院养殖业效益较高，但对环境影响也最大，合理的安排很重要。

多层利用空间模式

庭院的水平面积是有限的，同时，2 m 以下的常规利用层次首先要保证人类的需要。这样一来就要考虑有限空间的多层次利用，将作物布局方式由单面向立体方向发展，巧妙利用各类作物在生产过程的"空间差"，进行精心组装、合理搭配，否则就无法提高其经营效益。多层次利用，在农业生态结构中称其为"垂直结构"，有时叫"立体农业"。虽然多层次利用层越厚、层次越多，其经济效益也越高，但是必须因地制宜，合理安排，由简到繁、逐步深入，不能一味地追求多层次。

巧用时间模式

合理经营产品的价格往往因时而异。同一种产品上市时间不同，其价格可相差几倍到几十倍。另外，经营时间长短也是产出多少的关键。如何延长生产时间是发挥庭院经营效益的另一出路。所以，时间上的巧妙安排在庭院经营中尤为重要。在时间利用上有以下几种类型：

（1）时间嵌合型。就是把不同种或同一种的不同生长时间合理搭配，使产品多次产出。例如，用庭院早春季节育菜秧，菜秧售出后立即栽上月季，月季售出后插菊花，菊花售出后再育菜秧，一年可产三茬。另一种方式是使多种蔬菜生长期相交叠，实现一年多茬。养殖业中也可以采取这种途径，比如，养肉鸡户，在头批肉鸡售出前月余购入雏鸡，等头批出售后第二批马上续上，这就可以实现一年多批。

（2）环境控制设施型。一种生产需要一定的环境条件，而环境条件是随季节变化的。怎样在环境改变后仍能继续生产，这就要人工建造环境控制设施，像塑料大棚、温室、阳畦、风障、地膜覆盖、凉棚等。由于这些设施的使用改变了动植物生长的温湿度和光照条件，使生长期延长，从而取得高产出。养殖业也可以采用人工设施来增加生产，像鸡蛋的辅助光照，冬季保温均属此类。

（3）变更产出期望型。庭院经营产品、数量相对较少，假如出售时间与大量产品同时，那它的收入是不会很高的。利用庭院的特殊的环境条件，使其产期与一般产品的生产时间错开，突出"人无我有，人有我早（或晚）"的特点，其效益就可成几倍或几十倍增加。

（4）长短结合型。庭院中栽植果树、养奶牛等项生产要想获利一般需要 3～5 年。为了早受益，就应该经营短期见效项目来搭配，实现"长短结合，以短养长"。

食物链多次增值模式

庭院生态系统是农业生态系统的一个亚系统。一般地讲农业生态系统的产品输出以原料形式进行，像原棉、原粮、水果、生猪等。同时，它的食物链结构一般都比较短，所以其效益较低。如果能根据庭院生态系统中的营养层次和能量金字塔的原理增加食物链的环节（营养级），就可以达到产品多层次利用的目的；或者经过加工实现精品输出，增加产值的目的。

（1）巧用食物链。农副产品以庭院作为集中地，庭院养殖业一般都是利用农副产品进行的。假如根据食物链原理是有机质多层次利用，就会变废为宝，多次增值。像利用农副产品养鸡，鸡粪喂猪，猪粪养蝇蛆，蝇蛆再喂鸡，形成一个高效的循环圈，使有机物循环利用，结果就实现了"蛋多、猪肥、成本低"的高效益。根据这一原理，还可以加长这个循环链条，效益也就更加突出。假如在庭院里再栽上葡萄，养上鱼，这个系统就更复杂，效益就更可观了。另外，用黄豆做豆腐，豆渣浆水喂鸡和猪，就又是一个高效益的循环圈。

（2）加工与贮藏增值。利用庭院进行农副产品的加工，是一条重要出路，即使生产的成品增加了价值，加工的剩余物又可以发展养殖业，一举可以数得。鲜活产品的保鲜也是庭院经营的出路，像蔬菜水果经贮藏保鲜，价值可以增加几倍到十几倍。

5.3.7 生态农业技术

生态农业技术体系指使生态农业形成起来并使之有效运转的多项技术的有机组合。中国生态农业的技术体系是从广大农民各种农业生产实践中，按生态农业的标准加以总结而形成的，是从广大农业科技工作者的科技成果按生态农业建设需要而采纳、改造和进一步发展的结果，也是在生态农业实践中，广大农民和科技工作者按照生态农业的原理，积极开展生态农业设计和生态农业研究的结果。

5.3.7.1 农业环境综合整治技术

中国的生态农业采用了生物措施与工程措施相结合的办法综合治理农业环境。这一方法已成功地用于治理华南和黄土高原的水土流失、治理华北黄淮海平原的盐碱地及西北沙漠化的防治方面。如山东省陵县张西楼村处于风沙大、盐碱重的黄淮海平原。在生态农业建设中，该村采用的工程措施是打浅井，开深沟。形成了 40 条长 30 km 的排灌网，通过引黄河水、抽浅层地下水和利用雨水相结合，做到有灌有排，既压了碱又控制了地下水位。在生物措施方面，当地建造了人工防护林网；引种抗盐碱的紫花苜蓿、草木樨，用于发展畜牧业；种植压青绿肥增加土壤有机质；还建立起桐粮、桐棉、果粮、果棉等立体配置的植被结构。实施这些措施后，该村两年内使粮食增产 4%，牲畜增长 42.9%，经济收入增加 36.8%。

5.3.7.2 农业资源的保护与增殖技术

在中国的生态农业中广泛采用农业资源的保护与增殖技术，以保障耕地不衰退，森林能永续，河海鱼不尽，草原牛羊壮。

生物养地技术是中国传统农业中的精华之一。目前各地采用的方法包括：作物秸秆和动物粪便经过堆制、沤制或经养菇、制沼气之后回田做肥；实行养地作物和耕地作物的轮作间种；采集野生绿肥、食品加工副产物、河流沉积物等，增加有机肥投入。

为增殖森林资源，扩大森林的保护效应，我国已开展"三北"防护林建设、东南沿海防护林建设、长江中下游防护林建设等重大林业生态工程。各地生态农业建设中都把林业建设作为一项重大措施。全国森林赤字已从 1992 年起消灭。

渔业资源增殖包括在河流和近海放鱼苗、虾苗、蟹苗，在近海建立人工鱼礁等。

为防止草场资源退化，内蒙古呼伦贝尔草原的鄂温克旗首先严格核定草原载畜量，减轻过牧区载畜量，把过载牲口转移到未满载的林缘草原和草甸草原。退化草场实施被动式的封滩育草伦和主动式人草库伦建设。在草库伦实行松耕、施肥、补播、灌溉等人工管理措施，加上灭鼠、灭霉草工作，基本上克服了草原的退化问题。

5.3.7.3 小流域综合利用技术

小流域是指相当于由一条坳沟或河沟道为主体所构成的以分水岭和出口断面为界的一个独立而完整的自然集水区域，是山地和丘陵区的基本地貌组合单元。小流域综合治理就是以小流域为治理单元，合理规划与布置水土保持农耕技术措施、林草措施和工程措施，优化农、林、牧、副各业的用地结构，使各项技术互相协调、互相促进，形成小流域综合治理技术体系，实现以水土流失为核心的生态、经济、社会效益相统一的综合治理目标。

5.3.7.4 立体种养技术

立体种养不仅在大田作物之间开发多熟种植和间种套作，而且包括利用木本果树、林木、热带作物、牧草甚至食用菌；立体种养也不限于植物，还包括动物，例如畜、禽、鱼类等。林地间人参、林地间药材、稻田养鱼、果园养菇、蔗地养菇、多层养鱼等都是立体种养的例子。立体种养技术是利用物种间对资源利用的互补特性，利用生物间生态位的差异，从而提高整体对资源的利用率。

5.3.7.5 庭院资源综合利用技术

庭院区的土地离家庭很近，而且是家族能量、物质、资金的集散中心。在我国，人均耕地少，劳动力富余，充分利用家庭闲散劳力，可把庭院建设成智力和劳力集约，能量和物质投入、产出水平高，转化效率高的地段。

5.3.7.6 再生能源利用技术

在中国农村，能源问题仍比较突出。为了燃料问题，农民不但把原来可以做饲料与肥料的秸秆烧掉，而且还把村落附近的植被砍光。"燃料、饲料、肥料"的矛盾，酿成了生态环境的恶化和地力衰退。在我国生态农业建设中实施了一套再生能源利用技术，扭转了这种状况。再生能源利用中常用的技术包括建造薪炭林，推广太阳能热水器，建沼气池和省柴灶等。

5.3.7.7 农业副产品再利用技术

农业中的作物秸秆和动物粪便等农业副产物在传统上多用有机肥回田。在中国生态农业的实践中已运用了各种技术开辟了多种多样的利用途径。这些技术包括：利用牛粪、秸秆进行食用菌生产的技术；利用蔗渣、茶叶进行蚯蚓生产的技术；利用猪粪进行蝇蛆生产的技术；鸡粪、猪粪的饲料化技术；秸秆氨化技术；利用农业有机物的沼气制造技术。这些技术的配合使用有利于增加农业的经济收入，增强系统内部能量和物质利用效益和效率，有利于建立无废物的农业生产体系。

5.3.7.8 有害生物综合防治技术

在生态农业中，有害生物的综合防治（integrated pest managerment，IPM）和无公害食品及绿色食品的生产联系起来。1966年联合国粮农组织对有害生物的综合治理下了如下定义："有害生物的综合防治是一套治理系统，这个系统考虑到有害生物的种群动态及其有关环境，利用所有适当的方法与技术以尽可能互相配合的方式，来维持有害生物种群达到这样一个水平，即低于引起经济危害的水平。"1975年在全国植保工作会议上，我国生态学家马世骏教授也为害虫治理下了一个定义："从生物与环境关系的整体观出发，本质预防为主的指导思想和安全、有效、经济、简易的原则，因地因时制宜，合理运用农业的、生物的、化学的、物理的方法及其他有效的生态手段，把害虫控制在不足为害的水平，已达到保护人畜健康和增产的目的。"因此，预防是有害生物综合防治方针的基础，"综合防治"不应被看成仅仅是防治手段的多样化，更重要的是以生态学为基础，协调应用各种必要手段，以经济、安全、有效地控制有害生物为目的，而不是以消灭有害生物为目的。任何防治有害生物的设计，如果脱离了这一指导思想，采用的措施再多，也不能算是好的综合防治。

5.3.8　生态农业的发展趋势

在寻求环境与经济协调发展的时代，我国生态农业建设必将经历一个新的发展阶段，使之规模更大，效益更高，影响更加深远。其发展趋势主要表现为：

（1）生态农业的理论研究将更加系统和进一步深化。随着生态农业建设规模的扩大，将会提出很多新的问题，需要作出理论上的概括和升华。生态农业的基本理论将会形成完善的体系；生态农业的指标和评价方法将更加完善和成熟；生态农业经济系统内部规律将进一步完善。

（2）生态农业建设规模将进一步扩大。生态农业建设单元规模主要进入生态农业县建设时期，实现生态农业由试点到规模发展的阶段性转变，一些地区开展生态农业地区建设，并出现生态农业地区典型。

（3）生态农业的发展将带动绿色食品的发展，绿色食品将成为占有国内外市场的重点突破口。由于我国人民生活水平水准正逐步从温饱向小康过渡，已有越来越多的人更加注重食品保健，再加上国外农产品市场对生态食品的要求，因此，无污染的绿色食品市场需求将越来越大，生态农业的经济将大幅度提高，将会通过高出普通食品价格的绿色食品而得以体现。

（4）现代高新技术更加广泛地渗透于生态农业之中。由于生态农业所追求的目标是高效益和无污染，而要实现这个目标就必须更多地依靠现代高新技术。基因工程、发酵工程等最新微观工程技术及大规模生产的农业宏观工程技术也将首先被生态农业所利用。随着环保产业的进一步发展，一些环保新技术包括污水处理、土壤培肥、害虫综合防治、生物活性肥料等环保生态工程技术，也将广泛应用于生态农业。这些现代高新技术的使用，必将会更快地促进生态农业的发展。

（5）生态农业建设中的各种自然资源的开发、利用、培育与国家持续发展总体战略相一致。

（6）生态农业的发展将进一步和整个农村环境的综合整治，如乡镇企业的污染防治、农村能源建设、生物多样性保护、各种农业资源的合理利用等紧密结合。生态农业将带动区域性景观生态建设，改善整个区域的生态建设。

（7）生态农业组织实施形式上将纳入国民经济和社会发展计划，以要求各个部门紧密结合，促进生态农业的全面发展。

（8）生态农业的经济目标与国家倡导的高产、优质、高效农业相吻合。

（9）生态农业的社会效益直接服务于吸引农村剩余劳动力就业，加快农民生活由温饱迈向小康的步伐和社会主义新农村建设。生态农业与乡镇企业将成为我国农村经济发展的两大支柱。

（10）生态农业的国际交流、国际影响将进一步扩大，特别在发展中国家将产生良好的影响。因发展中国家多数是人口多资源相对不足，而且处于生态环境恶化之中，发展生态农业是这些国家摆脱困境，经济和环境协调发展的正确途径。

5.4 生态村

5.4.1 国内外生态村发展状况

5.4.1.1 国外发展状况

早在 1971 年，生态村概念尚未正式提出时，美国田纳西州首个具有生态村雏形的村庄诞生了，村民将这个村庄命名为农庄（Farm），入村村民都将作出"安贫乐道、简朴生活"的承诺。

1991 年，丹麦学者 Robert Gilman 在其报告"生态村及可持续的社会"中首次提出生态村的概念，认为"生态村是以人类为尺度，把人类活动结合到不损害自然环境为特色的居住地中支持健康的开发利用资源，且能持续发展到未知的未来"。1991 年丹麦大地之母（GAIA）信托基金出版"生态村报告"，正式定义了生态村的概念，其定义为："生态村是在城市及农村环境中可持续的居住地，它重视和恢复自然与人类生活中四种组成物质的循环系统：土壤、水、火和空气的保护，它们组成了人类生活的各方面。"这一定义强调了生态村的居住功能，重视现代科技的作用，突出生态村物质流、能量流的特点，其生态村实践注重生态村的质量与环境效益，经济效益一般，没有有关的评价指标体系，公众不理解，政府不予支持，主要为非政府组织从事组织和开展。如瑞典斯科尔镇（Skare）泰格莱特村（Tuggelite），德国汉堡的巴姆菲尔德（Bramfeld）村，美国北卡罗来州卢瑟福（Rutherford）县的埃斯俄文村（Earthaven）等。

目前，生态村在北欧许多国家都得到发展和壮大（丹麦、英国、挪威、苏格兰、德国），并在其他国家也开始发展（美国、印度、阿根廷、以色列等）。1993 年，丹麦的 Gaia Trust 组织将丹麦许多已经建成的生态村和正开始创建的生态村组织起来，形成丹麦可持续社区协会。1994 年，丹麦可持续社区协会召开第二次会议，明确提出全球生态村战略，建立了一个围绕全球生态村项目的网络——全球生态村网络（The Global Ecovillage Network，GEN）。苏格兰的 Findhom 社群、美国田纳西的 Farm、德国的 Lebensgarten Steyergerg、澳大利亚的 Crystal Waters、俄罗斯的 Ecoville、Petersgerg、匈牙利的 Gyurufu、印度 Ladakh 项目、美国科罗拉多州 Manitou 研究所和丹麦的可持续社区协会成为全球生态村网络的早期成员。

国外生态村的研究正试图突破可持续的居住社区模式局限，正如 Robert Gilman 在他的报告 The Future of GEN 中所说的，"我们需要在不失去关注点的同时扩大我们的视野，让生态村作为一个新的概念取代可持续的居住社区。"Robert Gilman 也提出要降低门槛，让更多的人和生态村发展模式融入 GEN。

5.4.1.2 国内生态村研究概况

我国对生态村的理论研究可以追溯到 20 世纪 80 年代。1987 年，云正明先生提出"农村庭院生态系统"，主要研究了平原地区农耕为主的农村生态系统。在庭院生态系统基础上，王智平等提出了"村落生态系统"，对不同地貌类型区生态系统的特点、分布模式以及村落与农田和土地利用的关系进行了深入的探讨。之后周道玮等又提出了"乡村生态学"的概念，研究村落形态、结构、行为及其与环境本底统一体客观存在的生态学分支学科，村落是乡村生态学的基本研究对象。

受生态村理论发展影响，生态村的实践起初是围绕农业建设发展起来，旨在调整农业内部"农、林、牧、副、渔"生产结构，统筹农业发展，实现生态、经济、社会效益的统一。如 1984 年以来，北京市大兴区留民营村、浙江省山一村、浙上李家村、藤头村、江苏省太县河横村、安徽省颍上县小张庄村、辽宁省大洼县西安生态养殖场等 7 个村庄（养殖场），积极寻求符合当地资源环境、社会经济现状的发展道路，各自成功创建了生态农业村的发展模式，先后被联合国环境规划署授予"全球 500 佳"的荣誉称号。

范涡河等在总结安徽淮北平原三个村生态农业建设经验时，提出了以生态农业建设为基础的生态农村设想，明确提出了生态农村的概念，指出"生态农村"是指在一定的空间、范围内，把农林牧副渔、农产品加工、商品经营、村镇建设、运输等作为一个完整的生态系统，实现因子间相互关系的良性循环，减少障碍因子的作用，并将生态农村的系统结构分为大农业区划、土地资源利用、地力保持、水利、林业建设、生物保护、农村能源、村镇建设、计划生育 11 项具体内容。但是其内容研究还是局限在生态农业之内，内涵仍为农业生态村。

随着生态产业的发展，出现了生态经济村、生态旅游村、文明生态村、小康生态村等多种提法，生态村概念逐渐拓展，其建设内容也不断丰富。如佘黎、双华军等从复合系统的角度出发，提出生态农村应包括"生态产业、生态制度、生态环境、生态文明"四个方面内容；伍慧玲等从法律角度提出通过"农民生态权"促进生态农村建设；朱跃龙、吴文良、霍苗等提出以"生态产业、生态人居、生态环境、生态文化"为主要建设内容的生态农村理想模式。

党的十六届五中全会中通过的《中共中央关于制定国民经济和社会发展第十一个五年规划的建议》指出了建设社会主义新农村的目标和具体标准，即生产发展、生活宽裕、乡风文明、村容整洁、管理民主，提出了推进农村建设的重大任务，并把农村建设和建设社会主义和谐社会统一起来，提出了保护自然环境，创造资源节约型、环境友好型社会。这是在农村建设中一个综合的具有统观全局的指导思想。归纳起来就是从物质文明、精神文明、政治文明、生态文明角度指出了农村建设的新目标，是我们党在十六大中提出的落实科学发展观，建设社会主义和谐社会的总要求在农村发展中的具体体现。

5.4.2　生态村建设的作用

5.4.2.1　有利于改善农村生态环境

在我国广大农村地区，由于传统生活方式的根深蒂固、公共环卫设施的严重不足、村镇管理缺位等原因，农民居住生态环境问题十分突出。比如柴草乱垛、粪土乱堆、垃圾乱倒、污水乱泼、禽畜乱跑现象严重，生态威胁与日俱增。农村生态环境整治是生态村建设规划的核心内容之一，生态村建设有利于提升农村环境质量、改变传统的生产生活方式和完善农村环境保护的基础设施等。

5.4.2.2　有利于指导生态农业建设

广大农村地区长期囿于小农经济的习惯，农业建设发展缺乏规划，对生态建设更缺乏经验。而生态村建设是通过专家实地考察，指出村庄建设中存在的问题，与村庄一起共同制定发展规划，形成较佳的生态农业发展与建设模式，解决农村的实际需要，使农村的发展具有目标性、科学性。

5.4.2.3 有利于普及农民的生态意识

可持续发展是当今世界发展的主流，生态农业是可持续发展的模式之一。然而现在只有广大科技工作者和领导干部认识到这一点，直接从事农业活动的广大农民还没有认识到。农业、农村的可持续发展直接需要农民的参与，只有农民有了生态农业意识，生态农业建设才能真正落到实处，才能得以蓬勃发展。

通过生态村建设，树起政府命名的生态村（场）牌，让农民首先了解"生态"二字，通过村里"明白人"的传播，普及生态意识，从而引导群众保护环境，克服短期行为，协调人与自然的关系，为农业、农村的可持续发展打下良好的基础。

5.4.3 生态村与社会主义新农村的关系

党的十六届五中全会提出："建设社会主义新农村是我国现代化进程中的重大历史任务"，并把社会主义新农村的目标和要求概括为："生产发展、生活宽裕、乡风文明、村容整洁、管理民主"。可以说，新农村建设涵盖了经济、政治、文化、教育、医疗卫生、环境保护等诸多领域，内容丰富，含义深刻，是新时期"三农"工作的行动纲领。在农村环境保护工作中，开展创建生态村活动是加强社会主义新农村建设的一条有效途径。

"生产发展、生活宽裕、乡风文明、村容整洁、管理民主"，是建设社会主义新农村的总体要求，归根到底其核心就是如何解决"生产发展"的问题。而生态村的建设是以改善人居环境为突破口，以提高农民素质和生活质量为出发点，以"经济发展、民主健全、精神充实、环境良好"为主要内容，协调推进物质文明、政治文明和精神文明建设，努力实现人的全面发展和农村经济社会的全面进步。生态村建设的实质就是落实科学发展观，建设社会主义新农村。

5.4.4 生态村建设标准探讨

生态村是一个区域的概念，生态村的社会、经济和生态环境是不断发展变化的，因此，生态村的标准首先应该是一个区域、动态的概念，在不同地区、不同时期应有相应的调整。生态村是一个生态经济社会的复合系统，其标准应该体现这三个子系统之间内在联系和制约关系，以反映生态村的实质，并衡量生态村建设的程度和水平，具体标准如下：

5.4.4.1 生态环境

工业污染治理达到国家标准，环境、质量清洁优美，符合国家标准；土壤理化性状改良，有机质呈上升趋势；林木结构、布局合理，覆盖率达到国家标准；资源利用合理、生物物质、能量利用率较高；水利设施配套，具有较强的抗灾能力。

5.4.4.2 社会经济

国内生产总值增长速度高于本地区平均水平；农、林、牧、副、渔比例合理；人均收入高于当地平均水平。

5.4.4.3 社会文明

具有符合生态经济规律的发展规划；具有懂得生态经济的领导班子和懂得生态知识的农民科技队伍；人口自然增加率符合国家规定，人口素质较高；社会道德风气良好；

人民生活条件良好，公共事业较完善。

5.4.5　生态村建设的主要内容

生态村是一个复合的社会、经济、环境系统，生态村建设的内容包括该范围的经济、人居、环境、文化等诸多方面的内容。

5.4.5.1　生态经济建设

生态经济是一种尊重生态原理和经济规律的经济类型，它强调把经济系统与生态系统的多种组成要素联系起来进行综合考虑和实施。其核心是经济与生态的协调。本质就是把经济发展建立在生态可承受的基础上，在保证自然再生产的前提下扩大经济的再生产，形成产业结构优化、经济布局合理、资源更新和环境承载力不断提高。

按照生态村经济发展特点，开展经济建设的主要内容，可以把生态经济建设分成生态农业建设、生态旅游建设、生态工业建设，以及一些为更好地开展生态经济建设而进行的一些经济结构调整等具体内容。

5.4.5.2　人居环境建设

人居环境是人类在大自然中赖以生存的基地，是人类利用自然、改造自然的主要内容，特别是建筑、建筑周围绿化景观等，以及它们之间的融合状态。

农村地区人居环境建设当前突出的问题在于房屋布局缺乏规划、人畜居住建筑混杂，废弃建筑（主要为鸭棚、猪舍、蘑菇房等）大量存在，大多数居民人居环境保护和建设的观念较为淡薄。生态村建设中的人居环境建设一方面注重建筑周边绿化、道路等景观、公共设施的建设，另一方面强调建筑及周围环境的整体协调、美观。而中国建筑设计研究院总工程师叶耀先先生提出的住宅建筑设计应体现的"可负担性（尽量降低造价，让老百姓买得起）、可居住性（居住安全、舒适、健康）、可适应性（满足日常生活及将来的变化）、可持续性（实现资源消耗最低，再生资源最多）"，可以作为未来农村人居环境在建筑、建筑周边环境景观的高层次目标。

5.4.5.3　环境污染治理

随着我国现代化进程的加快，在城市环境日益改善的同时，农村的污染问题越来越突出。农村污染不仅影响了数亿农村人口的生活和健康，而且通过水、大气和食品等渠道最终影响到城市人口的生活和健康。

由于多年来在农业生产中大范围、大批量使用化学肥料和农药，现代农业污染问题日益突出；同时，随着规模化养殖业的发展，畜禽污染成为农村环境治理的一大难题；再加上农村治污设施建设滞后，农村环境保护正面临着前所未有的挑战，农村环境污染治理刻不容缓。

5.4.5.4　生态文化建设

生态文化是一种先进的文化，强调的是遵循生态发展的规律，倡导的是生态消费的生活理念。生态文化是人类文化发展的进步，是历史的必然。

生态文化建设一方面是对历史文化的保护和传承，在发展现代化过程中应避免造成对历史建筑、文物破坏等产生不良影响；另一方面还要采用多种方式、渠道来满足当代人文化发展需求，如基于经济社会发展，对农民科学文化知识、科技技能的提升，对农民生态环境保护知识的宣扬，对农民业余生活娱乐活动的丰富等。

5.4.6 生态村建设的模式

生态村是以行政村为单元，遵循生态经济理念，寓生态环境建设于经济、社会发展之中，最终实现经济、社会和生态效益协调发展的新农村。在当前构建和谐社会、促进新农村建设的大背景下，积极探索生态村建设的模式，有着十分重要的现实意义。

5.4.6.1 生态农业主导型生态村模式

生态农业主导型生态村应成为农村地区主要的生态村模式。该类生态村主要根据当地的自然资源和农村环境状况，有选择地采用立体农业、有机农业、循环农业等不同的生态农业类型。如发展立体农业，发挥生物共生、互补优势，遵循生态经济原则，调整土地利用和生产结构，提高土地利用率和产出率，使农、林、牧、副、渔各业有机结合，提高农业综合生产力。随着生态农业技术的推广与生态农业经济的发展，原本影响当地农村环境的禽畜粪便、垃圾已变废为宝，实现资源化利用。原先因禽畜粪便与垃圾霉变、发酵而散发出的臭味从此不复存在，取而代之的是清新宜人的空气。此外由于粪便、垃圾等农村废弃物的资源化利用，既可以改善农田生态和环境，又可以节约化肥农药的支出。

5.4.6.2 旅游文化依托型生态村模式

旅游文化依托型生态村，是以农业活动为基础，以农业生产经营为特色，将农业经营、民俗文化及旅游资源融为一体，吸引游客前来观赏、品尝、购物、体验、休闲和度假。这类生态村主要凭借区位优势与便利的交通条件，打造生态农业旅游和生态民俗文化牌。通过营造美丽的自然风光与原汁原味的乡土文化，来吸引外地人。做到这一点，客观上要求村庄环境势必景致怡人、富有特色，而且基础设施也要配套齐备，否则，其旅游文化产业难以形成气候。

5.4.6.3 特色产品开发型生态村模式

此类模式，应主要开发当地的传统优势产品或新兴优势产品。该类生态村以发展特色产业为主，适合经济基础相对较好、村民思想观念较为先进且有独特优势资源的乡村。要依托本村的资源优势，开发出适合本村发展的特色产品。当特色产品做大做强后，形成优势产业，并带动本村其他产业的发展，以此提高村民的收入，改善人居环境。

5.4.6.4 工业型生态村模式

工业型生态村的特点为：从事工业及建筑业劳动力比重较大；产业发展中，工业占据重要的组成部分，产值占生产总值比重较大；土地利用结构中工业用地比重突出。

5.4.6.5 社区型生态村

社区型生态村的特点为：村级用地大量转移流失，村民集中居住在新村范围内，从业结构以工厂临时务工、第三产业等为主。

复习思考题

1. 什么是农业生态系统？农业生态系统有什么特点？
2. 农业生态环境问题有哪些？
3. 我国生态农业发展的主要模式有哪些？
4. 生态村建设的主要内容有哪些？

第6章 城市生态保护

6.1 城市生态系统及其保护

城市是人类文明的产物。随着人类社会的发展，越来越多的人口集中在城市，城市作为一种人口高度集中、物质和能量高度密集的生态系统，一方面极大地推动了人类经济和社会的发展，另一方面也对城市及其周围的生态环境产生了许多不利的影响，甚至殃及整个生物圈的结构和功能。

6.1.1 城市生态系统概念

城市生态系统是人类生态系统的主要组成部分之一。它既是自然生态系统发展到一定阶段的结果，也是人类生态系统发展到一定阶段的结果。城市生态系统指的是城市空间居民与自然环境系统和人工建造的社会环境系统相互作用而形成的统一体，它是以人为主体的人工化环境的人类自我驯化的开放性的人工生态系统。城市居民是由居住在城市中的人的数量、结构和空间分布（含社会性分工）3 个要素所构成。自然环境系统包括非生物系统和生物系统；社会环境系统包括人工建造的物质环境系统和非物质环境系统。

关于城市生态系统的确切而又被广泛认同的定义一直在讨论与发展中，至今仍有各式各样的提法。例如，我国学者宋永昌等认为：城市生态系统可以简单地表示为以人群为核心，包括其他生物和周围自然环境以及人工环境相互作用的系统。

显然，城市生态系统不仅包含自然生态系统所包含的生物组成要素与非生物组成要素，而且还包含最重要的人类及其社会经济要素。在城市生态系统中，人是最积极、最活跃的因素，这个系统的一切主要是按照人的意志来规划建造的，但系统仍受自然规律的制约，人类仍是生物大家庭中的一员，人类的生存与发展仍受生物学规律的制约，人类的各种经济社会活动必须与自然环境资源保持一种协调的关系，如果破坏了这种协调关系，城市生态系统的平衡就会失调，因此生态学的普遍规律在城市生态系统中是同样适用的。虽然城市生态系统的发展史在整个人类生态系统的发展史中占很小的一部分，但城市生态系统的发展却对整个人类生态系统的发展起着举足轻重的作用。伴随着城市化进程，城市生态系统已逐渐成为人类生态系统的主体，与人类社会有着最为密切的关系。

6.1.2 城市生态系统的结构

城市生态系统是地球表层人口集中地区，由城市居民和城市环境系统组成的，是由一定结构和功能的有机整体。环境由自然环境和社会环境构成。城市生态系统的构成是指城市生态系统内部包括哪些组成部分或子系统，着重反映系统的空间因素及其相互作用。由于研究者的研究角度和出发点不同，所以对城市生态系统构成的认识以及划分方式不同。

社会学者将城市生态系统划分为城市社会、城市空间两部分，前者包括城市居民和城市组织；后者包括人工环境和自然环境。

环境学者认为城市生态系统由生物系统和非生物系统两部分组成。生物系统包括城市居民和各种生物，非生物系统包括人工物质、环境资源和能源 3 个子系统。

中国生态学家马世骏教授指出："城市生态系统是一个以人为中心的自然、经济与社会的复合人工生态系统"。也就是说，城市生态系统包括自然、经济与社会 3 个子系统，是一个以人为中心的复合生态系统。

自然生态子系统是基础，经济生态子系统是命脉，社会生态子系统是主导，它们相辅相成，各生态要素在系统一定时空范围内相互联系、相互影响、相互作用，整个城市生态系统协调运转，发挥其特有的功能。

6.1.3 城市生态系统功能、特点

6.1.3.1 城市生态系统功能

城市生态系统的功能是指系统及其内部各子系统或各成分所具有的作用。城市生态系统是一个开放型的人工生态系统，它具有两个功能，即内部功能和外部功能。外部功能是联系其他生态系统，根据系统的内部需求，不断从外系统输入与输出物质和能量，以保证系统内部的能量流动和物质流动的正常运转与平衡；内部功能是维持系统内部的物流和能流的循环和畅通，并将各种流的信息不断反馈，以调节外部功能，同时把系统内部剩余的或不需要的物质与能量输出到其他外部生态系统去。外部功能是依靠内部功能的协调运转来维持的。因此，城市生态系统的功能表现为系统内外的物质、能量、信息、货币及人流的输入、转换和输出。研究城市生态系统功能实质上就是研究这些流。为了维持城市生态系统稳定而有序的发展，实现人类追求的社会、经济与环境目标，必须人工调控这些流，使之协调与畅通。因此，城市生态系统的发展主要受控于人的决策，决策能影响系统的有序或无序的发展，而系统发展的结果则能检验决策是否正确。研究城市生态系统功能，指出影响系统稳定性的主要因素，是提出调控系统的关键，为系统决策者提供决策的科学依据，促使系统向更有序的高级方向发展。

城市生态系统生产功能

城市生态系统的生产功能是指城市生态系统能够利用城市内外系统提供的物质和能量等资源，生产出产品的能力。包括生物生产与非生物生产。

（1）生物生产。生物能通过新陈代谢作用与周围环境进行物质交换、生长、发育和繁殖。城市生态系统的生物生产功能是指城市生态系统所具有的，包括人类在内的各类生物交换、生长、发育和繁殖过程。

①生物的初级生产。生物的初级生产是指植物的光合作用过程。城市生态系统中的绿色植被包括农田、森林、草地、果园和苗圃等人工或自然植被。在人工的调控下，它们生产粮食、蔬菜、水果和其他各类绿色植物产品。然而，由于城市是以第二产业、第三产业为主的，故城市生物生产粮食、蔬菜和水果等所占的城市空间比例并不大，植物生产不占主导地位。应该指出的是，虽然城市生态系统的绿色植物的物质生产和能量贮存不占主导地位，但城市植被的景观作用功能和环境保护功能对城市生态系统来说是十分重要的。因此，尽量大面积地保留城市的农田系统、森林系统、草地系统等的面积是非常必要的。

②生物次级生产。城市生态系统的生物初级物质生产与能量的贮备是不能满足城市生态系统的生物（主要是人）的次级生产的需要量的。因此，城市生态系统所需要的生物次级生产物质有相当部分从城市外部输入，表现出明显的依赖性。另外，由于城市的生物次级生产主要是人，故城市生态系统的生物次级生产过程除受非人为因素的影响外，主要受人的行为的影响，具有明显的人为可调性，即城市人类可根据需要使其改变发展过程的轨迹。此外，城市生态系统的生物次级生产还表现出社会性，即城市次级生产是在一定的社会规范和法律的制约下进行的。为了维持一定的生存质量，城市生态系统的生物次级生产在规模、速度、强度和分布上应与城市生态系统的初级生产和物质、能量的输入、分配等过程取得协调一致。

（2）非生物生产。城市生态系统的非生物生产是人类生态系统特有的生产功能，是指其具有创造物质与精神财富满足城市人类的物质消费与精神需求的性质。包括物质的与非物质的生产两大类。

①物质生产。指满足人们的物质生活所需的各类有形产品及服务。包括：各类工业产品；设施产品，指各类为城市正常运行所需的城市基础设施，城市是一个人口与经济活动高度集聚的地域，各类基础设施为人类活动及经济活动提供了必需的支持体系；服务性产品，指服务、金融、医疗、教育、贸易、娱乐等各项活动得以进行所需的各项设施。

城市生态系统的物质生产产品不仅为城市地区的人类服务，更主要的是为城市地区以外的人类服务。因此城市生态系统的物质生产量是巨大的。其所消耗的资源与能量也是惊人的，对城市区域及外部区域自然环境的压力也是不容忽视的。

②非物质生产。指满足人们的精神生活所需的各种文化艺术产品及相关的服务。如城市中具有众多人类优秀的精神产品生产者，包括作家、诗人、雕塑家、画家、演奏家、歌唱家、剧作家等，也有难以计数的精神文化产品出现，如小说、绘画、音乐、戏剧、雕塑等。这些精神产品满足了人类的精神文化需求，陶冶了人们的情操。

城市生态系统的非物质生产实际上是城市文化功能的体现。城市从它诞生的第一天起就与人类文化紧密地联系在一起。城市的建设和发展反映了人类文明和人类文化进步的历程，城市既是人类文明的结晶和人类文化的荟萃地，又是人类文化的集中体现。从城市发展的历史看，城市起到了保存与保护人类文明与文化进步的作用。

城市又始终是文化知识的"生产基地"，是文化知识发挥作用的"市场"，同时又是文化知识产品的消费空间。城市非物质生产功能的加强，有利于提高城市的品位和层次，有利于提高城市人民及整个人类的精神素养。

城市生态系统能源结构与能量流动

（1）能源结构。城市生态系统的能量是指能源在满足城市多种功能过程中在城市生态系统内外的传递、流通和耗散过程。能源结构是指能源总生产量和总消费量的构成及比例关系。从总生产量分析能源结构，称能源的生产结构，即各种一次能源如煤炭、石油、天然气、水能、核能等所占比重；从消费量分析能源结构，称能源的消费结构，即能源的使用途径。一个国家或一个城市的能源结构是反映该国或该城市生产技术发展水平的一个重要标志。在中国原煤产量由改革开放初期 1978 年的 6.18 亿 t，根据国家安全监管总局调度统计司调度快报，2008 年 1 月，全国原煤产量完成 17 763.17 万 t，同比增加 551.72 万 t，增长 3.21%。其中，国有重点煤矿产煤 10 029.35 万 t，同比增加 490.81 万 t，增长 5.15%；国有地方煤矿产煤 2 472.41 万 t，同比增加 43.34 万 t，增长 1.78%；乡镇煤矿产煤 5 261.41 万 t，同比增加 17.57 万 t，增长 0.34%。国有重点、国有地方和乡镇三大类煤矿原煤产量的比重分别为 56.46%、13.92%、29.62%。如今，天然气和电力消费及一次能源用于发电的比例是反映城市能源供应现代化水平的两个指标。这是因为天然气热值高、污染少并且成本低，早已成为城市燃气现代化的主导方向。

（2）能量流动。原生能源（又称一次能源）是从自然界直接获取的能量形式，主要包括煤、石油、天然气、油页岩、油沙、太阳能、生物能（生物转化了的太阳能）、风能、水力、潮流能、波浪能、海洋温差能、核能（聚、裂变能）和地热能等。原生能源中有少数可以直接利用，如煤、天然气等，但大多数都需要加工经转化后才能利用。

6.1.3.2 城市生态系统的特点

城市生态系统与自然生态系统相比具有以下特点：

（1）城市生态系统是人类起主导作用的生态系统。城市中的一切设施都是由人制造的，人类活动对城市生态系统的发展起着重要的支配作用。与自然生态系统相比，城市生态系统的生产者绿色植物的量很少；消费者主要是人类，而不是野生动物；分解者微生物的活动受到抑制，分解功能不强。

（2）城市生态系统是物质和能量的流通量大、运转快、高度开放的生态系统。城市中人口密集，城市居民所需要的绝大部分食物要从其他生态系统人为地输入；城市中的工业、建筑业、交通等都需要大量的物质和能量，这些也必须从外界输入，并且迅速地转化成各种产品。城市居民的生产和生活产生大量的废弃物，其中有害气体必然会飘散到城市以外的空间，污水和固体废弃物绝大部分不能靠城市中自然系统的净化能力自然净化和分解，如果不及时进行人工处理，就会造成环境污染。由此可见，城市生态系统不论在能量上还是在物质上，都是一个高度开放的生态系统。这种高度的开放性又导致它对其他生态系统具有高度的依赖性，同时会对其他生态系统产生强烈的干扰。

（3）城市生态系统中自然系统的自动调节能力弱，容易出现环境污染等问题。城市生态系统的营养结构简单，对环境污染的自动净化能力远远不如自然生态系统。城市的环境污染包括大气污染、水污染、固体废弃物污染和噪声污染等。

6.1.4 城市生态系统健康的概念及特性

城市生态系统与自然生态系统相比，具有明显不同的特性。在自然生态系统中，由于人类活动干扰并没有对其产生太大的影响，其生态环境实质上就是自然环境因子综合体，其物质循环和能量流动是通过食物链（网）的形式，食物链（网）结构越复杂，其稳态机制和自恢复机制则越健全，生态系统健康的程度则越高，并且，自然生态系统具有从不稳定（不健康）向稳定（健康）不断演化的趋势。

城市生态系统是受人类活动干扰最强烈的地区，它已经演化为人工生态系统。其生态环境由自然成分和社会成分共同组成。它与自然环境最大的差别是环境因子综合体包含了大量的人工设施。在城市生态系统的物质循环和能量流动中，食物链（网）与城市人类、城市动物和城市食品相联系，只能起到部分作用，无法代替整个城市生态系统的运行状况，也不能很好地诠释产品生产、销售、消费直至最后的废物分解整个过程。因此，城市生态系统应被看成是一个自然、经济、社会复合而成的生态系统结构，其健康的概念应理解为：城市生态系统结构合理，系统内生产生活和周围环境之间的物质和能量交换形成良性循环；功能高效，物质、能量、信息高效利用；人类社会和自然环境高度和谐，自然、技术、人文充分融合；废弃物被严格控制在环境承载力范围内，城市生物的健康和成长不受不良影响。

根据以上定义，李建龙等认为城市生态系统健康的特性应体现在以下 5 个方面。

（1）和谐性。这是城市生态系统健康的核心内容，主要是体现人与自然、人与人、人工环境与自然环境、经济社会发展与自然保护之间的和谐，寻求建立一种良性循环的发展新秩序。

（2）高效性。科学、高效地利用各种资源，不断创造新生产力，物尽其用，地尽其利，人尽其才，物质、能量得到多层次分级利用，废弃物循环再生，各行业、各部门之间的共生关系协调。

（3）持续性。城市生态系统健康是以可持续发展思想为指导的，兼顾不同时间、空间、合理配置资源，公平地满足现代与后代在发展和环境方面的需要，保证城市发展的健康、持续、协调。

（4）系统性。城市生态系统是由经济、社会、自然生态等子系统组成的具有开放性、依赖性的复合生态系统，各子系统在城市生态系统这个大系统整体协调下均衡发展。

（5）区域性。城市生态系统健康是建立在趋于平衡基础之上的人类活动与自然生态利用完美结合的产物，是城乡融合、互为一体的开放系统。

可见，城市生态系统健康与城市可持续发展包含的内在理念是一致的。它包含着社会、经济、自然复合协调、持续发展的含义。实现城市可持续发展是维持城市生态系统健康的最有效途径。

6.1.5　城市生态系统存在问题及保护

6.1.5.1　自然生态环境遭到破坏

城市化的发展不可避免地在一定程度上影响了自然生态环境。一方面，城市化确实使人类为自身创造了方便、舒适的生活条件，满足了自己的生存、享受和发展上的需要。另一方面，城市化造成的自然生态环境绝对面积的减少并使之在很大区域内发生了质的变化和消失，这种变化对城市居民起着更为本质的作用。自然生态的破坏引发了一系列城市环境问题，如热岛效应、生活方式的改变等。

另外，人类在享受现代文明的同时，却抑制了绿色植物、动物和其他生物的生存发展，改变着它们之间长期形成的相互关系。人类将自己圈在了自身创造的人工化的城市里而与自然生态环境隔离开来。

6.1.5.2 土地占用和土壤变化

城市土地占用

城市土地占用从比例上看并不算大，全世界城市占地不到 1%，其中欧洲达到 3%，美国和加拿大占 0.8%，亚洲、拉丁美洲以及前苏联、东欧国家均在 0.4%左右，非洲和大洋洲只占 0.2%。但是随着各国城市区域的扩大，所占面积越来越大，增加速度也日益加快。特别是发展中国家，近年来，城市面积增大很快。

城市的土壤变化

（1）地下水位下降与地面沉降。城市建筑物密度增大和大规模排水系统以及其他地下建筑的增加，阻止了雨水向土壤中的渗透，使地下水位下降。另外，人们过量抽取地下水，也加剧了城市地下水位的下降。随着地下水位的大幅度下降，不仅使抽水地区的地面作垂直方向的沉降，而且沉降范围也向四周地区扩展，出现了地下水"漏斗"。这一切，会导致房屋破坏、地下管线扭折破裂而发生漏水、漏电、漏气等事故，对城市生活有着很大的影响。

（2）城市废物污染。工业城市中的垃圾不仅无法全部用以增加土地的肥力，而且成为城市及社会的一大问题。我国历年垃圾的堆存量已高达 64.4×10^8t，占地 5.6×10^4hm^2，有 200 多座城市陷入垃圾包围之中。我国城市垃圾的无害化处理率仅为 2.3%，97%以上的城市生活垃圾只能运往城郊长年露天堆放。在我国的垃圾中，有机物占 36%，无机物占 56%，其他占 8%，其中无机物的主要成分是煤灰和残土。在垃圾中危害最大的要数"白色垃圾"，这类垃圾很难自然分解，会进一步造成地下水和空气的污染。

气候变化和大气污染

城市大气环境质量直接关系到城市居民的身体健康和生产能力的发挥。由于城市人口密集、工业和交通发达，从而消耗大量的石化燃料，并产生烟尘和各种有害气体，以致城市内污染源过于集中，污染量大而又复杂，加上特殊的城市气候，往往造成城市大气环境的污染状况更为复杂和严重。《2008 年中国环境状况公报》指出，全国有 519 个城市报告了空气质量数据，达到一级标准的城市 21 个（占 4.0%），二级标准的城市 378 个（占 72.8%），三级标准的城市 113 个（占 21.8%），劣于三级标准的城市 7 个（占 1.4%）。全国地级及以上城市的达标比例为 71.6%，县级城市的达标比例为 85.6%。

（1）城市气候变化。城市中除了大气环流、地理经纬度、大的地形地貌等自然条件基本不变外，城市气候在气温、湿度、云雾状况、降水量、风速等都发生了变化。城市的气候现象对于城市大气污染物质的扩散规律及污染物质间的复合作用都有一定影响，如城市热岛效应。

（2）城市大气污染。城市特殊的气候条件和人类活动造成城市大气极易出现污染的情况。城市污染在污染源、污染物等方面有其特有性质。

☞ 城市大气污染源：城市大气污染源按污染物的排放方式可分为点源、线源和面源 3 种：点源，指工业和民用集中供热锅炉烟囱和各种工业的集中排气装置。线源，主要指机动车密集的交通干线及两侧，由于车辆行驶排出的废气形成的污染现象。面源，指城市内居民生活用的散烧炉灶和分散的工业排气装置。

☞ 城市大气污染物：城市大气污染物主要由工业生产、交通运输和生活能源利用所产生，主要有烟尘、SO_2、NO_x、HC、CO 等。由于城市大气污染源繁杂而密集，所排出的污染物质相互影响、相互作用的可能性很大，容易产生多种有害污染物的协同作用和二次污染物的反应。

用水短缺和水污染

（1）用水短缺。水是城市存在的基本条件，但世界上很多城市都遇到水资源紧缺问题，城市供水问题当前在世界范围内已成为一个特别尖锐突出的制约性问题。

（2）城市水污染。城市的水污染主要是工业排放的废水，约占城市废水总量的 3/4，其中以金属原材料、化工、造纸等行业的废水污染最为严重。主要污染物是氨氮，其次是耗氧有机物和挥发酚。生活污水、工业废渣、矿业开采也对水体造成了一定程度的污染。城市中的工业废水和生活污水，未经处理或处理不够，都通过下水道系统流入江河湖海，有的甚至直接流入，形成了各种水污染，这不只是对城市人口造成损害，还会对农村的生活和生产也带来不良影响。我国水污染形式依然很严峻，据《2008 年中国环境状况公报》，长江、黄河、珠江、松花江、淮河、海河和辽河七大水系水质总体与上年持平。200 条河流 409 个断面中，Ⅰ～Ⅲ类、Ⅳ～Ⅴ类和劣Ⅴ类水质的断面比例分别为 55.0%、24.2% 和 20.8%。其中，珠江、长江水质总体良好，松花江为轻度污染，黄河、淮河、辽河为中度污染，海河为重度污染。

城市噪声问题

《2008 年中国环境状况公报》数据显示，全国 71.7% 的城市区域声环境质量处于好或较好水平，环境保护重点城市区域声环境质量处于好或较好水平的占 75.2%。全国 65.3% 的城市道路交通声环境质量为好，环境保护重点城市道路交通声环境质量处于好或较好水平的占 93.8%。城市各类功能区昼间达标率为 86.4%，夜间达标率为 74.7%。

对区域环境噪声监测的 392 个城市中，区域声环境质量好的城市占 7.2%，较好的占 64.5%，轻度污染的占 27.3%，中度污染的占 1.0%。与上年相比，全国城市区域声环境质量好的城市上升了 1.2 个百分点，较好的下降了 1.7 个百分点，轻度污染的上升了 0.9 个百分点，中度污染的下降了 0.4 个百分点。

对道路交通噪声监测的 384 个城市中，65.3% 的城市道路交通声环境质量为好，27.1% 的城市较好，4.2% 的城市为轻度污染，2.9% 的城市为中度污染，0.5% 的城市为重度污染。与上年相比，全国城市道路交通声环境质量好的城市上升了 6.7 个百分点，较好的下降了 6.7 个百分点，轻度污染的下降了 1.5 个百分点，中度污染的上升了 1.8 个百分点，重度污染的下降了 0.3 个百分点。

对城市功能区噪声开展监测的 242 个城市中，各类功能区监测点位全年昼间达标 6 947 点次，占昼间监测点次的 86.4%；夜间达标 6 007 点次，占夜间监测点次的 74.7%。

城市电磁波污染

在一些大城市中，城市电磁波污染日益严重。无线电广播、电视、移动通信、无线电遥控、导航、高压送配电线等均向空中和地面辐射强大的电磁波能量。电磁波会扰乱人体自然生理节律，导致机体平衡紊乱，引发头痛、头晕、失眠、健忘等神经衰弱症状；使人乏力、食欲不振、烦躁易怒；还能使人体热调节系统失调，导致心率加快、血压升高或降低、呼吸障碍、白细胞减少；对心血管疾病的发生及恶化起着推波助澜的作用。

2008 年中国环境状况公报《加强辐射与环境监测》中指出，在国家辐射环境监测网第一批国控点的基础上，增设了 11 个重点城市辐射环境自动站、10 个陆地辐射监测点、38 个水体监测点，在 4 座重要核与辐射设施周围增设了核环境安全预警监测点。首次设置了 43 个电磁环境质量监测点，并在 41 个重点电磁辐射设施周围设置了电磁监测站点。

人口密集与绿地奇缺

（1）人口密集。人口密集是城市尤其是一些大城市、特大城市的普遍现象。据有关资料，国外 42 个大城市人口平均密度为每平方公里 7 918 人，其中高于这个值的有 14 个城市。我国 1990 年为 26.2%，而 1998 年则上升为 30.4%。随着我国社会经济的不断发展以及户籍制度的改革，城镇人口还会进一步增加。预计到 2025 年我国城市人口比例将达到 58%，2050 年则达到 70%左右。

（2）绿地缺乏。联合国规定的城市人均绿地标准为 50~60 m²，达到或超过这一标准的城市为数不多。《2008 年中国国土绿化状况公报》显示，城市绿化紧紧围绕人居生态环境建设的目标和要求，积极推进，2008 年涌现出 36 个"全国绿化模范城市"、10 个"国家森林城市"、139 个"国家园林城市"。各级城市在努力抓好节约型园林绿化建设的同时，进一步加强了城市生物多样性保护。据统计，区绿化覆盖面积已达到 125 万 hm²，建成区绿化覆盖率由 1981 年的 10.1%提高到目前的 35.29%，人均公共绿地面积由 3.45 m² 提高到 8.98 m²。

6.2 城市的园林绿化

城市园林绿化作为城市基础设施，是城市市政公用事业和城市环境建设事业的重要组成部分。城市园林绿化是以丰富的园林植物，完整的绿地系统，优美的景观和完备的设施发挥改善城市生态，美化城市环境的作用，为广大人民群众提供休息、游览，开展科学文化活动的园地，增进人民身心健康；同时还承担着保护、繁殖、研究珍稀濒危物种的任务。

环境污染是关系到人类生存的严峻问题，受到当今世界各国普遍关注和重视。城市园林绿化可以改善人类生活质量、保护城市生态环境，在城市大气环境的生态平衡中起着"除污吐新"的作用。城市园林绿化是城市生态建设的重要内容和改善城市生态环境的主要手段之一。

6.2.1 城市园林绿化的重要意义

城市园林绿化，被誉为"活的基础设施"，是现代化城市的重要组成部分。在大力推进城市化的今天，切实加强城市园林绿化建设，对改善城市生态环境，促进城市可持续发展；对营造城市景观环境，提升城市档次品位；对优化投资环境，增强城市发展竞争力；对创造人居环境，提高人民群众生活质量等，都具有十分重要的作用。

主要表现在以下几个方面：

（1）城市园林绿化是城市可持续发展的基础。城市园林绿化建设是以丰富的自然资源、完整的绿地系统、优美的景观和良好的设施维护城市生态，美化城市环境，为广大人民群众提供休息、游览，增进身心健康，开展科学文化活动的园地，同时也承担着保护、繁育、研究珍稀濒危物种的任务。

（2）城市园林绿化是城市生态环境建设的主体。随着我国工业化和现代化进程加快，城市在国民经济和社会发展中的主导作用日益突出，城市将成为经济发展的重要载体，同时也将是广大人民群众生活的重要场所，因此城市的生态环境建设显得非常重要，而城市生态环境建设主体便是园林绿化建设。

（3）城市园林绿化是精神文明建设的重要载体。加强精神文明建设是建设有中国特色社会主义的重要内容。公众参与植树、种花、种草、建设公园绿地活动，作为社会公益事业，最能引导社会各个阶层、广大群众广泛参与，使城市居民受到精神文明教育。园林建设继承和弘扬中国优秀文化传统，是重要的爱国主义教育基地，激发人们热爱家乡、热爱城市、热爱祖国的热情，增强中华民族的凝聚力。

6.2.2　城市园林绿化的原则

城市园林绿化是实现城市生态的良性循环和人居环境的持续改善的最好途径和最有效措施。城市园林绿化建设要从人与自然的关系，从改善城市生态系统原理来要求。城市园林绿化建设首先应从功能上考虑形成系统，而不是从形式上考虑。为此，应遵循以下原则：

（1）坚持生态优先原则。随着城市化进程的加快，人口和产业不断向城市集聚，城市生态环境压力也越来越大，迫切要求通过园林绿化建设，创造城市的第二自然，促进城市的新陈代谢，改善城市的生态环境。在城市规划布局中，要以生态理念规划建设城市园林绿化，注重园林绿化在改善城市气候、卫生环境、蓄水防洪、城市节能等生态功能的发挥，加强园林绿地网络连接、城郊融合发展，形成多维空间的生态网络系统。

（2）因地制宜原则。由于自然条件和经济发展水平不同，各城市之间绿化建设的有利条件和制约因素也不一样，不同城市园林绿化一定要从当地实际情况出发，形成各具特色的绿化风格。避免盲目攀比、盲目模仿的做法，根据自身条件和特点，因地制宜确定物种结构，优先培育和种植区域适应性强、体现地方特色的植物种类。在优先考虑生态效益的前提下，兼顾城市景观效益，体现城市个性特色，重视地方历史人文的保护和地方历史文化内涵的发掘，弘扬优秀的地方传统文化，提升园林绿化的艺术档次和文化品位。

（3）充分考虑整体优化原则。城市绿地系统是由一定质与量的各类绿地相互联系、相互作用而形成的绿色有机整体，也就是城市中不同类型、不同性质和规模的各种绿地（包括城市规划用地平衡表中直接反映和不直接反映的），共同组合构建而成的一个稳定持久的城市绿色环境体系。因此，在规划中应把绿地系统当作一个整体单位来思考和管理，达到整体最佳状态，实现优化利用。

（4）规划建设与养护管理并重原则。城市园林绿化建设要以规划为先导，加强和改进城市绿地系统规划编制，适度超前确定规划指标，明确划定"绿线"范围。同时，城市园林绿化不仅要规划建设好，也要养护管理好。加大环境整治力度，规范城市园林绿化市场秩序，依法对城市园林绿化工程项目的勘察设计、施工、养护、监理实施招投标管理，确保绿化工程建设和养护管理质量，真正做到"建养并举、养管并重"。

（5）可持续性发展原则。可持续发展必须以资源与环境的合理利用和保护为基本出发点。城市园林绿地系统的生态建设也必须在可持续发展战略思想的指导下进行，以绿化资源的再利用、再循环为指导原则，利用景观生态学的规划方法，将城市与周围郊区作为一个整体，形成一个有机整体性的城市大园林开放空间体系，实现城市向自然过渡。同时，城市园林绿地系统的生态建设应该提高绿地自维持机制，在建设中应尽量选用与当地气候、土壤相适应的物种，能在当地降雨条件下生存和生长，利用绿地凋落物和绿肥等，进行再循环和再利用，形成群落自养的良性循环机制，减少施肥、除草和修剪等非再生能源的使用，降低绿地建设和维护费用。

6.2.3 城市园林绿地的生态建设

根据生态学和景观生态学的观点，城市园林绿地生态建设包括城市绿地系统、生物群落和物种 3 个水平的建设。其中绿地系统层次是宏观性的，指导生态绿地系统的空间布局。生物群落层次是生态绿地的内部因素和基本单元，指导景观元素的具体构成。物种是生态绿地构建的基本素材，决定着生物群落能否有效形成。

6.2.3.1 城市园林绿地系统水平建设

城市绿地的系统水平建设是在城市绿地系统规划、城市绿地系统景观现状分析和评价的基础上，合理地规划城市绿地景观空间结构，将绿地斑块、绿色廊道以及城市绿地网络系统等景观要素的数量、空间分布格局及景观外貌进行优化设计，使绿地景观充分发挥功能，维护生态平衡，创造优美城市环境，为居民提供便利健康的休憩场所。

因此，在构建城市绿地系统时，要充分利用城市空间，尽量扩展绿化面积，点、线、面相结合，水平绿化与垂直绿化相结合，全面绿化与重点绿化并举，通过城市绿地、绿带、绿契的规划布局及桥梁、道路、涵洞和屋顶、阳台、外墙面绿化设计，建立网络化、立体化的绿化系统，强调城市绿地的连通性。城市绿地系统由大到小系统完整性及子系统内部点、线、面结合的有机合理性，必将促使城市生态环境的最大改善。

6.2.3.2 城市园林绿地生态群落水平的建设

城市绿地的生物群落确切地说应当是以植物群落为主体，包括人类、动物、微生物共同构成的，植物群落为后者提供栖息地和食物，而微生物和动物则影响着植物群落的形成、发展，演替和物质循环。从生态观点看，单一物种或简单物种构建的必然是脆弱、缺少稳定性的生态群落（系统），其维系需大量人力、物力。例如园林绿地的生态功能，如夏日庇荫、降温、净化空气、减少噪声、涵养水土等，草地远不如乔木为主的植物生态群落。

因此，绿地生态群落的生长是一个有序渐进的系统发育和功能完善的过程。应尽量选用与当地气候、土壤相适应的物种，优先按本地原生生态群落、次生生态群落的要求进行合理的群落组配，利用绿地凋落和绿肥等土壤适应物，进行再循环和再利用，形成群落自肥的良性循环机制，加强生态系统自身的平衡、维护和更新的能力，逐渐恢复可种养的原生生物和自然生物链。

6.2.3.3 城市园林绿地物种水平建设

植物物种规划是城市绿地生态建设的重要环节，直接关系到城市绿地生态建设的速度和水平。绿化实践告诉我们：树种选择恰当，规划合理，就为建设高质量、功能齐全、风格独特的城市园林绿化准备了基本条件，否则将会给园林绿化造成难以弥补的损失。

城市绿地可以为多种生物提供栖息地，面积足够大的绿地可以为动植物种群的生存和自然进化提供健康的环境，也为当地物种提供了被破坏后的恢复机会。澳大利亚墨尔本市的雅拉河谷公园，占地 1 700 hm²，河流贯穿，其间有灌木丛、保护地、林地、沼泽地等生态环境，通过有力的保护措施，目前公园内至少生存有植物 841 种，哺乳类动物 36 种，鸟类 226 种，爬行动物 21 种，两栖动物 12 种，鱼 8 种，生物资源十分丰富。由此可见，物种多样性是促进城市绿地自然化的基础，也是提高绿地生态功能的前提。

6.2.4 生态园林——园林绿化的必然选择

随着城市的发展，城市生态环境的恶化，依靠过去传统园林绿化无法解决城市生态平衡的破坏，城市绿化必须着眼于整个城市生态的改变，要根据生态学原理把自然生态系统改造、转化为人工的并高于自然的新型园林（绿地）生态系统；即必须以生态系统的观念为出发点，建立发挥良性循环的，以绿色植物为主体的园林绿地生态系统，即向"生态园林"方向发展。

6.2.4.1 生态园林概况

生态园林最早于 20 世纪 20 年代由荷兰、美国、英国等西方国家提出。生态园林在世界各地真正受到重视是在生态学高度渗透到各个学科里的六七十年代，世界各国的许多实践都证明要协调人和自然的矛盾，改善城市生态环境的最好办法就是运用生态学的理论来进行城市绿化建设，充分发挥绿色植物的功能。

我国对园林绿化的环境意识和生态意识及生态园林工作在认识上和行动上都起步较晚。我国生态园林的概念于 20 世纪 80 年代初期提出，经过十几年的发展、完善和探索，已经成为我国园林绿化的发展趋势和方向。

生态园林是人类经过漫长的探索而找到的正确的园林发展之路，为我国 21 世纪城市园林建设指明了方向。随着城市生态形势的日益严峻，人们的环境意识不断提高，对园林绿化的重要意义有了新的认识。把园林绿化作为改善城市环境的重要措施，这无疑又会对生态园林建设产生巨大的推动作用。

6.2.4.2 生态园林的概念与内涵

（1）生态园林的概念。对生态园林概念的正确认识，是建设生态园林的前提。研究者们从许多方面对生态园林的概念和内涵提出了不少探讨性的看法和建议，有的做了十分有意义的尝试。

☞ 程绪珂（1992）："生态园林是遵循生态学和景观生态学原理，以植物为主体，发挥园林的多种功能。并以生态经济学原理为指导，使生态效益、社会效益、经济效益融为一体地同步发展。建成园林化的面貌，在可能条件下生产各类园林产品，而且保护生物多样性，为人类创造出最佳、清洁、舒适、优美、文明的现代化生态环境。"

☞ 王祥荣（1998）：生态园林主要是指以生态学原理为指导（如互惠共生、生态位、物种多样性、竞争、化学互感作用等）所建设的园林绿地系统。在这个系统中，乔木、灌木、草本和藤本植物被因地制宜地配置在一个群落中。种群间相互协调，有复合的层次和相宜的季相色彩，具有不同生态特性的植物能各得其所，能够充分利用阳光、空气、土地空间、养分、水分等，构成一个和谐有序、稳定的植物群落。它是城市园林绿化工作的最高层次的体现，是人类物质文明和精神文明发展的必然结果。

☞ 李洪远（2000）认为：生态园林的概念具有狭义与广义两方面的含义。狭义的生态园林又称为生态公园、生态园、自然园、自然观察园，是 20 世纪 70 年代以来欧洲和美国、日本等国家，模仿自然景观、自然植被及自然环境的公园或园中园。其基本理念是：创造多样性的自然生态环境，追求人与自然共生的乐趣，提高人们的自然志向，使人们在观察自然、学习自然的过程中，认识到生态环境保护的重要性。广义的生态园林或称区域性生态园林，是一个城市及其郊区的区域范围的自然生态系统或绿地生态系统。其概念范围大于生态公园，小于宏观范围的生态绿化。其基本理念是：在城市及市郊范围内建立人与自然共存的良性循环的生态空间，保护和修复区域性生态系统，遵循生态学原理，建立合理的复合的人工植物群落，保护生物多样性，建立人类—动物—植物和谐共生的城市生态环境。

☞ 鲁敏（2005）：生态园林是在传统园林的基础上，遵循生态学和景观生态学原理，应用现代科学技术和多种学科之间的综合知识，以植物为主体，创造具有复合层次、合理生态结构、功能健全的、新型的、稳定的模拟自然生态系统的人工植物群落；从而达到生态上的科学性，配置上的艺术性，功能上的综合性，风格上的地方性，经济上的合理性，生物种类多样性；使生态效益、社会效益和经济效益融为一体、同步发展，达到最高水平；为人类创造清洁、舒适、优美和谐和富有生命力的最佳生态环境；形成城市区域内（行政区域）完善的生态园林绿地系统体系。

总的来说，生态园林是指继承和发展传统园林的经验，遵循生态学和景观生态学原理，以植物为主体，建设多层次、多结构、多功能科学的人工植物群落；建立人类、动物、植物相联系的新秩序，达到生态美、科学美、文化美和艺术美；以经济学为指导，应用系统工程发展园林，使生态效益、社会效益和经济效益同步发展，实现良性循环，为人类创造清洁、优美、文明、和谐的生态环境。

（2）生态园林的内涵。从我国生态园林概念的产生和定义的表述可以看出，生态园林至少应包括 4 个方面的内容：①具有观赏性和艺术美，能美化环境，创造宜人的自然景观，为城市居民提供游览、休憩的娱乐场所；②具有改善环境的生态作用，通过植物的光合、蒸腾、吸收和吸附，调节小气候，防风降尘，减轻噪声，吸收并转化环境中的有害物质，净化空气和水体，维护生态平衡，改善城市生活环境；③具有生态结构的合理性，通过植物群落的合理配置，能够满足各种植物的生态要求，从而形成合理的时间结构、空间结构和营养结构，与周围环境组成和谐的统一体；④具有可持续发展性，生态园林维护和强化整体山水格局的连续性和完整性，能够维持地上和地下水的平衡，能调节和利用雨洪；能充分利用自然的风、阳光；能保持土壤不受侵蚀，保留地表有机质；避免有害或有毒材料进入水、空气和土壤；优先使用当地可再生和可循环的材料，包括石材、植物材料、木材等，尽量减少"生态足迹"和"生命周期耗费"。生态园林还有助于维持乡土生物的多样性，包括维持乡土栖息地生境的多样性，维护动物、植物和微生物的多样性，使之构成一个健康完整的生物群落；避免外来生物种类对本土物种的危害。

所以生态园林是可持续的园林，它的原则是用尽可能少的投入，生产更多的产品为社会服务，力求生态上健康、经济上节约、有益于人类的文化体验和人类自身发展。

6.2.4.3　生态园林的特征

（1）综合整体性。生态园林要求利用城市绿地多功能特点，实现整体综合功能的优化完备性。在局部上要考虑外部环境的相互关系，充分发挥内部园林要素的作用，使之相辅相成；同时，强调园林植物群落结构功能的一致性，要求在城市园林植物群落设计中根据一定空间或一定环境的具体功能目标要求，设计相应的群落结构，以满足实现特定功能的需要。

（2）多样性。生态园林的多样性主要指的是生物多样性。生物多样性是生态园林构建水平的一个重要标志。生态园林是多目标，多种生物成分，多层次结构的人工生物群落，时间空间结构有序，生态功能良好，系统内外开放循环，具有动态平衡的生态系统。生态园林具有较高的生物多样性，可以使其中的生物较快地适应环境的变化，可以充分利用时间、空间和资源，更有效地利用环境资源，可维持长期的生产力和稳定性，并为提高环境服务，同时，丰富的生物多样性还是景观多样化和功能多样化的基础。

（3）公共性。生态园林的建设要求在整个城市地域上，包括城区、郊区、近郊区、远郊区形成一个以绿化植物为主体的生态系统，发挥生态环境的良性效益，向全体居民提供生产、生活需要的绿化使用价值，包括它所产生的净化空气、光合作用、调节气候、降温保湿、保持水土、涵养水源、防风避灾、美化环境、休憩旅游、保护文物等综合功能，可以同时供应许多人使用，而且可以在同一时间、同一场所，大家共同使用，获得同样的使用价值，满足同样的生存、享用等需求。

（4）功能性。生态园林从微观的角度研究那些能起到调节城市生态环境作用的绿色植物群落，发挥生态园林构建的多种功能和综合效益，如利用植物净化城市大气、改善小气候，防尘、防风、减弱噪声，缓解城市热岛效应，保护土壤、水系，保护自然景观；通过绿色植物为居民创造安静、舒适、优美、有益健康的环境；使绿色植物显示季相变化，把建筑衬托得更美观；使生态景观、建筑景观、文化景观既统一又富于变化。

（5）无界性。生态园林从客观上打破了城市传统园林构建的狭隘小圈子、小范围的概念，在范围上远远超过公园、名胜风景区、自然保护区的传统观念，它涉及社会单位绿化、城市郊区森林、农田林网、桑园茶园和果园等所有能起到调节城市生态环境的绿色植物群落，实行城市大环境一体化绿化建设，实现绿化改善和提高生态环境的战略目标，形成"点、线、面、网、片"的生态园林体系，逐步走向国土治理，使之"大地园林化"，把生态园林建设成为人类大环境系统工程中具有相对独立性的一个体系。

（6）地域性。生态园林绿地系统从属于城市环境系统，城市有它自身的地域分布。因而，城市可持续发展要求地方文化的技术特征也应反映在城市生态绿地系统规划中，地域性体现了生态园林绿地系统的个性。

（7）补偿性。生态园林通过植物发挥的改善气候和环境的作用，也就是社会公众都能享受到的一种效益，日益得到公众的重视。运用生态经济学的理论对园林绿化的效益进行宏观和微观的分析和计算，把无形无体的生态社会效益用有形的尺度加以评估和定量，计算价格（即影子价格），来代替市价。园林绿化作为社会公共商品，政府可根据园林绿化产生的效益给予适当的补偿，承认园林劳动所创造的特殊价值。如上海宝山钢铁厂定期计算生产园林产品直接经济收入和生态产品间接经济收入，厂方充分肯定园林绿化的积极作用，并依据综合效益给予实事求是的补偿。建议政府借鉴《森林法》补偿条例，结合城市绿化实际，研究、建立评价综合效益的指标体系和评价方法。

6.2.4.4 生态园林建设的类型

不同的城市其地形地貌和河湖水系等自然条件布局形式和环境状况都有不同的特点，也就对生态园林的群落类型及其功能提出了不同的要求。近年来，国内外都出现了对以下几种生态园林建设类型的探索：

（1）观赏型生态园林。是指生态园林中植物利用和配置的一个重要类型，它将景观、生态和人的心理、生理感受进行综合研究。这种类型运用节奏与韵律、统一与变化、对比与协调等美学原则，采用有障有敞、有透有漏，有疏有密、有张有弛等手法造景，富有季相色彩，给人以美的享受；强调意与形的统一，情与景的交融，利用植物寓意联想来创造美的意境，寄托感情。

（2）环保型生态园林。是指以保护城乡环境，减灾防灾、促进生态平衡为目的的植物群落。环保型人工植物群落充分利用了植物制氧固碳、吸毒、防风、杀菌、滞尘、调温、增湿、减噪、改土、固沙、护坡和涵养水源等生态功能，保护和改善城乡环境。

（3）保健型生态园林。是指利用植物选择和配置，形成一定的植物生态结构，从而利用植物的有益分泌物质和挥发物质，达到增强人体健康、防病治病的目的。这种类型的人工植物群落可以利用植物的色彩、气味、药用价值等方面，通过与人的视觉、味觉、嗅觉、触觉等感官相互作用，达到增强体质、防止疾病或治疗疾病的作用。

目前世界许多发达国家纷纷开展植物挥发性物质与人类身心健康关系的研究，并提出了"森林浴疗法"、"芳香疗法"、"绿嗅觉环境"等观点积极倡导人们在自然中享受植物的保健作用。

（4）知识型生态园林。指运用植物典型的特征建立起各种不同的知识型人工植物群落，在良好的绿化环境中获得知识，激发人们热爱自然、探索自然奥秘的兴趣和爱护环境、保护环境的自觉性。

知识型人工生态群落的建立可以通过建立专类园、示范园、趣味园、生态园等形式，集科学性、趣味性、知识性于一体，创造一个良好的学习、活动环境，人们从中不仅能观察识别植物群落的外貌，更能进一步了解其深刻的内涵。

（5）生产型生态园林。指依照生态学原理，在不同的环境条件下，组成具有各自内容和特色的科学合理的经济植物群落，发展具有经济价值的乔、灌、花、果、草、药和苗圃基地，并与环境协调，既满足市场的需要，又增加社会效益。生产型人工植物群落用植物创造有机生态，促进物质在这一系统内的循环利用，在最大限度地协调环境的同时，提供经济产品，使生产和改善环境、市场供求紧密结合。

（6）文化环境型生态园林。是指特定的文化环境如历史遗迹、纪念性园林、风景名胜、宗教寺庙、古典园林等，要求通过各种植物的配置使其具有相应的文化环境氛围，形成不同种类的文化环境型人工植物群落，从而使人们产生各种主观感情与宏观环境之间的景观意识，引起共鸣和联想。

不同的植物材料，运用其不同的特征、不同的组合、不同的布局则会产生不同的景观效果和环境气氛，如松、竹、梅种植在一起，象征"岁寒三友"；玉兰、海棠、迎春、牡丹、桂花种植在一起，象征"玉堂春富贵"；常绿的松柏科植物成群种植在一起，给人以庄严、肃穆的气氛；高低不同的棕榈种植在一起，则给人以热带风光的感受。因此，了解和掌握植物的不同特性，是搞好文化环境型人工植物群落设计的一个重要方面。

总之，生态园林代表着现代园林的发展方向。生态园林提倡运用生态学原理和先进设施，为园林植物创造适宜的人工的自然生态系统。这样的园林可以提高自身资源的利用率，增强自我保护和调节的能力，真正实现以绿为主，进行综合利用，大大减少养护管理费用。由于按生态学原理建立人工植物群落，园林植物结构合理，观赏、生产结合，具有一定的生产能力，将保证城市园林持续稳定的发展，能够为居民提供一个健康宜居的环境。

6.3 城市生物多样性的保护

生物多样性是人类生存和发展的基础。加强城市生物多样性的保护和利用工作，对于维护生态安全和生态平衡，改善人居环境等具有重要意义。城市生物多样性保护包括城市园林绿地生物多样性保护；如风景名胜区、公园、城郊绿地的保护；植物园生物多样性保护，突出对观赏植物、环境绿化植物的保护，古树名木的保护；动物园生物多样性保护等。

6.3.1 什么是城市生物多样性

城市生物多样性作为全球生物多样性的一个特殊组成部分，是指城市范围内除人以外的各种活的生物体，在有规律地结合在一起的前提下，所体现出来的基因、物种和生态系统的分异程度。

在城市生态系统中，城市生物多样性（遗传、物种、生态系统及景观的多样性）与城市自然生态环境系统的结构与功能（能量转化、物质循环、食物链、净化环境等）直接联系，它与大气圈、水圈、岩石圈在一起，构成了城市居民赖以生存的生态环境基础。一般来说，其价值可以分为直接价值和间接价值两类。直接价值是指生物资源供城市人口消费的作用，如作为工业原料、建筑原料、食物、药物、新型能源等。间接价值是指它的环境资源价值，如保持水土、清新空气、降低噪声、对污染物质吸收和分解、美化环境、科学教育等。

6.3.2 城市生物多样性的特点

6.3.2.1 绿化木本植物丰富多彩

由于国土辽阔，中国的城市分布于从寒温带经暖温带、亚热带到热带的几个热量带，因而具备多样的温度条件。同时，中国的城市又主要集中于东部湿润和半湿润区。特大城市和大城市主要集中在东部沿海地区，31 个特大城市中，只有两个（兰州和乌鲁木齐）位于大兴安岭—吕梁山—六盘山—青藏高原东缘连线以西，其余 29 个分布在此线以东。这种情况一方面使得中国的城市具有较好的植物生长的水分条件；另一方面又为多种对温度有不同要求的植物分布提供了可能。不仅多种多样的乡土植物能够生长，也能引种品类繁多的外来植物。

6.3.2.2 城市中古树名木繁多

中国的许多文化古城，城市内园林、寺庙、古建筑以至居民庭院内都保存不少古树名木。国家一级古树主要分布在山东、四川、浙江、江西、河北、广西、福建等省，以山东省最多，有 10 384 株，占一级古树的 20.3%。国家二级古树，主要分布在陕西、山东、浙江、内蒙古、江西等省，以陕西省最多，有 582 282 株，占二级古树的 55.8%。国家三级古树主要分布在湖北、山东、浙江、湖南、吉林、江西、青海等省，以湖北最多，有 777 988 株，占三级古树的 44.4%。

国家级名木主要分布在重庆、北京、江苏、四川、河北、浙江等省，以重庆最多，拥有 2 107 株，占全国名木的 36.6%。

6.3.2.3 中国城市中的动、植物园为中国珍稀濒危物种的迁地保护作出了重要贡献

动植物园不仅是给人们提供参观游览，进行科普教育的场所，更重要的是它们是教育人们热爱大自然，关心其他生物，以及进行有关研究的手段，它们还是对濒危物种进行迁地保护的重要基地。各地动物园在抢救濒危野生动物方面做了大量工作，全国许多植物园都成功地引种繁育了相当数量的珍稀濒危植物，使第一批公布的"全国珍稀濒危植物名录"中绝大部分种类已得到迁地保护。《2008 年中国环境状况公报》指出，一批濒危野生动物物种得到有效保护，国家重点保护野生动物数量总体呈上升态势。全国圈养大熊猫种群数量已达到 268 只；朱鹮突破 1 000 只；东北虎野外活动更加频繁，栖息范围有所扩展。朱鹮、麋鹿、野马、扬子鳄等濒危物种放归自然工作稳步推进。针对野生生物保护工程重点物种和极小种群野生植物，开展了一系列拯救保护试点项目，巧家五针松、落叶木莲等极度濒危野生植物的野外生存状况有所改善。

城市化的梯度过程导致土地利用方式发生剧烈改变，城区不断扩张，人口迅速集中，自然景观逐渐被交通、建筑等设施取代。伴随着城市化的加剧，人类干扰频繁、环境污染严重、景观破碎化和自然本底缺乏等不利因素使城市鸟类丧失了许多觅食和繁殖的栖息场所。城市绿地通过内部植被、土壤以及水分等为鸟类提供食物、生存空间、水分和遮蔽物，几乎成为城市鸟类栖息的最后屏障。河北唐海、昆明等城市通过绿地结构的优化来提高城市栖息地的多样性、完整性和自然性，以满足各种鸟类在不同生活史阶段的不同栖息生境。据《2008 年中国环境状况公报》数据显示，除鱼类外，中国约有脊椎动物 2 619 种，其中哺乳类 581 种、鸟类 1 331 种、爬行类 412 种、两栖类 295 种，大熊猫、朱鹮、金丝猴、华南虎、黄腹角雉、扬子鳄、瑶山鳄蜥等数百种珍稀濒危野生动物。约有高等植物 30 000 多种，水杉、银杉、百山祖冷杉、香果树等 17 000 多种植物为中国所特有。

据调查河北唐海湿地鸟类 301 种，分属于 18 目 58 科 138 属。其中非雀形目鸟类 185 种，占总种数的 61.46%，旅鸟（195 种）居主导地位，占 64.78%，夏候鸟 60 种、留鸟 30 种和冬候鸟 16 种，国家 I 级重点保护鸟类 6 种，占总种数的 1.99%，II 级保护动物共 41 种，占总种数的 13.62%，鸟类区系组成中古北种占绝对优势，达到了 214 种，其次为广布种 75 种，东洋种只有 12 种。鸟类的分布体现了北方型向东北型的过渡，密度较大的鸟种依次是（树）麻雀、红嘴鸥、家燕、灰椋鸟、红腹滨鹬、黑腹滨鹬、泽鹬等。所有这些，都对中国生物多样性保护作出了重要贡献。

6.3.3 城市生物多样性面临的威胁

工业革命后世界人口迅速向城市集聚，原有的自然生态环境被极大地改造和破坏。随着世界各地工业建设和经济的迅速发展，城市化正以空前的速度发展。城市化进程的加快和人类盲目追求局部的暂时的经济利益，使城市生物区系组成受到破坏，自然生物群落种类减少，入侵生物种类增多，城市生物多样性急剧降低，影响了城市生态环境的稳定与持续发展。

6.3.3.1 生境的破坏

生物多样性有三层含义，即遗传的多样性、物种的多样性和生态系统的多样性。遗传基因存在于物种之中，而物种存在于生境之中，因此，生境的破坏对物种、基因乃至整个生物多样性的影响是巨大的。由于人为活动造成对生境的破坏、影响、干扰、蚕食等，都会对生物多样性构成威胁。生境破坏是生物多样性丧失的首要原因，包括生境消失、生境破碎化、生境污染与生境退化。

物种多样性是促进城市绿地自然化的基础，也是提高绿地生态系统功能的前提。生物多样性的保护最根本的应是物种和基因的保护。如 20 世纪末期，河北省秦皇岛市的蚕食林地很多被用来进行房地产开发、旅游开发、采矿采石、毁林开荒等，对森林生态系统的物种产生了破坏性的后果，许多物种已经绝迹，或很少见到。北部山区森林中生存的豹、狼等已十分稀少，或已消失。林地的破坏也使林鸟数量和种类明显减少，秦皇岛市沿海湿地大量开发，用以养虾、旅游、开垦稻田、房地产开发等，使陆地水生生物大量减少，而且进一步威胁到鸟类的生存，湿地的减少与破坏使鸟类失去了许多栖息场所，也使春秋迁徙的鸟类失去了"安全岛"。秦皇岛沿海海域受到了水污染的威胁，文昌鱼的生境也面临危机。由于修建水库而使河流径流减少及河流污染，香鱼在汤河已经绝迹，在石河中只有少量残存。近几年，秦皇岛市政府采取有力措施，使迅速恶化的局面有所缓解，截至 2008 年底，秦皇岛市发现鸟类 391 余种，其中国家级重点保护鸟类 68 种，省级重点保护鸟类 27 种，列入中日候鸟保护协定中的鸟类 194 种，列入中国生物多样性保护行动计划优先的鸟类共 19 种。全市有 1 300 多种植物，其中国家三类保护植物 7 种；野生动物 450 多种，其中国家保护动物 60 多种。

6.3.3.2 过度开发生物资源

生物资源是可更新资源，开发利用的强度如果不超过其更新能力，可以永续利用。但是如果片面追求经济效益，开发强度超过更新能力，会造成生物资源品种减少，数量萎缩，质量下降，以致资源枯竭。

6.3.3.3 人为破坏与干扰

各种人为的破坏与干扰对生物多样性形成了很大的危害，而且这种危害十分迅速且直接，带来的恶果也非常显著。如每到冬春季节，因吸烟、上坟烧纸等原因，森林火灾时有发生，屡禁不止，结果毁掉大片森林。为了保护森林和农作物，防治病虫害，人们大量施用农药，结果使鸟类直接或间接受害。鸟类的减少使病虫害失去天敌而更加猖獗，反过来再加大农药施用量，进而更加危害鸟类，形成恶性循环。有些人为了捕鸟卖钱，或捕鸟取乐，用弹弓、鸟枪等大量捕杀鸟类，而使鸟类直接受害，这些情况如不采取有力措施，任其蔓延，对生物多样性将是致命的威胁。

6.3.4 城市生物多样性的保护对策

6.3.4.1 完善法规，健全机构，加强管理

为保护生物多样性我国制定了一系列的法规，如《中华人民共和国宪法》中就有保护生物资源的条款。其他的一些法规中也有保护生物多样性的内容。根据法规，结合实际，制定相应的法规办法。保护生物多样性涉及的面较广，仅靠环保部门是不够的。具体的任务应由有关的林业农业、渔政等部门完成。生物资源管理部门则要改变职能，不但要抓开发利用，更要抓更新保护，强化执法，实现生物多样性资源保护的规范化、法制化。

6.3.4.2 加强科学研究，做好生态监测

城市生物多样性保护的科学研究是基础工作，首先应做好生物多样性的调查和评价，确定优先保护生境和物种名录，明确重点和次序，加强生物多样性技术方法的研究，并搞好示范研究，开展生境和物种的监测，以便了解生物多样性的变化，及时采取措施，切实保护生物资源及更新能力。

在生物多样性保护方面最大的弱点是环境污染，园林绿化远远滞后于城市发展的速度，城市周围原生植物群落遭到破坏，要恢复十分困难。保护城市生物多样性，建设可持续发展的园林城市，就是要根治环境污染，保持城市园林生态平衡，而环境污染是生物多样性保护的大敌，为园林建设带来巨大困难。根治污染，提高环境质量，加快城市园林绿地的规划建设，提高绿地覆盖率，是建设可持续发展的生态园林城市的根本要求。

6.3.4.3 实行生态补偿的经济政策

增加经费投入根据"谁开发、谁保护，谁破坏谁恢复，谁利用谁补偿"的政策，开展资源有偿使用收费和生态补偿收费，用来维护和恢复生态系统、生物资源。

6.3.4.4 加强自然保护区的建设和管理

自然保护区是保护生物多样性的主要阵地，通过保护生境，生态系统，进而保护物种，保护遗传基因。截至 2008 年底，全国共建各种类型、不同等级的自然保护区 2 538 个，保护区总面积约 149 万 km²，占国土面积的 15.1%，初步形成了布局较为合理、类型较为齐全、功能较为完善的保护区网络体系，基本形成了有关自然保护区政策、法规和标准体系。已建立的保护区有：保护珍稀濒危植物的代表性保护区——保护原始水杉林的湖北利川、湖南洛塔保护区；保护银杉的广西花坪等保护区；保护桫椤的贵州赤水、四川金花、邻水等保护区；保护金花茶的广西防城上岳保护区；保护苏铁的四川攀枝花、云南普渡河保护区等。

保护珍贵用材树种的代表性保护区有：吉林白河长白松保护区；福建罗卜岩楠木保护区等。

保护珍贵药用植物的代表性保护区有：黑龙江五马沙驼药材保护区；广西龙虎山药材保护区等。

保护陆栖哺乳动物的代表性保护区有：保护大熊猫的四川卧龙、甘肃白水江、陕西佛坪等 16 个保护区；保护金丝猴的陕西周至、西藏芒康等保护区；保护东北虎的黑龙江七星粒子保护区；保护亚洲象的云南南滚河保护区；保护长臂猿的海南坝王岭保护区；以及陕西牛背梁羚牛保护区，海南大田坡鹿保护区等。

保护水生哺乳动物的代表性保护区有：湖北长江新螺段和天鹅洲两白鱀豚保护区；广西合浦儒艮保护区；新疆布尔根河狸保护区；辽宁大连斑海豹保护区等。

保护以爬行动物和两栖动物的代表性保护区有：浙江尹家边扬子鳄保护区；广东惠东海龟保护区；新疆霍城四爪陆龟保护区；江西潦河大鲵保护区；辽宁蛇岛保护区等。

保护珍禽及候鸟的代表性保护区有：黑龙江扎龙、吉林向海、辽宁双台河口、江苏盐城、西藏申扎、云南会泽、甘肃尕海等鹤类保护区；山西运城、新疆巴音布鲁克等天鹅保护区；山西庞泉沟、芦芽山等褐马鸡保护区；陕西洋县朱鹮保护区；江西鄱阳湖、青海青海湖鸟岛、内蒙古达里诺尔、甘肃苏干湖等候鸟保护区。

保护珍稀鱼类和其他珍贵水产资源的代表性保护区有：黑龙江呼玛河、逊别拉河保护区；福建宫井洋大黄鱼、长乐海蚌保护区；辽宁三山岛海珍品保护区；广东海康白蝶贝和海南临高白蝶贝保护区；等等。

虽然绝大多数国家重点保护植物已在自然保护区得到保护，但由于有些物种种群不集中，在保护区内的种群量比较有限，而种群的相当部分散生在保护区之外，这些种群极易遭受威胁，应以建立自然保护点的方式加强对保护区外种群的就地保护。有些经济药材植物极易遭受人为破坏，即使在保护区内，也遭到偷采偷挖，如人参、杜仲、天麻等植物，对此，需要采取特别的保护措施。此外，以往的植物就地保护比较偏重于大型木本植物，常常忽视对草本及灌木植物的保护，而草本植物往往因生活强度弱，对环境改变特别敏感，常因人类影响而更易走向灭绝。我国野生动物资源就地保护已取得很大成就。但仍有相当数量的野生动物种处于濒临灭绝的危险之中。而且以往的保护主要集中在珍稀濒危动物种，而忽略了一些常见野生动物种的保护，继而使这些种类也走向濒危，如黄羊、狼、黑熊等。另外，以往的保护偏重于脊椎动物，特别是大型哺乳动物，而忽视了无脊椎动物，如昆虫、贝类的保护。对水生动物的保护也重视不够，这些物种都是生物多样性的重要组成部分，应该得到重视。

6.4 宜居城市

城市宜居性与城市形态是当前国际城市科学研究领域热点的议题之一，也是城市居民和政府密切关注的焦点。在未来的城市形态、城市规划设计的探索上，尽管不同时期的学者有着不同的动机与目的，但是随着时代的不断进步，不论是规划师还是城市政府和市民都越来越关注城市宜居性建设。

6.4.1 宜居城市的概念

"宜居城市"一词是饱含中国本土文化思想的提法，国外与之相对应的研究包括"Livable city"和"best places to live"。Livable city 的含义和"宜居城市"最为接近，有些学者将其译为"可适居性城市"，有些学者则直接将其译为"宜居城市"。

"宜居城市"的概念目前在国内外并没有一个权威的表述。

6.4.1.1 国外研究中关于宜居城市的概念

国外对"宜居城市"的研究比较早，例如美国"宜居城市"项目初创于 1979 年，由美国的废物管理公司赞助，主要嘉奖那些在提升城市生活质量方面成绩显著的市长及他们所在的城市。

20 世纪 80 年代以来，宜居城市研究成为热点，1985 年由 Henry Lennard 发起建立国际宜居城市研究组织（The International Making Cities Livable（IMCL）Conference），把宜居城市研究推向新的高度。有学者认为宜居性意味着我们自己在城市里是一个真正意义上的人，一个宜居的城市不应该对人有所压制。E.Salzano 从可持续的角度发展了宜居的概念，认为宜居城市连接了过去和未来，它尊重历史的烙印（我们的足迹），尊重我们的后代。D.Halliweg 指出宜居城市是这样一个城市，能有健康的生活，有机会能够轻易地交通，对孩子和老人来说很安全，能够轻易地接近绿地，宜居城市是所有人的城市。A.Palej 从建筑和规划的角度讨论了宜居城市，认为宜居城市是社会组织的元素能够被保存和更新的城市。P.Evans 认为宜居性有两面，一面是适宜居住性，一面是生态可持续性。

也有学者认为，在研究城市的居住环境时，不仅要从个人获得的利益（或损害）的角度，来考察居住环境的概念，如 "安全性"、"保健性"、"便利性"、"舒适性" 等，也要考虑个人对整个社会作出了何种程度的贡献，即必须建立起 "可持续性" 的理念。

目前，国外学术界对 "宜居城市" 没有形成一个令人一致认可的定义。

6.4.1.2 我国研究中关于宜居城市的概念

总体来讲，国内学术界对 "宜居城市" 概念理解的视角是全面的，没有仅仅局限于某一学科领域来阐述城市的宜居性，而是考虑到了居住其中的人们的多层次需求。

袁锐认为，宜居城市就是经济、社会、文化、环境协调发展，人居环境良好，能够满足居民物质和精神生活需求，适宜人类工作、生活和居住的城市。张文忠认为，宜居城市是指适宜于人类居住和生活的城市，既包含优美、整洁、和谐的自然和生态环境，也包含安全、便利、舒适的社会和人文环境。也有学者认为，建设宜居城市不仅是一个设施建设的问题，还是一个如何协调兼顾不同群体利益和需求的公共政策的制定问题。通过投资建设和调整资源配置，满足不同群体的需求，使得城市能够适宜不同群体居住，使城市更加和谐。赵勇认为："宜居城市" 是个综合的、动态的概念。"宜居城市" 应该包括城市规划、城市建设、城市管理等内容，既涉及自然科学，又涉及社会科学，是这两门大学科的接合部。"宜居城市" 必须包括居住条件、社区环境、公共环境、人文环境、经济环境、生态环境等多方面的因素，注重的是居住环境的全面和可持续发展，是一个综合的均衡发展的概念。同时，"宜居城市" 又是一个相对的概念，因为一个城市是否达到了 "宜居城市" 的标准，要看参照城市以及其自身发展的历史。

因此，国内对宜居城市的概念的观点可以归纳为利 "生" 的城市、好的生态与人文环境条件观、可持续发展保障观、公平和谐观和综合观等。

综合以上分析，宜居城市可以概括为在一座城市或者区域之内生活的居民所感受到的生活的质量。国外的研究比较注重城市内居民对城市发展决策的参与能力，并认为这是宜居性的重要表现之一。而且，他们比较重视城市的可持续发展，并非目前城市居民生活质量高就是整个城市宜居了，而是由可持续发展潜力的城市，才有可能成为他们眼中的宜居城市。国内的研究比较重视经济因素对宜居的影响，重视生态环境与人文环境，将经济、自然、社会、人文环境作为宜居城市内涵的综合要素。可见，体现一个城市是否宜居，其内涵不仅要看城市发展的经济指标，更重要的看城市是否能够满足居民对居住和生活环境的需求。城市宜居性往往也用来替代宜居城市的表述，它们在内涵上具有一致性，只是强调的角度略有不同，宜居城市论述的是一个城市的整体情况，城市宜居性则表达一个城市或城市内部的宜居程度以及具备宜居条件的能力。

6.4.2 宜居城市的内涵和特征

6.4.2.1 内涵

宜居城市是面向未来和谐社会的人类住区。宜居城市的内涵极其丰富，而且随着社会的发展，人类需求的不断改变，它的内涵也会不断地变化、发展和充实。怎样的城市才是"宜居城市"，"宜居城市"的内涵是什么？对这个问题的理解不能拘泥于形式和概念，需要从以下层次来审视。

（1）哲学层次——以人为本，和谐共生。宜居城市概念的提出，意在寻求一种让人居更舒适、让生态更健康、让经济更高效、让环境更优美、让生活更美好的城市形态。城市的产生与发展都是为人服务的。因此，宜居城市主要是居民对城市的一种心理感受，而不单纯是物质的堆积，因此人的需求和根本利益是其建设的第一需要，应尊重人、重视人，使人与城市形成良性互动。

（2）经济层次——经济持续发展。城市是经济要素的高密度聚集地，是各种非农产业活动的载体。毫无疑问，贫困的城市绝对不是宜居城市，城市只有拥有雄厚的经济基础、合理的产业结构和强大的发展潜力，才能为城市居民提供充足的就业机会，才能保证其生活的经济来源。宜居城市的建设需要有强大的城市经济作为后盾，但是宜居城市需要的是一种良性、高效、健康、可持续的经济发展模式。

在目前的经济发展模式中，生态经济和循环经济模式比较符合宜居城市经济发展的模式要求。宜居城市建立"生态经济+循环经济"的城市经济发展模式，从根本上解决目前城市发展和经济发展之间的矛盾，实现以最少的能源、资源投入和最低限度的环境代价，为人类提供最充分、最有效的服务。

（3）文化层次——文化丰富厚重。文化是城市的灵魂，一个缺乏文化品位的城市是绝不可能成为宜居城市。城市文化不仅包括地区的历史文化传承，还表现在对外来文化的吸纳、宽容和尊重。这种文化的包容性和多样性往往是吸引外来人口居住的重要标准，也是增强城市吸引力的表现。城市文化对城市发展方向和速度、精神面貌的塑造、市民行为的规范、对外形象的树立以及整个社会的发展和进步，都有着重大而深远的影响。

（4）社会层次——社会稳定和谐。宜居城市旨在建立以人为本的和谐城市形态，单从社会角度，就是创建文明城市。宜居城市的社会文明涉及经济发展、生活改善，风气良好、服务优质，环境优美、设施完善，秩序优良、社会安定，科技进步、文化繁荣等方面的内容。

（5）环境层次——环境可持续发展。环境宜人是宜居城市最直观的标志和象征，离开生态环境谈"宜居"必将是空谈。因此"环境的整洁优美"是实现宜居城市的重要标准，也是实现人与自然和谐和可持续发展的基本特征之一。

环境是发展的基础，环境也是生产力。宜居城市创造的是一种人与自然、社会和谐共生的城市环境，是政治、经济、社会、生态、科技、人文的空间优化组合，是最适宜人类居住的现代化城市。

（6）生活（居住）层次：舒适便捷。宜居城市应该是一个生活便利的城市。如：任致远在《关于宜居城市的拙见》中结合我们中国文化的特点，以"居"（live）为中心。宜居简洁地概括为："易居、逸居、康居、安居"八个字。生活便利度是衡量住区是否宜居的一个重要标志，它不仅要求城市具有健康舒适的住房条件，还必须有适度超前和完备的基础设施、良好的公共服务体系，如教育、医疗、卫生等质量良好和供给充足。宜居城市也应该是一个出行便利的城市，它应该是以公交系统优先发展为核心，为居民日常出行提供便捷的交通服务。

（7）规划设计层次——科学合理，景观优美怡人。宜居城市在规划和设计过程中更应该针对人、自然、社会的适应性设计，以人为本，保护和整合环境资源，创造体现地方特色，景观优美的城市环境。城市的规划设计的实施也是一个漫长的过程，它贯穿于城市建设的始终，其中，计划的不确定性、开发商的多重性、管理控制的局部性以及经济社会等宏观环境条件的变化，都会给城市规划设计的实施带来不可避免的影响，因此，宜居城市的规划设计要遵循整体性、延续性、多样性、可生长性、适宜性、弹性和多方参与的原则。

6.4.2.2 宜居城市的特征

（1）整体宜居性。宜居城市追求适宜人类居住城市环境，整体宜居性是其主要特征。建设宜居城市，必须从经济、文化、社会、环境等多种角度来实现其宜居性，是要从全方位整体地实现其宜居性，而不只是满足其中一方面的要求。

（2）经济高效性。宜居城市的发展需要有经济发展作为动力。一要有强劲的经济实力作为支撑，为其提供源源不断的发展动力，以满足人们日益增长的生活生产要求；二要在尽可能地减少投入的同时，高效率地产出，实现城市的经济增长。

（3）文化多元性。宜居城市文化是多元的。宜居的城市，不仅要尊重本土文化和地方精神，而且要尊重与包容外来文化，以满足不同人群的需求，方便互相间的交流与融合。

（4）社会和谐性。宜居城市的社会是和谐的。宜居的城市，应具有完善的教育和社会保障体系、文明的社会风气，人与人和谐相处。

（5）资源环境持续性。宜居城市的资源利用和环境发展是可持续的。宜居城市，应当节约和集约利用各种资源，减少各类废弃物的产生，发展循环型经济；同时注重生态环境的保护，尊重自然，按照自然规律办事，取得生态系统的平衡，最终实现人与自然的和谐相处。

因此，根据上面的特征可以给人们提供一个理想的居住地。城市本身的发展状况和现实基础会对其朝着宜居城市的目标迈进产生影响。根据不同城市的不同状况，宜居城市可选择的发展自己的强势已形成特色，避开弱势以获取理想的发展速度和效果。作为未来城市的主流形态，宜居城市可能会以网络城市、文化城市、安全城市、生态城市、功能城市、便捷城市等其中的任何一种形态出现。

6.4.3 宜居城市的综合评价指标体系

6.4.3.1 目前城市宜居性内容的评价体系

目前国内外和城市宜居性内容相关的评价已经有很多。综合对比各评价指标体系可以发现，现有的各评价指标体系，可以简单地分为 3 种类型：①基于相关统计数据的客观评价；②基于社会调查的主观评价；③主观和客观相结合的综合评价。关于宜居城市的综合评价至少应该采用主观和客观相结合的综合评价，积极寻求主观和客观的最佳结合点，力求构建一个科学度量城市宜居性的评价指标体系。

6.4.3.2　宜居城市综合指标体系建立的原则

科学完善的指标体系是评价质量的基础，所以指标选择至关重要。宜居城市是一个多功能、多层次、多目标的评价对象，影响其评价的因素很多，所以首先应该确立指标体系建立的原则。

（1）整体性与层次性相结合。宜居城市是由复杂程度不一、作用强度不同的多种功能团共同构成的一个复杂巨系统。在进行指标体系量化的时候，各功能团单独对宜居城市系统的某一项功能发挥影响。因此，指标体系的构建既要全面反映社会、经济、环境等各子功能团发展的主要特征和状态，又要体现各子功能团内部相互协调的动态变化和发展趋势。由于高一级功能团包含了多种次一级的影响因子，而各个影响因子内部又是由多要素共同决定的。因此，在要素的选择与指标的设计时，要充分考虑不同层级影响因子的选择与定位，以宜居城市总体功能的发挥原则，筛选各子要素的重要性，以反映它们所代表的不同层级的功能团对宜居城市发展的影响。

（2）代表性和关联性兼顾。宜居城市系统结构复杂，功能多样，所选取的有限指标要能够充分反映宜居城市发展状况所具有的主要特征，而各功能团中的因子可能会同时反映出多个功能团中某一部分的信息，这就需要侧重于该因子影响较大的一方面进行量化处理，以反映出主成分要素的信息。既然宜居城市内部各子功能团之间是相互影响的，那么，在选取数据时也要兼顾并反映出其他子功能团的信息，对其进行修正与补充，以凸显城市作为一个整体运行的效率水平。

（3）突出区域特性与连续性。在全球范围内，不同国家和地区所处的地域、发展阶段、历史文化背景等方面存在很大差异，他们对于宜居城市的理解各有不相同，在指标的选择与判定上各有侧重。在中国境内，地域辽阔，区域的差异同样很大，而宜居城市建设就是在差异化的区域背景中进行的。因此，充分体现城市的地域特色，以便全面衡量城市的经济、社会、环境的协调发展状况，是本文设定评价指标的主要依据。此外，国家的建设、区域的发展与城市的进步是一个连续的过程，指标在选取上也要体现出发展的动态性，这也是本文选取标准值法的现实依据。

（4）强调可操作性与可比性。可操作性的前提是数据的可获得性，取得的数据要具备量化的可行性与合理性。同时，建立的指标体系应该简明、清晰，容易操作并易于理解，对于不同区域的城市要有基本统一的指标，以便对不同的城市进行发展状况的横向与纵向比较；同时能够针对指标所反映出的问题，根据各功能团的发展状况进行理性调控。

6.4.3.3　宜居城市科学评价指标体系

不同的学者与评价机构采用的评价方法和指标不完全相同，宜居城市的评价结果会有很大的差异。其中包括与居住环境结合的宜居评价指标体系，如安全性、健康性、便利性、舒适性、可持续性等指标；与城市设计结合的宜居评价指标体系，如易接近性、和谐一致、视景、可识别性、感觉、适于居住性等指标；与经济、社会、文化等综合要素结合的宜居评价指标体系，如经济发展度、社会和谐度、文化丰厚度、生活便捷度、景观怡人度、公共安全度等指标；与规划相结合的评价指标体系，如在大温哥华地区得到尝试，其《宜居区域战略规划》提出了检验地区宜居性的四大项指标：

（1）保护绿色区域指标，包括绿地面积、农地保护面积。

（2）建设完整社区指标，包括全部和新建的数量和所占比例、城市和区域范围的市镇中心内的办公房屋面积的比例。

（3）紧凑大都市区指标，包括增长集中区和整个温哥华地区的每年人口增长比例对比。

（4）增加交通机会指标，包括每户交通工具拥有量、使用公共交通工具人数、运输容量的增长总数。

《大温哥华地区 100 年远景规划》则进一步提出了宜居城市关键性原则：公平、尊严、易接近性、欢愉性、参与性和权力赋予性。

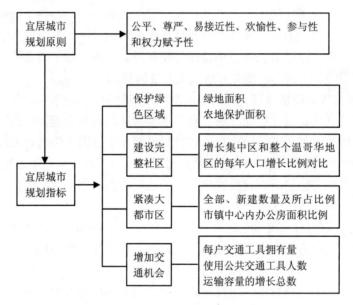

图 6-1　大温哥华地区《宜居区域战略规划》宜居性规划指标体系

因此，针对宜居城市评价与评价指标体系的建立，也尚未形成统一的意见，仍处于探索发展阶段。

所有的城市都有宜居性，没有宜居性不可能形成城市。评价一个城市的宜居性，需要建立宜居城市评价指标体系，并据此测算宜居指数。宜居城市就是那些宜居指数比较高的城市。我国建设部（2007）公布通过建立以下六大指标体系 29 个二级指标，近 90 项三级指标来进行具体的评价：

社会文明度评价指标体系

社会文明度有两种分析研究方法。一种是宏观的研究方法，另一种是微观的研究方法。宏观的研究方法就是看整个国家的社会文明的水平。在多数情况下，对同一个时期全部城市来说，应当说是基本相同的，微观的分析研究具体的城市的社会文明度，是在宏观的环境基本相同的情况下，找出微观的个体差异，这是本研究的主要方面。可以设立四个小的子系统：

☞ 政治文明。

☞ 社会和谐。

☞ 社区文明。

☞ 公众参与。

经济富裕度评价指标体系

贫困的城市绝对不是宜居城市。

相对来说,这个指标体系是最好评价的。因为都有国家的正式统计数据,都是硬指标。

设置 5 项评价指标,即可判定一个城市真正的富裕程度和经济质量:

①人均 GDP;②城镇居民人均可支配收入;③人均财政收入;④就业率;⑤第三产业就业人口占就业总人口的比例。

环境优美度评价指标体系

生态环境恶化是当前我国城市发展中的突出问题。环境优美是城市是否宜居的决定性因素之一,环境优美度主要包括生态环境、气候环境、人文环境、城市景观 4 个方面:

☞ 生态环境。

☞ 气候环境。

☞ 人文环境。

☞ 城市景观。

资源承载度评价指标体系

城市资源量,决定一个城市的自然承载能力,是城市形成、发展的必要条件。资源丰富有利于提高公众的生活质量,也是宜居城市的重要物质条件,其中水土资源是宜居城市的决定性因素之一。

一个城市的资源承载度,可以从以下几个方面进行考量:①人均可用淡水资源总量;②工业用水重复利用率;③人均城市用地面积;④食品供应安全性。为倡导建立节约型城市,另设置相关加分、扣分项目。

生活便宜度评价指标体系

生活方便、适宜是宜居城市重要、核心的影响因素,生活便宜度的考量涉及以下 7 个方面:

☞ 城市交通。

☞ 商业服务。

☞ 市政设施。

☞ 教育文化体育设施。

☞ 绿色开敞空间。

☞ 城市住房。

☞ 公共卫生。

生活的便宜度,我们认为应当主要考量城市交通、超市购物、市政服务、医疗卫生、教育文化体育、绿色开敞空间。

公共安全度评价指标体系

城市公共安全与百姓安居乐业密切相关。随着城市现代化水平的提高,天人、人地关系矛盾加剧，国际国内恐怖活动升级，城市公共安全显得越来越重要。

应当从以下四个方面评价城市公共安全度：

☞ 生命线工程完好率。

☞ 城市政府预防、应对自然灾难的设施、机制和预案。

☞ 城市政府预防、应对人为灾难的机制和预案。

☞ 城市政府近三年来对公共安全事件的成功处理率。

综合评价否定条件

宜居指数即累计得分≥85 分的城市，如果有以下任何一项否定条件，不能认为是宜居城市：

☞ 社会矛盾突出，刑事案件发案率明显高于全国平均水平的。

☞ 基尼系数大于 0.6 导致社会贫富两级严重分化的。

☞ 近三年曾被国家环保局公布为年度"十大污染城市"的。

☞ 区域淡水资源严重缺乏或生态环境严重恶化的。

6.4.4 国内外宜居城市案例分析

人们建设宜居家园的理念由来已久，无论是中国古代的人居环境，还是古代欧洲城市和美国西南部印第安的村庄，都可看成是先人建设宜居家园的实践。进入 21 世纪以来，宜居家园理念的创新和建设的实践从未中断过，特别是进入 20 世纪 70 年代后，随着宜居理念受关注程度的不断提高，在世界范围内也涌现出大量宜居家园建设实践的典范。

6.4.4.1 国外宜居城市案例分析

（1）加拿大。2006 年 4 月，美世咨询（Mereer Human Resourees Consulting）公布了 2006 年全球城市生活质量排行榜，加拿大的温哥华位列全球最宜居住城市排名榜的第 3 名，仅次于苏黎世和日内瓦。据 2008 年最新资料显示，温哥华已经上升为第一位。事实上，该城市曾经连续七次被各种媒体或咨询公司评为世界上最适合人类居住的城市之一。

温哥华主要是以气候取胜。温哥华是加拿大第三大城市，人口约 150 万。由于特殊的周边地理环境，形成了该市冬暖夏凉、气候四季宜人。1992 年 6 月温哥华制订了"城市计划"，首次明确城市建设是以社区为目标，形成适宜居住的社区环境；强调多样化的环境、建筑以及文化；发展步行友善的公共空间；创造充满活力的城市中心和社区中心，创造一种地方归属感；强调可持续发展，减少机动车和能源消耗；并创造更加民主的社会环境。可以说温哥华是在高密度城市环境下创造了宜居和充满活力的空间，城市公共服务完备，市内交通便利，中低收入家庭的住房补贴全面，城市景观优美且丰富多样，这些都铸就了温哥华优质的城市生活品质，也树立了大城市打造宜居的典范。

（2）阿根廷。阿根廷中西部小城巴利洛切被美国《财富》杂志评为 2005 年全球"五大最适合退休人员居住的城市"之一。城市位于安第斯山脉东麓，风光秀丽，有雪山、森林和草甸，旅游业是其主要产业，每年吸引大约 50 万游客。旅游业及相关产业为当地创造了良好的就业环境。巴利洛切的博物馆、剧院和电影院，按人均比例计算，在阿根廷处于较高水平。天气好的周末，当地的青少年和文艺团体，经常会在市政广场搞一些免费的演出活动。丰富的文化生活也是吸引人们居住的一个重要因素。

在巴利洛切，一栋带 1 000 多 m^2 绿地，能看得见湖水的两层小楼，售价基本在 10

万～30 万美元之间。一块 2 000 m² 左右、背山面湖的住宅建设用地，一般为 10 万～15 万美元。这是一个中等收入家庭能接受的水平，甚至比我国北京、上海的价格便宜不少。因此城市生活成本较低也增加了城市的生机与活力。

（3）德国。德国城市发展研究中心和《焦点》杂志每年都推出"宜居城市排行榜"。该评选活动有 30 项标准，其中包括具有较高教学水平的学校、安全的街道、充足的就业机会以及供人们自由进行艺术和休闲活动的空间等。评选结果表明，德国宜居城市的排行榜中，更多的是戈斯拉尔等小城市，即使排行榜中最大的城市慕尼黑和法兰克福，也不过上百万人口。

以戈斯拉尔为例，城市具有良好的自然生态环境和美丽古朴的街道。由于紧邻高速公路，并有铁路线经过，交通非常便利。生活配套设施齐全，德国十大连锁超市都在这里开了购物中心。西门子、大众等大公司在此设有制造基地，一些服务性机构也为居民提供了丰富的就业机会。同时，戈斯拉尔更有人与人之间和谐共处的"软环境"。这里民风淳朴，甚至禁止出售酒精饮品，但有博物馆、公共图书馆等文化设施，丰富的夜生活也不逊于大都市。据悉，近 10 年来，小城没有发生一起恶性刑事犯罪案件。在这里，残障人士或行动不便的老人，可以自己驾驶残障车，行驶在城市的每个角落，不会遇到障碍。从其他国家来的移民，在这里也能和原来的居民和谐共处，没有种族和肤色的区别。

总结上述国外宜居城市的发展案例可以发现，①国外的宜居城市标准一般是具备良好的自然居住环境，这是宜居的基本条件；②具备完善的物质基础，包括城市公共设施、交通、住房、安全、减灾、就业、就医、福利等方面，这是宜居城市的硬件设施；③有亲和的人文氛围和人性空间尺度，包括社会秩序、道德风尚、教育程度、文化底蕴和娱乐功能等，这是宜居城市的精神体现。

6.4.4.2 国内宜居城市案例分析

宜居城市的理念在我国发展历史不长，尽管目前已被较多城市作为发展目标之一，但真正建设成型的并不多，我国许多城市正努力实现这一目标。

根据 2008 年 ECA 城市排名调查显示，上海依旧是中国内地为亚裔外派员工提供最佳生活条件的城市，紧随其后的是南京、天津、北京和深圳；调查结果显示二线城市，如深圳的排名上升，与此同时一线城市北京、广州的排名下降。ECA 是全球最大的会员制人力资源组织，服务于国际人力资源的专业人士。该调查是针对外派员工的生活条件进行的。

ECA 一年一度的城市排名调查对全球 254 个城市的生活水准进行比较，参考指标包括气候、空气质量、医疗服务、房屋和相关设施、隔离程度、社交网络、休闲设备、基础设施、个人安全和政治气氛等。该调查的结果将被 ECA 的会员用于对公司外派到其他地区的员工给予补贴的参照标准。

在亚洲排名第 11 位、全球排名第 78 位的上海，继续位列中国内地城市排名首位，为外派亚裔员工提供了最佳的生活条件。与此同时，深圳超过广州和厦门，位列 13 个被调查的中国内地城市的第 5 位。ECA 亚洲地区总经理关礼廉解释道："随着中国内地二线城市生活水平相对大幅增长，日用消费品的丰富性持续提高。并且，很多城市在新一轮的开放和发展中受益，比如医疗和休闲设施都得到改善。"

2008 年国内评出了上海、北京、广州等"十大宜居城市"，上榜城市全是百万人口甚至千万人口的大城市。多数被调查者认为，"十大宜居城市"之所以都是大城市，主要因为它们经济发达，机会较多。

另外，在宜居城市建设中我国一些城镇也获得了国内外的认可。如在 2004 年"国际宜居城市与社区竞赛"中，千岛湖镇获得了 B 组金奖，也是我国城市参赛以来第一个获 B 组金奖的城镇。千岛湖镇是我国杭州千岛湖—黄山黄金旅游线的中点旅游服务基地，是一座极富特色的滨湖山城，2003 年城区人口 45 万。该城镇的突出成就在于对自然生态环境的保护，以及城市规划对环境保护提供的保障。尽管地处山区，城市建设用地与环境矛盾非常突出，但建设中始终严格按照"城在林中，林在城中"的规划结构控制，禁止对山体挖土采掘，保留原有的自然森林，把城市绿化与自然环境完全融合，城市周边山体风貌得到很好的保护，形成了独特的盆景城市格局。城镇采用了一系列卓有成效的环境保护措施，政府制定产业发展导向，鼓励发展生态型和科技型项目；大力鼓励无污染能源的研究和工业化生产，大部分环境保护措施已经形成完整的利用建设体系，进入大规模广泛应用阶段。这些都是非常有价值和成功的经验。

复习思考题

1. 什么是城市生态系统？
2. 简述生态园林的概念与内涵。
3. 结合实际谈谈如何保护城市生物多样性。
4. 宜居城市的内涵和特征是什么？

第7章　生态保护的科学技术

7.1 生态调查

国务院 2000 年 11 月 26 日印发了《全国生态环境保护纲要》（国发[2000]38 号文件，以下简称"纲要"），要求各地区、各有关部门制定本地区、本部门的生态环境保护规划，积极采取措施，加大生态环境保护工作力度，扭转生态环境恶化趋势。2002 年，江泽民同志在中央人口、资源、环境座谈会上强调，一定要按照可持续发展的要求，正确处理经济发展同人口资源环境的关系，促进人和自然的协调与和谐，并明确提出"加快生态环境调查，抓紧制定生态功能区划和生态保护规划"。

为贯彻落实"纲要"要求和江泽民同志的指示精神，2000—2003 年原国家环境保护总局会同有关部门和单位相继开展了西部地区生态环境现状调查和中东部地区生态环境现状调查。通过收集汇总分析现有资料和遥感调查、典型案例调查研究，深入揭示我国生态环境现状、存在问题及成因，提出生态环境保护的对策和建议。

生态环境调查是对一个国家、一个地区的人口、资源、环境、社会和经济等方面的要素即信息进行采集、存储的过程。

生态环境调查的目的在于查清资源的数量、质量、分布利用状况及其生产潜力，协调人与自然、人与资源的关系，为分析环境结构与布局和生态环境建设规划提供可靠和科学的物质基础和保证。

7.1.1 生态环境现状调查总体方案

7.1.1.1 目标

（1）掌握区域生态环境现状及其动态变化。

（2）建成区域生态环境状况基本数据库，初步形成为地区生态环境管理与决策服务的查询数据库。

（3）完成区域生态环境现状报告和多媒体演示系统。

（4）为开展区域生态环境功能区划和生态环境保护规划提供依据。

7.1.1.2 调查内容

自然地理环境

自然地理环境主要是指区域的地质、地貌、土壤及自然灾害、生态环境的破坏和污染情况等，具体包括以下内容：

（1）地质岩石。包括地质年代、地质构造、岩石种类、分布面积、风化程度、风化层厚度等；

（2）地理、地貌。包括区域所在的地理位置、面积、地貌类型及其分布、海拔高度、地貌部位、坡面坡度、坡向等；

（3）土壤及地面组成物质。包括土壤类型、地质、土层厚度、土壤的沙砾含量、孔隙度、土壤容重、土壤肥力、pH值等理化性质；

（4）自然灾害。包括地质灾害，如地震灾害、泥石流灾害、崩塌、滑坡；气象灾害，如洪涝、旱灾、风灾、冻灾等；生物灾害；火灾等；

（5）生态环境破坏。指水土流失、荒漠化等；

（6）环境污染。指"三废"的排放（点源、面源污染）及其他方面的污染等。

自然资源

自然资源是指在自然系统中，主要是指在生物圈中，与人类社会经济发展相联系的、有效用的各种自然客观要素的总称。具体包括以下内容：

（1）土地资源。土地资源调查的内容包括土地利用现状，土地权属及土地的变化情况。土地利用现状应按照全国农业区划委员会颁布的《土地利用现状调查技术规程》的规定执行，其分类及含义是：土地的权属包括土地的所有制性质和使用权属；土地变化包括城乡建设用地及其变化等。

（2）气候资源。气候资源调查的内容包括：

☞ 光能：包括太阳辐射、日照和太阳能利用。

☞ 热量：包括气温、积温、地温和无霜期等。

☞ 降水：包括降水量及分布，蒸发、干燥度、湿度等。

☞ 风：包括气压、风向、风速、风能及其利用等方面。

（3）水资源。水资源调查的内容包括：

☞ 水体：主要指河流、湖泊等水系。

☞ 水量：包括地表水量，指河川径流量，可利用水量及时空分布；地下水量，指地下水资源的类型、埋深、分布，可开发利用量等。

☞ 水质：指地表水和地下水的水质，如pH值、矿化度、硬度、碱度等，地表水还包括含沙量及输沙量；其水质是否受到污染，是否符合国家生活饮用水水质标准或农田灌溉用水水质标准。

☞ 水能：包括水能的蕴藏量，可开发和已开发利用的数量。

☞ 水资源利用现状：指各种水利工程，如水库、引堤工程，地下水开采和其他工程的供水情况，生产、生活用水情况等。

（4）生物资源。生物资源内容包括：

☞ 森林资源：包括森林的起源、林种、树龄、平均树高、平均胸径、林冠郁闭度、灌草的覆盖度、生长势、枯枝落叶层等。

☞ 草地资源：包括草地的起源、类型、覆盖度、草种、生长势、高度、草地质量、利用方式、利用程度、规模和轮牧、轮作周期等。

☞ 作物资源：包括作物种类、品种、产量、播种面积等。

☞ 野生及家养动物：包括种类、数量、用途，是否为国家级保护动物、用途、收购量等。

此外，对一些野生的珍稀植物、工业用、药用、食用等植物产出进行相应的调查。

（5）矿产资源。矿产是指由地质作用所形成的贮存于地表和地壳中的、能为国民经济所利用的矿物资源。其存在形态有固态、液态和气态三种。按照工业利用的分类，矿产可分为金属矿产、非金属矿产和能源矿产三类。矿产资源调查的内容包括矿产资源的类型、储量（包括地质储量、远景储量、设计储量和开采储量）、质量（包括矿产资源的品位、含有杂质状况和伴生情况）、开采利用条件（包括自然、经济和技术条件）等。

（6）旅游资源。旅游资源一般是指凡是足以构成吸引旅游者参观游览的各处自然景观和人文景观都称为旅游资源。自然景观包括地貌、水文、气候、特殊的动植物等；人文景观包括历史文物古迹、古建筑、革命纪念地、民族传统节目、社会文化风俗、特殊的工艺品和烹调技艺、文化体育活动、现代建筑和美术等。旅游资源调查的内容包括：旅游资源的类型、数量、质量、特点、开发利用条件及其价值等。

社会经济

（1）人口和劳动力。

☞ 户数：包括总户数、农业户数、非农户数。

☞ 人口：包括总人口、男女人口、农业人口和非农业人口、城乡人口、年龄结构、民族构成、人口出生率、死亡率及自然增长率等。

☞ 劳动力：包括各行业劳动力人数、文化程度、技术职称、农村劳动力的构成情况及质量（包括智力、体力等因素）等。

（2）城镇基础产业设施情况。

☞ 交通：包括交通运输的方式，如铁路、公路、内河、海运、航空、管道、索道等；运输能力（如公路、铁路网的密度、分布、质量等级等）、交通运输工具的情况以及交通工程建设等。

☞ 邮电通信：包括邮电站所及分布，邮电通信的线路、业务量、容量等。

☞ 电力：包括发电站及发电量，各变电站所的分布、容量、输电线路等。

☞ 科研：包括科研机构数，科研人员，承担的科研项目、科研成果等及科研技术推广；教育，包括各类教育的学校数目及分布，在校学生人数，教职工人数等；文化，包括图书馆、博物馆、影剧院等馆的数目、人员，文化馆的数目及分布，广播电视网的分布及普及情况等；医疗卫生，包括各类医院数目及分布，各类医疗人员的数目，可负担的医疗人数等。

☞ 商业服务：包括各种商业服务性机构的数量、分布、人员数目等。

☞ 城市乡镇的分布情况、规模及其公共设施、公用事业，城镇建设等情况。

（3）社会经济情况及产业状况。

☞ 综合经济：包括国民生产总值、国民收入，居民生活消费情况，人口增长与计划生育等与国民经济有关情况。

☞ 农业：包括种植业、林业、畜牧业、淡水渔业、副业和农业现代化等内容。①种植业，包括耕地组成，作物组成、各类作物的投入和产出状况、作物布局，产量、产值，净产值、种植面积等；②林业，包括林种、产品及产值，投入产出状况，管理技术、作业工具、方式等；③畜牧业，包括牲畜种类、畜群结构、存栏数，产品及产值，饲养规模水平，投入产出状况等；④淡水渔业，包括养殖或捕捞面积、产量、总产量、产值、技术水平等；⑤副业，包括副业种类、规模、投入产出状况等；⑥农业现代化，包括机械装备、水利设施及其利用状况。

☞ 工业：包括采掘业、制造业和建筑业等内容。①采掘业，工业企业数目、规模、投资、产量、产值等；②制造业，包括行业名称，生产能力、产量等；③建筑业，包括企业个数、职工人数、总产值、净产值、生产能力、职工人数、固定资产总值、利税、主要能源、物资消耗量及主要产品等。

☞ 产业结构：包括第一、第二、第三产业产值、产品结构和内部结构等。

（4）社会环境和生态环境保护和治理。

☞ 区域的社会环境：包括对区域有明显影响和重大作用的政治、经济、文化等方面的因素。

☞ 区域生态环境保护和治理：包括水土保持、荒漠化防治、自然保护区、"三废"处理及"三废"的综合利用等。

7.1.1.3 调查方法

生态环境调查步骤

生态环境调查步骤可分为准备阶段、外业阶段及内业阶段。

调查的流程图如下：

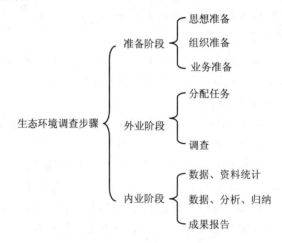

图 7-1 生态环境调查步骤

常规调查

生态环境常规调查方法主要有 3 种：收集资料法、现场调查法和遥感调查法。

（1）收集资料法。收集资料法是环境调查中普遍应用的方法，这种方法应用范围广，收效较大，比较节省人力、物力和时间。环境调查时首先通过此种方法，由有关权威部门获得能够描述环境的现状资料。根据资料拟定现场调查、遥感调查的计划及内容。

由于这种调查所得资料内容有限，不能完全满足调查工作的需要。所以采用其他调查方法来加以完善和补充，以获取充足的调查资料是非常必要的。

（2）现场调查法。现场调查法可以针对调查者的主观要求，在调查的时间和空间范围内直接获得第一手的数据和资料，以弥补收集资料法的不足。但这种调查法工作量大，需要占用较多的人力、物力、财力和时间，且调查组织工作异常复杂艰巨。除此之外，现场调查方法有时还受季节、仪器设备等客观条件的制约，在调查中，我们利用全球卫星定位系统（GPS）进行定位，以提高调查精度。

现场调查前应根据收集资料的情况确定调查路线及调查指标。

调查路线的选择：要在不产生遗漏的前提下，选择路线最短、时间最省、穿过类型最多、工作量最小的调查线路。

野外填图、填表：按地形底图的编排，分幅作图，调查填图工作，沿预定线路边调查，边观察、勾划行政界和地块界，并着手编号。地块内的土地利用现状、地貌部位、岩石、土壤、坡度、植被和土壤侵蚀情况应基本相同。地块图斑最小面积一般要求森林 $0.8 \sim 1.0$ mm^2，灌木丛 15.0 mm^2，疏林和芦苇 2.0 mm^2，盐碱地 3.0 mm^2。在流域调查中一般要求最小图斑面积不小 10 mm^2；小于 10 mm^2 的地块，可并入相邻地块中去，但应单独编写序号，填入调查记表，以便统计到相应地类中去。

在地块内做生态环境综合因子调查，并将调查情况填入有关调查表格中去。为减轻外业工作量，可利用已有的地质图、土壤图、植被图等资料来确定或验证，或做补充修正。

填图填表时，可使用规定的图例、表记符号、编号等。底图上的地形、地物有差错的要修正，没有的要补充，必要的可进行局部补测。

（3）遥感调查法。资源遥感调查是利用航天或航空遥感技术，即利用安装在遥感平台上的各种电子和光学遥感器，在高空或远距离处接受来自地面或地面以下一定深度的地物辐射或反射的电磁波信息，经过各种信息处理，变成可判读的遥感图像或数据磁带，然后对遥感信息进行解析，从而获得我们所需要的区域资源信息。

目前常用的方法有人工解译分类和计算机自动解译分类两种，信息源为航片和卫星遥感数据两类。遥感调查的步骤包括解译、边界划分、面积测量、属性统计、专题图绘制等过程。

专题调查法

专题调查的方法是根据调查的内容和要求而采取不同的方法。具体有以下几个方面。

（1）统计调查法。统计调查法是在社会经济调查中最常用的方法。统计调查按组织形式不同，可分为统计报表和专门调查，依调查范围可分为全面调查和非全面调查；依时间的连续性可分为经常性调查和一次性调查等。

（2）标准样地（样方）调查。标准地（样方）调查主要是对水土流失、土壤、植被等资源和环境因子进行补充调查。

☞ 植被调查：①样方选择，随机抽样或系统取样；②样方形状，方形或长方形；③样方面积，草本群落 $1 \sim 4$ m^2，灌木林 $10 \sim 20$ m^2，乔木林 >40 m^2；④样方数：根据地块的大小和因子的均一程度自行确定，一般不少于 3 个。
调查的内容应根据调查的对象、目的来确定调查的指标。

☞ 土壤剖面的调查：根据调查的目的沿垂直地带或水平地带挖土壤剖面，测定土壤理化性质。

☞ 野外坡面的侵蚀量调查：①土壤剖面对比法；②标志法（水准基点测量法）；③坡面细沟体积测量法。

☞ 环境抽样调查：根据需要与可能，可选用简单随机抽样或分层随机抽样的方法。

7.1.2 生态环境现状调查报告编写参考提纲

（一）前言

（二）生态保护和生态建设成绩

1. 机构与法制建设

1.1 机构建设

1.2 法制建设

2. 生态保护

2.1 自然生态保护

2.2 生物多样性保护

2.3 农村生态保护

3. 生态建设

3.1 水土保持

3.2 造林绿化

3.3 草地建设

3.4 沙化治理

3.5 矿区生态恢复与生态重建

3.6 其他

（三）生态环境现状及发展趋势

1. 区域自然生态环境特点

1.1 地理位置与地形地貌

1.2 气候条件

1.3 土壤条件

1.4 植被条件

1.5 水文条件

2. 区域社会经济特点

2.1 经济发展（GDP、产业结构、经济发展速度等）

2.2 社会发展（人口、文化、环境意识等）

3. 土地利用与土地退化现状与发展趋势

3.1 土地利用现状与动态变化

3.2 土地退化现状与动态变化

4. 植被状况及其动态变化

4.1 森林资源现状与动态变化分析

4.2 草地利用现状与动态变化分析

5. 水生态现状及变化

5.1 地表水资源利用现状与污染状况

5.2 地下水资源及其利用状况

5.3 湿地生态状况

5.4 海岸带生态环境状况

6.　生物多样性保护

6.1 生物多样性现状与总体评价

6.2 国家重点保护动植物物种保护情况

6.3 自然保护区建设与管理情况

6.4 森林公园建设与管理情况

6.5 风景名胜区建设与管理情况

6.6 生物多样性保护中存在的问题

7.　工矿开发造成的生态破坏与生态重建情况

7.1 矿产开采造成的生态破坏和环境污染情况

7.2 工程建设造成的生态破坏及恢复情况

8.　农村生态环境状况

8.1 农用化学品使用及污染情况

8.2 秸秆利用、畜禽养殖及农村能源结构

8.3 生态示范区与有机食品基地建设

9.　城镇生态环境

9.1 城镇发展生态环境保护概况

9.2 城镇污染控制情况

9.3 城镇生活垃圾处理情况

9.4 城镇绿化情况

10.　生态灾害

10.1 洪涝灾害

10.2 旱灾

10.3 地质灾害

10.4 其他生态灾害

10.5 生态灾害发生特点、成因分析及个案

（四）典型区生态环境动态化分析

1.　生态环境退化影响分析

1.1 对经济的影响

1.2 对社会的影响

1.3 对可持续发展能力的影响

2.　生态环境退化成因分析

2.1 自然因素

2.1.1 气候因素

2.1.2 地质地貌因素

2.1.3 其他

2.2 人为因素

2.2.1 社会因素

2.2.2 经济因素

2.2.3 法制、政策因素

2.2.4 历史遗留问题

2.2.5 其他

（五）生态环境保护对策

1. 加强领导，强化宣传教育

2. 加强法制建设，强化生态保护监管力度

3. 加大科研支持能力，完善生态环境监测体系

4. 制定和实施生态保护行动计划和生态保护规划

5. 开展国际合作

6. 完善环境经济政策，增加生态保护投入

7. 其他

7.1.3 生态环境现状调查典型案例调查方案

7.1.3.1 工作目标与任务

（1）通过对重点区域、重点问题的调查，揭示基本的生态环境现状，为区域整体调查提供具体实例；

（2）以典型案例说明存在的生态问题，揭示生态环境的变化及其成因；

（3）对具有重要生态功能的区域进行调查，为保护这些区域提供基础数据；

（4）通过对国家重大项目所涉及区域的调查为国家的生态保护与建设服务。

7.1.3.2 典型案例选择原则

（1）重要性原则。在区域上具有典型性。如江河源头区、重要水源涵养区、水土保持的重点预防保护区和重点监督区、江河洪水调蓄区、防风固沙区和重要渔业水域等重要生态功能区。

（2）典型性原则。在生态问题上具有典型性，能够反映存在主要的生态问题。

（3）代表性原则。在造成生态问题的成因上具有代表性，所采取的对策具有现时价值，对指导我国生态环境保护与建设具有深远意义。

7.1.3.3 典型案例调查要求

总体要求

能够利用现有资料，配以必要的遥感技术，用简明扼要的语言，高度概括典型区存在的生态环境问题及其变化趋势，从社会、经济和环境角度分析产生这些问题的原因和后果。

典型区报告力求简短，事实清楚，分析有力，尽量用数据、图表反映存在的问题，所提建议要反映《全国生态环境保护纲要》的精神实质。

调查内容要求

（1）典型区社会、经济、环境状况；

（2）典型区存在的主要生态问题及其历史演变；

（3）从社会、经济和环境等方面论述生态问题产生的原因；

（4）对社会、经济、环境的影响；

（5）对策。

7.1.3.4 典型案例设置

根据上述典型案例选择原则，中、东部地区生态调查暂设置 35 个重点典型案例，其中跨省的重点典型案例共 14 个。各省（市）可根据自己的实际情况确定典型案例的调查范围。

7.1.3.5 典型案例之一

环渤海周边地区生态调查：

调查目的

调查社会经济发展对近岸海域生态环境的影响。

调查内容

（1）环渤海地区社会经济状况调查；

（2）环渤海地区生态环境现状调查；

（3）环渤海地区的主要生态问题分析；

（4）环渤海地区主要生态问题的产生原因辨析；

（5）主要生态问题对社会、经济环境的影响；

（6）对策。

实施单位

由典型案例技术组负责。山东、河北、天津、辽宁环保局配合，提供必要资料与帮助。

遥感任务

（1）80 年代中后期，2000—2008 年环渤海地区土地利用/土地覆被；

（2）环渤海地区湿地类型及分布；

（3）环渤海地区码头建设及石油开发遥感调查；

（4）环渤海地区海洋水色遥感分析。

7.2 生态监测

7.2.1 概述

7.2.1.1 概念

生态监测产生于 20 世纪初，其标志是科尔威茨和马森提出的污水生物系统，为应用指示生物评价污染水体自净状况奠定了基础。50～60 年代生态监测成为环境科学研究中的活跃领域，并在理论和监测方法上更加丰富，赋予它在环境监测中的特殊地位。

生态监测，又称生态环境监测，目前的定义不很一致。美国环保局把生态监测解释为自然生态系统的变化及其原因的监测，内容主要是人类活动对自然生态结构和功能的影响及改变。国内有学者提出"生态监测就是运用可比的方法，在时间或空间上对特定区域范围内的生态系统或生态系统组合体的类型、结构和功能及其组成要素等进行系统的测定和观察，利用生命系统及其相互关系的变化来监测生态环境质量状况，用以评价和预测人类活动对生态系统的影响，为合理利用资源、改善生态环境和自然保护提供决策服务。这一定义从方法、原理、目的、手段、意义等方面作了较全面的阐述。

7.2.1.2 生态监测的原理

生态监测学科的建立以生态学理论为依据。生态学理论的不断发展与深入，对生态监测指标的确立、生态质量评价及生态系统的管理与调控提供了基本框架，表现在以下 3 个方面：

（1）景观生态学中的基础理论即等级（层次）理论、空间异质性原理等成为监测的基本指导思想。

（2）以研究生态系统的组成要素、结构与功能、发展与演替以及人为影响与调控机制的生态系统生态学原理也为生态监测提供了理论支持。

（3）生态系统生态学的研究领域主要涵盖了自然生态系统的保护和利用，生态系统的调控机制，生态系统退化的机理、恢复模型与修复技术，生态系统可持续发展问题以及全球生态问题等。

这些理论研究从宏观上揭示生物与其外围环境之间的关系和作用规律，为有效保护自然资源和合理利用自然资源提供了科学依据，也为生态监测提供了理论支持。因此，生态监测方法除需要传统的物理、化学监测所采用的方法外，由于生态监测具有较强的空间性，采用遥感、地理信息系统与全球定位系统技术（即"3S"技术）是开展生态监测必不可少的手段。

7.2.1.3 生态监测的内容

（1）生态环境中非生命成分的监测。包括对各种生态因子的监控和测试，监测自然环境条件（如气候、水文、地质等），又监测物理、化学指标的异常（如大气污染物、水体污染物、土壤污染物、噪声、热污染、放射性等）。

（2）生态环境中生命成分的监测。包括对生命系统的个体、种群、群落的组成、数量、动态的统计和监测，污染物在生物体中数量的测试。

（3）生物与环境构成的系统监测。包括对一定区域范围内生物与环境之间构成系统的组合方式、镶嵌特征、动态变化和空间分布格局等的监测，相当于宏观生态监测。

（4）生物与环境相互作用及其发展规律的监测。包括对生态系统的结构、功能进行研究，既包括自然条件下（如自然保护区内）的生态系统结构、功能特征的监测，也包括生态系统在受到干扰、污染或恢复、重建、治理后的结构和功能的监测。

（5）社会经济系统的监测。人类在生态监测这个领域内既是生态监测的执行者，又是生态监测的主要对象，人所构成的社会经济系统是生态监测的内容之一。

7.2.1.4 生态监测的特点

（1）综合性。生态监测的对象是广阔而复杂的生态环境，因此，生态监测必然是综合性的、多样性的。一个完整的生态监测过程会涉及农、林、牧、渔、工等各个生产领域，也必须配备一支包括生物、地学、环境、生态、物理、化学、信息科学及技术科学等多学科人员组成的科学队伍。

（2）长期性。由于自然界中许多生态过程的发展是十分缓慢的，例如森林的演替，动物种群的变化等，而人为对生态环境的干扰也是缓慢的、逐步积累的过程；就是人类对环境破坏的治理也是相当长的过程。因此生态监测具有长期性，有的生态监测项目长达数十年甚至上百年，才能说明问题。

（3）复杂性。生态系统的组成本身就是复杂的、经常变化的，而人为的活动又给生态系统带来十分复杂的影响，二者结合更加复杂，因而目前生态监测十分复杂而又具有浓厚的研究色彩，但是毕竟其监测结果可为生态管理的决策服务。

（4）分散性。由于生态监测的对象范围广泛、成分复杂、布点分散，因此，生态监测费时费工、耗资巨大，特别是那些跨区域的、全国性的及全球性的生态监测网络，其分散性更大。另外，由于生态变化过程是十分缓慢的，监测时间尺度也大，通常只能采取周期性的间断监测。

（5）网络性。要把各种监测形成网络，所有的生态系统都可以分解成子系统，有些子系统本身是一个经济活动的实体，这个实体有责任对系统活动的生态效应进行监测，有责任向大系统提供情况。目前有不少参数早已在测定，如气候因子、水文参数、土壤状况、植物生长、人体健康等，是由气象、地质、水利、农业、医疗、卫生防疫等部门测定的，再重复进行测定是没有必要和不经济的，可以直接利用这些部门的数据。因此，生态监测要充分发挥监测网络的作用，从而提高效率、减少投资。

7.2.1.5　生态监测的类型

国内对生态监测类型的划分有许多种，常见的是根据生态监测两个基本的空间尺度，划分为宏观生态监测和微观生态监测。

（1）宏观生态监测，是在区域范围内（大至全球范围）对各类生态系统的组合方式、镶嵌特征、动态变化和空间分布格局及其在人类活动影响下的变化等进行监测。主要利用遥感技术、地理信息系统和生态制图技术等进行监测。

（2）微观生态监测，其监测对象的地域等级最大可包括由几个生态系统组成的景观生态区，最小也应代表单一的生态类型。它是对某一特定生态系统或生态系统集合体的结构和功能特征及其在人类活动影响下的变化进行监测。宏观生态监测必须以微观生态监测为基础，微观生态监测又必须以宏观生态监测为主导，二者既相互独立，又相辅相成，一个完整的生态监测应包括宏观和微观监测两种尺度所形成的生态监测网。

7.2.1.6　生态监测技术

由于生态监测的内容和指标体系的丰富和完善，分析测试方法涉及的学科领域庞杂，如气象学、海洋学、水文学、土壤学、植物学、动物学、微生物学、环境科学、生态科学等。此外，还表现为新技术、新方法在生态监测中的实际运用。

"3S" 技术

生态监测的新内涵中包括对大范围生态系统的宏观监测，因此，许多传统的监测技术不适应于大区域的生态监测，而遥感、地理信息系统与全球定位（统称"3S"集成）一体化的高新技术可以解决这个问题。

（1）遥感技术，RS 在生态监测方面上的应用主要有遥感数据源的选择、地理坐标的选择（主要包括投影方式的选择、影像的几何配准、色彩匹配等工作技术流域与质量控制）、遥感影像的识别（即不同生态类型或景观的判读，主要包括分析体系的确立、判读标志的建立、质量控制与质量保证、野外验证等）、数据库的建设（空间数据库的生成、属性数据库的建立、影像库的建立、标志库的建立等）。

（2）地理信息系统，GIS 主要用于数据空间分析，包括数据库，如地形地貌、水文、环境背景（如积温、降水、太阳辐射等）以及遥感解析所生成的矢量生态景观类型数据，通过 GIS 实现对这些数据的面积的量算以及空间综合分析。

（3）全球定位系统，生态监测主要是利用 GPS 实现对野外调查的空间定位、环境质量监测网的空间定位、示范区（点）的空间定位等，来进行生态状况的综合分析。

电磁台网监测系统

高星在我国西部地区进行环境地球物理监测的探讨中认为，可以利用电磁台网络监测系统进行西部脆弱生态环境的监测。以中长电磁波近地表传播衰减因子观测为基础的环境调查监测系统克服了天然地震层析、卫星遥感等技术对包括沙漠、黄土、冰川、湖泊沉积在内的地球表层和浅层监测的不足，以其对环境变化敏感、有一定穿透深度、不同频率信号反映不同深度信息、台网观测技术方便等优点而应用到生态监测中来。该系统通过对中长电磁波衰减因子数据的研究，利用现代层析成像技术，建立西部地区高分辨率浅层三维导电率地理信息系统，为监测、研究、预测西北地区浅层环境变化打下了基础。

其他高新技术

中国技术创新信息网上发布了用于远距离生态监测的俄罗斯高新技术——可调节的高功率激光器，在距离 300 m 的范围内，可以发现和测量甲烷以及其他 C_nH_{2n+2} 系列（乙烷、丙烷、异丁烷等）的碳氢化合物的浓度，浓度范围为 0.000 3%～0.1%（在 3 m 区间），该项技术正在推广。其他高新技术如俄罗斯已成功研制的"卡－137"多用途无人直升机可用于生态监测。

7.2.2 国内外生态监测的进展状况

7.2.2.1 国外

20 世纪 70 年代末期，前苏联开展了有关生态监测方面的工作，其中包括自然环境污染监测计划、生态反映监测计划、标准自然生态系统功能指标及其人为影响变化的监测计划等，随后一些东欧国家也相继制定了本国的生态监测计划。但真正意义上的生态监测直到 80 年代才开始。美国依据其强大的技术优势和经济优势率先开始了生态监测工作，其中最具代表性的项目是实施 "长期生态研究计划"，现已有 17 个野外监测站，其主要工作是对森林、草原、农田、沙漠、溪流、江河、湖泊和海湾等不同类型的生态系统进行多方位的研究和监测；主要内容包括环境因子和生物因子各变量的长期监测，生物多样性变化监测，生态失调模式与频率的研究和物种目录的编辑等；在技术手段上，利用了遥感技术，并推广使用地理信息系统。1988 年由美国环保局发起，多个部门参加，开展了全国性的"环境监测与评价项目" 工作，其工作内容是对农业区、干旱区、河口近岸、森林、五大湖区、地表水、湿地等生态类型进行监测，目的是分析和评价各类生态系统的现状和发展趋势，揭示主要环境问题，为环境监理、决策和科研服务。

7.2.2.2 国内

中国开展生态环境监测较早，从 20 世纪 50 年代尤其是 70 年代以来，开展了一系列的环境、资源和污染方面的调查与研究工作，各相关部门和单位（如原国家环保总局、中国科学院、农业部、国家林业局、国家海洋局、国家气象局等）相继建立了一批生态研究和环境监测站（点），如原国家环保总局生态监测网站有内蒙古草原生态环境监测站、新疆荒漠生态环境监测站、官渡区生态环境监测、黄河流域水土保持生态环境监测、河南省渔业生态环境监测、南极中山站近岸海域生态环境监测等；内陆湿地生态监测站（以洞庭湖湿地生态监测为主，太湖及其他湖泊湿地也进行了一定的湿地生态监测）；海洋生态监测网以天津（渤海湾）、广州（两江口）、上海（长江口）为骨干，进行典型海湾、渔场的海洋生态监测；森林生态监测站有吉林抚松森林生态监测站、武夷山森林生态监测站、西双版纳热带雨林生态监测站；流域生态监测网有长江暨三峡生态监测网；农业生态监测站有江苏大丰县农业生态监测站；自然陆地生态监测站有黄山太平陆地生态监测站、张家界（武陵源）陆地生态环境监测站。农业部在国家、省、县 3 级建立了 4 个（农业、渔业、农垦、畜牧）监测中心站和 420 多个监测站，组成农业生态环境监测网络。国家林业局设有 11 个森林生态定位研究站，国家海洋局在浙江舟山和福建厦门设有 2 个海洋生态监测站，中国气象局共设有 70 个观测局部气候因素与作物生长关系的生态监测站，中国科学院在全国主要生态区设有 52 个生态定位研究站，长期进行生态、气候变化监测。以上各生态监测网站都进行了富有成效的工作，这些成绩和取得的经验为深入开展生态监测工作奠定了基础。

7.2.3 生态监测的任务和优先监测的生态项目

7.2.3.1 生态监测的任务

在我国，目前进行生态监测的基本任务是：

（1）对区域范围内的珍贵生态类型包括珍稀物种及因人类活动所引起的相应的生态问题的发生面积及数量在时间与空间上动态变化的监测。

（2）对人类的资源开发活动所引起的生态系统的组成、结构和功能变化的监测。

（3）环境污染物对生态系统的组成、结构和功能的影响监测及其在生物链上的传递。

（4）对破坏的生态系统在治理过程中，生态恢复过程的监测。

（5）通过监测数据的集积，研究上述各种生态问题的变化规律及发展趋势，建立相应的数字模型，为预测预报和影响评价打下基础。

（6）为政府部门制定相关环境法，进行有关决策提供科学依据。

寻求符合我国国情的资源开发治理模式及途径，以保证我国生态环境的改善及国民经济持续协调地发展。

（7）支持国际上一些重要的生态研究与监测计划，如 GEMS、MAB、IGBP 等，加入国际生态监测网络。

7.2.3.2 我国优先监测的生态项目

目前我国生态监测中优先项目如下：

（1）全球气候变暖所引起的生态系统或动植物区系位监测。

（2）珍稀濒危动植物物种及其栖息地的监测。

（3）水土流失的时空分布及环境影响的监测。

（4）沙漠化时空分布及环境影响的监测。

（5）草原沙化退化的时空分布及环境影响的监测。

（6）人类活动对陆地生态系统，包括森林、草原、荒漠、农田等生态环境系统的结构功能和影响的监测。

（7）水环境污染对水体生态系统，包括湖泊（含水库）、河流、海洋及湿地等生态系统的结构与功能的影响的监测。

（8）主要环境污染物，包括农药、化肥、有机污染物和重金属在土壤—植物—水体系统中的迁移和转化的监测。

（9）水土流失、沙漠化及草原退化地区优化治理模式的生态监测。

（10）各生态系统中微量气体的释放量与吸收的监测。

7.2.4 生态监测方法

生态监测方法有地面监测、空中监测和卫星监测 3 种。

7.2.4.1 地面生态监测

在所监测区域建立固定站，由人徒步或越野车等交通工具按规划的路线进行定期测量和收集数据。它只能收集几公里到几十公里范围内的数据，而且费用是最高的，但这是最基本也是不可缺少的手段。因为地面监测是"直接"数据；它可以为空中和卫星监测进行校核；某些数据只能在地面监测中获得，例如：降雨量、土壤湿度、小型动物、动物残余物（粪便、尿和残余食物）等。

7.2.4.2 空中生态监测

一般采用 4～6 座单引擎轻型飞机，由 4 人执行任务：驾驶员、领航员和两名观察记录员。首先绘制工作区域图，将坐标图覆盖所研究区域，典型的坐标是 10 km×10 km 一小格。飞行安排在上午或下午适当时间，避免不良光线影响，中午动物可能躲在树荫下休息，也不适合。

飞行速度大约 150 km/h，高度大约 100 m，观察员前方有一观察框，视角约 90°，观察地面宽度约 250 m。显然，飞行的高度误差将影响观察的准确性。

7.2.4.3 卫星生态监测

利用地球资源卫星监测天气、农作物生长状况、森林病虫害、空气和地表水的污染情况等已经普及。

卫星监测最大的优点是覆盖面宽，可以获得人工难以到达的高山、丛林资料；由于目前资料来源增加，费用相对降低。但对地面细微变化难以了解。因此地面监测、空中监测和卫星监测相互配合才能获得完整的资料。

7.2.5 生态监测的指标体系

生态监测指标体系主要指一系列能敏感清晰地反映生态系统基本特征及生态环境变化趋势并相互印证的项目，是生态监测的主要内容和基本工作。生态监测指标的选择首先要考虑生态类型及系统的完整性，陆地生态系统包括森林生态系统、草原生态系统、内陆水域和湿地生态系统、荒漠生态系统、农田生态系统和城市生态系统，其指标体系可由气象要素、水文要素、土壤要素、植物要素、动物要素和微生物要素构成。海洋生态系统包括海洋、海岸带和咸水湖泊，其指标体系可由气象要素、水文要素、水质要素、底质要素、浮游动物要素、浮游植物要素、底栖生物要素、微生物要素等构成。陆地生态系统的指标体系见表 7-1，水生生态系统监测指标体系见表 7-2。

表 7-1　陆生生态系统监测指标

要素	常规指标	选择指标
气象	气温；湿度；风向；风速；降水量及分布；蒸发量；地面及浅层地温；日照时数	大气干、湿沉降物及其化学组成；林间 CO_2 浓度（森林）
水文	地表径流量；径流水化学组成：酸度、碱度、总磷、总氮及 NO_2^-、NO_3^-、农药（农田）；径流水总悬浮物；地下水位；泥沙颗粒组成及流失量；泥沙化学成分：有机质、全氮、全磷、全钾及重金属、农药（农田）	附近河流水质；附近河流泥沙流失量；农田灌水量、入渗量和蒸发量（农田）
土壤	有机质；养分含量：全氮、全磷、全钾、速效磷、速效钾；pH 值；交换性酸及其组成；交换性盐基及其组成；阳离子交换量；颗粒组成及团粒结构；容重；含水量	CO_2 释放量（稻田测 CH_4）；农药残留量、重金属残留量、盐分总量、水田氧化还原的电位、化肥和有机肥施用量及化学组成（农田）；元素背景值；生命元素含量；沙丘动态（荒漠）
植物	种类及组成；种群密度；现存生物量；凋落物量及分解率；地上部分生产量；不同器官的化学组成：粗灰分、氮、磷、钾、钠、有机碳、水分和光能的收支	可食部分农药、重金属、NO_2^- 和 NO_3^- 含量（农田）；可食部分粗蛋白、粗脂肪含量
动物	动物种类及种群密度；土壤动物生物量；热值；能量和物质的收支；化学成分：灰分、蛋白质、脂肪、全磷、钾、钠、钙、镁	体内农药、重金属残留量（农田）
微生物	种类及种群密度；生物量；热值	土壤酶类型；土壤呼吸强度；土壤固氮作用

表 7-2　水生生态系统监测指标

要素	常规指标	选择指标
水文气象	日照时数；总辐射量；降水量；蒸发量；风速、风向；气温；湿度；大气压；云量、云形、云高及可见度	海况（海洋）；入流量和出流量（淡水）；入流和出流水的化学组成（淡水）；水位（淡水）；大气干湿沉降物量及组成（淡水）
水质	水温；颜色；气味；浊度；透明度；电导率；残渣；氧化还原电位；pH 值；矿化度；总氮；亚硝态氮；硝态氮；氨氮；总磷；总有机碳；溶解氧；化学需氧量；生化需氧量	重金属（镉、汞、砷、铬、铜、锌、镍）；农药；油类；挥发酚类
底质	氧化还原电位；pH 值；粒度；总氮；总磷；有机质	重金属（总汞、砷、铬、铜、锌、镉、铅、镍）；硫化物；农药
游泳动物	个体种类及数量；年龄和丰富度；现存量、捕捞量和生产力	体内农药、重金属残留量；致死量和亚致死量；酶活性（p-450 酶）
浮游植物	群落组成；定量分类数量分布（密度）；优势种动态；生物量；生产力	体内农药、重金属残留量；酶活性（p-450 酶）
浮游动物	群落组成定性分类；定量分类数量分布；优势种动态；生物量	体内农药、重金属残留量
微生物	细菌总数；细菌种类；大肠杆菌群及分类；生化活性	
着生藻类和底栖动物	定性分类；定量分类；生物量动态；优势种	体内农药、重金属残留量

7.3 生态评价

7.3.1 概述

7.3.1.1 概念

生态评价

生态评价也叫生态环境评价，一般可分为生态环境质量评价和生态环境影响评价。

（1）生态环境质量评价。生态环境质量评价主要考虑生态系统属性信息，是根据选定的指标体系，运用综合评价的方法评定某区域生态环境的优劣，作为环境现状评价或环境影响评价的参考标准，或为环境规划和环境建设提供基本依据。例如，野生生物种群状况、自然保护区的保护价值、栖息地适宜性与重要性评价等，都属于生态环境质量评价。生态环境质量评价还可用于资源评价中。

生态环境质量评价类型主要有生态安全评价、生态风险评价、生态系统健康评价、生态系统稳定性评价、生态系统服务功能评价、生态环境承载力评价等。

（2）生态环境影响评价。生态环境影响评价其含义是对人类开发建设活动可能导致的生态环境影响进行分析与预测，并提出减少影响或改善生态环境的策略和措施。例如，分析某生态系统的生产力和环境服务功能，分析区域主要的生态环境问题，评价自然资源的利用情况和评价污染的生态后果，以及某种开发建设行为的生态后果，都属于生态环境影响评价的范畴。

生态评价与环境评价

环境评价主要是环境影响评价。环境影响评价是我国一项重要的环境保护制度。一般说来，环境影响评价应当包括生态影响评价在内，但现行环境影响评价以污染评价为主，其生态影响评价的内容不全、深度不够，与实际需要的生态环境影响评价尚有较大差距，而且二者在诸多方面确有不同，详见表7-3。

表7-3　生态环境影响评价与现行环境影响评价的区别

	现行环评	生态环评
主要目的	控制污染，解决清洁、安静问题，主要为工程设计和建设单位服务	保护生态环境和自然资源，解决优美和持续性问题，为区域长远发展利益服务
主要对象	污染型工业项目，工业开发区	所有开发建设项目，区域开发建设
评价因子	水、大气、噪声、土壤污染，根据工程排污性质和环境要求筛选	生物及其生境，污染的生态效应，根据开发活动影响性质、强度和环境特点筛选
评价方法	重工程分析和治理措施、定量监测与预测、指数法	重生态分析和保护措施，定量与定性方法相结合，综合分析评价
工作深度	阐明污染影响的范围、程度，治理措施达到排放标准和环境标准要求	阐明生态环境影响的性质、程度和后果（功能变化），保护措施达到生态环境功能保持和可持续发展需求的要求
措施	清洁生产、工程治理措施，追求技术经济合理化	合理利用资源，寻求保护、恢复途径和补偿、建设方案及替代方案
评价标准	国家和地方法定标准，具有法规性质	法定标准、背景与本底、类比及其他，具有研究性质

7.3.1.2 生态环境影响评价的基本原则

（1）可持续性原则。生态环境影响评价首先要遵循可持续性原则，保护生存资源，包括土地资源、水资源等可更新的自然资源，使其可以永续利用。另外，还要保护区域生态环境功能，保护生态环境的承载力，使其能够维持人类生存环境。

（2）科学性原则。生态环境影响评价还必须遵循生态学的基本原理，即生态环境的层次性、整体性、区域性、特别性和生物多样性保护的优先性。这些都是符合生态环境的特点和变化规律的。以生态学的理论和方法指导生态环境影响评价才能既符合实际，又能深入地解释生态环境影响的原因和特点，才能具有科学性。

（3）针对性原则。不同区域的生态环境既有共同具备的共性，也具有特别的个性，因此生态环境评价必须因地制宜，具备针对性。此外不同的开发建设活动对生态环境的影响也各有不同，生态环境影响评价对此也必须具备针对性。

（4）政策性原则。生态环境影响评价要提供国家或地方在决策中的科学依据，除应具备科学性，还必须具备政策性，符合国家法规和政策。我国制定和颁布了一系列保护生态环境的法规，还制定并实行了一系列有关的政策。这些法规和政策中都有保护生态环境的条款和内容，都是生态环境影响评价工作的法律和政策依据，是必须遵循的。

（5）协调性原则。生态环境影响评价的面积较大、涉及面宽、综合性强，影响到方方面面，因此，生态环境影响评价必须坚持协调性的原则，做好以下几个方面的协调：

☞ 协调生态保护与经济发展的关系。
☞ 协调整体利益与局部利益的关系。
☞ 协调长远利益与当前利益的关系。
☞ 协调部门之间的关系。
☞ 协调区域开发与项目建设的关系。
☞ 协调国家政策与市场经济的关系。
☞ 协调生态环境的开发与生态补偿的关系。

总之，协调好各种关系，才能使生态环境影响评价符合国情，既有原则性，又有灵活性；既有科学性，又有可操作性。

7.3.1.3 生态环境影响基本评价方法

生态系统是一个比较复杂的巨系统，要对其进行生态影响评价，就需要采用一定的方法。生态环境质量的评价方法大致可分为两种类型，一种是作为生态系统质量的评价方法，主要考虑的是生态系统的属性信息。另一种评价方法是从社会、经济的观点评价生态环境质量，评价人类社会经济活动引起的生态系统变化。

选择的指标

（1）生物丰度指数：是指衡量被评价区域内生物多样性的丰贫程度。

（2）植被覆盖指数：是指被评价区域内林地、草地及农田 3 种类型的面积占被评价区域面积的比重。

（3）水田密度指数：是指被评价区域内河流总长度、水域面积和水资源量占被评价区域面积的比重。

（4）土地退化指数：是指被评价区域内风蚀、水蚀、重力侵蚀、冻融侵蚀和工程侵蚀的面积占被评价区域面积的比重。

（5）污染负荷指数：是指单位面积上担负的污染物的量。

指数评价法

指数评价法即环境质量指标法，是最早用于环境质量评价的一种方法，有一定的客观性和可比性，常用于建设项目环境影响评价中。指数评价法简明扼要，符合人们所熟悉的环境影响评价思路，其难点在于需明确建立表征生态环境质量的指标体系。按《生态环境质量评价技术规定》，生态环境质量用生态环境质量指数（Ecological Quality Index，EQI）表示：

$$生态环境质量指数=0.3\times 生物丰度指数+0.2\times 植被覆盖指数+0.25\times 水网密度指数+$$
$$0.15\times（100-土地退化指数）+0.1\times（100-污染负荷指数）$$

其中：

$$生物丰度指数=A_{bio}\times（0.5\times 森林面积+0.3\times 水域面积+0.15\times 草地面积+0.05\times$$
$$其他面积）/区域面积$$

式中：A_{bio}——生物丰度指数的归一化系数。

$$植被覆盖指数=A_{veg}\times（0.5\times 林地面积+0.3\times 草地面积+0.2\times 农田面积）/区域面积$$

式中：A_{veg}——植被覆盖指数的归一化系数。

$$水网密度指数=A_{riv}\times 河流长度/区域面积+A_{lak}\times 湖库（近海）面积/区域面积+$$
$$A_{res}\times 水资源量/区域面积$$

式中：A_{riv}——河流长度的归一化系数；

A_{lak}——湖库面积的归一化系数；

A_{res}——水资源量的归一化系数。

备注：计算值大于 100 时，一律按 100 计算。

$$土地退化指数=A_{ero}\times（0.05\times 轻度侵蚀面积+0.25\times 中度侵蚀面积+$$
$$0.7\times 重度侵蚀面积）/区域面积$$

式中：A_{ero}——土地退化指数的归一化系数。

$$污染负荷指数=（A_{SO_2}\times 0.4\times SO_2 排放量+A_{sol}\times 0.2\times 固废排放量）/区域面积+$$
$$A_{COD}\times 0.4\times COD 排放量/区域年均降雨量$$

式中：A_{SO_2}——SO_2 的归一化系数；

A_{sol}——固体废物的归一化系数；

A_{COD}——COD 的归一化系数。

备注：计算值大于 100 时，一律按 100 计算。

根据生态环境质量指数，将生态环境质量分为五级，即优、良、一般、较差和差，见表 7-4。

表 7-4　生态环境质量分级

级别	优	良	一般	较差	差
指数	EQI≥75	55≤EQI<75	35≤EQI<55	20≤EQI<35	EQI<20
状态	植被覆盖度好，生物多样性好，生态系统稳定，最适合人类生存	植被覆盖度较好，生物多样性较好，适合人类生存	植被覆盖度处于中等水平，生物多样性一般水平，较适合人类生存，但偶尔有不适人类生存的制约性因子出现	植被覆盖较差，严重干旱少雨，物种较少，存在着明显限制人类生存的因素	条件较恶劣，多属戈壁、沙漠、盐碱地、秃山或高寒山区。人类生存环境恶劣

质量评分分级法

采用质量评分分级法，将各评价指标标准值转换成城市生态位分级端点分值。Ⅰ级标准为 100 分，Ⅱ级标准为 80 分，Ⅲ级标准为 60 分，Ⅳ级标准低于 60 分。并按差分值将评价参数转换为相应质量级段内的分数值，计算方法：

$$P_{mij} = \frac{P_大 - P_小}{C_大 - C_小}(C_j - C_小) + P_小 \tag{1}$$

式中：P_{mij}——j 指标转换分值；

　　　$P_大$、$P_小$——j 指标中最贴近 P_{mij} 的端点分值；

　　　C_j——j 指标实际调查值；

　　　$C_大$、$C_小$——j 指标中最贴近 C 值的分级阈值。

将各指标的实际调查值按（1）式全部转换为表征生态环境质量等级的分值，再按（2）式计算各生态位组分项综合评价结果。

$$P_{mi} = \sum_{j=1}^{n} a_j P_{mij} \tag{2}$$

式中：a_j——j 指标相应的权重；

　　　P_{mi}——生态位组综合评分值，即城市生产位、城市生活位和城市环境位评分值之和。

按（3）式等权综合得到各城市生态位，即生态环境质量评分值。

$$P_m = \frac{1}{m} \sum_{j=1}^{n} a_j P_{mi} \tag{3}$$

式中：P_m——城市等权综合生态位，即生态环境质量评分值；

　　　m——评价标准数，即城市生产位评价标准、城市生活位评价标准和城市环境位评价标准。

根据评价结果，将生态环境质量分为 4 级：

Ⅰ级标准：为目前国内先进标准，属目前国内先进水平。

Ⅱ级标准：为目前国内良好级标准，属目前国内较先进水平。

Ⅲ级标准：为目前国内一般标准，属目前国内一般水平。

Ⅳ级标准：为目前国内较差级标准，属目前国内较差水平。

生态环境评价模型

研究区域生态环境质量评价按下式计算：

$$I_{EQ} = \frac{1}{N} \sum_{i=1}^{N} A_i W_i$$

式中：I_{EQ}——生态环境质量指数；

　　　A_i——第 i 个生态环境特征因子的赋值；

　　　W_i——第 i 个生态环境特征因子的权重；

　　　N——参与评价的特征数。

生态特征因子 A_i 按 100 分制进行赋值。生态环境质量 IEQ 分为 5 级：Ⅰ级为 100～70，Ⅱ级为 69～50，Ⅲ级为 49～30，Ⅳ级为 29～10，Ⅴ级为 9～0。

综合评价法

综合评价法是进行生态环境质量综合评价中运用较多的一种方法。此法的具体应用是层次分析法（AHP 法）。它是模拟人脑对客观事物的分析与综合过程，将定量分析与定性分析有机结合起来的一种系统分析方法。层次分析法的应用研究很多，姚建、朱晓华等将层次分析法运用于生态环境质量评价中。

其评价模型为：

$$P = \sum_{i=1}^{n} F_i W_i$$

式中：P——生态环境质量综合评价值；

F_i——第 i 个因子的作用值；

W_i——第 i 个因子的权重值，由层次分析法计算得到；

n——评价中所选指标因子个数。

表 7-5　生态环境质量指数分级

分级与标准	优秀	良好	一般	较差	恶劣
区间值	（80，100]	（60，80]	（40，60]	（20，40]	（0，20]
区间代表值	90	70	50	30	10

层次分析法

基本层次原理是对评价系统的有关方案的各种要素分解成若干层次，并以同一层次的各种要求按照上一层要求为准则，进行两两的判断比较和计算，求出各要素的权重。根据综合权重按最大方案确定最优方案。它的基本方法大致可以归纳为六大步骤：第一，明确求解问题；第二，建立层次结构模型；第三，构造判断矩阵；第四，进行层次单排序；第五，进行层次总排序；第六，进行一致性检验。

主成分分析法

在多指标的质量综合评价中，常常是通过加权法将多个指标的评价值综合在一起，以得到一个整体性的评价值。主成分分析法就是要从较多的指标中找出较少的几个综合的指标，而这些指标能较好地反映原来资料的信息，也就是在保证数据信息损失最小的前提下，经线性变换和舍弃一小部分信息，以少数的综合变量取代原始的多维变量。

模糊评价法

环境质量具有精确与模糊、确定与不确定的特性，所以环境质量评价中又引入了模糊评价方法。常采用的模糊评价法有模糊综合评价法、模糊聚类评价法等。徐福留等将模糊聚类和层次分析相结合，提出城市环境质量多级模糊综合评价法。

灰色关联度分析法

此方法确定权值，首先要选取决定研究地区生态环境变化的主导因子，再确定其他指标同主层因子决定的指标之间的关联度排序，然后以此关联度为基础，决定权重的分析。

人工神经网络评价法

由于人工神经网络有类似人的大脑思维过程，可以模拟人脑解决某些模糊性和不确定性问题的能力，因此，利用人工神经网络对已知环境样本进行学习，获得先验知识，学会对新样本的识别和评价。李祚泳等开展了人工神经网络在环境科学中的应用。他将人工神经网络 B–P 模型应用于环境质量评价。B–P 网络模型应用于环境质量评价，不需要对各评价指标权值大小作出人为规定，在学习过程中会自适应调整，评价结果具有客观性。另外，B–P 网络可以根据不同需要选取随意多个评价参数建立环境质量评价模型，此方法具有很强的适应性。

物元分析评价法

由于环境质量的单因子评价结果之间往往具有不相容性，利用关联函数可以取负值的特点，是评价与识别能全面地分析环境系统属于某评价等级集合的程度。物元评价法在构造了环境标准物元矩阵和节域物元矩阵的基础上，通过计算待评价的区域环境对各评价等级的综合关联度，进行综合环境质量评价。物元分析法由于环境质量评价的优点是有助于从变化的角度识别变化中事物，运算简便，物理意义明确，直观性好，缺点是关联函数形式确定不能规范，难以通用。

7.3.2 开发建设项目的生态环境影响评价

7.3.2.1 指导思想

（1）目的。明确开发建设者的环境责任，为区域生态环境管理和改善区域生态环境提供科学依据。

（2）特点。从区域着眼认识生态环境的特点和规划，从项目着手实施生态环境保护措施。

（3）原则。特别强调针对性原则，应以实地调查为主，评价结论必须符合当地生态环境的实际，保护措施应做到因地制宜、因害设防、重点建设、讲究效益。

（4）方法。尽可能明确化、定量化，注意分析清楚，重点明确，采用综合评价方法，也必须不使主要环境问题淡化和不使主要受影响因子变得模糊不清。

7.3.2.2 评价范围

生态环境调查、分析范围应大于开发建设活动直接影响所及的范围，生态环境保护措施的范围首先考虑直接受影响的范围，一般确定生态环境评价范围的考虑因素是：

（1）地表水特征。水是陆地生态系统的第一位限制因子，水系特征往往决定着生态系统的基本结构和运行规律。

（2）地形地貌特征。地形地貌是生态系统的另一类因子，也应调查分析清楚。

（3）生态特征。受影响生态系统具完整性，即整体性，因此，应考虑生态系统的结构、功能的整体性。

（4）开发项目的特征。也应根据开发项目的特征确定调查、分析及评价范围。

7.3.2.3 评价标准

基本要求

（1）能反映生态环境质量的优劣，特别是能够衡量生态环境功能的变化。

（2）能反映生态环境受影响的范围和程度，并尽可能定量化。

能用于规定开发建设活动的行为方式，即具有可操作性。

标准来源

（1）国家、行业、地方规定的标准。

（2）背景和本底标准。

（3）类比价标准。

（4）科学研究已判定的生态效应，也可作为开发建设项目生态环境影响评价中的参考标准。

指标值选取应考虑的基本原则

（1）可计量。

（2）先进性和超前性。

（3）地域性。

标准的应用

可以通过开发建设项目实施前后生态系统环境功能的变化来衡量生态环境的盛衰与优劣。但是开发建设项目的生态环境影响评价中的标准体系的应用是非常复杂的，一般是根据主要功能的分析和筛选，有选择地进行评价。

7.3.2.4 影响识别

影响因素识别

这是对开发建设项目的识别，包括主体工程、辅助工程、储运工程、拆迁工程等。

影响对象识别

早对受影响的生态环境的识别，包括对生态系统组成要素的影响，对区域主要生态环境问题的影响，对特别生态保护目标的影响等。

影响后果及程度的识别

（1）影响的性质　正影响或负影响；可逆影响和不可逆影响；可恢复或不可恢复；长期或短期；累积性影响或非累积性影响。

（2）影响的程度　影响范围大小；影响持续时间长短；影响发生的剧烈程度；是否影响生态系统的主要组成因素等。

7.3.2.5 评价等级

（1）等级划分原则。根据影响性质、程度和敏感性划分。

（2）评价等级及要求。

☞ 一级：为深入全面的调查与评价，生态环境保护要求严格，需进行技术经济分析和编制生态环境保护实施方案或行动计划，是造成不可逆变或影响程度大的开发项目。

☞ 二级：为一般评价为重点因子评价相结合，生态环境保护要求较严格，需针对重点问题编制生态环境保护计划和进行相应的技术经济分析。是基本不会造成不可逆变化或影响程度不太大的开发项目。

☞ 三级：为重点因子评价或一般性分析，生态环境保护要求一般，需按规定完成绿化指标和其他保护与恢复措施。是本身无害于生态环境或影响很小的开发建设项目。例如城市建设区内的住房改造、小型技改项目、三产项目、生态工程项目、小流域治理、护坡护岸工程等。

7.3.2.6 生态环境调查

要求

一般应包括组成生态系统的主要生物要素和非生物要素；能明确认识区域或主要生态环境问题和影响生态环境的主要因素；能分析区域自然资源优势及利用情况；敏感的

生态保护目标和要求特别保护的对象。

自然生态系统调查内容

包括自然生态系统、区域生态环境问题和生态环境特别保护目标三个部分。

社会经济状况调查

（1）区域经济发展水平、结构、特征及分布。

（2）区域人口及其分布特点、规律。

（3）区域流行性疾病及地方病状况。

（4）区域社会文化特点。

7.3.2.7 生态分析

生态系统分析

首先确定生态系统的类型；其次进行生态系统结构的整体性分析；然后分析生态系统的物质与能量流动；最后是生态系统的生态功能分析。

相关性分析

将复杂的生态关系进行分析，确定那些相关性特别强的系统或因子，揭露生态系统的本质，进而采取最有效的措施加以保护。

生态的约束条件分析

（1）水分约束。

（2）土地与土壤约束。

（3）气候条件约束。

（4）地质地貌条件约束。

（5）生物条件约束。

（6）社会经济条件约束。

生态特殊性分析

（1）生态系统特殊性分析。

（2）主导性生态因子分析。

（3）敏感生态环境保护目标分析。

7.3.2.8 敏感生态环境保护目标分析

影响因素分析

（1）影响因素分析。

（2）化学性作用，指污染的生态效应。

（3）生物性作用。

影响对象分析

受影响的生态系统和生态因子；直接影响、间接影响或潜在影响；影响对象的敏感性等。其中敏感性高的保护对象包括以下几项：

（1）需要特别保护的对象。

（2）法定的保护目标如自然保护区。

（3）具有较高保护价值的目标。

（4）特别脆弱的生态系统。

（5）稀有或稀缺的自然资源。

影响效应分析

（1）影响效应的性质。正向还是负向，不可逆还是可逆的等。

（2）影响效应的程度。

（3）影响效应的特点。

（4）影响效应的相关性分析。

7.3.2.9 现状评价

现状评价

（1）植被现状评价并以图表达。

（2）动物。

（3）土壤。

（4）水资源评价。

生态系统结构与功能现状评价

结构可应用文字或图表示。功能可以定量或半定量评价。

区域生态环境问题评价

一般指区域生态环境问题，如水土流失、土地沙化、水资源破坏、生物多样性破坏等，可应用定性与定量、半定量相结合的方法予以评价。

生态资源评价

一般来讲，生态环境质量高，自然资源丰富，经济价值也高，可应用生态经济学的理论和多方面予以评价。

7.3.2.10 影响预测

基本步骤或程序

（1）选定影响预测的主要对象和主要预测因子。

（2）根据影响预测的对象和因子选择预测方法、模式、参数，并进行计算。

（3）研究确定评价标准和进行主要生态系统和主要环境功能的预测评价。

（4）进行社会、经济和生态环境相关影响的综合评价与分析。

影响预测的内容和指标

例如农业生态环境和山地丘陵生态环境的影响预测如表 7-6 所示。

表 7-6 农业生态环境一般考虑的影响内容与指标

环境功能	功能性质	影响预测因子与指标考虑
生态资源生产力（含特产）	主功能	资源类型、面积、产量与价值；污染影响面积、程度、种类与损失价值
土壤质量保护	支持条件	污染面积、程度；肥力和水分变化等
蓄水功能	相关功能	集水面积、持水能力、蓄水量、地下水影响
保护土壤	支持条件	土壤侵蚀面积、特点、模数、侵蚀量及相关损失
防止沙化	支持条件	沙化面积、侵蚀模数、相关损失
区域气候维持	相关功能	干湿度变化、防风能力变化等
防止盐渍化	支持条件	盐渍化面积、程度、变化动态、经济损失、物种损失
生物多样性	支持条件	物种增减数量与种类，生境变化情况，生态平衡分析

预测评价

（1）阐明开发建设项目主要影响的生态系统及其环境功能，影响的性质和功能。

（2）阐明影响的补偿可能性和生态环境功能的可恢复性。

（3）阐明主要敏感目标的影响程度及保护的可行途径。

（4）阐明主要生态问题及生态风险。

（5）阐明生态环境的宏观影响。

表 7-7　山地丘陵生态环境影响预测的一般内容与指标考虑

环境功能	功能性质	影响预测的内容与指标
生物资源生产力 （含特产）	主功能	土地类型、面积、生物资源量与价值；污染影响面积、程度，影响种类及损失量
森林与植被	支持条件	种类、面积、覆盖率、相关影响
蓄水功能	主功能	集水面积、蓄水量、覆盖率、相关影响
保护土壤	主功能	侵蚀面积、模数、土壤流失量及相关损失
防止灾害	相关功能	崩、滑、流易发点、概率、量及经济损失
生物多样性保护	主功能	物种多样性动态变化，影响范围
调节水文	相关功能	对极端水情的缓解情况，消洪补枯作用
调节气候	相关功能	防风能力、干湿变化、制氧与吸收 CO_2
净化污染物景观等	相关功能	吸收污染物种类、数量及变化情况视具体情况确定

7.3.2.11 生态环境保护措施

基本要求

（1）体现法规的严肃性。

（2）要有明确的目的性。

（3）具有一定的超前性。

（4）科学性与可行性相结合。

（5）提高针对性和注重实效。

提高生态环境保护措施的思路和原则

（1）保护　"预防为主"、"积极保护"。

（2）恢复　尽量使生态环境恢复。

（3）补偿　向生态环境进行补偿是关键。

（4）建设　重在建设。

（5）替代方案　供决策比较选择。

（6）技术的选择　选择清洁、高效的技术。

（7）工程措施　包括一般性工程措施和生态工程措施。

（8）加强管理。

7.3.3　区域性生态环境影响评价

7.3.3.1　确定评价整体框架

首先是进行信息收集和初步现场踏勘，识别环境影响和环境问题，确定评价的主要对象、评价范围，明确评价目的；进而建立评价的准则，确定评价标准和环境保护目标；在此基础上确定工作整体框架和编制评价大纲。

7.3.3.2 区域生态环境调查

自然系统调查

（1）地理地质。

（2）水和水资源。

（3）植被。

（4）动物。

（5）气候。

（6）土壤。

（7）土地资源。

（8）矿产资源。

（9）海岸和海洋。

（10）特殊和稀有资源。

（11）区域特殊生态系统、生境和敏感生态保护目标。

（12）区域生态环境问题。

（13）区域自然灾害。

（14）区域污染。

（15）区域生态系统的演变历史。

（16）其他需要特别调查的内容。

社会系统调查

（1）人口和人口规划。

（2）交通情况。

（3）人类聚落，即乡村与城镇。

（4）行政管理。

经济系统调查

7.3.3.3 生态分析与评价

区域生态系统分析

分为生态结构、生态过程和生态功能三部分的分析。

区域资源态势分析

（1）主要内容　资源种类、优势，利用合理性，生物资源生产潜力，土地资源潜力，区域可持续发展资源供需分析，特殊和特有资源分析等。

（2）基本原则　优先考虑生存资源的永续利用；保护稀缺资源；保护资源的稀有和特殊用途；可再生资源用养结合，采补平衡。

区域生态环境影响分析

（1）识别经济环境影响因素。

（2）识别生态影响因子。

（3）生态影响矩阵分析。

区域社会—自然—经济复合生态系统综合分析

（1）生态环境的人口与经济承载力分析。

（2）土地利用的适宜度分析。

（3）生态环境与资源的相关分析。

（4）生态环境与社会经济发展协调性分析。

（5）生态环境敏感性分析。

7.3.3.4 区域生态环境的功能区别

基本原则

（1）以自然属性为主。

（2）突出主要功能。

（3）满足可持续发展要求。

（4）重视资源保护。

（5）尽可能与行政区划相协调。

类型

（1）重要的资源生产与保护区。

（2）应保护和保留自然景观和生态系统。

（3）为防止污染和自然灾害，维护区域环境和经济社会稳定、人工或自然生态系统。

（4）为消纳区域社会经济活动产生的污水、固体废物而设立的设施。

以上四种类型中包含一些具体功能区，以及一些相关的区域与设施。

生态功能区规划方法的选择

（1）定性分析。

（2）专家咨询。

（3）生态叠图以及模糊聚类分析。

（4）"Q分析"。

（5）层次分析法＜AHP＞。

7.3.3.5 区域生态环境影响预测与评价

（1）影响因素分析。

（2）生物资源生产力影响预测。

（3）水资源影响预测。

（4）区域生态结构影响预测。

（5）区域生态多样性影响预测。

（6）生态环境功能影响预测。

（7）特别生态环境保护目标的影响预测。

（8）区域主要生态环境问题预测。

（9）区域生态环境风险预测。

（10）社会文化影响预测。

预测方法选择

（1）区域生态环境影响预测一般采取定性与定量相结合的方法。

（2）资源影响预测则采用定量或半定量方法。

（3）环境功能影响预测则采用半定量或定性分析方法。

综合性影响评价

评价的范围包括：区域生态系统总体变化趋势；生态环境功能的变化程度；区域自然资源和生态环境对人口和经济的承载能力；影响区域可持续发展的主要生态环境问题和区域功能目标的可达性等。

表 7-8　生态环境影响预测方法选择示例

预测内容	指标选择与方法选择
生物资源生产力	实物量与价值：生产力预测法、实物量计算、货币化比较
水资源	水量水质：行业计算方法、污染指数法、水价计算
生态系统结构	整体性与协调性：生态分析、景观评价法
生态蓄水功能	参照森林保持土壤功能评价
保护土壤功能	参照森林保护土壤功能评价法
防风固沙功能	参照森林防风固沙评价法、类比调查法
调节气候功能	参照森林气候调节功能评价法、定性分析、类比分析
消纳污染物功能	稀释功能与自净功能：参照《导则》及自净能力计算法
生物多样性保护	多样性指数与生态：定性分析、定量评价、生境评价
水土流失问题	侵蚀模数与侵蚀量：土壤失量、肥分损失与经济价值计算
地质灾害问题	沙化面积及程度：定性分析与定量计算相结合、类比分析
气候灾害问题	灾害类型、频率、损失；历史调查、指数法、科学实验法
污染生态效应	环境质量标准等；定性分析，类比调查，指数法，科学实验法
区域生态环境质量	多层次多指标；层次分析法，景观评价法，综合评分法等

7.3.3.6　区域生态环境保护方案与措施

原则要求

（1）突出建设法。

（2）突出政策法。

（3）突出协调性。

（4）刚性与弹性相结合。

（5）强化管理。

基本内容

（1）提出区域生态环境管理的政策性建议。

（2）提出生态环境管理方案。

（3）提出生态功能分区方案。

（4）提出生态建设工程方案。

方案措施的技术经济论证

7.4 生态规划与设计

工业革命后，随着全球性资源及环境问题的加剧，人类社会迫切的发展需求、有限的资源承载力与脆弱的生态环境之间的矛盾日益尖锐。协调经济发展与资源环境的关系，寻求社会、经济与生态的可持续发展，已成为当今科学界所关注的一个重要课题。景观规划的发展和生态学的形成与发展，最终导致景观规划与生态学原则逐渐走向结合，从而产生了生态规划与设计。生态规划与设计是实现资源永续利用和社会、经济与生态可持续发展的一条重要途径，也是几代景观设计师、规划师所追求的目标。

7.4.1 生态规划与设计内涵

综合国内外研究，不同学科和领域对生态规划和生态设计有不同的理解。生态规划主要从宏观上对某个区域复合生态系统进行合理规划，指导未来的发展方向，协调各方面的矛盾，使之持续发展；而生态设计主要是从微观方面着手，对一些具体的要素进行合理的布局、组合与优化，达到最合理的利用，从而减少对环境的破坏与影响。

7.4.1.1 生态规划

生态规划由美国景观建筑师和区域规划专家麦克哈格（McHarg）提出，在他的具有划时代的著作《Design With Natur》（译为《设计结合自然》）中，系统地阐述了生态规划的思想，得到了许多生态学家和城市规划学者的认可，并在实践中得到了广泛应用。McHarg（1960）指出：生态规划（ecological planning）是在没有任何有害或在多数无害的情况下，对土地的某种用途进行的规划。直到现在，大多数研究人员认同的生态规划定义倾向于土地的生态利用规划。

早期生态规划多集中在土地空间结构布局和合理利用方面。随着生态学的不断发展及其在社会经济各个领域的广泛渗入，特别是复合生态系统理论的不断完善，生态规划已不仅仅限于土地利用规划、空间结构布局等方面，而是逐步扩展到经济、人口、资源、环境等诸多方面。生态规划也逐渐发展成一套将定量分析与定性分析、客观评价与主观感受、硬方法与软方法相结合的生态综合方法论。

按照马世骏的复合生态系统理论，生态规划是以社会—经济—自然复合生态系统为规划对象，应用生态学的原理、方法和系统科学的手段，去辨识、设计和模拟人工生态系统内的各种生态关系，确定最佳生态位，并提出人与环境协调的优化方案的规划。

曲格平主编的《环境科学词典》中对生态规划做了如下定义：生态规划是在自然综合体的天然平衡情况下不作重大改变、自然环境不被破坏和一个部门的经济活动不给另一个部门造成损害的情况下，应用生态学原理，计算并合理安排天然资源的利用及组织地域的利用。王如松认为生态规划就是要通过生态辨识和系统规划，运用生态学原理、方法和系统科学手段去辨识、模拟、设计生态系统内部各种生态关系，探讨改善系统生态功能、促进人与环境持续协调发展的调控政策。其本质是一种系统认识和重新安排人与环境关系的复合生态系统规划。

因此，可以认为生态规划是以生态学原理为指导，应用系统科学、环境科学等多学科手段辨识、模拟和设计生态系统内部各种生态关系，确定资源开发利用和保护的生态适应性，探讨改善系统结构和功能的生态对策，促进人与环境系统协调、持续发展的规划方法。生态规划的目标是增强可持续发展的能力，既要促进社会经济的发展，又要维护及改善区域自然环境的持续性与生态功能的完整性，因此，生态规划是实现区域可持续发展的一条有效途径。

7.4.1.2 生态设计

生态设计不是某个职业或学科所特有的，范围非常广，比如建筑的生态设计、能源的生态设计、景观的生态设计、工业及工艺的生态设计等。生态设计的思想最早出现在 20 世纪 60 年代的建筑学理论中，其起源与人们重新审视和批判西方工业社会价值观的社会思潮相关联。建筑大师弗兰克·赖特将建筑视为"有生命的有机体"，他所遵循的将作品与其时其地环境融为一体的有机建筑设计原则，就已经体现了深层生态学的设计原则。1970 年，保罗·索莱利已将其建筑生态学思想，即建筑学与生态学合二为一的思想应用到实际建筑中。1997 年 4 月，联合国环境规划署工业与环境中心出版了《生态设计——一种有希望的可持续生产与消费思路》。该书为生态设计提供了指导准则、实例及实际的步骤计划。这本"生态设计"手册无疑加快了世界生态设计的进程，使生态设计得到了日益广泛的重视和研究。

从工业或建筑方面来说，生态设计又被称为绿色设计或生命周期设计，是利用生态学思想，在产品开发阶段综合考虑与产业相关的生态环境问题，设计出对环境友好的，又能满足人的需要的一种新的产品设计方法。其理论基础是产业生态学中的工业代谢理论与生命周期评价。

从景观或生态方面来说，西蒙·范·迪·瑞恩（Sim Van der Ryn）和斯图亚特·考恩（Stuaur Cows）（1996）的定义：任何与生态过程相协调，尽量使其对环境的破坏影响达到最小的设计形式都称为生态设计，这种协调意味着设计尊重生物多样性，减少对资源的剥夺，保持营养和水循环，维持植物生境和动物栖息地的质量，以便帮助改善人居环境及生态系统的健康。在 2001 年，中国著名的景观设计师俞孔坚教授提出："任何与生态过程相协调，尽量使其对环境的破坏影响达到最小的设计形式都称为生态设计。"

综上所述，生态设计就是一种现代科学与社会文化环境下，运用生态学原理和生态技术，实现社会物质生产和社会生活的生态化。借助科学与现代技术，结合文化的传统，摒弃传统产业与生产、消费过程中的不完善之处，学习自然界的智慧，创造新的技术形式，利用新型能源进行无废料的生产与生态化的消费，从而实现人与自然的和谐与共赢。

7.4.2 生态规划与设计的原理

7.4.2.1 设计结合自然的原理

通过与自然的结合，在满足人类自身的基础上，同时也满足其他生物及其环境的需求，使得整个生态系统良性循环。一切自然生态形式都有其自身的合理性，是适应自然发生发展规律的结果。一切景观建设活动都应从建立正确的人与自然的关系出发，尊重自然，保护生态环境，尽可能小地对环境产生影响。

7.4.2.2 资源高效利用的设计原理

生态设计应该采取措施减少使用资源和能源。提倡节能设计，尽量减少能量消耗，提高能源使用效率，充分利用太阳能、风能、水利能等可再生的自然能源，减少石油、煤炭等不可再生资源的使用。节约用材，选择可再生、可降解、可循环利用的材料，避免产生过量的固体垃圾，破坏环境，浪费资源。这其中主要包括四个方面：

（1）保护。保护不可再生资源，作为自然遗产，不到万不得已，不予以使用。在东西方文化中，都有保护资源的优秀传统值得借鉴，它们往往以宗教戒律和图腾的形式来实现特殊资源的保护。在大规模的城市发展过程中，特殊自然景观元素或生态系统的保护尤具重要，如城区和城市湿地的保护，自然水系和山林的保护。

（2）减量。尽可能减少包括能源、土地、水、生物资源的使用，提高使用效率。设计中如果合理地利用自然的过程如光、风、水等，则可以大大减少能源的使用，如新建成的北京奥运村景园的照明灯基本是采用的太阳能和风能。新技术的采用往往可以数以倍计地减少能源和资源的消耗。

（3）再用。利用废弃的土地，原有材料，包括植被、土壤、砖石等服务于新的功能，可以大大节约资源和能源的耗费。如在城市更新过程中，关闭和废弃的工厂可以在生态恢复后成为市民的休闲地，在发达国家的城市景观设计中，这已成为一个不小的潮流。

（4）再生。大自然没有废物。在现代城市生态系统中，这一流是单向不闭合的。在人们消费和生产的同时，产生了垃圾和废物，因此有了水、大气和土壤的污染。如果将这一循环闭合起来，将废弃物满足新循环再使用，可以大大减少资源的消耗和降低能耗，节约因拆除而耗费的财力、物力。

7.4.2.3　发挥自然的生态调节功能与机制的设计原理

自然生态系统为维持人类生存和其他生物的生长，满足生命活动需要而提供各种条件和过程，这就是所谓的生态系统的服务。这些服务包括：①空气和水的净化；②减缓洪灾和旱灾的危害；③废弃物的降解和脱毒；④土壤和土壤肥力的创造和再生；⑤作物和自然植被的授粉传媒；⑥大部分潜在农业害虫的控制；⑦种子的扩散和养分的输送；⑧生物多样性的维持，从中人类获取农业、医药和工业的关键元素；⑨保护人类不受紫外线的伤害；⑩局部调节气候；⑪缓和极端气温和风及海浪；⑫维护文化的多样性；⑬提供美感和智慧启迪，以提升人文精神。

自然生态系统提供给人类的服务是全方位的。生态设计原理强调人与自然过程的共生和合作关系，通过与生命所遵循的过程和格局的合作，我们可以显著减少设计的生态影响。

7.4.2.4　尊重地域特征设计原理

生态设计应配合当地的自然环境特征和人文风俗习惯充分利用好地域特点。设计应充分考虑阳光、雨水、河流、土壤、植被等因素，从而维护自然环境的平衡。例如城市绿化建设中植物应多选择当地品种，不仅经济、容易成活，而且能营造出与当地环境相融的植物群落生态系统。建筑材料、产品设计材料等使用当地产的材料，同样也经济合理，并且能彰显地方特色。设计作品只有和当时当地的环境融合，才能被当时当地的人和自然接收吸纳。

7.4.2.5　公众参与设计的原理

生态设计的开放性还表现在公众的积极参与，"每个人都是设计者"。生态设计是人与自然的合作，也是人与人合作的过程。从本质上讲，生态设计包含在每个人的一切日常行为之中。对专业设计人员来说，这意味着自己的设计必须走向大众，走向社会，融大众的知识于设计之中。同时，使自己的生态设计理念和目标为大众所接受，从而成为人人的设计和人人的行为。

7.4.2.6 生态教育的设计原理

生态设计应该通过景观环境不断地向公众进行潜移默化的教育。在设计中普及生态知识，如设立指示牌、植物或鸟类名牌等，使公众在游玩的同时，可以受到相关的教育，从而自觉地保护好我们的生态系统。

7.4.3 生态规划与设计的主要类型

生态规划的主要类型

根据规划对象及学科方向不同，生态规划可以按地理空间尺度划分、按地理环境和生存环境划分、按社会科学门类划分。就中国目前生态规划对象的空间尺度与边界来说，还包括按行政区划的空间尺度进行划分。

按地理空间尺度划分

有区域生态规划、景观生态规划、生物圈生态保护区建设规划等。

（1）区域生态规划。它属于应用生态学范畴，可为制定土地政策、土地法律、土地利用规划和环境管理政策打下具有生态学意义的基础。其规划有两个主要任务：①编制规划区域的自然、社会、生态目录（即资源目录）；②规划设计，即对该地区发展的长远规划制定出要点，特别强调制定各种不同的供选择的土地利用和支持性的运输、公共工程和社会设施方案。

（2）景观规划。景观生态规划中的景观概念，比风景和地貌意义上的景观概念有更深更广的内涵和外延，并有其特殊的意义。它是指多个生态系统或土地利用方式的镶嵌体（Mosaic），空间尺度大体在几平方公里至几百平方公里的范围。"景观生态"一词最早由 Troll 于 1939 年提出，当时航片普及，使科学家能有效地在景观尺度上进行生物群落与自然地理背景相互关系的分析。但直到 20 世纪 80 年代以后，景观生态学才真正把土地镶嵌体作为对象的研究逐步总结出自己独特的一般性规律，使景观生态学成为一门有别于系统生态学和地理学的科学。它以研究水平过程与景观结构（格局）的关系和变化为特色。这些过程包括物种和人的空间运动，物质（水、土、营养）和能量的流动，干扰过程（如火灾、虫害）的空间扩散等。景观生态规划强调景观空间格局对过程的控制和影响，并试图通过格局的改变来维持景观功能流的健康和安全，它尤其强调景观格局与水平运动和功能流的关系。

（3）生物圈生态保护区建设和规划。生物圈保护是世界性生态环境建设问题。保证现有物种与生态系统的永续利用，保存遗传基因的多样性，保护生命支持系统和主要的生态过程是生物圈保护的三大目标。在保护区的建设和规划中，要处理好保护、开发、利用三者的关系，并将生物保护区的核心保护区、基因库保护、科学研究、旅游业等多层次、多目标的规划有机结合，作为生物圈保护建设和规划的原则。

按地理环境和生物生存环境划分

有陆地生态、海洋生态、淡水生态、草原生态、森林生态、土壤生态、城市生态、农村生态系统等生态规划，其中城市生态与农村生态规划是目前城市和农村发展建设管理的重要内容，并受到政府和规划部门的重视。城市是以人类为主体的生态系统，是人类群体活动高度集中的地域空间。城市的特点：①突出地表现为"集聚"，即人口的集聚以及建筑、资金、经济、科技、信息等的集聚；②城市生态系统是不完全的开放系统，城市还原功能差；③城市生态系统自我调节、修复、维持发展能力低下，需要人工去调节，以增强反馈机制，由于具有这些特点，城市生态规划十分强调规划的协调性，即强调经济、人口、资源、环境的协调发展，这是规划的核心所在；④强调规划的区域性，这是因为生态问题的发生、发展都离不开一定区域，生态规划是以特定的区域为依据，设计人工化环境在区域内的布局和利用；⑤强调规划的层次性。城市生态系统是个庞大的网状、多级、多层次的大系统，从而决定其规划有明显层次性。对城市生态规划，《国际人与生物圈计划》第五十七集报告中指出：城市生态规划，在内容上大致还可以分成以下几个子规划，即人口适宜容量规划、土地利用适宜度规划、环境污染防治规划、生物保护与绿化规划和资源利用保护规划等。

农村生态系统规划主要是大自然生态的利用、保护和建设规划，其中包括森林、水资源、草原、土壤、矿山、动植物等资源的利用、保护和建设；水土流失、风沙干旱、土壤沙化、盐碱化、草原退化、洪涝自然灾害等的治理。生态农业的建设和规划是当前农村生态规划的主要课题之一。

按社会科学门类划分

有经济生态规划、人类生态规划、民族文化生态规划等。近 10 年来，我国经济生态已成为生态科学活跃的分支，经济生态规划工作逐渐展开。在区域经济发展规划中，经济生态规划坚持了两个观点，①整体生态系统观点，无论是城市、农村或城乡结合部，应该视做一个大生态系统，因为彼此之间存在着频繁密集的生态和经济的相互联系，存在着频繁密集的能量、物质和货币、信息的流通转换；②环境经济学观点，即经济发展与环境质量是一个辩证统一体，二者之间并不是截然对立和排斥。只要尊重自然规律，用环境经济整体观指导人类的社会经济活动，就可以兼顾自然环境过程的良性循环和社会经济发展的长远、全局利益，从而实现大生态系统内部的高效运行。

另外，通常从环境性质上划分，主要包括生态建设规划、污染综合防治规划和自然保护规划。按空间目标布置来划分，包括生态城市规划、生态示范区规划或生态区域规划等。

上述几种类型只是相对而言。随着生态学的不断发展和实践需要，生态规划的门类将不尽仅此。

7.5 生态恢复与生态工程

7.5.1 生态恢复与生态工程的内涵

7.5.1.1 生态恢复

生态恢复是恢复生态学研究的基本内容，其概念源于生态工程或生物技术，但由于研究的着眼点、研究角度以及退化生态系统的不同，对生态恢复的理解也有一定的差异，以致出现了多种关于生态恢复的定义和说法。其中较具代表性的是：①美国自然资源委员会（The US Natural Resource Council）认为：使一个生态系统恢复到较接近其受干扰前的状态即为生态恢复。②Jordan（1995）认为：使生态系统恢复到先前或历史上（自然的或非自然的）的状态即为生态恢复。③Cairns（1995）认为：生态恢复是使受损生态系统的结构和功能恢复到受干扰前状态的过程。④Egan（1996）认为：生态恢复是重建某区域历史上有的植物和动物群落，而且保持生态系统和人类传统文化功能的持续性过程。⑤国际恢复生态学会（Society for Ecological Restoration）曾提出 3 个定义：a. 生态恢复是修复被人类损害的原生生态系统的多样性及动态过程；b. 生态恢复是维持生态系统健康及更新过程；c. 生态恢复是帮助研究生态整合性的恢复和管理过程。

生态恢复主要研究生态系统退化的原因、退化生态恢复与重建的技术与方法、生态学过程与机理，主要目的是通过改良和重建退化自然生态系统，恢复其生物学潜力。它主要致力于那些在自然灾变和人类活动压力下受到破坏的自然生态系统的恢复与重建，是最终检验生态学理论的判决性试验。其研究内容主要涉及两个方面：①对生态系统退化与恢复的生态学过程，包括各类退化生态系统的成因和驱动力、退化过程、特点等的研究；②通过生态工程技术对各种退化生态系统恢复与重建模式的试验示范研究，恢复受损生态系统到接近于它受干扰前的自然状态。

生态恢复研究的目标是通过人工设计和恢复措施，在受干扰破坏的生态系统的基础上，恢复和重新建立一个具有自我恢复能力的健康的生态系统（包括自然生态系统、人工生态系统和半自然半人工生态系统）；同时，重建和恢复的生态系统在合理的人为调控下，既能为自然服务，长期维持在良性状态，又能为人类社会、经济服务，长期提供资源的可持续利用，即服务于包括人在内的整个自然界和人类社会。

7.5.1.2 生态工程

生态工程是 20 世纪中期提出来的一个全新的、多学科相互渗透的应用学科领域。它是属于一个正在逐步形成过程中的新学科。60 年代美国著名生态学家 Odum 首先使用了生态工程一词，并定义为"人运用少量辅助能而对那种以自然能为主的系统进行的环境控制"、"对自然的管理就是生态工程，更好的措辞是与自然结成伙伴关系"。80 年代初期欧洲生态学家应用生态工程的同义词"生态工艺技术"，并定义为"在充分了解生态规律基础上的生态系统管理技术与方法，以尽最降低技术成本及其环境损伤为原则"，其代表人物有 Uhlmann, Straskraba 及 Gnanck。1980 年及 1989 年美国的 Mitsch 与丹麦的 Jorgenson 联合将生态工程定义为"为了人类社会及其自然环境二者的利益而对人类社会及其自然环境进行的设计"。1993 年又修改为"为了人类社会及其自然环境的利益，而对人类社会及其自然环境加以综合的而且能持续的生态系统设计。它包括开发、设计、建立和维持新的生态系统，以期达到诸如污水处理（水质改善）、地面矿渣及废弃物的回收、海岸带保护等。同时还包括生态恢复、生态更新、生物控制等目的。"因此，生态工程一直没有确切的概念，直到 1984 年我国生态学家马世骏教授才提出了令人信服的定义，即生态工程是应用生态系统中物种共生与物质循环再生原理、结构与功能协调原则，结合系统工程的最优化方法，设计的分层多级利用物质的生产工艺系统。

生态工程的目标是在促进自然界良性循环的前提下，充分发挥资源的生产潜力，防止环境污染，达到经济效益与生态效益的同步发展。

随着时间的发展，生态工程的研究与应用正深入到更广阔领域，涉及的类型与模式也更加多样化，涉及的层次也是由微观到宏观不等。随着更多学科之间的相互渗透和进一步综合发展，生态工程的概念也会进一步完善。

7.5.2　生态恢复与生态工程的基本原理

7.5.2.1　整体性原理

生态恢复与生态工程主要是按生态系统内部相关性和外部相关性，来研究作为一个有机整体的生态系统或社会—经济—自然复合生态系统的区域环境。

（1）内部相关性。任何一个生态系统都是由生物系统和环境系统共同组成的。生物系统包括生产者、消费者和分解者，环境系统包括太阳辐射以及各种有机及无机（如水、二氧化碳、氧气、各种矿质元素等）成分。各成分依附于系统而存在，系统各成分之间或子系统之间，通过能流、物质流、信息流而有机地联系起来，相互制约和相互作用，形成一个统一的、有机的整体，并具有特定的功能。只要人们从统一的目的和功能出发，深入地揭示构成该事物的各要素之间的相互联系和相互作用，把它看做一个整体，它就是一个系统。

（2）外部相关性。生态系统属于开放型或半开放型系统，其与系统外的周围环境进行物质、能量、信息的交换。以人的活动为主体的系统，如农村、城市及区域，实质上是一个由人的活动的社会属性、经济属性以及自然过程的相互关系构成的社会—经济—自然复合生态系统。组成此复合系统的 3 个系统，均有各自的特性。社会系统受人口、政策及社会结构的制约；价值高低通常是衡量经济系统结构和功能适宜与否的指标；自然界为人类生产提供的资源，随着科学技术的进步，在质与量方面，将不断有所扩大，但是是有限度的。矿产资源属于非再生资源，不可能永续利用，生物资源是再生资源，但也受到时空因素及开放式的限制。在复合生态系统中，社会、经济、自然三部分不是简单地加和，而是融合与综合，是自然科学与社会科学的交叉，是时间（历史）和空间（地理）的交叉，并以物质、能量的高效利用，社会、自然的协调发展，系统动态的自我调节为其调控目标。

恢复生态与生态工程是以整体观为指导，在系统水平上研究，整体调控为处理手段。在研究、设计及建立一个生态工程过程中，必须在整体观指导下统筹兼顾，统一协调和维护当前与长远、局部与整体、开发利用与环境和自然资源之间的和谐关系，以保障生态系统的相对稳定性。

7.5.2.2　物能循环原理与再生功能

生态系统是由有生命的物质和无生命的环境所构成的统一整体。在生态系统中，由于生物与生物、生物与环境之间不断进行物质循环和能量转化的过程，不但使得生物得以生存、繁衍与发展，而且也使得生态系统保持平衡与稳定。因此，可以说生态系统中的物质循环与能量流动是生态系统的基本功能。

生态系统的物质循环是系统内物质的利用，再利用，循环往复过程。其实质是：绿色植物通过光合作用，用光能将无机物质合成有机质，而后经消费者逐级利用，最后由分解者还原为无机物，再次为绿色植物所利用的过程。实际上几乎所有的有机体，它们代谢活动的产物终将进入系统之间的生物地球化学循环。其中，水和空气起着介质作用，固体物只有溶解于水中才能被生产者吸收利用，一些气态物和水分则需借助空气而由气孔等处进入生物体。

生态系统中的能量流动是指能量通过食物网在系统内的传递和耗散过程，即能量在生态系统中的行为。它始于生产者的初级生产，止于还原者功能的完成，整个过程包括能量形态的转变，能量的转移、利用和耗散。生态系统中全部生命活动所需要的能量均来自太阳。来自太阳的能量在生态系统中的流动是按热力学定律进行的。

生态系统中营养物质的再生主要有：通过动物排泄、微生物分解返回环境；通过真菌，直接从植物残体中吸取营养物质而重新返回植物体；风化和侵蚀过程伴同水循环携带沉积元素，由非生物床进入生物床；动、植物尸体或粪便经微生物的分解作用释放营养物质；人类利用化石燃料生产化肥；用海水制造淡水以及对金属的利用等。

目前，科学信息的普及已促进了人们在某些领域（如农业生态系统）中广泛采用高效率的生态工程措施。某些地区已实行有计划的物质迁移、能量转化工作，并研究其自净效力及环境容量，通过充分发挥各种物质的生产潜力来增产节约，以促进物能的良性循环与再生利用。

7.5.2.3 生态位原理

种群在一个生态系统中，都有自己的生态位，其反映了种群对资源的占有程度以及种群的生态适应特征。在自然群落中，一般由多个种群组成，它们的生态位是不同的，但也有重叠的，这有利于相互补偿，充分利用各种资源，以达到最大的群落生产力。例如在引种工作中，引入的物种与原有的物种如果在生态位上相似，必然发生激烈竞争，通常所引入物种的数量更可能处于劣势，往往被排挤掉。因此，为了移植成功，要求一次引入大量个体，或引入适合当地"空生态位"的种类。在特定生态区域内，自然资源是相对恒定的，如何通过生物种群匹配，利用其生物对环境的影响，使有限资源合理利用，增加转化固定效率，减少资源浪费，是提高人工生态系统效益的关键。在退化生态系统重建中，考虑各种群的生态位，选取最佳的植物组合，是非常重要的。如"乔、灌、草"结合，就是按照不同植物种群地上地下部分的分层布局，充分利用多层次空间生态位，使有限的光、气、热、水、肥等资源得到合理利用，同时又可产生为动物、低等生物生存和生活的适宜生态位，最大限度地减少资源浪费，增加生物产量，从而形成一个完整稳定的复合生态系统。

7.5.2.4 物种相互作用原理

自然界没有一种生物能离开其他生物而单独生存和繁衍。物种混居，必然会出现以食物、空间等资源为核心的种间关系，长期进化的结果，又使各种各样的种间关系得以发展和固定。从其性质上，生物之间的关系可归纳为两类，一种是互利的，即一种生物对另一种生物有利；一种是对抗性的，即一种生物对另一种生物有害，在这两个极端类型中还存着过渡型。

一个完整的生态系统，生物之间本身也存在着这种相互关系。如何选择匹配好这种关系，发挥生物种群间的互利机制，使生物复合群体"共存共荣"，是生态工程中人工生态系统建造的一个关键。

7.5.2.5 食物链原理

生态系统中被植物贮存的能量和物质，常以一系列吃与被吃的步骤通过生态系统，各种生物按其食物关系而排列的顺序称为食物链。在生态系统中，食物链之间又相互连接形成了一个十分复杂的"食物链网"。

食物链原理是生态工程要遵循的重要原理，它可以使一种产品通过食物链环节转化为另一种类型的生物产品；使低能量的生物产品通过食物链的浓集作用变成高能量的产品；通过食物链的作用可使一些低价值的产品变成高价值的产品；也可以通过食物链某些环节的增大与减少，使得其中的另一个环节增加或减少。在人工生态系统中，通过食物链的人工代换，可以改变物质、能量的转移途径和富集方式。加强食物链原理在利用上的应用研究与实践是十分重要的。

7.5.2.6 物种多样性原理

物种多样性是当前一个得到世界关注的问题，是可持续发展的一个重要前提。复杂生态系统是最稳定的，主要特征就是生物组成种类繁多，食物网纵横交织。其中一个种群偶然增加与减少，其他种群就可以及时抑制、补偿，从而保证系统具有很强的自组织能力。相反，处于演替初级阶段或人工生态系统的生物种类单一，其稳定性就很差。为了保证人工生态系统的稳定和提高系统的效益，必须投入大量的能量和物质来维持，而自然生态系统由于其生物的多样性原因，往往具有较强的稳定性和较高的生产力。因此，在生态工程设计过程中，必须充分考虑人工生物群落的生物多样性问题。

7.5.2.7 耗散结构原理

耗散结构理论指出，一个开放系统，它的有序性来自非平衡态，也就是说，在一定的条件下，当系统处于某种非平衡时，它能够产生维持有序性的自组织，不断和系统外进行物质与能量的交换。该系统尽管不断产生熵，但能向环境输出熵，使系统保留熵值呈减少的趋势，即维持其有序性。生态系统各组分不断和外部系统进行物质和能量的交换，在产生相当熵的同时又不断向外界环境输出熵，是耗散结构系统，外力干扰超过一定限度时，系统就能从一个状态向新的有序状态变化。生态工程的目的是建造一个有序的生态系统结构，通过系统的自组织和抗干扰能力实现其有序性。

7.5.2.8 最小风险与最大效益原理

由于生态系统的复杂性以及某些环境要素的突变性，加之人们对生态过程及其内在运行机制的认识的局限性，人们往往不可能对生态恢复与重建的后果以及生态最终演替方向进行准确的估计和把握，因此，在某种意义上，退化生态系统的恢复与重建具有一定的风险性。这就要求人们要认真地透彻地研究被恢复对象，经过综合地分析评价、论证，将其风险降到最低限度。同时，生态恢复往往又是一个高成本投入工程，在考虑当前经济的承受能力的同时，必须要考虑生态恢复的经济效益和收益周期，保持最小风险并获得最大效益，这是实现生态效益、经济效益和社会效益完美统一的必然要求。因此，在生态工程设计与实施过程中，必须在优先考虑经济效益或者社会效益的前提下，同时充分考虑生态环境效益的提高。

7.5.3 生态恢复的类型与相应的生态工程

7.5.3.1 生态预防与自然保护区

生态良好区域及重要生态功能区采取生态预防，要充分保护和利用生态系统的抵抗力，建立自然保护区是最有效的保护形式。另外，建立自然公园、重要生态功能保护区也可以发挥重要的作用。

7.5.3.2 自然恢复与封育

自然生态系统的进化具有可持续性，就是因为其具有一定的依靠自身力量实现生态自我恢复的能力。天然的生态系统已受到人为干扰影响但其受害只要是不超负荷的，压力和干扰被解除后，就可以逐步恢复其结构和功能。对此区域，要重视自然封育，充分利用生态系统的天然恢复能力。因此 "自然恢复"就是依靠自然演替来恢复已退化的生态系统。如我国沿海及江湖的"休渔制度"、林区的"封山育林"、退化草场进行的"围栏封育"，都是自然恢复的典型方法。

7.5.3.3 生态修复与补播、放流

如果生态系统的受害是超负荷的，在解除干扰或减轻干扰情况下，只依靠自然过程并不能使系统恢复到初始状态，这就必须采取人为的措施帮助恢复其组织结构和功能。自然生态系统生态修复的主要措施是以人工更新或人工促进更新，如草场的补播改良；在更新能力缺乏的林地应用飞播补植一些树种；在沿海及江湖实施人工放流水生生物幼苗等。

7.5.3.4 生态重建与人工生态工程

生态恢复最本质的目的就是恢复生态系统的必要功能，并达到系统自己能够维持的状态。当自然生态系统的组织结构和功能受到严重干扰和破坏，依靠自然演替恢复或生态修复都不可能使生态系统恢复到原始状态时，对这样的区域就必须进行人工生态设计，实行生态重建。如对于严重退化的草场，可以引进适合当地气候的草种，通过建设人工草场增加地面的植被覆盖，在此基础上再进行更进一步的改良；在宜林荒山、荒坡、荒滩则可营造人工林，增加森林覆盖率，改善生态环境；还有湿地生态重建的生态工程——人工湿地和绿洲生态重建的生态工程——人工绿洲。

复习思考题

1. 试述生态环境现状调查的方法与内容。
2. 试述生态监测的内容与类型。
3. 试述生态评价与环境评价的区别。
4. 生态规划与设计的原理有哪些？

第 8 章 　生态环境管理

8.1 概述

8.1.1 生态保护的方针与原则

8.1.1.1 生态保护的方针

　　1990 年 7 月在长春市召开了全国自然保护区工作会议。在这个会议上提出了我国自然保护工作的方针，即"全面规划、积极保护、科学管理、永续利用"。新时期生态保护以科学发展观为指导，以加快实现环境保护工作历史性转变为契机，以维系自然生态系统的完整和功能、促进人与自然和谐为目标，实施分区分类指导，重点抓好自然生态系统保护与农村生态环境保护，控制不合理的资源开发和人为破坏生态活动。加强生态环境质量评价，提高监督管理水平，为全面建设小康社会提供坚实的生态安全保障。

8.1.1.2 生态保护的原则

　　（1）预防为主，保护优先。坚持预防为主的方针，通过经济、社会和法律手段，落实各项监管措施，规范各种经济社会活动，防止造成新的人为生态破坏，对生态环境良好或经过恢复重建之后的生态系统进行有效保护。同时，要坚持治理与保护、建设与管理并重，使各项生态环境保护措施与建设工程长期发挥作用。

　　（2）分类指导，分区推进。我国地域差异显著，各地自然生态环境条件、社会经济发展水平和面临的生态环境问题各不相同，需要因地制宜地采取相应对策和措施，分区、分阶段有序开展工作。结合国家四类主体功能区的划分，引导各省优化资源配置与生产力空间布局，按照优化开发、重点开发、限制开发和禁止开发的不同发展要求，在发展经济的同时，切实保护生态环境。

　　（3）统筹规划，重点突破。生态环境问题成因复杂，许多历史遗留问题难以在短期内解决，必须进行近远期、部门间、城乡间的统筹考虑和规划。优先抓好对全国有广泛影响的重点区域和重点工程，力争在短时期内有所突破，取得成功的经验后，通过制定相关政策予以推广，形成规模效应。

　　（4）政府主导，公众参与。生态保护是公益事业，政府应发挥主导作用，制定相关的法规、标准、政策和规划，在一些重要流域与区域由政府主导实施保护和建设。同时，生态环境与每个人息息相关，须建立和完善公众参与的制度和机制，鼓励公众参与生态环境保护活动。

8.1.2 生态保护的任务

生态保护的目的是保护人类赖以生存的生态环境，使人类活动增强预见性和计划性，克服对自然资源利用的盲目性和破坏性，使人类能够主宰自己的命运，实现可持续发展。为此确定了生态保护的三大目标；保护生命支持系统和重要的生态过程；保存遗传基因的多样性；保证现有物种与生态系统的永续利用。为了达到上述目标，生态保护有以下十项具体任务：

（1）确保可更新自然资源的持续存在。

（2）确保和维持自然生态系统的动态平衡。

（3）确保物种的多样性和基因库的发展。

（4）保护脆弱而有典型代表性的生境。

（5）保护珍贵稀有的野生动植物的种类。

（6）保护水源的涵养地。

（7）保存有科学和学术价值的研究对象和场所。

（8）保护野外休养地和娱乐场所的环境。

（9）保护乡土景观生态。

（10）保护农业生态系统与农业自然资源。

8.1.3 机构与分工

8.1.3.1 环境保护部门

（1）负责全国生态保护的统一监督管理工作。下设自然生态保护司，共有自然保护区、海洋、生态和生物多样性四个处。

（2）省、自治区、直辖市环保局。我国各省、自治区、直辖市环保局负责其管理辖范围内的生态保护的统一监督管理工作，一般都设有自然生态保护处，下设几个科室。

（3）市环保局。我国城市环保局负责其管辖范围内的生态保护的统一监督管理工作，不少城市的环保局设立自然生态保护科，负责开展自然生态保护工作。

（4）县和县级市的环保局。我国许多县设有环保局，负责县域的生态保护的统一监督管理工作，有些县环保局设有自然生态保护股。

8.1.3.2 其他各部门

（1）农业部门。农业部门负责农业、渔业、牧业的生态保护的监督管理工作。有许多农业部门设有生态保护部门。

（2）林业部门。我国的国家及地方林业部门负责森林生态系统的生态保护的监督管理工作。

（3）水利部门。我国的水利部门负责水生生态系统和水资源方面的生态保护和监督管理工作。

（4）国土资源部门。我国国土资源部门负责辖区的土地资源保护的监督管理工作。

（5）海洋部门。我国海洋部门负责海域及其海岸的生态保护的监督管理工作。

（6）地矿部门。我国地矿部门负责辖区的矿产资源保护的监督管理工作和地质环境监督管理工作。

8.1.4　我国生态保护的法规

8.1.4.1　我国生态保护的法规体系

宪法

我国宪法中明确规定："国家保护和改善生活环境和生态环境……"

环境保护法

我国的环境保护法中，污染防治和生态保护的内容和条款大约各占一半。

生态系统和资源保护法规

我国先后制定并颁布的生态系统和资源保护法规有以下几项：

（1）森林法。

（2）草原法。

（3）土地管理法。

（4）水土保持法。

（5）水法。

（6）海洋环境保护法。

（7）矿产资源法。

（8）野生动物保护法。

（9）渔业法。

（10）防沙治沙法。

（11）自然保护区条例。

8.1.4.2　生态保护法规建设方面存在的问题

（1）法制还不够完善。我国生态保护法规已成体系，但仍不够完善，有些国家制定并颁布了《自然保护法》，主要内容是保护自然生态系统整体。我国目前还没有类似的法规，需要进一步完善。

（2）法制观念薄弱。有些人习惯于生态环境和自然资源是大自然提供的，任何人都可以随意无偿开发利用，不愿意接受法律约束。

（3）执法不严的现象仍然存在。在生态保护中，有法不依、执法不严等现象仍然存在。有些执法机关对生态保护法规的实施重视不够，也导致执法不严的现象发生。

8.1.4.3　加强生态保护的法制建设

（1）完善立法。加强立法工作，把生态环境保护纳入法制化轨道。尽快制定《自然保护区法》《土壤污染防治法》《转基因生物安全法》《生态保护法》等法律，制定《生物遗传资源管理条例》《物种资源保护条例》《畜禽养殖业污染防治条例》《农村环境保护条例》等有关法规。加快建立生态保护标准体系，包括土壤环境质量标准、城市与农村生态环境质量评价标准、生物多样性评价标准、转基因生态环境风险评估标准、外来入侵物种环境风险评估标准、生态旅游标准、矿山生态保护与恢复标准、地表水资源开发生态保护标准、自然保护区分类标准等。制定矿山、畜禽养殖、自然保护区等生态环境监察工作规范。制定相关法规，保障生态环境，保护规划的权威性。

（2）强化法制宣传。抓好生态保护法制宣传，使群众提高法制观念，使各地领导提高生态意识和法制意识，依法保护生态、管理生态。发挥新闻媒体的宣传和监督作用。

要积极宣传国家生态环境保护相关方针政策、法律法规，公开生态环境执法典型案例，通过案例教育群众，普及生态知识，提高公众保护生态环境的自觉性。

（3）严格执行。强化生态保护的监督机构和制定，加强公、检、法的执法作用，违法必究，执法必严。严格依据法律规定严惩破坏生态、破坏资源、破坏野生生物的行为。

8.1.5 《中国自然保护纲要》

8.1.5.1 《世界自然资源保护大纲》

1975 年联合国环境规划署，国际自然与自然资源保护联盟，世界野生生物基金会提出编纂《世界自然资源保护大纲》的题目和结构，并委托国际自然与自然资源同盟起草，经反复协商，写成《大纲》初稿，提交联合国粮农组织、科教文组织、环境规划署和世界野生生物基金会审议，经过修改，于 1980 年 3 月 5 日在包括北京在内的世界大多数国家的首都同时公布，这个大纲主要包括 3 部分：第一部分提出保护自然资源的 3 个目标；第二部分建议各国将开发与保护相结合，以争取可持续发展；第三部分号召开展保护自然的国际合作，这个大纲发表后引起广泛重视，许多国家制定了本国的保护自然资源的纲领和法规。

8.1.5.2 《中国自然保护纲要》

1983 年 5 月原城乡建设环境保护部组织编写《中国自然保护纲要》，1986 年 12 月 23 日在国务院环境保护委员会第八次会议上通过。1987 年 5 月 20 日国务院环境保护委员会发出通知，要求各地、各部门参照实施《中国自然保护纲要》。这个纲要共分四部分：第一部分是概论；第二部分是主要保护对象；第三部分是区域自然保护；第四部分是一般性对策。这个纲要对我国生态保护工作起到了重要的指导作用。

8.1.5.3 各地、各部门制定保护纲要

十几年来，各地、各部门在《中国自然保护纲要》的指导下，结合本地区、本部门的实际，开展自然保护工作，取得明显的成效。其中一些地方和部门，还制定了本地区、本部门的自然保护纲要或大纲，指导本地区、本部门的生态保护工作。

8.1.6 生态脆弱区保护规划

我国是世界上生态脆弱区分布面积最大、脆弱生态类型最多、生态脆弱性表现最明显的国家之一。《国务院关于落实科学发展观 加强环境保护的决定》明确指出，在生态脆弱地区要实行限制开发。为此，"十一五"期间，环境保护部将通过实施"三区推进"（即自然保护区、重要生态功能保护区和生态脆弱区）的生态保护战略，为改善生态脆弱区生态环境提供政策保障。

8.1.6.1 生态脆弱区

生态脆弱区也称生态交错区（Ecotone），是指两种不同类型生态系统交界过渡区域。

这些交界过渡区域生态环境条件与两个不同生态系统核心区域有明显的区别，是生态环境变化明显的区域，已成为生态保护的重要领域。

8.1.6.2 规划总体目标

到 2020 年，在生态脆弱区建立起比较完善的生态保护与建设的政策保障体系、生态监测预警体系和资源开发监管执法体系；生态脆弱区 40%以上适宜治理的土地得到不同

程度治理，水土流失得到基本控制，退化生态系统基本得到恢复，生态环境质量总体良好；区域可更新资源不断增值，生物多样性保护水平稳步提高；生态产业成为脆弱区的主导产业，生态保护与产业发展有序、协调，区域经济、社会、生态复合系统结构基本合理，系统服务功能呈现持续、稳定态势；生态文明融入社会各个层面，民众参与生态保护的意识明显增强，人与自然基本和谐。

8.1.6.3 规划主要任务

以维护区域生态系统完整性、保证生态过程连续性和改善生态系统服务功能为中心，优化产业布局，调整产业结构，全面限制有损于脆弱区生态环境的产业扩张，发展与当地资源环境承载力相适应的特色产业和环境友好产业，从源头控制生态退化；加强生态保育，增强脆弱区生态系统的抗干扰能力；建立健全脆弱区生态环境监测、评估及预警体系；强化资源开发监管和执法力度，促进脆弱区资源环境协调发展。

8.2 生态系统管理

8.2.1 生态系统管理的概念

人类社会的可持续发展归根结底是一个生态系统管理问题，即如何运用生态学、经济学、社会学和管理学的有关原理，对各种资源进行合理管理，既满足当代人的需求，又不对后代人满足其需求的能力构成损害。20 世纪 80 年代后，关于生态系统和管理方面的研究论文大量出现，Agee 和 Johnson（1988）出版了生态系统管理的第一本专著，之后，又有数本关于生态系统管理的专著问世（Slocombe，1993；Gordon，1994；Vogt 等，1997）。在这些专著中，都阐述了资源开发与环境保护关系问题，以此来取得社会、经济、生态效益的统一。自此，生态系统管理的基本框架形成。

在生态系统管理发展的过程中，不同机构与学者对生态系统管理的定义：

Overbay（1992）：利用生态学、经济学、社会学和管理学原理仔细地和专业地管理生态系统的生产、恢复，或长期维持生态系统的整体性和理想的条件、利用、产品、价值和服务。

美国内务部和土地管理局（1993）：生态系统管理要求考虑总体环境过程，利用生态学、社会学和管理学原理来管理生态系统的生产、恢复或维持生态系统整体性和长期的功益和价值。它将人类、社会需求、经济需求整合到生态系统中。

美国生态学会（1996）：有明确的管理目标，并执行一定的政策和规划，基于实践和研究并根据实际情况作调整，基于对生态系统作用和过程的最佳理解，管理过程必须维持生态系统组成、结构和功能的可持续性。

Christensen（1996）：集中在根本功能复杂性和多重相互作用的管理，强调诸如集水区等大尺度的管理单位，熟悉生态系统过程动态的重要性或认识到生态过程的尺度和土地管理价值取向间的不相称性。

Vogt 等，1997；Maltby 等（1999）：在对生态系统组成、结构和功能过程加以充分理解的基础上，制定适应性的管理（Adaptive management）策略，以恢复或维持生态系统整体性和可持续性。

Dale（1999）：考虑了组成生态系统的所有生物体及生态过程，并基于对生态系统的长期最佳理解的土地利用决策和土地管理实践过程。生态系统管理包括维持生态系统结构、功能的可持续性，认识生态系统的时空动态，生态系统功能依赖于生态系统的结构和多样性，土地利用决策必须考虑整个生态系统。

生态系统管理的基础是人类对于生态系统中各成分间的相互作用和各种生态过程的最好的理解。这就是说，只有充分地了解生态系统的结构和功能，包括种种生态过程，并根据这些规律性和社会情况来制定政策法令和选定各种措施，才能把生态系统管理好。

8.2.2 生态系统管理的基本原则

生态系统管理是以人为主体的管理行为，因为人既是生态系统的重要组分（被管理者），又是管理的实施者，管理是靠人来执行和实现的。因此，管理的一项重要原则就是人在生态系统中的双重性原则。只有加强规范人的行为的法规、政策和制度的建设，提高全人类的环境保护意识，树立可持续发展观念，才能真正实现可持续的生态系统管理。盛连喜（2002）认为生态系统管理应遵循以下原则：

（1）整体性原则。整体性是生态系统的基本特征，各种自然生态系统都有其自身的整体运动规律，人为地、随意地分割都会给整个系统带来灾难。因此，在管理中要遵循系统的整体性原则，切忌人为切割。

（2）动态性原则。生态系统的发育是一个动态的过程，是一个演替过程，包括正向演替或逆向演替。即使没有人为干扰，也始终处于动态变化之中。生态系统中生物与生物、生物与环境相联系，使系统输入和输出过程中维持需求的平衡。特定生态系统的功能总是和周围生态系统相互影响，在不同的时间和空间尺度上发生着各种生态过程。

（3）再生性原则。生态系统最显著的特征之一是具有很高的生产能力和再生功能。其主要组分——生产者，为地球上一切异养生物提供营养物质，是全球生物资源的营造者。异养生物对初级生产的物质进行取食加工和再生产，通过生态系统的多种功能流，如物质流、能量流等，形成次级生产。初级生产和次级生产为人类提供了几乎全部的食品、工农业生产的原料以及医药等。生态系统的这种生产能力和再造性，在管理中必须得到高度的重视，从而保证生态系统提供充足的资源和良好的服务。

（4）多样性原则。生物多样性是生态系统持续发展和生产力的核心，其重要作用包括3个方面：

☞ 生物多样性在复杂的时空梯度上维持生态系统过程的运行。
☞ 生物多样性是生态系统抗干扰能力和恢复能力的物质基础。
☞ 生物多样性是生态系统适应环境变化的物质基础。

（5）循环利用性原则。生态系统中有些资源是有限的，而非"取之不尽，用之不竭"。因此在进行管理时要遵循经济、生态规律。

（6）平衡性原则。生态系统健康是生态系统管理的目标，一个健康的生态系统常处于稳定和自我调节的状态，生态系统各部分的结构与功能处于相互适应与协调的动态平衡。生态系统自我调节能力受生态阈限的制约。当外界干扰或胁迫超过系统的承载力或容量极限时，生态系统的结构和功能遭到破坏，系统失衡，严重时系统衰败，甚至崩溃。为此，需要对生态系统各项功能指标（功能极限、环境容量等）加以认真分析和计算，通过合理的人为管理，减缓外界压力，以保持系统的健康和平衡。

8.2.3　生态系统管理的内容

生态系统管理的内容包括：①向立法者、政策制定者、决策者，解释清楚其行为对区域生态系统甚至是生物圈的潜在影响；②依靠控制污染或改变营养物或污染物向大气圈、水域、土壤或更直接地到植被的输入来调节化学条件；③调节物理参数，如通过大坝来控制水的排放或者控制盐水侵入沿岸蓄水区；④改变生物间的相互关系，如控制放牧和捕食强度以防止灌木和树木侵入草地和灌丛，或者依靠火来干涉植被的发展和动态；⑤控制人类对化学制品和其他制品的使用，如限制化肥和杀虫剂使用，调节渔网网孔大小；⑥在考虑保护利益时介入文化、社会和经济过程，如提高农民的补贴以降低生态系统的负荷。

8.2.4　生态系统管理的要素

由于生态系统本身结构复杂、功能多样、不断变化等特点，在生态系统管理时需要考虑的要素较多。目前，人们在管理时主要考虑以下要素：①根据管理的对象确定生态系统管理的定义，该定义必须把人类及其价值取向整合进生态系统。②确定明确的、可操作的目标。③确定生态系统管理的时间和空间尺度。空间尺度的划分非常重要，如果管理区划分的边界和单位与生态系统过程的发生在空间上是一致的，则生态系统管理的实施会极大简化。在时间尺度上，要熟悉不确定性因素，并进行适应性管理，确保生态系统的可持续性。④收集适量数据，理解生态系统的复杂性和相互作用，提出合理的生态模式。⑤监测并识别生态系统内部的动态特征，确定生态学限定因子。⑥注意幅度和尺度，熟悉可忽视性和不确定性，并进行适应性管理。⑦确定影响生态系统管理活动的政策、法律和法规。⑧仔细选择和利用生态系统管理的工具和技术。⑨选择、分析和整合生态、经济和社会信息，并强调部门与个人间的合作。⑩实现生态系统的可持续性。

此外，进行生态系统管理时必须考虑时间、基础设施、区域大小和经费问题。

生态系统管理的科学基础是生态系统生态学、景观生态学、保护生物学和环境科学，还包括社会学、经济学和管理学等学科，因此，它要求生态学家、社会经济学家和政府管理人员的通力合作，但在现实生活中并不容易。生态学家强调政府部门和个人应该用生态学知识更深刻地理解资源问题，理解生态系统结构、功能和动态的整体性，强调要收集生物资源和生态系统过程的科学数据。社会经济学家更注重区域的长期社会目标，强调制定经济稳定和多样化的策略，尤其是少一些科学研究，期望生态系统的稳定性和确定性。而政府人员则考虑如何把多样性保护与生态系统整体性纳入法制体系，如何有效促进公共部门和私人协作的整体管理，如何用法律和政策促进生态系统的可持续发展。三者如果能实现全力合作，会使生态系统管理更为有效，真正实现资源与环境的可持续发展。

8.3　全国生态环境建设规划

1999 年 1 月 6 日，根据江泽民、李鹏、朱镕基同志的指示，由国家计委组织有关部门制定了《全国生态环境建设规划》已经国务院常务会议讨论通过。国务院发出通知，要求各地结合本地区的具体情况，因地制宜地制定当地生态环境建设规划，调动亿万群众的积极性，组织全社会的力量，投入生态环境建设。

8.3.1 全国生态环境建设规划的由来

1997 年 8 月，在西安召开了黄土高原水土保持现场经验交流会。之后，主持会议的姜春云副总理向党中央、国务院写了《关于陕北地区治理水土流失 建设生态农业的调查报告》。当时江泽民总书记和李鹏总理都作了重要批示。江泽民总书记的批示全文如下：

"看了这个调查报告，感到很高兴。陕北地区治理水土流失，改善生态环境的措施和经验是好的。

我国是一个历史悠久的文明古国，包括甘肃、陕西在内的黄河流域，是我们中华民族的主要发祥地。陕西曾经是周、秦、治、唐等 13 个王朝的建都之地，在古代历史上相当长的时间内，陕西、甘肃等西北地区，曾经是植被良好的繁荣富庶之地，所谓'山林川谷美，天材之利多'就是古代描绘陕西一带的自然风物的。司马光的《资治通鉴》中描述盛唐时期陕、甘的发展情景是'间阎相望，桑麻翳野，天下称富庶者无如陇右'。后来由于历经战乱的破坏，加上自然灾害和乱砍滥伐造成的损失，导致了陕、甘等西北地区的严重沙化、荒漠化，经济文化的发展也因此受到极大制约。

历史遗留下来的这种恶劣的生态环境，要靠我们发挥社会主义制度的优越性，发扬艰苦创业的精神，齐心协力地大抓植树造林，绿化荒漠，建设生态农业去加以根本的改观。经过一代一代人长期地、持续地奋斗，再造一个山川秀美的西北地区，应该是可以实现的。"

江泽民

1997 年 8 月 5 日

李鹏同志在姜春云副总理《关于陕北地区治理水土流失 建设生态农业的调查报告》上作了批示，全文如下：

"春云同志：

调查报告已看过，陕北水土保持经验值得重视。

抗日战争年代，延安的山是光秃秃一片，一发大水，延河泥浆就滚滚而来。今日延安已变了模样，满山遍野种植了苹果树，宝塔山周围松柏常青，乔儿沟进行了小流域治理，谷子亩产有的达到 500 kg。

榆林本是不毛之地，沙漠化十分严重。日本农业专家原正市告诉我，榆林已种上了水稻，这得益于防护林的营造和地下水源的开发。陕北蕴藏丰富的煤炭和天然气资源，随着铁路建设和能源开发，昔日荒凉的陕北可能成为全国富饶繁荣的地区之一。

'黄河之水天上来，奔流到海不复回'。然而黄河经过黄土高原，夹带着大量泥沙，淤积下游河床，迫使黄河决口改道，成为中华民族的心腹之患，新中国成立以来黄河经过综合治理，已做到五十年岁岁安澜，成绩巨大。然而黄河并未根治，对下游人民造成巨大灾难的危险依然存在。

小浪底有较大的死库容，它的建成为我们开展黄土高原水土保持提供了良好的机遇。

我建议，根据江泽民总书记关于'大抓植树造林，绿化荒漠，建立生态农业'，'再造一个山川秀美的西北地区'的指示精神，请您组织有关部门，提出一个治理黄土高原水土流失的工程规划，争取十五年初见成效，30 年大见成效，为根治黄河作出应有的贡献。

上次谈到的小浪底水库建成后，下游河道整治和堤防加固工程也一并考虑进去。《规划》制定出来后，报党中央、国务院审批。"

李　鹏
1997 年 8 月 12 日

生态环境是人类生存和发展的基本条件，是经济、社会发展的基础。保护和建设好生态环境，实现可持续发展，是我国现代化建设中必须始终坚持的一项基本方针。发挥社会主义制度的优越性，发扬艰苦创业精神，大力开展植树种草，治理水土流失，防治荒漠化，建设生态农业，经过一代一代人长期地、持续地奋斗，建设祖国秀美山川，是把我国现代化建设事业全面推向 21 世纪的重大战略部署。为此，国家制定具有长期指导作用的全国生态环境建设规划，并纳入国民经济和社会发展计划。

8.3.2 《全国生态环境建设规划》的内容

从我国生态环境保护和建设的实际出发，本规划仅对全国陆地生态环境建设的一些重要方面进行规划，主要包括天然林等自然资源保护、植树种草、水土保持、防治荒漠化、草原建设、生态农业等。

8.3.2.1 规划的第一部分是"我国生态环境建设概况"

概况首先总结了我国生态保护与建设取得的成就。但是，重点强调了我国自然生态环境仍很脆弱，生态环境恶化的趋势没有遏制住，主要表现在：①水土流失、日趋严重；②荒漠化土地面积不断扩大；③大面积的森林被砍伐，天然植被遭到破坏，大大降低其防风固沙、蓄水保土等生态功能；④草地退化、沙化和碱化（以下简称"三化"）面积逐年增加；⑤生物多样性受到严重破坏，日益恶化的生态环境，给我国经济和社会带来极大危害，严重影响可持续发展。①加剧贫困程度；②加剧经济和社会发展的压力；③加剧自然灾害的发生。

8.3.2.2 规划的第二部分是生态环境建设的指导思想和奋斗目标

指导思想是：高举邓小平理论伟大旗帜，充分发挥社会主义优越性，调动社会各个方面的力量，坚持从我国的国情出发，遵循自然规律和经济规律，紧紧围绕我国生态环境面临的突出矛盾和问题，以改善生态环境、提高人民生活质量、实现可持续发展为目标，以科技为先导，以重点地区治理开发为突破口，把生态环境建设与经济发展紧密结合起来，处理好长远与当前、全局与局部的关系，促进生态效益、经济效益与社会效益的协调统一。

我国生态环境建设遵循的基本原则是：坚持统筹规划，突出重点，量力而行，分步实施，优先抓好对全国有广泛影响的重点区域和重点工程，力争在短时期内有所突破；坚持按客观规律办事，从实际出发，因地制宜，讲求实效，采取生物措施、工程措施与农艺措施相结合，各种治理措施科学配置，发挥综合治理效益；坚持依法保护和治理生态环境，依靠科技进步加快建设进程，建立法律法规保障体系和科技支撑体系，使生态环境的保护和建设法制化，工程的设计、施工和管理科学化；坚持以预防为主，治理与保护、建设与管理并重，除害和兴利并举，实行"边建设、边保护"，使各项生态环境建设工程发挥长期效益；坚持把生态环境建设与产业开发、农民脱贫致富、区域经济发展相结合；坚持依靠亿万群众，广泛动员全社会的力量共同参与，建立多元化的投入机制，多渠道筹集生态环境建设资金。

我国生态环境建设和总体目标是：用大约50年的时间，动员和组织全国人民，依靠科学技术，加强对现有天然林及野生动植物资源的保护，大力开展植树种草，治理水土流失，防治沙漠化，建设生态农业，改善生产和生活条件，加强综合治理力度，完成一批对改善全国生态环境有着重要影响的工程，扭转生态环境恶化的势头，力争下个世纪中叶，使全国适宜治理的水土流失地区基本得到整治，适宜绿化的土地植树种草，"三化"草地基本得到恢复，建立起比较完善的生态环境预防监测和保护体系，大部分地区生态环境明显改善，基本实现中华大地山川秀美。

我国生态环境建设分成近期、中期、远期3个阶段：

（1）近期目标。从2000年起到2010年，坚决控制人为因素产生新的水土流失，努力遏制荒漠化的发展。生态环境特别恶劣的黄河、长江中上游水土流失重点地区以及严重荒漠化地区的治理初见成效。主要奋斗目标是：到2010年新增治理水土流失面积60万 km^2，治理荒漠化的土地22万 km^2，新增森林面积39万 km^2，森林覆盖率达19%以上（郁闭度大于0.2计算）；改造坡耕地670万 km^2；新建人工草地、改良草地50万 km^2，建设高标准、林网化农田1 300万 hm^2；建设一批节水农业、旱作农业和生态农业工程；改善野生动植物栖息环境，自然保护区占国土面积达到8%。在生态环境重点区域建设预防监测和保护体系。

（2）中期目标。2011—2030年，用大约20年的时间，力争使全国生态环境明显改观。这一时期的主要奋斗目标是：全国60%以上适宜治理的水土流失地区得到不同程度整治，黄河、长江上中游等重点水土流失区治理大见成效；治理荒漠化土地40万 km^2，新增森林面积46万 km^2，全国森林覆盖率达24%以上，各类自然保护区面积占国土面积的12%，新增人工草地、改良草地80万 km^2，力争一半左右的"三化"草地得到恢复。重点治理区的生态环境开始走上良性循环的轨道。

（3）远期目标。2031—2050年，再奋斗20年，全国建立起基本适应可持续发展的良性生态系统。主要奋斗目标是：全国适宜整治的水土流失地区基本得到整治，宜林地全部绿化，林种、树种合理，森林覆盖率达到并稳定在26%以上，坡耕地基本梯田化，"三化"草地得到全面恢复。全国生态环境有很大改观，大部分地区基本实现山川秀美。

8.3.2.3 规划的第三部分是全国生态环境建设总体布局

我国地域辽阔，区域差异大，生态系统类型多样。针对上述特点，参照全国土地、农业、林业、水土保持、自然保护区等规划，将全国生态环境建设划分为八个类型区域：

（1）黄河上中游地区。总面积约64万 km^2，水土流失面积约占总面积的70%，是黄河泥沙的主要来源地。

（2）长江上中游地区。总面积约170万 km^2，其中水土流失面积55万 km^2，对长江流域影响重大。

（3）"三化"风沙综合防治区。适宜治理的荒漠化面积为31万 km^2，草地"三化"

严重。

（4）南方丘陵红壤区。总面积约 120 万 km^2，水土流失面积约 34 万 km^2，土壤中红壤占一半。

（5）北方土石山区。总面积约 44 万 km^2，水土流失面积约 21 万 km^2。

（6）东北黑土漫岗区。总面积约 100 万 km^2，水土流失面积约 42 万 km^2。

（7）青藏高原冻融区。面积约 176 万 km^2，其中冻融侵蚀面积 104 万 km^2，水力、风力侵蚀面积 22 万 km^2。

（8）草原区。总面积约 400 万 km^2，其中草地"三化"面积约占 1/3。

8.3.2.4　规划的第四部分是优先实施的重点地区和重点工程

生态环境建设是一项长期的战略任务，需要把持久的奋斗和阶段性攻坚结合起来，把全面推进和重点突破结合起来。继续抓好实施的"三北"防护林体系等各类生态环境建设工程，广泛发动群众持久地开展植树种草，治理水土流失，防治荒漠化，建设生态农业。

到 2010 年，国家把目前生态环境最为脆弱，对改善全国生态环境最具影响，对实现近期奋斗目标最为重要的黄河长江上中游地区、风沙区和草原区作为全国生态环境建设的重点地区，集中力量予以支持，力争在短时期内有所突破。

（1）黄河上中游地区。以坡耕地改造和沟道治理为基础，坚持草灌（木）先行，扩大林草植被，遏制水土流失面积扩大，减少输入黄河的泥沙量。以黄土高原地区为重点，优先建设天然林保护工程、水土流失综合治理工程、重点水土流失区林业与草地治理工程、节水灌溉工程、以旱作农业为主的生态农业建设工程等。

（2）长江上中游地区。把对减少泥沙流失，保障长江安全至关重要的嘉陵江流域、云南金沙江流域、洞庭湖区、鄱阳湖区、川西地区和三峡库区等重点地区的生态环境建设好，努力在以坡改梯为主的基本农田建设、以小型水利设施为主的水利建设以及自然资源保护方面取得显著成效。优先建设一批林果和水土流失综合治理工程，实施天然林资源保护工程，加快天然林区森工企业转产，停止天然林砍伐，大力开展营林造林，建设生态农业工程，推广水土保持耕作技术。

（3）风沙区。把重点放在土地荒漠化最为严重的半干旱农牧交错地带，遏制荒漠化扩大的势头。生态环境建设要与提高农牧业生产水平结合起来，以增加沙区林草植被为主，生物措施、工程措施和农艺措施综合配套，优先建设"三北"防护林工程、防治荒漠化工程、水土流失综合治理工程、生态农业建设工程等。

（4）草原区。采取人工种草、飞播种草、围栏封育等工程措施与生物措施相结合的办法，变草地粗放经营为集约经营，提高牧业生产水平，实现草场永续利用，草地畜牧业可持续发展。优先建设内蒙古呼伦贝尔、锡林郭勒、鄂尔多斯，青海环湖、青南，甘肃甘南，四川甘孜、阿坝，新疆天山等重点地区的"三化"草地治理工程、草地鼠虫害防治工程等。

通过重点工程的建设，把这些关系全局发展的重点地区的基本农田、优质草地、水源涵养林和防风固沙林建设起来，形成带网片结合、纵横交错、相互联结、结构合理的林草植被体系和水土流失防治体系，使这些区域的生态环境有较大改观，为全国生态环境的改善奠定基础。此外，国家还要按照区域布局，有计划、有步骤地选建一批生态环境建设综合示范区，建立和完善预防监测保护体系。

8.3.2.5 规划的第五部分是生态环境建设的政策措施

（1）加强领导，认真做好规划的组织实施工作。各级政府要有高度的历史责任感，切实加强领导，保证规划目标的实现。各地要在全国生态环境建设规划的指导下，因地制宜地制定本地区的生态环境建设规划，作为当地经济和社会发展规划的重要组成部分，一任接着一任干，一代接着一代干，一张蓝图干到底。

（2）加强法制建设，依法保护和治理生态环境。要广泛深入地宣传《中华人民共和国环境保护法》等法律，加快制定生态环境相关法律法规，不断提高全民的法制观念，依法保护和治理生态环境。

（3）把科技进步放在突出位置，大力推广先进适用的科技成果。宣传普及有关方面的科技知识，重视人才培养，围绕生态环境建设的关键问题组织科技攻关，加强国际科技合作与交流。

（4）继续深化"四荒"承包改革，稳定和完善有关鼓励政策。荒山、荒沟、荒丘、荒滩的治理和合理开发是生态环境建设的重要内容，必须继续深化"四荒"承包改革，稳定和完善有关奖励政策，尽快治理"四荒"，改善生态环境。

（5）抓好重点工程的建设与管理。生态环境工程必须严格执行国家基本建设程序，按规划立项，按项目进行动态管理。国家将对生态环境建设项目制定专门的管理办法。

（6）建立健全稳定的投入保障机制。坚持国家、地方、集体、个人一起上，多渠道、多方位筹集建设资金。

8.3.3 各地的生态环境建设规划

以《全国生态环境建设规划》为指导，结合本地区实际情况，各地要制定本地区的生态环境建设规划。

8.4 全国生态环境保护纲要

2000 年 11 月 26 日，国务院发布了《全国生态环境保护纲要》（以下简称《纲要》），并要求各地区、各有关部门要根据《纲要》，制订本地区、本部门的生态环境保护规划，积极采取措施，加大生态环境保护工作力度，扭转生态环境变化趋势，为实现祖国秀美山川的宏伟目标而努力奋斗。

8.4.1 制定《纲要》的背景

近年来，党中央、国务院十分重视我国的生态环境保护与建设。特别是 1997 年江泽民主席对生态保护与建设作出重要批示，党中央、国务院发布《全国生态环境保护规划》和决定实施西部大开发战略以来，国家进一步加大了生态环境建设的投入，退耕还林还草、退田还湖、天然林保护、草原建设等生态建设工程取得重大进展，一些生态破坏严重的地区生态环境得到有效的恢复和改善。

总体上看，我国普遍存在的粗放型经济增长方式和掠夺式的资源开发利用方式仍未根本转变，重开发轻保护、重建设轻管护的思想仍普遍存在，以牺牲环境为代价换取眼前和局部利益的现象在一些地区依然严重，生态破坏问题在部分地区范围还在扩大、程度在加剧、危害在加重，如土地退化（包括水土流失、土地沙化、盐碱化）、水生生态平衡失调、林草植被破坏、生物多样性锐减和海洋生态恶化问题仍相当突出。在西部一些地区，一边退耕还林还草，一边毁林毁草开荒，破坏生态的现象也时有发生。因此，只抓生态建设，不注意生态保护，边建设边破坏，不仅加大了国家生态建设的任务和压力，而且也无法巩固生态建设成果，难以从根本上遏制生态恶化的趋势，实现生态环境状况的好转。

江泽民同志在 1999 年中央人口资源环境工作座谈会上明确要求，要在全面落实《全国生态环境建设规划》的同时"抓紧编制实施全国生态环境保护纲要，根据不同地区的实际情况，采取不同保护措施"，并提出要"长江、黄河等重点江河源头区，重要湖泊湿地建立特殊生态功能保护区，实施抢救性保护；对矿产、森林、草地等重点自然资源，依法进行强制性保护，坚决防止资源开发中对生态环境造成的破坏；对生态良好地区要进一步做好保护工作，发挥示范作用"。朱镕基同志在中央人口资源环境座谈会上，对生态保护也提出了明确要求。《全国生态保护纲要》正是按照中央对生态保护这一总体战略要求来制定的。

8.4.2　全国生态环境保护的指导思想与目标

8.4.2.1　全国生态环境保护的指导思想和基本原则

高举邓小平理论伟大旗帜，以实施可持续发展战略和促进经济增长方式为中心，以改善生态环境质量和维护国家生态环境安全为目标，紧紧围绕重点地区、重点生态环境问题，统一规划，分类指导，分区推行，加强法治，严格监管，坚决打击人为破坏生态环境行为，动员和组织全社会力量，保护和改善自然恢复能力，巩固生态建设成果，努力遏制生态环境恶化的趋势，为实现祖国秀丽山川的宏伟目标打下坚实基础。

8.4.2.2　全国生态环境保护的目标

全国生态环境保护目标是通过生态环境保护，遏制生态环境破坏，减轻自然灾害的危害；促进自然资源的合理、科学利用，实现自然生态系统良性循环；维护国家生态环境安全，确保国民经济和社会的可持续发展。

近期目标。到 2010 年，基本遏制生态环境破坏趋势。建设一批生态功能保护区，力争使长江、黄河等大江大河的源头区，长江、松花江流域和西北地区的重要湖泊、湿地，西北重要的绿洲，水土保持重点预防保护区及重点监督区等重要生态功能区的生态系统和生态功能得到保护与恢复；在切实抓好现有自然保护区建设与管理的同时，抓紧建设一批新的自然保护区使各类良好的自然生态系统及重要物种得到有效保护；建立、健全生态环境保护监管体系，使生态环境保护措施得到有效执行，生态环境破坏恢复率有较大幅度提高；加强生态示范区和生态农业县建设，全国部分县（市、区）基本实现秀美山川、自然生态系统良性循环。

远期目标。到 2030 年，全面遏制生态环境恶化的趋势，使重要生态功能区、物种丰富区和重点资源开发区的生态环境得到有效保护，各大水系的一级支流源头区得到有效保护，各大水系的一级支流源头区和国家重点保护湿地的生态环境得到改善；部分重要生态系统得到重建与恢复；全国 50% 的县（市、区）实现秀美山川、自然生态系统良性循环，30%以上的城市达到生态城市和园林城市标准。到 2050 年，力争全国生态环境得到全面改善，实现城乡环境清洁自然生态系统良性循环、全国大部分地区实现秀美山川的宏伟目标。

8.4.3 《纲要》的主要内容和特点

按照分类指导，重点突破的原则，《纲要》针对不同区域生态破坏的原因和特点，提出了"三区"推进生态环境保护的战略，在今后的一个时期内，国家将重点抓好三种不同类型区域的生态环境保护：

（1）对重要生态功能区实施抢救性保护。重点建立生态功能保护区，实行严格保护下的适度利用和科学恢复。重要生态功能保护区，包括江河源头区、重要水源涵养区、水土保持的重点预防保护区和重点监督区、江河洪水调蓄区、防风固沙区和重要渔业水域等，这些区域对保持流域、区域生态平衡，确保国家生态环境安全方面具有特别重要的作用。

（2）对重点资源开发的生态环境实施强制性保护。当前，重要自然资源的无序、不合理开发是造成我国生态环境不断恶化的主要原因。《纲要》进一步明确了水、土、草原、森林、海洋、生物、矿产等自然要素的生态功能，要求加大立法执法力度，强化监管，防止重要自然资源开发对环境的破坏降到最低限度。

（3）对生态良好地区生态环境实施积极性保护。主要通过批建自然保护区，开展生态示范区、生态市、生态省的建设，努力实现生态环境良好地区社会经济健康、持续发展，生态环境良性循环；生物多样性丰富地区得到有效保护。

《纲要》中生态环境保护目标、任务和措施，主要是围绕这"三区"工作重点来提出的，并考虑了与《全国生态环境建设规划》的协调和衔接。制定《纲要》的根本出发点就是全面落实保护优先、预防为主的方针，以减少新的生态破坏，巩固生态建设成果，从根本上遏制我国生态环境要素和生态环境不断恶化的趋势。

土地、水、森林、草原、野生生物、矿藏等既是重要的自然资源，又是基本的生态环境要素和生态系统，这就使得资源管理与生态保护既相互促进，又相互制约。为减少和避免自然资源开发造成新的生态破坏，《纲要》的政策特点为：

☞ 突出对自然资源作为重要生态环境要素或生态系统的生态功能的保护。

☞ 强调资源开发对相关生态环境要素和生态的影响，加大对加强资源开发中的生态保护的要求。

☞ 注意保护的系统性，把自然资源开发利用的各个环节所产生的种类生态环境问题综合起来考虑。

8.4.4 《纲要》提出的新举措

《纲要》提出的主要新内容体现的是在国家有环境保护和资源管理的框架下，我国政府今后一个时期对生态环境保护的基本观点和基本要求，特别是首次明确提出了"维护国家生态环境安全"的目标。同时《纲要》力求在生态环境保护的对策上有所突破，对重点地区的重点生态问题，实行更加严格的监控、防范措施。主要有：

（1）生态功能保护区的建设。根据国内重要生态功能区生态环境退化带来的危害和急需加强保护的需要，参考国际上日益强调保护的发展趋势，《纲要》提出了生态保护区建设的新任务，这是对重要生态功能区实施抢救性保护的根本措施。同时鉴于我国人口、资源和环境的双重压力，生态功能保护区采取的是主动、开放的保护措施，对区内的资源允许在严格保护下进行合理、适应的开发利用，特别强调通过规范监督管理，限制破坏生态功能的开发建设活动，积极推进自然与人工相结合的科学生态恢复，遏制或防止生态功能区生态功能的退化。

（2）资源开发的生态保护。本着禁、倡并举的原则，《纲要》从维护系统的、区域的和流域的生态平衡出发，提出了控制要求，并根据自然生态的特点对主要自然资源开发的时间、地点和方式提出了限制性要求。例如，对水资源开发，强调经济发展要以水定规模，建立缺水地区高耗水项目管制制度；严重断流的河流和严重萎缩的湖泊，在流域内停上或缓上不利于缓解断流与湖泊萎缩的蓄水、引水和调水工程。对土地资源开发要强化土地用途管制中的生态用地管制，特别是加强对林区、湿地、湖泊等具有重要生态功能区域的保护和使用的监管。对草原资源开发，要严格实行草场禁牧期、禁牧区和轮牧制度。对生物物种资源的开发，要加强生态安全管理，建立风险评估制度，对矿产资源的开发，严禁在崩塌坡危险区、泥石流多发区和易导致自然景观破坏的区域采石、采砂、取土，严格沿江、沿湖、沿库、沿海地区矿产资源开发的管理。

（3）在生态环境保护对策和措施上，针对我国生态环境保护监督管理方面的一些薄弱环节，《纲要》提出了一些新的制度和措施；如要建立和完善各级政府、部门、单位法人生态环境保护和建设投入与生态环境保护审计制度，确保国家生态环境保护和建设投入与生态效益的产出相匹配；加快生态环境保护和生态功能保护区管理条例；抓紧编制生态环境功能区划，指导自然资源开发和产业合理布局；建立经济社会发展与生态保护综合决策机制，重视重大经济技术政策、社会发展规划、经济发展计划所产生的生态影响；建立国家防止生态恶化与自然灾害的早期预警系统等。

8.4.5　为贯彻落实《纲要》近期将重点开展的几项工作

（1）做好《纲要》的宣传工作。要通过深入广泛、形式多样的宣传教育活动，使各级领导干部和广大群众了解、掌握《纲要》所提出的目标、任务和要求，提高对加强生态环境保护重要性的认识，增强生态环境保护的使命感、责任感和紧迫感。

（2）推动各地区、各部门认真贯彻落实《纲要》，要组织各地区抓紧制定本地的生态环境保护规划，并把近期任务纳入"十五"期间，建成 10 个左右国家级生态功能保护区和一批地方级生态功能保护区，使一些生态面临严重退化的重要生态功能区得到及时的保护和恢复。

（3）按照《纲要》的要求，在继续抓紧抓好自然保护区建设和管理的同时，要优先启动重要生态功能区的抢救性保护工作。力争在"十五"期间，建成 10 个左右国家级生态功能保护区和一批地方级生态功能保护区，使一些生态面临严重退化和重要生态功能区得到及时的保护和恢复。

（4）建立资源开发的生态保护重点监控区。在强化重要资源开发的环境影响评价制度、"三同时"制度等措施的同时，针对一些问题严重、影响大、人民群众十分关注的资源开发活动和区域，要制定专项法规，制定保护和整治规划，明确监控目标、任务和责任人，开展限期治理，并会同国务院各有关部委定期开展现场执法检查。

（5）继续抓好生态示范区特别是生态省、生态示范地（市）的建设。陆续将验收命名一批新的国家级生态示范区，结合国家发展小城镇战备，要分步开展环境优美城镇建设，进一步推进农村生态保护。

（6）抓紧落实《纲要》的基础性工作。近期重点是组织西部 12 个省、自治区、直辖市开展生态环境现状调查，在此基础上编制生态环境功能区划；制定重点资源开发、生态环境保护和生态功能保护区管理条例；会同有关部门研究制定重点区域和行业的生态环境保护审计指标体系和审计办法；建立和完善生态省和生态城市的标准体系；重视和抓紧地市及县级生态保护机构与能力建设。

8.5 全国生态功能区划

全国生态功能区划是在全国生态调查的基础上，分析区域生态特征、生态系统服务功能与生态敏感性空间分异规律，确定不同地域单元的主导生态功能。制定全国生态功能区划，对贯彻落实科学发展观，牢固树立生态文明观念，维护区域生态安全，促进人与自然和谐发展具有重要意义。全国生态功能区划的范围为我国内地 31 个省级行政单位的陆地，未包括香港特别行政区、澳门特别行政区和台湾省。

8.5.1 全国生态功能区划的指导思想、基本原则和目标

8.5.1.1 指导思想与基本原则

（1）指导思想。为了贯彻科学发展观，树立生态文明的观念，运用生态学原理，以协调人与自然的关系、协调生态保护与经济社会发展关系、增强生态支撑能力、促进经济社会可持续发展为目标，在充分认识区域生态系统结构、过程及生态服务功能空间分异规律的基础上，划分生态功能区，明确对保障国家生态安全有重要意义的区域，以指导我国生态保护与建设、自然资源有序开发和产业合理布局，推动我国经济社会与生态保护协调、健康发展。

（2）基本原则。生态功能区划遵循主导功能原则、区域相关性原则、协调原则、分级区划原则。

8.5.1.2 目标

（1）分析全国不同区域的生态系统类型、生态问题、生态敏感性和生态系统服务功能类型及其空间分布特征，提出全国生态功能区划方案，明确各类生态功能区的主导生态服务功能以及生态保护目标，划定对国家和区域生态安全起关键作用的重要生态功能区域。

（2）按综合生态系统管理思想，改变按要素管理生态系统的传统模式，分析各重要生态功能区的主要生态问题，分别提出生态保护主要方向。

（3）以生态功能区划为基础，指导区域生态保护与生态建设、产业布局、资源利用和经济社会发展规划，协调社会经济发展和生态保护的关系。

8.5.2　全国生态功能区划方案

8.5.2.1　分区方法

按照我国的气候和地貌等自然条件，将全国陆地生态系统划分为 3 个生态大区：东部季风生态大区、西部干旱生态大区和青藏高寒生态大区；然后依据《生态功能区划暂行规程》，将全国生态功能区划分为 3 个等级：

（1）根据生态系统的自然属性和所具有的主导服务功能类型，将全国划分为生态调节、产品提供与人居保障 3 类生态功能一级区。

（2）在生态功能一级区的基础上，依据生态功能重要性划分生态功能二级区。生态调节功能包括水源涵养、土壤保持、防风固沙、生物多样性保护、洪水调蓄等功能；产品提供功能包括农产品、畜产品、水产品和林产品；人居保障功能包括人口和经济密集的大都市群和重点城镇群等。

（3）生态功能三级区是在二级区的基础上，按照生态系统与生态功能的空间分异特征、地形差异、土地利用的组合来划分生态功能三级区。

8.5.2.2　区划方案

全国生态功能一级区共有 3 类 31 个区，包括生态调节功能区、产品提供功能区与人居保障功能区。生态功能二级区共有 9 类 67 个区。其中，包括水源涵养、土壤保持、防风固沙、生物多样性保护、洪水调蓄等生态调节功能，农产品与林产品等产品提供功能，以及大都市群和重点城镇群人居保障功能二级生态功能区。生态功能三级区共有 216 个。全国生态功能区划体系见表 8-1。

表 8-1　全国生态功能区划体系

生态功能一级区 （3 类）	生态功能二级区 （9 类）	生态功能三级区举例 （216 个）
生态调节	水源涵养	大兴安岭北部落叶松林水源涵养
	防风固沙	呼伦贝尔典型草原防风固沙
	土壤保持	黄土高原西部土壤保持
	生物多样性保护	三江平原湿地生物多样性保护
	洪水调蓄	洞庭湖湿地洪水调蓄
产品提供	农产品提供	三江平原农业生产
	林产品提供	大兴安岭林区林产品
人居保障	大都市群	长三角大都市群
	重点城镇群	武汉城镇群

8.5.3　生态功能区类型及概述（略）

8.5.4　生态功能区划的实施

生态功能区划是科学开展生态环境保护工作的重要手段，是指导产业布局、资源开发的重要依据。

（1）要处理好全国和省域生态功能区划的关系。全国生态功能区划从满足国家经济社会发展和生态保护工作宏观管理的需要出发，进行大尺度范围划分。省级生态功能区划应与全国生态功能区划相衔接，在区划尺度上应更能满足省域经济社会发展和生态保护工作微观管理的需要。

（2）全国生态功能区划应与国家主体功能区规划、重大经济技术政策、社会发展规划、经济发展规划和其他各种专项规划相衔接。要依据生态功能区划，确定合理的生态保护与建设目标，制定可行的方案和具体措施，促进生态系统的恢复，增强生态系统服务功能，为区域生态安全和区域可持续发展奠定生态基础。

（3）对生态安全有重大意义的水源涵养、土壤保持、防风固沙、生物多样性保护、洪水调蓄等重要生态功能区，应分级建立国家和地方重点生态功能保护区，并抓紧编制相关规划。要积极探索健全保障重点生态功能保护区的财税、环境政策。

（4）要以生态功能区划为依据，严格建设项目环境管理。资源开发利用项目应当符合生态功能区的保护目标，不得造成生态功能的改变；禁止在生态功能区内建设与生态功能区定位不一致的工程和项目，对全部或部分不符合生态功能区划的新建项目，应对项目重新选址，重新进行环境影响评价；对已建成的与功能区定位不一致且造成严重生态破坏的工程和项目，应明确停工、拆除、迁址或关闭的时间表，提出恢复项目所在区域生态功能的措施，依照执行。

（5）要建立结构完整、功能齐全、技术先进的生态功能区划管理信息系统，与政府电子信息平台相联结，促进生态行政管理和社会服务信息化，提高各级生态管理部门和其他相关部门的综合决策能力和办事效率。

（6）要加强生态保护的宣传教育。积极宣传生态功能区划的科学意义和重要性，普及生态教育；完善信访、举报和听证制度，调动广大人民群众和民间团体的积极性，支持和鼓励公众和非政府组织参与生态功能区的管理。

8.6 生态示范区

8.6.1 概述

8.6.1.1 概念

生态示范区是以生态学和生态经济学原理为指导，以协调经济、社会发展和环境保护为主要对象，统一规划，综合建设，生态良性循环，社会经济全面、健康、持续发展的一定行政区域。生态示范区是一个相对独立，又对外开放的社会、经济、自然的复合生态系统。生态示范区建设可以乡、县和市域为基本单位组织实施，当前重点开放在以县为单位组织实施上。

8.6.1.2 产生背景和发展过程

环境保护是当今世界发展的潮流，其中有些国家生态示范区的建设搞得早、搞得好，瑞典就有成功的经验，在1992年联合国环境与发展大会上交流受到普遍的好评。我国生态破坏非常严重，党和国家十分重视生态保护与建设，近年来一些生态林的建设也取得成功，并得到联合国的表彰和奖励。我国政府在1993年开始抓生态建设工作，1994年2

月国家计委同意将生态示范区纳入生态建设规划，1994 年 6 月国家环保局制定了生态县规划，1995 年国务院将生态示范区建设纳入了国家计划。到 2008 年底，全国生态示范区建设试点地区（第一批至第九批）共计 528 个。

8.6.2　生态示范区的指导思想、目标与指标

8.6.2.1　生态经济学是生态示范区的指导思想

生态经济学是生态学和经济学相互渗透、互相补充、不断完善的一门新兴学科，这门学科将人类社会经济发展与自然生态、环境、资源紧密地结合起来，符合自然规律和经济规律，有利于协调社会、经济、环境的关系，有利于可持续发展。

8.6.2.2　县域是目前生态示范区的区域界定

（1）县域经济在我国经济发展中是最具活力的生长点。

（2）县域是城乡的结合部。

（3）中国市场经济是从县域经济开始的。

（4）县域具有较大的空间。

（5）县域是行政区域，有利于落实生态示范区的责任，便于建设和管理。

8.6.2.3　可持续发展是生态示范区目标

我国人口众多，人均资源较少，经济发展与生态、环境、资源的矛盾非常突出，因此，要实现可持续发展难度很大，生态示范区是实施可持续发展战略的一个良好途径。

8.6.2.4　生态示范区的指标体系

生态示范区的指标分为 3 个类型，即经济发展指标、生态环境指标和社会发展指标，共分 24 项。

8.6.3　生态示范区的基本模式

8.6.3.1　生态农业型

我国是一个农业大国，农民人口多，因此生态农业型是生态示范区的一个重要类型。生态农业，也包括生态林业、生态渔业等。

8.6.3.2　农工商一体化型

我国农林经济产业化发展迅速，农业与工业、商业的关系日益密切，农工商一体化已成为一种趋势。在这种趋势下协调农业与工业、商业的关系，加强生态保护，促使经济、社会、生态效益的统一，也是很有前景的。

8.6.3.3　生态旅游型

在一些风景名胜区，以旅游业为中心，以生态经济为指导，围绕旅游保护生态，发展经济，实现旅游与生态之间的良性循环，也是很有效的。

8.6.3.4　乡镇工业型

我国乡镇工业发展迅速，围绕乡镇工业，以生态经济学为指导，规划并建设乡镇工业小区，加强管理，集中治理污染，发展绿色产品，促进资源综合利用，回收利用，有效地促进了 3 个效益的统一。

8.6.3.5　城市化的类型

我国有一些县经过多年的发展，已经逐步城市化，因此出现了一批县级市，它们以

城市生态学为指导，按生态城市的模式规划与建设。这在经济发达的地区也是一个成功的经验。

8.6.3.6 生态破坏恢复型

我国有一些矿业、林业等资源开发地区，生态遭到破坏，利用生态经济学为指导，在恢复生态过程中发展经济，也取得了成功。

8.6.4 生态示范区的意义和作用

8.6.4.1 生态示范区的建设是实施可持续发展战略的最基本的社会经济形式

县域经济是我国经济的重要基础，又是我国行政管理的重要环节。生态示范区以县域为界定区域，开展经济建设和生态建设，既利于规划建设，也利于管理。总之有利于落实可持续发展战略。

8.6.4.2 生态示范区是落实国策的重要保证

1983 年我国宣布环境保护是一项基本国策，与计划生育为两大国策。这两个国策也有内部联系，人口过多，使我国的环境、资源、生态问题更加突出，更加严重。国策是具有深远性、全面性、社会性和综合性的重大政策，要列入国家计划，形成发展与环境的综合决策，制定并实行一系列相关法规，制定并实行一系列制度、政策，广泛开展宣传教育。生态示范区的建设有利于落实国策。在实行中，首先要制定规划，然后报当地人大审批，之后将建设指标分解到各部门，事后组织检查、验收、评比、表彰。这样将使国策落实到工作中去。

8.6.4.3 生态示范区建设是使环境保护参与综合决策的主要途径

生态示范区规划与建设具有经济、社会、环境 3 个指标类型，使环境保护真正参与综合决策。这样做，既有利于加强环境保护机制，树立环保部门的权威；也有利于强化环境保护部门的职能；还有利于促进重大决策的科学化和民主化。

8.6.5 全国生态示范区建设规划纲要

1995 年国家环保局制定了《全国生态示范区建设规划纲要》，这个纲要的分部为：

8.6.5.1 背景和重要意义（略）

8.6.5.2 指导思想和原则

（1）根据国民经济和社会发展的总目标，以保护和改善生态环境、实现资源合理开发和永续利用为重点，通过统一规划，有组织、有计划、有步骤地开展生态示范区建设，促进区域生态环境的改善，推动国民经济和社会持续、健康、快速的发展，逐步走上可持续发展的道路。

（2）基本原则。

- ☞ 环境效益、经济效益、社会效益相统一。
- ☞ 因地制宜。
- ☞ 资源永续利用。
- ☞ 政策宏观指导与社会共同参与相结合。
- ☞ 国家倡导，地方为主。
- ☞ 统一规划、突出重点、分步实施。

8.6.5.3 战略目标

通过生态示范区建设树立一批区域生态建设与社会经济发展相协调的典型。2000 年以后，通过全国广大地区的推广与改善，使生态环境质量和人民生活水平得到较大程度的改善，逐步实现资源的永续利用和社会经济的可持续发展。

8.6.5.4 分阶段目标

（1）近期 1996—2000 年，重点建设阶段，在全国建立生态示范区 50 个。

（2）中期 2001—2010 年，重点推广阶段，在全国再选取 300 个区域进行重点推广。

（3）远期 2011—2050 年，普遍推广阶段，使生态示范区面积达到国土面积的 50% 左右。

8.6.5.5 建设指标

（1）一般生态示范区按经济发展水平分三类。

☞ 经济落后（人均收入 400 元以下）和生态环境质量较差的地区。

☞ 中等经济水平（人均收入 400~1 000 元）和生态环境质量较好的地区。

☞ 经济发达（人均收入大于 1 000 元）和生态环境质量较好的地区。

（2）生态破坏恢复治理区。生态破坏恢复治理达到 40%～50%，每年新破坏区面积小于恢复治理面积。

8.6.5.6 生态示范区建设的任务

（1）区域生态建设。包括单位建设为主和综合建设为主两类。

（2）分区生态建设。根据经济发展水平分类指导，因地制宜。

8.6.5.7 规划实施的保防措施

（1）加强领导。

（2）多方筹措资金。

（3）强化管理。

（4）加强能力建设。

（5）开展国际交流。

（6）加强宣传。

8.6.6 生态示范区建设试点申报规范

1995 年国家环保局制定并下达了《生态示范区建设试点申请规范》，有以下 4 个部分：

8.6.6.1 选点基本要求

（1）地方党委、政府领导重视，有积极性。

（2）环保机构健全，有较强的组织协调能力。

（3）有一定基础，在规划、科研、监测、小区域试点等方式做过一些工作。

（4）有一定的经济实力和较强的生态建设能力。

（5）具有一定的代表性。

☞ 代表性：具有生态建设的典型意义。

☞ 先进性：规划合理、技术先进，具有广泛的推广意义。

☞ 可操作性：示范区建设项目要因地制宜、切实可行，经过几年的努力，能达标验收。

8.6.6.2 报批材料要求

生态示范区（县、市）建设的简要报告

（1）自然、社会环境概况。

（2）建设项目主要内容及步骤。

（3）保障条件及具体可行措施。

以上报告 1 000 字左右，简明扼要，能说明问题。

8.6.6.3 报送程序要求

（1）县、市政府的申请报告。

（2）省环保局的审查意见。

8.6.6.4 报送份数

所报材料一式 3 份。

8.6.7 《生态示范区建设规划编制导则（试行）》

1996 年国家环保局为地方的生态示范区建设，制定并下达了《生态示范区建设规划编制导则（试行）》，共包括五部分。

8.6.7.1 基本原则

（1）可持续发展原则。

（2）和国民经济与社会发展计划相协调原则。

（3）经济增长方式集约类型原则。

（4）因地制宜原则。

8.6.7.2 关于规划目标的确定

（1）经济发展方面。发挥地缘优势，优化产业结构，合理利用各种资源，依靠科技进步，强化集约经营，增强经济系统的调节功能，促进区域经济持续、快速、健康发展。

（2）生态环境保护方面。污染物排放符合总量控制要求，大气和水体环境质量优于相邻地区；重要自然生态区域和生物多样性得到有效保护，退化生态区域得到恢复治理；生态系统活力、抗灾能力、生物生产力和自然资源与环境质量对经济社会发展的支撑能力明显增强。

（3）社会发展方面。农村和城镇的面貌确实改善，住区布局结构合理，基础设施完善，综合服务功能较强，生态环境优美、舒适，社区文化发展，信息渠道畅通，人与自然实现和睦相处。

8.6.7.3 技术路线

在调查分析、评估的基础上，确定目标任务，并分解指标到各子系统或区域。

8.6.7.4 结构框架（略）

（1）基本概况。

（2）制约可持续发展主要因素识别。

（3）指导思想与规划目标。

（4）主要建设领域和重点任务。

（5）保障措施。

（6）项目经费概算与效益分析。

（7）可持续发展分析。

8.6.7.5 关于规划的下达、论证、批准和备案

国家环保局在批准生态示范区建设试点的同时，即向试点地区政策下达编制规划的任务。

省、自治区、直辖市环保局负责辖区内各地区规划论证工作。

试点地区政策应通过适当形式，批准生态示范区建设规划，并组织实施。

规划批准后，应报省、自治区、直辖市环境保护局，并报国家环保部备案（共）一式两份。

规划工程程序图（略）。

8.7 生态县、生态市、生态省建设指标

随着我国生态示范区工作的开展，一些地方纷纷提出建设生态县、生态市、生态省。2002 年中国共产党十六大的政府工作报告中提出全面建设小康社会的宏伟目标，并明确指出全面建设小康社会必须实现"——可持续发展能力不断增强、生态环境得到改善、资源利用效率显著提高、促进人与自然的和谐，推动整个社会走上生产发展、生活富裕、生态良好的文明发展道路。"为了适应形势发展的需要，促进全面建设小康社会，国家环保总局制定并公布了《生态县、生态市、生态省建设指标（试行）》（环发[2003]91 号）。

为贯彻落实党的十七大精神，进一步深化生态县（市、省）建设，2007 年国家环保总局组织修订了《生态县、生态市、生态省建设指标》。

8.7.1 生态县（含县级市）建设指标

8.7.1.1 基本条件

（1）制订了《生态县建设规划》，并通过县人大审议、颁布实施。国家有关环境保护法律、法规、制度及地方颁布的各项环保规定、制度得到有效的贯彻执行。

（2）有独立的环保机构。环境保护工作纳入乡镇党委、政府领导班子实绩考核内容，并建立相应的考核机制。

（3）完成上级政府下达的节能减排任务。3 年内无较大环境事件，群众反映的各类环境问题得到有效解决。外来入侵物种对生态环境未造成明显影响。

（4）生态环境质量评价指数在全省名列前茅。

（5）全县 80% 的乡镇达到全国环境优美乡镇考核标准并获命名。

8.7.1.2 建设指标

生态县建设指标见表 8-2。

表 8-2　生态县建设指标

	序号	名　　称	单　位	指　　标	说明
经济发展	1	农民年人均纯收入	元/人		约束性指标
		经济发达地区			
		县级市（区）		≥8 000	
		县		≥6 000	
		经济欠发达地区			
		县级市（区）		≥6 000	
		县		≥4 500	
	2	单位 GDP 能耗	t 标煤/万元	≤0.9	约束性指标
	3	单位工业增加值新鲜水耗	m³/万元	≤20	约束性指标
		农业灌溉水有效利用系数		≥0.55	
	4	主要农产品中有机、绿色及无公害产品种植面积的比重	%	≥60	参考性指标
生态环境保护	5	森林覆盖率	%		约束性指标
		山区		≥75	
		丘陵区		≥45	
		平原地区		≥18	
		高寒区或草原区林草覆盖率		≥90	
	6	受保护地区占国土面积比例	%		约束性指标
		山区及丘陵区		≥20	
		平原地区		≥15	
	7	空气环境质量	—	达到功能区标准	约束性指标
	8	水环境质量	—	达到功能区标准，且省控以上断面过境河流水质不降低	约束性指标
		近岸海域水环境质量			
	9	噪声环境质量	—	达到功能区标准	约束性指标
	10	主要污染物排放强度	kg/万元（GDP）		约束性指标
		化学需氧量（COD）		<3.5	
		二氧化硫（SO₂）		<4.5	
				且不超过国家总量控制指标	
	11	城镇污水集中处理率	%	≥80	约束性指标
		工业用水重复率		≥80	
	12	城镇生活垃圾无害化处理率	%	≥90	约束性指标
		工业固体废物处置利用率		≥90	
				且无危险废物排放	
	13	城镇人均公共绿地面积	m²	≥12	约束性指标
	14	农村生活用能中清洁能源所占比例	%	≥50	参考性指标
	15	秸秆综合利用率	%	≥95	参考性指标
	16	规模化畜禽养殖场粪便综合利用率	%	≥95	约束性指标

	序号	名　称	单　位	指　标	说明
生态环境保护	17	化肥施用强度（折纯）	kg/hm²	＜250	参考性指标
	18	集中式饮用水源水质达标率	%	100	约束性指标
		村镇饮用水卫生合格率			
	19	农村卫生厕所普及率	%	≥95	参考性指标
	20	环境保护投资占 GDP 的比重	%	≥3.5	约束性指标
社会进步	21	人口自然增长率	‰	符合国家或当地政策	约束性指标
	22	公众对环境的满意率	%	＞95	参考性指标

8.7.2 生态市（含地级行政区）建设指标

8.7.2.1 基本条件

（1）制订了《生态市建设规划》，并通过市人大审议、颁布实施。国家有关环境保护法律、法规、制度及地方颁布的各项环保规定、制度得到有效的贯彻执行。

（2）全市县级（含县级）以上政府（包括各类经济开发区）有独立的环保机构。环境保护工作纳入县（含县级市）党委、政府领导班子实绩考核内容，并建立相应的考核机制。

（3）完成上级政府下达的节能减排任务。3 年内无较大环境事件，群众反映的各类环境问题得到有效解决。外来入侵物种对生态环境未造成明显影响。

（4）生态环境质量评价指数在全省名列前茅。

（5）全市 80%的县（含县级市）达到国家生态县建设指标并获命名；中心城市通过国家环保模范城市考核并获命名。

8.7.2.2 建设指标

生态市建设指标见表 8-3。

表 8-3　生态市建设指标

	序号	名　称	单　位	指　标	说明
经济发展	1	农民年人均纯收入	元/人		约束性指标
		经济发达地区		≥8 000	
		经济欠发达地区		≥6 000	
	2	第三产业占 GDP 比例	%	≥40	参考性指标
	3	单位 GDP 能耗	t 标煤/万元	≤0.9	约束性指标
	4	单位工业增加值新鲜水耗	m³/万元	≤20	约束性指标
		农业灌溉水有效利用系数		≥0.55	
	5	应当实施强制性清洁生产企业通过验收的比例	%	100	约束性指标
生态环境保护	6	森林覆盖率	%		约束性指标
		山区		≥70	
		丘陵区		≥40	
		平原地区		≥15	
		高寒区或草原区林草覆盖率		≥85	

	序号	名　　称	单　位	指　标	说　明
生态环境保护	7	受保护地区占国土面积比例	%	≥17	约束性指标
	8	空气环境质量	—	达到功能区标准	约束性指标
	9	水环境质量	—	达到功能区标准，且城市无劣V类水体	约束性指标
		近岸海域水环境质量			
	10	主要污染物排放强度	kg/万元（GDP）		约束性指标
		化学需氧量（COD）		＜4.0	
		二氧化硫（SO_2）		＜5.0	
				不超过国家总量控制指标	
	11	集中式饮用水源水质达标率	%	100	约束性指标
	12	城市污水集中处理率	%	≥85	约束性指标
		工业用水重复率		≥80	
	13	噪声环境质量	—	达到功能区标准	约束性指标
	14	城镇生活垃圾无害化处理率	%	≥90	约束性指标
		工业固体废物处置利用率		≥90	
				且无危险废物排放	
	15	城镇人均公共绿地面积	m²/人	≥11	约束性指标
	16	环境保护投资占 GDP 的比重	%	≥3.5	约束性指标
社会进步	17	城市化水平	%	≥55	参考性指标
	18	采暖地区集中供热普及率	%	≥65	参考性指标
	19	公众对环境的满意率	%	＞90	参考性指标

8.7.3 生态省建设指标

8.7.3.1 基本条件

（1）制订了《生态省建设规划纲要》，并通过省人大常委会审议、颁布实施。国家有关环境保护法律、法规、制度及地方颁布的各项环保规定、制度得到有效的贯彻执行。

（2）全省县级（含县级）以上政府（包括各类经济开发区）有独立的环保机构。环境保护工作纳入市（含地级行政区）党委、政府领导班子实绩考核内容，并建立相应的考核机制。

（3）完成国家下达的节能减排任务。3 年内无重大环境事件，群众反映的各类环境问题得到有效解决。外来入侵物种对生态环境未造成明显影响。

（4）生态环境质量评价指数位居国内前列或不断提高。

（5）全省 80%的地市达到生态市建设指标并获命名。

8.7.3.2 建设指标

生态省建设指标见表 8-4。

表 8-4　生态省建设指标

	序号	名　称	单　位	指　标	说明
经济 发展	1	农民年人均纯收入	元/人		约束性指标
		东部地区		≥8 000	
		中部地区		≥6 000	
		西部地区		≥4 500	
	2	城镇居民年人均可支配收入	元/人		约束性指标
		东部地区		≥16 000	
		中部地区		≥14 000	
		西部地区		≥12 000	
	3	环保产业比重	%	≥10	参考性指标
生态环 境保护	4	森林覆盖率	%		约束性指标
		山区		≥65	
		丘陵区		≥35	
		平原地区		≥12	
		高寒区或草原区林草覆盖率		≥80	
	5	受保护地区占国土面积比例	%	≥15	约束性指标
	6	退化土地恢复率	%	≥90	参考性指标
	7	物种保护指数	—	≥0.9	参考性指标
	8	主要河流年水消耗量	—		参考性指标
		省内河流		<40%	
		跨省河流		不超过国家分配的水资源量	
	9	地下水超采率	%	0	参考性指标
	10	主要污染物排放强度	kg/万元（GDP）		约束性指标
		化学需氧量（COD）		<5.0	
		二氧化硫（SO$_2$）		<6.0	
				且不超过国家总量控制指标	
	11	降水 pH 值年均值		≥5.0	约束性指标
		酸雨频率	%	<30	
	12	空气环境质量	—	达到功能区标准	约束性指标
	13	水环境质量	—	达到功能区标准，且过境河流水质达到国家规定要求	约束性指标
		近岸海域水环境质量			
	14	环境保护投资占 GDP 的比重	%	≥3.5	约束性指标
社会 进步	15	城市化水平	%	≥50	参考性指标
	16	基尼系数	—	0.3～0.4	参考性指标

8.8 生态补偿与生态移民

8.8.1 生态补偿的概念与内涵

尽管已有一些针对生态补偿的研究和实践探索，但尚没有关于生态补偿的较为公认的定义。综合国内外学者的研究并结合我国的实际情况，我们认为：生态补偿（Eco-compensation）是以保护和可持续利用生态系统服务为目的，以经济手段为主调节相关者利益关系的制度安排。

生态补偿应包括以下几方面主要内容：①对生态系统本身保护（恢复）或破坏的成本进行补偿；②通过经济手段将经济效益的外部性内部化；③对个人或区域保护生态系统和环境的投入或放弃发展机会的损失的经济补偿；④对具有重大生态价值的区域或对象进行保护性投入。

8.8.2 国内外研究与实践现状

8.8.2.1 国外生态补偿的研究与实践

国际上"生态补偿"比较通用的是"生态服务付费"（PES）或生态效益付费（PEB），主要由四个类型（Sara J. Scherr et al.，2006）：①直接公共补偿；②限额交易计划；③私人直接补偿；④生态产品认证计划。

在与农业生产活动相关的生态补偿方面，瑞士、美国通过立法手段，以补偿退耕休耕等措施来保护农业生态环境。20世纪50年代，美国政府实施了保护性退耕计划；80年代实施了相当于荒漠化防治计划的"保护性储备计划"；纽约州曾颁布了《休伊特法案》，恢复森林植被。在这些计划和法案的实施过程中，政府为计划实施（成本）和由此对当地居民造成的损失提供补贴（偿）是重要内容。

流域保护服务可以分为水质与水量保持和洪水控制等3个方面。尽管这三种服务相互关联，但通常具有不同的受益人。对这三种流域服务的公共补偿，以及对水质与水量的私人补偿，都有利于上游保护者，特别是当地的一些穷人（Sara J. Scherr et al.，2006）。

在矿产资源开发的生态补偿方面，德国和美国的做法相似。对于立法前的历史遗留的生态破坏问题，由政府负责治理。美国以基金的方式筹集资金，德国是由中央政府（75%）和地方政府（25%）共同出资并成立专门的矿山复垦公司负责生态恢复工作；对于立法后的生态破坏问题，则由开发者负责治理和恢复。

森林生态系统的补偿，主要通过生物多样性保护、碳蓄积与储存、景观娱乐文化价值实现等途径进行。欧洲排放交易计划（EU-ETS）与京都清洁发展机制是目前两个最大的、最为人们所了解的碳限额交易计划，2005年分别完成了3.62亿t和4亿t的二氧化碳交易。根据碳交易公司的统计，这个数字比2004年增长了7亿t，总价值达到了94亿美元（碳交易咨询公司，2006）。

景观与娱乐文化服务，经常与生物多样性服务相重叠。从本质上说，旅游者购买的商品是欣赏景观的权利，而不是生物多样性，一般都是在案例研究的基础上来决定付给土地管理者的费用。而且对国家公园来说，是要求当地社区减少在公园内的活动，使他们可以获得一部分的公园收入，作为对此的补偿。根据调查，最经常用来体现这些服务价值的、以市场为基础的是参观权/进入补偿，如参观费（50%）、旅游服务费（25%）和管理项目（25%）（兰黛尔-米尔斯等，2002 年研究报告）。

对于生物多样性保护的补偿，类型包括：购买具有较高生态价值的栖息地（私人土地购买，公共土地购买）；使用物种或栖息地的补偿（生物考察权，调查许可，对野生物种进行狩猎、垂钓或集中的许可，生态旅游）；生物多样性保护管理补偿（保护地役权，保护土地契约，保护区特许租地经营权，公共保护区的社团特许权，私人农场、森林、牧场栖息地或物种保护的管理合同）；限额交易规定下可交易的权利（可交易的湿地平衡资金信用额度，可交易的开发权，可交易的生物多样性信用额度）；支持生物多样性保护交易（企业内对生物多样性保护进行管理的交易份额，生物多样性友好产品）（斯基尔等，2004 年研究报告）。总体而言，国外生物多样性等自然保护的生态补偿基本上是通过政府和基金会的渠道进行的，有时则与农业、流域和森林等的补偿相结合。

8.8.2.2　国内生态补偿的研究与实践

我国关于生态补偿的研究和实践开始于 20 世纪 90 年代初期。一些科学研究人员借鉴国际生态系统服务功能研究的思路与方法，对不同尺度上的各种生态系统的服务功能进行定量估算。

在生态补偿的实践方面所开展的工作可以概括为几个方面，①由中央相关部委推动，以国家政策形式实施的生态补偿；②地方自主性的探索实践；③近几年来初步开始的国际生态补偿市场交易的参与。总体而言，目前的实践工作主要集中在森林与自然保护区、流域和矿产资源开发的生态补偿等方面。

（1）森林与自然保护区的生态补偿。森林与自然保护区的生态补偿工作起步较早，国家投入较多，取得了较明显的成效，除了森林生态效益补偿基金制度之外，天然林保护、退耕还林等六大生态工程也是对长期破坏造成生态系统退化的补偿。

1998 年修订的《森林法》第六条明确表明"国家设立森林生态效益补偿基金，用于提供生态效益的防护林和特种用途林的森林资源、林木的营造、抚育、保护和管理"。2001—2004 年为森林生态效益补助资金试点阶段；2004 年正式建立中央森林生态效益补偿基金，并由财政部和国家林业局出台了《中央森林生态效益补偿基金管理办法》。中央森林生态效益补偿基金的建立，标志着我国森林生态效益补偿基金制度从实质上建立起来了。

（2）流域的生态补偿。在流域的生态补偿方面，地方的实践主要集中在城市饮用水水源地保护和行政辖区内中小流域上下游间的生态补偿问题，如北京市与河北省境内水源地之间的水资源保护协作、广东省对境内东江等流域上游的生态补偿、浙江省对境内新安江流域的生态补偿等。应用的主要政策手段是上级政府对被补偿地方政府的财政转移支付，或整合相关资金渠道集中用于被补偿地区，或同级政府间的横向转移支付。同时，有的地方也探索了一些基于市场机制的生态补偿手段，如水资源交易模式。浙江省东阳市与义乌市成功地开展了水资源使用权交易，经过协商，东阳市将横锦水库 5 000 万 m³ 水资源的永久使用权通过交易转让给下游义乌市。在宁夏回族自治区、内蒙古自治区也有类似的水资源交易的案例，上游灌溉区通过节水改造，将多余的水卖给下游的水电站使用。

在浙江、广东等地的实践中，还探索出了"异地开发"的生态补偿模式。为了避免流域上游地区发展工业造成严重的污染问题，并弥补上游经济发展的损失，浙江省金华市建立了"金磐扶贫经济开发区"，作为该市水源涵养区磐安县的生产用地，并在政策与基础设施方面给予支持。

（3）矿产资源开发的生态补偿。中国从 20 世纪 80 年代中期开始实施、90 年代中期进一步进行改进，对矿产资源开发征收了矿产资源税，用以调节资源开发中的级差收入，促进资源合理开发利用。从 1994 年又开征了矿产资源补偿费，目的是保障和促进矿产资源的勘察、保护与合理开发，维护国家对矿产资源的财产权益。

1997 年实施的《中华人民共和国矿产资源法实施细则》对矿山开发中的水土保持、土地复垦和环境保护作出了具体规定，要求不能履行水土保持、土地复垦和环境保护责任的采矿人，应向有关部门交纳履行上述责任所需的费用，即矿山开发的押金制度。这一政策理念，符合矿产资源开发生态补偿机制的内涵。也有些地方如广西，采用征收保证金的办法，激励企业治理和恢复生态环境。若企业不采取措施，政府将用保证金雇佣专业化公司完成治理和恢复任务。浙江省对于新开矿山，通过地方相关立法，建立矿山生态环境备用金制度，按单位采矿破坏面积确定收费标准，同时，按照"谁开发、谁保护；谁破坏、谁治理"的原则解决新矿山的生态破坏问题，做到不欠新账。

（4）区域生态补偿。从 20 世纪 80 年代以来，中国开始了大规模的生态建设工程，包括防护林体系建设、水土流失治理、荒漠化防治、退耕还林还草、天然林保护、退牧还草、"三江源"生态保护等一系列生态工程均具有明显的生态补偿意义，投入资金有数千亿元之多。从区域补偿的角度看，尽管这些财政转移支付和发展援助政策没有考虑生态补偿的因素，也极少用于生态建设和保护方面，但其对西部地区因保护生态环境而牺牲的发展机会成本，或承受历史遗留的生态环境问题的成本变相给予了一定的补偿。天然林保护、退耕还林等六大生态工程也是对长期破坏造成生态系统退化的补偿。

8.8.3 生态补偿的总体框架及重点领域

生态补偿问题牵扯许多部门和地区，具有不同的补偿类型、补偿主体、补偿内容和补偿方式。为此，国家应建立一个具有战略性、全局性和前瞻性的总体框架。国内补偿则包括流域补偿、生态系统服务功能的补偿、资源开发补偿和重要生态功能区补偿等几个方面（表 8-5）。

生态补偿重点领域的确定，应当本着国家和地区的需要，结合现有的工作基础进行综合考虑。补偿主体，可以按照责任范围进行划分。一般来说，对大面积的森林、湿地、草地等重要生态功能区和国家级自然保护区等生态系统服务的补偿主要由中央政府重点解决；对矿产资源开发和跨界中型流域的生态补偿机制应由政府和利益相关者共同解决；地方政府重点是建立好城市水源地和本辖区内小流域的生态补偿机制，并配合中央政府建立跨界中型流域的补偿问题。对于区域间以及重要生态功能区的生态补偿问题，应当是在流域和生态系统服务诸要素的生态补偿的基础上进行整合，并结合不同区域的特点和生态系统服务的贡献等进行综合考虑。

表 8-5 生态补偿的地区范围、类型、内容和补偿方式

地区范围	补偿类型	补偿内容	补偿方式
国际补偿	全球、区域和国家之间的生态和环境问题	全球森林和生物多样性保护、污染转移、温室气体排放、跨界河流等	多边协议下的全球购买；区域或双边协议下的补偿；全球、区域和国家之间的市场交易
国内补偿	流域补偿	大流域上下游间的补偿 跨省界的中型流域的补偿 地方行政辖区的小流域补偿	地方政府协调；财政转移支付；市场交易
	生态系统服务补偿	森林生态补偿 草地生态补偿 湿地生态补偿 自然保护区补偿 海洋生态系统 农业生态系统	国家（公共）补偿财政转移支付；生态补偿基金；市场交易；企业与个人参与
	重要生态功能区补偿	水源涵养区 生物多样性保护区 防风固沙、土壤保持区 调蓄防洪区	中央、地方（公共）补偿；NGO 捐赠；私人企业参与
	资源开发补偿	土地复垦 植被修复	受益者付费；破坏者负担；开发者负担

8.8.4 关于实施生态补偿的若干政策建议

8.8.4.1 逐步建立健全生态补偿立法

研究表明，生态补偿的立法已成为当务之急，亟须将补偿范围、对象、方式、标准等以法律形式确立下来。出台法规的目的是建立权威、高效、规范的管理机制，促进生态补偿工作走上法制化、规范化、制度化、科学化的轨道。

8.8.4.2 处理好生态补偿的几个重要关系

（1）是中央与地方的关系。

（2）是政府与市场的关系。

（3）是生态补偿与扶贫的关系。

（4）是"造血"补偿与"输血"补偿的关系。

（5）是新账与旧账的关系。

（6）是综合平台与部门平台的关系。

8.8.4.3 加大生态补偿的财政转移支付力度，进行多渠道融资

（1）是加大中央政府财政转移支付力度。

（2）是加强地方政府对生态补偿的支持与合作。

（3）是完善生态补偿的财政政策体系，积极探索并建立多渠道的融资机制。

8.8.4.4 进一步完善生态补偿的管理体制

从目前来看，应加强部门内部和行政地域内的生态补偿工作，整合有关生态补偿的

内容；对于跨部门和跨行政地区的生态补偿工作，上级部门应给予协调和指导。

从长远来看，建议国务院设立生态补偿领导小组，负责国家生态补偿的协调管理。领导小组由发改委、财政部、环保总局、林业局、水利部、农业部等相关部委领导组成，行使生态补偿工作的协调、监督、仲裁、奖惩等相关职责。领导小组下设办公室，作为常设办事机构。同时建立一个由专家组成的技术咨询委员会，负责相关政策和技术咨询。

8.8.4.5 加强宣传教育，增强利益相关者对生态补偿的认知与参与

生态补偿必须得到全社会的关心和支持。建议进一步加强生态补偿的科普教育和大众宣传，增强群众的生态补偿意识，明确生态补偿的政策，使公众积极主动参与到生态补偿中去。社区是生态补偿机制落实的最终对象，社区公众的知识、认知和意愿直接影响生态补偿的效果。在制定生态补偿机制和规划时要充分鼓励社区公众的参与，采取"边学边做"的方法，通过项目实施提高其能力。尤其是在人、财两缺的贫困地区，应当通过相关国际国内项目，加强政府部门和社区组织的能力建设，包括决策者、规划者、管理人员、企业管理者等。

8.8.4.6 加强生态补偿科学研究与试点工作

生态补偿是一个新的课题，生态补偿机制的建立是一项复杂而长期的系统工程，涉及生态保护和建设资金筹措与使用等各个方面。生态补偿机制建立尚处于探索阶段，许多问题还不清楚，有待于深入研究。建议将生态补偿问题列入国家重点科研计划，进一步加强生态补偿关键问题的科学研究。对补偿标准体系等关键技术，如生态系统服务功能的物质量和价值的核算、生态系统服务与生态补偿的衔接、生态补偿的对象、标准、方式方法，以及资源开发和重大工程活动的生态影响评价等，都需要跨学科综合研究，需要组织进一步的科技攻关。还需要加强生态监测体系研究，为建立切实有效的生态补偿机制提供有力的技术支撑。

在开展理论研究的同时，还应积极做好生态补偿的试点工作。各部门在以前工作的基础上，应根据其工作的重点，选择具有一定基础的地区和类型进行试点示范，在加强理论研究和不断总结经验的基础上，积极推进生态补偿机制的建立和相关政策措施的完善。

8.8.5 生态移民

8.8.5.1 定义

在人类社会的发展史上，因生态环境变迁发生过无数次"逐水草而居"的人口迁移活动。从某种意义上，这都可以看成是"生态移民"。但真正意义上的生态移民，以及"生态移民"这一概念的明确提出，却是在当代生态问题引起人们极大关注的情况下应运而生的。

不同学者对生态移民的界定，其角度和着眼点有所不同。有的学者把生态移民作为由于生态环境恶化导致的一种自发的经济行为来看待。如葛根高娃、乌云巴图认为，生态移民是指由生态环境恶化，导致人们的短期或长期生存利益受到损害，从而迫使人们更换生活地点，调整生活方式的一种经济行为。有的学者则强调政府行为和对生态环境保护与经济发展的双重作用。如刘学敏认为，生态移民就是从改善和保护生态环境、发展经济出发，把原来位于环境脆弱地区高度分散的人口，通过移民的方式集中起来，形

成新的村镇，在生态脆弱地区达到人口、资源、环境和经济社会的协调发展。有的学者不但强调生态移民的保护和改善生态环境的目的，而且也强调它的扶贫性质。他们认为，生态移民是指为消除贫困、发展经济和保护生态环境为目的的、把位于生态脆弱区或重要生态功能区的人口向其他地区迁移，从而实现经济、社会与人口、资源、环境协调发展。

综合来讲，生态移民就是将生态环境脆弱区的人口迁移到生态人口承载能力高的地区，以保护和恢复生态环境，促进经济社会发展的实践活动。

8.8.5.2　生态移民的分类

为了研究的需要，学者们从不同角度对生态移民进行分类。由于分类方法不同而使生态移民类型划分差异较大。

皮海峰（2004）将生态移民分为六类：①以保护大江大河源头生态为目的的生态移民；②以防沙治沙，保护草原为目的的生态移民；③以防洪减灾、根治水患为目的的生态移民；④因兴建水利水电工程引起的生态移民；⑤以扶贫为主要目的的生态移民；⑥以保护自然保护区内稀有动植物或风景名胜区生态系统为目的的生态移民。

包智明（2006）在总结现有移民实践的基础上，对生态移民的分类进行了较为详细的研究，将其主要分为以下四大类：①根据是否有政府主导，分为自发性生态移民与政府主导生态移民；②根据移民是否对迁移有决定权，分为自愿生态移民与非自愿生态移民；③根据迁移的社区整体性，分为整体迁移生态移民与部分迁移生态移民；④根据迁移后的主导产业，分为牧转农业型、舍饲养畜型、非农牧业型和产业无变化型等。

8.8.6　生态移民存在的问题和对策

8.8.6.1　生态移民中存在的问题

在研究生态移民存在问题方面，概括起来生态移民中存在的主要问题有：①对生态移民的认识不足。人们对生态移民的理解过于简单，生态移民的实施普遍缺乏科学的理论指导，相关工程中存在着程度不同的盲目性和急躁性。②政策措施上的不足。生态移民过程中的资金投入及科技扶持都需要相应的政策法规作为保证。移民过程中移民利益能否得到保障，又与移民回迁问题和民族影响问题紧密联系在一起。③资金投入不足。主要表现在移民生活安置资金不足，移民生产必需的基础设施建设投入不足，国家对封禁过程投入不足。④职能部门管理协调不足。在生态移民过程中，政府各职能部门之间在行使职能过程中常常发生冲突，协调成本较高，直接影响了移民的效果。⑤法律介入不足。在生态移民中，无论是农牧民还是企业，都没有完全意识到法律介入的重要性。各级领导和规划实施部门对此也没有充分的认识，以行政命令取代了法律、法规，甚至出现某些行政措施超出法律规定或与法律相抵触的现象。⑥科技扶持不够。生态移民后，农牧民的生产方式发生改变，一系列的技术问题，如舍饲圈养后牲畜的质量、品种的改良等问题凸显，但由于体制原因，技术服务还不能满足需要。⑦后续产业发展滞后。龙头企业带动能力差，产业化生产程度低，服务体系不健全。⑧民族和宗教问题。生态移民主要发生在民族地区，由于语言环境、生活方式、人际关系等方面的突然变化，移民会遇到意想不到的麻烦和困难（刘学敏，2002；孟琳琳和包智明，2004；杨维军，2005）。

8.8.6.2 对策

生态移民涉及生态问题、生产问题、生活问题、稳定问题、资源问题、持续发展等问题，是一项复杂的系统工程。针对生态移民中出现的诸多问题，归纳起来，具体措施方面主要有：①提高思想认识，做好宣传教育；②资金支持，加大政府扶持，增加投入；③移民利益保障，制定优惠政策，保证农牧民转产平稳过渡；④加强基地建设和项目开发，创造新的就业机会；⑤加强草原基础设施建设，为留牧者创造更好的发展条件；⑥加快建立和完善牧区社会保障制度；⑦加强基本建设项目管理；⑧依靠科技进步，建立有效的科技支撑体系；⑨防止移民中的民族文化变异，在生态移民规划与搬迁、重建时，必须对少数民族的文化、风俗、宗教信仰予以充分考虑（刘保德等，2005；朱文玉和徐晗宇，2006）。

8.9 生态环境监察

8.9.1 概念和特点

8.9.1.1 概念

生态环境监察是各级环境保护行政主管部门的环境监察机构，依法对本辖区内一切单位和个人履行生态环境保护法律法规，政策、标准等情况进行现场监督、检查、处理。生态环境监察的对象为一切导致生态功能退化的开发活动及其他人为破坏活动。

8.9.1.2 特点

生态环境监察除具备污染源监察所有的委托性、直接性、强制性、及时性、公正性等特点外，更具有前瞻性、系统性、综合性等特点。

（1）前瞻性：生态环境监察的着眼点要通过查处环境违法行为，预防和制止生态破坏活动。

（2）系统性：生态环境要素不是孤立存在的，各要素之间相互依存构成一个完整的系统，这就要求我们在开展生态环境监察工作时要用系统、全面的观点观察、分析和解决问题。

（3）综合性：造成生态破坏的环境违法行为常常不是某一方面或一个人的行为，而是涉及社会各方面的多种因素，这就使得在生态环境监察过程中，往往要与国土、农业、林业、草原、旅游等多种部门打交道。

8.9.2 指导思想和原则

8.9.2.1 指导思想

生态环境监察不仅涉及面广，牵扯部门多，而且现有的法律、法规又过于原则，很多规定可操作性不强、处罚力度不够，甚至有关生态保护方面的立法尚存在着空白，缺乏相应的执法依据，这给生态环境监察工作增加了一定的难度。国家环保总局要求各地环境保护监察机构要按照"立足监督、联合执法、各负其责"的原则，深入探索生态环境监察工作体制、机制和方法，强化环境保护部门统一监督管理的职责，着力查处生态环境破坏行为及违法案件，进一步促进生态环境保护工作，使生态环境恶化趋势得到基本遏制，生态环境质量逐步得到改善。

8.9.2.2 原则

（1）突出重点。围绕《全国生态环境保护纲要》和我国生态环境面临的突出问题，力争在重点区域、重点生态环境管理类型上抓出成效。

（2）以点带面。根据各地的工作特点和生态环境的实际情况，开展生态环境监察的试点，创造性地探索生态环境监察的工作机制与途径，总结经验，全面推行。

（3）分步推进。根据现有法律、法规和政策，以及环境监察工作基础，结合实际，选择突破口，打好基础，逐步拓展工作空间。

（4）讲求实效。开展生态环境监察工作一定要针对生态环境热点问题、难点问题和生态环境管理中薄弱环节，切实查处环境违法和生态破坏案件，促进重点地区生态环境的好转。

8.9.3 任务与目标

根据当地突出的生态环境问题，以控制不合理的资源开发建设活动为重点，围绕自然保护区、重要生态功能保护区、农村环境保护等重点领域，开展生态环境监察工作。即全面开展对资源开发建设项目（包括草原、湿地、矿山、土地、水资源等）、非污染性建设项目（包括水利水电、交通建设、旅游开发、高尔夫球场等），以及饮用水源保护区、自然保护区、生态功能保护区、近岸海域、农村（畜禽养殖、秸秆禁烧、网箱养鱼、有机食品生产基地）等领域的生态环境监察。

通过开展生态环境监察试点，摸索经验，制订和出台相应的工作制度和方法，推动各级环境监察机构内生态环境监察专业队伍和基本工作制度的建立，促进地方生态保护与生态环境监察的法规建设，强化环境保护部门统一监督管理的职能，逐步建立生态环境监察执法机制，使生态环境违法案件得到有效查处，巩固重点地区生态环境建设与保护的成果。

8.9.4 依据

8.9.4.1 法律依据

依法进行监督、检查、处理是生态环境监察的核心。在现有的有关生态保护方面的法律、法规尚不完善的情况下，根据总局领导"立足监督，各负其责，依法'借'权，联合执法"和"用足、用好现有法律、法规"的指示精神，我们对现有的、与生态环境监察内容相关的环境、资源法律、法规、规章及标准进行了较为系统的分类、归纳和总结，以便给各地环保部门开展生态环境监察工作提供相关的法律依据。与生态环境监察内容相关的环境、资源法律、法规、规章、标准，共 94 部（个），其中法律 17 部、法规 26 部、规章 19 部、标准 32 个。

8.9.4.2 事实依据

生态环境监察的事实依据包括生态监测数据及现场调查取得的人证、物证等。生态环境监测数据反映了生态环境质量状况，是生态破坏预测与判定的基础，是实施环境违法仲裁与各项管理措施的依据。现场调查取得的证据有书证、物证、视听资料、证人证言、当事人的陈述、鉴定结论、勘定结论、勘验笔录、现场笔录等。事实证据的取得应合法、及时、准确。取证和程序、方法和手段要严格遵守法律规定。

8.9.5 程序与步骤

8.9.5.1 相关规定

国家环境保护总局于 1996 年 11 月 14 日颁布的《环境监理工作程序》中规范了环境监理工作程序,生态环境监察的工作程序可参照执行。

(1)污染源监察工作程序;

(2)建设项目及"三同时"监察工作程序;

(3)限期治理项目监察工作程序;

(4)排污许可证监察工作程序;

(5)排污收费工作程序;

(6)环境保护补助资金管理和使用程序;

(7)现场处罚工作程序;

(8)环境监察行政处罚基本程序;

(9)环境污染与破坏事故调查和处理程序;

(10)环境污染纠纷调查处理程序;

(11)环境监察稽查工作程序。

8.9.5.2 工作步骤

(1)制定现场监察计划。根据总局工作部署、各地生态环境现状、群众举报等制定生态环境现场监察计划。

(2)确定工作方案,做好监察各项准备工作。确定监察工作方案,包括监察的目的、对象、重点内容以及具体监察时间、路线等。做好人员、快速监测和取证设备、交通工具等配置安排。

(3)破坏与生态环境污染状况现场调查。通过相关背景资料调查、现场实物取证、相关人员走访查询以及现场生态环保设施运行、管理情况检查等手段查清生态破坏与污染的主要事实。

(4)生态破坏的影响方式、范围、后果和经济损失等,如水土流失、荒漠化、盐渍化、森林草地退化、物种减少、矿渣与占地、地面沉降、塌陷、水体富营养化、海水入侵、海洋赤潮、海岸侵蚀等。

(5)造成人为生态破坏的主要行业、项目、行为,如非农占地、村镇占地、农牧渔业开发、矿产开发、挖沙采石、旅游开发及港口、码头、交通、水利、水电、房地产等工程项目建设,生物入侵、乱砍滥伐、乱捕滥猎等。

(6)生态环境污染状况调查:主要污染源、污染的范围、程序,危害后果,经济损失等。

(7)生态破坏与环境污染的原因分析与确证。对调查取得的事实及主要证据、相关背景情况、生态破坏与污染发生地环境监管现状等进行综合分析,确定生态破坏与污染的主要原因和责任对象。

(8)视情处理。对违法情况根据相关法律法规作出相应处理。责成违章、违法单位制定并落实生态保护与污染治理措施。对于涉及其他部门的生态破坏案件,要做好移送工作。

（9）总结归档。编写生态环境监察工作报告，做好各类技术，管理文件、资料进行整理归档工作。

（10）定期复查。监督被检查单位整改措施的落实，生态破坏治理与恢复效果，切实保证违法行为得到纠正。按期总结生态监察情况并及时归档，做好管理工作。

8.9.5.3　文档主要内容

（1）开拓生态监察工作的审批文件、方案、总结、检查、验收等资料。

（2）生态破坏事故和纠纷调查处理中得到的各种证据、记录、数据、监测报告、处罚决定、调查报告等。

（3）资源开发与建设项目现场监察工作中环境影响评价制度与"三同时"制度履行情况、生态保护措施落实情况、生态破坏和恢复情况、竣工验收等文件资料。

（4）生态保护与生态破坏恢复治理资金使用和管理的计划、落实情况和台账等有关文件。

（5）日常监察工作中形成的现场监察信息、现场调查询问笔录、有关记录等文件资料。

（6）检察辖区内重要污染名录，污染源所在的功能区、位置，排放污染物种类、名称、浓度、去向、危害和影响，历年排法情况等文件资料。

（7）征收排污费过程中形成的排污申报及收费的有关文件资料。

8.9.6　内容和重点

环境监察是环境管理的具体落实和检查。生态环境的管理有哪些内容，生态环境监察就应当有哪些内容。但是，生态环境管理是宏观的，而生态环境监察是微观的、具体的。有些宏观管理的措施在微观上无法反映，也无法准确判断是否违规。所以生态环境监察的内容和形式上只能着重在生态环境管理能够有具体要求的内容上，着手在督促和检查管理措施的落实上。

生态环境监察内容涉及面很广，因素很复杂，既包含多种自然因素及多种生态系统，又包含各种污染因素：既要监察开发、活动过程，处理破坏事故，更要预防为主，注重源头控制，具有综合性、系统性、前瞻性的特点。

依据区域生态系统的特点和地域分布的不同可将生态环境监察划分为自然生态系统（包括森林、草原、湿地、水域等）监察、海洋生态环境监察、农村生态环境监察、城市生态环境监察等；也可依据人类活动对生态资源的影响将生态环境监察分为资源开发、旅游开发、工程项目建设、人为破坏活动等类型。

根据《全国生态环境保护纲要》中突出"三区"生态保护的战略思想，针对当前我国生态环境面临的突出问题和生态环境保护的主要任务，国家环保总局生态环境监察的主要内容是"三区"生态环境监察、资源开发和建设项目生态环境监察和农村生态环境监察，重点包括：资源开发项目和开发建设活动（包括草原、湿地、矿山、土地资源等）、非污染性建设项目（包括水利水电、交通、生态建设等）、自然保护区与旅游景区（含风景名胜区、森林公园以及文物保护单位、水利风景区等）及生态功能区的开发建设活动、海岸地区、小城镇及农村生态环境监察等。

8.9.7 部署与要求

8.9.7.1 工作部署

污染防治和生态保护并重是今后我国环境保护工作的重要方针。为切实有效保护和改善生态环境，环保部门将进一步强化生态保护的监督管理和现场监督检查，随着监察工作的不断深入，生态环境监察将逐步走上规范化、标准化的道路。2003 年 3 月，国家环保总局下发《关于开展生态环境监察试点工作的通知》（环发[2003]54 号），要求各省、自治区、直辖市选择 10%左右的环境监察力量较强、工作基础较好的市、县，按不同生态环境类型开展试点。同年 7 月，国家环保总局根据各地上报的生态环境监察试点工作方案，确定了试点地区，并下发了《关于批准全国生态环境监察试点地区的通知》（环发[2005]54 号）。

自 2003 年全国 113 个地区开展生态环境监察试点工作以来，大部分试点地区将生态环境监察工作作为落实科学发展观、推动当地经济、社会可持续发展的措施，在查处生态破坏案件、保护生态环境等方面取得显著成效，并在生态环境监察工作机制、执法体系、建章立制和能力建设等方面有所创新和突破。经考核评估，有 81 个试点地区被评为"全国生态环境监察试点工作优秀单位"，其中 10 个试点单位确定为"全国生态环境监察示范单位"。为强化生态保护执法力度，经研究，将继续深入开展生态环境监察试点工作。2007 年国家环保总局下发《关于深入开展生态环境监察试点工作的通知》（环发[2007]93 号）。

8.9.7.2 工作要求

（1）提高认识，加强领导。

（2）突出重点，力求实效。

（3）加强队伍建设，形成工作机制。

（4）加强生态破坏报告工作，提高应急处理能力。

（5）加强业务培训，提高执法能力与水平。

8.9.7.3 工作措施

（1）因地制宜，典型引路。

（2）建立环保部门统一监督，各部门密切配合的联合执法工作机制。

（3）建章立制，规范生态环境监察行为。

（4）加大执法力度，着力查处生态破坏事件。

（5）加强队伍建设。

复习思考题

1. 简述生态保护的方针与原则。
2. 概述生态系统管理的内容。
3. 简述生态示范区的基本模式。
4. 说明生态补偿的内涵。
5. 简述生态环境监察的内容和特点。

后　记

本教材的再版得到中国环境科学出版社的支持与帮助，并得到沈建主任的鼎力相助；本教材的编写得到中国环境管理干部学院副院长耿世刚教授和教务处处长李克国教授的真诚支持，在此我们一并表示衷心的感谢。

负责本教材再版的陈金华责任编辑认真审阅，提出许多具体的修改意见，付出了辛勤的劳动，使本教材更加完善，对此我们一并表示真诚的谢意。

本教材的编写与出版，主编及所有作者都付出了辛勤的劳动，但是由于主客观各方面的原因，不足之处在所难免。我国生态保护工作任重道远，需要打攻坚战、持久战。今后随着我国生态保护工作的开展，还会出现一些新问题，总结一些新经验，开拓一些新领域，因此，我们一定要认真及时地收集各方面的信息与资料，为本教材的不断完善与更新做好准备工作，在需要再版时进一步修改补充。我们也真诚地希望读者为本教材的完善更新提出宝贵意见，在此我们表示衷心的感谢。

编者

2010 年 5 月 6 日

参考文献

[1] 中国环境报社编译. 迈向 21 世纪——联合国环境与发展大会文献汇编[M]. 北京：中国环境科学出版社，1999.

[2] 《中国 21 世纪议程》编制领导小组. 中国 21 世纪议程——中国 21 世纪人口、环境与发展白皮书[M]. 北京：中国环境科学出版社，1994.

[3] 国家环境保护局编. 中国环境保护 21 世纪议程[M]. 北京：中国环境科学出版社，1995.

[4] 《中国自然保护纲要》编委会. 中国自然保护纲要[M]. 北京：中国环境科学出版社，1987.

[5] 金鉴明，等. 自然保护概论[M]. 北京：中国环境科学出版社，1991.

[6] 孔繁德，等. 生态保护[M]. 北京：中国环境科学出版社，1994.

[7] 国家环境保护总局自然生态司编. 自然保护区工作手册[M]. 北京：中国环境科学出版社，2002.

[8] 国家林业局野生动植物保护司编. 自然保护区组织管理[M]. 北京：中国林业出版社，2002.

[9] 国家林业局野生动植物保护司编. 中国自然保护区政策研究[M]. 北京：中国林业出版社，2002.

[10] 国家林业局野生动植物保护司编. 自然保护区现代管理概论[M]. 北京：中国林业出版社，2002.

[11] 王德辉，方晨主编. 保护生物多样性 加强自然保护区管理[M]. 北京：中国环境科学出版社，2003.

[12] Richard Primack，季维智主编. 保护生物学基础[M]. 北京：中国林业出版社，2000.

[13] 蒋志刚，等. 保护生物学[M]. 北京：中国科学技术出版社，1997.

[14] 王德辉，等. 防治外来入侵物种——生物多样性与外来入侵种管理国际研讨会论文集. 北京：中国环境科学出版社，2002.

[15] 当前林业的形势与任务——周生贤局长在全国林业厅局长会议上的讲话，2005 年 1 月 19 日.

[16] 中共中央、国务院《关于加快林业发展的决定》，2003 年 6 月 25 日.

[17] 第六次全国森林资源清查结果，2005 年 1 月 18 日.

[18] 孙儒泳. 普通生态学[M]. 北京：高等教育出版社，1993.

[19] 森林生态学编写组. 森林生态学[M]. 北京：中国林业出版社，1997.

[20] 中国自然资源丛书编撰委员会. 中国自然资源丛书（森林卷）. 北京：中国环境科学出版社，1995.

[21] 中国自然资源丛书编撰委员会. 中国自然资源丛书（草地卷）. 北京：中国环境科学出版社，1995.

[22] 中国自然资源丛书编撰委员会. 中国自然资源丛书（海洋卷）. 北京：中国环境科学出版社，1995.

[23] 湿地国际——中国项目办事处. 湿地与水禽保护论文集[M]. 北京：中国林业出版社，1998.

[24] 湿地国际——中国项目、中国林业部保护司、世界自然基金会——中国项目. 湿地效益. 北京：中国林业出版社，1997.

[25] 全国人大环境与资源委员会办公室. 国际环境与资源保护条约汇编[M]. 北京：中国环境科学出版社，1993.

[26] 国家海洋局政策法规办公室. 中华人民共和国海洋法规选编[M]. 北京：海洋出版社，1998.

[27] 联合国. 联合国海洋法公约[M]. 北京：海洋出版社，1996.

[28] 《中国生物多样性保护行动计划》编写组. 中国生物多样性保护行动计划. 北京：中国环境科学出版社，1994.

[29] 《中国生物多样性国情研究报告》编写组. 中国生物多样性国情研究报告. 北京：中国环境科学出版社，1998.

[30] 中国环境与发展国际合作委员会. 保护中国的生物多样性[M]. 北京：中国环境科学出版社，1997.

[31] 孔繁德，等. 城市可持续发展战略规划[M]. 北京：中国环境科学出版社，2004.

[32] 世界资源研究所，等. 全球生物多样性[M]. 北京：中国标准出版社，1993.

[33] 沃尔特，等. 生物多样性的开发利用[M]. 北京：中国环境科学出版社，1995.

[34] 国家环保局自然保护司. 珍稀濒危植物保护与研究[M]. 北京：中国环境科学出版社，1991.

[35] 刘汉，等. 自然资源学概论[M]. 西安：陕西人民教育出版社，1988.

[36] 王献溥，等. 自然保护区的理论与实践[M]. 北京：中国环境科学出版社，1989.

[37] 李文华，等. 中国的自然保护区. 北京：商务印书馆，1984.

[38] 王礼嫱，等. 论自然保护区的建立和管理[M]. 北京：中国环境科学出版社，1994.

[39] 薛达元，等. 中国自然保护区建设与管理[M]. 北京：中国环境科学出版社，1994.

[40] 张文生，等. 自然保护区管理、评价指南与建设技术规范[M]. 北京：中国环境科学出版社，1995.

[41] 国家环保总局自然生态司. 中国自然保护区名录[M]. 北京：中国环境科学出版社，1998.

[42] 钟章成，等. 自然环境保护概论[M]. 成都：四川科技出版社，1985.

[43] 赵桂久，等. 生态环境综合整治与恢复技术研究[M]. 北京：科学出版社，1995.

[44] 卞有生. 生态农业基础[M]. 北京：中国环境科学出版社，1986.

[45] 马世骏，等. 中国农业生态工程[M]. 北京：科学出版社，1987.

[46] 刘逸农，等. 农业与环境[M]. 北京：化学工业出版社，1988.

[47] 郭士勤，等. 农业环境管理概论[M]. 天津：天津科技翻译出版局，1991.

[48] 国家环境保护局自然保护司. 乡镇环境规划指南[M]. 北京：中国环境科学出版社，1995.

[49] 经济合作与发展组织. 农业与环境政策一体化[M]. 北京：中国环境科学出版社，1996.

[50] 周学志，等. 中国农村环境保护[M]. 北京：中国环境科学出版社，1996.

[51] 刘燕生. 自然保护基础[M]. 北京：中国环境科学出版社，1991.

[52] 彭守约，等. 自然保护区的法律保护[M]. 北京：中国环境科学出版社，1993.

[53] 国家环境保护局自然保护司. 中国生态环境补偿费的理论与实践[M]. 北京：中国环境科学出版社，1995.

[54] 联合国环境规划署. 生态监测手册[M]. 北京：中国环境科学出版社，1994.

[55] 毛文永. 生态环境影响评价概论[M]. 北京：中国环境科学出版社，1998.

[56] 国家环境保护局全国生态示范区建设试点工作领导小组. 全国生态示范区建设试点工作文件汇编. 北京：中国环境科学出版社，1997.

[57] 国家环境保护总局全国生态示范区建设试点工作领导小组. 生态环境考核标准选编. 北京：中国环境科学出版社，1999.

[58] 国家计划与发展委员会，等. 全国生态环境建设规划[J]. 人民日报，1999-01-07.

[59] 国家环境保护总局. 全国生态环境保护纲要. 人民日报，2000-12-22.

[60] 国家环境保护总局自然保护司. 中国生态问题报告[M]. 北京：中国环境科学出版社，1999.

[61] 国家环境保护总局. 中国环境状况公报. 中国环境报，2000-06-15.

[62] 国家环境保护总局. 1999 年全国环境统计公报. 中国环境报，2000-07-11.

[63] 国家环境保护总局. 中国环境状况公报（2001）. 中国环境报，2002-06-22.

[64] 国家环境保护总局. 生态县、生态市、生态省建设指标. 中国环境报，2003-03-14.

[65] 李列锋，等. 生态占用：衡量可持续发展的新指标. 中国环境报，2002-07-26.

[66] 赵永新. 对人类的积极贡献——我国自然保护区建设回眸. 人民日报，2003-04-22.

[67] 中国可持续发展研究组. 2003 中国可持续发展战略报告[M]. 北京：科学出版社，2003.

[68] 于贵瑞，等."生态系统管理的基础生态学过程研究".资源科学，2001（6）.北京：科学出版社.

[69] 国家环保总局. 国家级自然保护区总体规划大纲. 国家环保总局办公厅文件."环办[2002]76 号"，2002.

[70] 国家环保总局."外来入侵物种名单".环境工作通信，2003（2）.

[71] 孔繁德，等. 生态保护概论[M]. 北京：中国环境科学出版社，2001.

[72] 张明顺."秦皇岛市财富水平和构成与可持续发展能力研究".中国环境管理干部学院学报，2001.1.

[73] 中国自然资源丛书编撰委员会. 中国自然资源丛书（矿产卷）. 北京：中国环境科学出版社，1995.

[74] 中国自然资源丛书编撰委员会. 中国自然资源丛书（土地卷）. 北京：中国环境科学出版社，1995.

[75] 中国自然资源丛书编撰委员会. 中国自然资源丛书（水资源卷）. 北京：中国环境科学出版社，1995.

[76] 中国自然资源丛书编撰委员会. 中国自然资源丛书（综合卷）. 北京：中国环境科学出版社，1995.

[77] 高前兆，等. 水资源危机[M]. 北京：化学工业出版社，2002.

[78] 张从，等. 农业环境保护[M]. 北京：中国农业大学出版社，2002.

[79] 姜文来. 水资源价值论[M]. 北京：科学出版社，1999.

[80] 刘昌明，等. 中国 21 世纪水问题方略[M]. 北京：科学出版社，1998.

[81] 张坤民. 可持续发展论[M]. 北京：中国环境科学出版社，1997.

[82] 国家环境保护总局. 关于开展中东部地区生态环境现状调查的通知. 2002.

[83] 杨桂华，等编译. 生态旅游的绿色实践[M]. 北京：科学出版社，2000.

[84] 雷家富. 中国森林生态系统经营[M]. 北京：中国林业出版社，2007.

[85] 李文华，等. 生态系统服务功能价值评估的理论、方法与应用[M]. 北京：中国人民大学出版社，2008.

[86] 2008 年中国环境状况公报，［EB/OL］. http：//www. zhb. gov. cn/plan/zkgb/2008zkgb/.

[87] 李怒云. 中国林业碳汇[M]. 北京：中国林业出版社，2007.

[88] 赵勇. 国内"宜居城市"概念研究综述. 城市问题，2007，10（147）：76-79.

[89] 李业锦，张文忠，田山川，余建辉. 宜居城市的理论基础和评价研究进展. 地理科学进展，2008，3（27）：101-109.

[90] 王琳. 宜居城市理论与影响因素研究. 浙江大学硕士学位论文，2007，6.

[91] 滕学荣. 浅议生态宜居城市的规划设计. 北京建筑工程学院学报，2008，1（24）：30-33.

[92] 连兴. 宜居城市的发展与建设实践概述. 福建建筑，2008，4（118）：85-88.

[93] 董晓峰，杨保军. 宜居城市研究进展. 地球科学进展，2008，3（23）：323-326.

[94] 袁锐. 试论宜居城市的判别标准. 经济科学，2005，4：126-128.

[95] 高峰. 宜居城市理论与实践研究. 兰州大学硕士学位论文，2006，5.

[96] 建设部. 宜居城市科学评价标准，2007，4.

[97] 钱璞，骆彬. 论城市生态绿地系统的建设. 海淀走读大学学报，2004（2）：30-34.

[98] 俞孔坚，李迪华. 城市生态基础设施建设的十大景观战略. 上海城市管理职业技术学院学报，2007，6（16）：12-17.

[99] 孔繁德. 张建辉. 城市生物多样性问题. 环境科学研究，1995，8（5）：35-37.

[100] 中国环境生态网，http：//www. eedu. org. cn，城市生物多样性特点.

[101] 张庆费. 城市绿色网络及其构建框架. 城市规划汇刊. 2002（1）：75-76.

[102] 仇保兴. 在西部地区城市园林绿化工作座谈会上的讲话，2002 年 8 月 20 日.

[103] Weieher J C，Zerbst R H. The externalities of neighborhood Parks：an empirical Investigation Land Economies. 1973，49（1）：99-105.

[104] Wiley J，et al. Urban Soil in Landscape Design. Inc. New York，1997.

[105] Zube E H. The narural history of urban trees. In The metro forest，a natural history special. supplement，1973，82（9）.

[106] 程绪珂. 探索城乡一体化的绿化建设——走生态同林之路[C]//城市林业——92 首届城市林业学术研讨会文集. 北京：中国林业出版社，1993：83-87.

[107] 冯彩云. 我国城市绿化的现状与发展方向[J]. 科技建议，2002（2）：15-18.

[108] 王祥荣. 生态园林与城市环境保护. 中国园林，1998（2）：14-16.

[109] 陈自新，苏雪痕，刘少宗，等. 北京城市园林绿化生态效益的研究. 中国园林，1998（5）：46-49.

[110] 程绪珂. 生态园林的理论与实践[M]. 北京：中国林业出版社，2006. 7.

[111] 陈自新. 探讨与共识——走生态园林道路. 中国园林，1992，8（1）：22-23.

[112] 鲍世行，顾孟潮. 杰出科学家钱学森论城市学与山水城市[M]. 北京：中国建筑工业出版社，1994.

[113] 车生泉，王洪彬. 城市绿地研究综述[J]. 上海交通大学学报：农业科学版，2001，19（3）：229-234.

[114] 陈白新，苏雪痕，刘少宗，等. 北京城市园林绿化生态效益研究[J]. 中国园林，1998，4（1）：57.

[115] 俞孔坚. 可持续环境与发展规律的途径及其有效性. 自然资源学报，13（1）：8-15.

[116] 李秀珍，肖笃宁. 城市的景观生态学探讨. 城市环境与城市生态，1995（2）：46-70.

[117] 肖笃宁，李秀珍. 国外城市景观生态学发展的新动向. 城市环境与城市生态，1995（3）：28-32.

[118] 王和祥. 增加生物多样性是建设生态园林的必由之路. 中国园林，1999（5）：77-78.

[119] 李嘉乐. 园林生态学拟议. 中国园林，1997（12）：35-37.

[120] Anderson，L M，Cordell H K. Influence of trees on residential property values in Athens，Georgia（USA）：a survey based on actual sales prices. Landscape Urban Plano. 1988，15：153-164.

[121] Anne Whiston Spirn. The Granite Garden urban nature and human design[M]. U. S. A. ：Basic Books，1984.

[122] Beasley S D，Workman W G，Williams N A. Estimating amenity values of urban fringe farmland：a contingent valuation approaeh：note. Growth and Change. 1986，17（4）：70-78.

[123] Bolitzer B，Netusil N R. The imPaet of open spaces on property values in Portland，Oregon. Journal of Environmental Management，2000，59：185-193.

[124] Correll M R，Lillydahl J H，Singell L D. The effects of greenbelts on residential property values：some findings on the politjcal economy of open space. Land Economies. 1978，54（2）：207-217.

[125] Garrod G，Willis K. The environmental economic impact of woodland：a two stage hedonic price model of the amenity value of forestry in Britain. ApplIed Eeonomies. 1992，24（7）：715-728.

[126] Geoghegan J. The value of open spaces inresidential land use. Land Use Policy. 2002，19：91-98.

[127] Lutik J. The value of trees，water and open space as reflected by house prices in the Netherlands. Landscpe and Urban Planning. 2000，48：161-167.

[128] Tyrvainen L，Mietinen A. Property Prices and Urban Forest Amenities. Journal of Environmental

Economics and Management. 2000，39（2）：205-223.

[129] Tyrvainen L. The economic value of urban forest amenities an applieation of the contingentvaluation method. Landscape and Urban Planning. 1998，43：105-118.

[130] 国家林业局编. 中国自然保护区立法研究[M]. 北京：中国林业出版社，2007.

[131] 李来定，朱健荣. 宝应县生态村建设实践[J]. 环境导报，2002. 3.

[132] 张大玉，欧阳文. 生态村规划的理论与实践[J]. 北京建筑工程学院学报，2007，23（1）：26-32.

[133] 李翠竹. 论生态文明村与社会主义新农村建设[J]. 沈阳农业大学学报：社会科学版，2007，9（1）：8-11.

[134] 吴汉红. 生态村建设的理论与实践探讨——以浙江省嘉善县为例[D]. 华东师范大学，2007.

[135] 张金屯，李素清. 应用生态学[M]. 北京：科学出版社，2004.

[136] 刘秀艳，王丽静. 再论生态农业的内涵及特征[J]. 理论研讨，2008.

[137] 李金才，张士功，邱建军，等. 我国生态农业模式分类研究[J]. 中国生态农业学报，2008，16（5）：1275-1278.

[138] 王兆骞. 试论中国生态农业的发展[J]. 中国生态农业学报，2008，16（1）：1-3.

[139] 郑军，史建民. 我国生态农业研究述评[J]. 生态与区域经济，2007，19-26.

[140] 吴艳文，漆晗东. 论生态农业在西部大开发中的作用及其开发途径[J]. 农村经济，2004（3）.

[141] 李翠竹. 论生态文明村与社会主义新农村建设[J]. 沈阳农业大学学报：社会科学版，2007，9（1）：8-11.

[142] 南浩林，景宏伟，丁宁，等. 生态监测及其在我国的应用[J]. 林业调查规划，2006，131（4）：35-39.

[143] 李玉英，余晓丽，施建伟. 生态监测及其发展趋势[J]. 水利渔业，2005，25（4）：35-46.

[144] 环境监测网络课程. http：//www. jznu. edu. cn/page/depart/hxhg/hjjc/6/6-4. html.

[145] Larry W C. Environmental impact assessment . Mc GrawHill：Inc. 1996.

[146] 陈波，包志毅. 生态规划：发展、模式、指导思想与目标[J]. 中国园林，2003（1）.

[147] 欧阳志云，王如松. 生态规划的回顾与展望[J]. 自然资源学报，1995，10（3）：203-215.

[148] 王峥，郝维昌，王天民. 生态设计——为社会的可持续发展而设计[J]. 北京航空航天大学学报：社会科学版，2006，19（3）：28-32.

[149] 秦柯，李利. 关于生态与设计的综述[J]. 现代农业科学，2008，15（10）：63-64.

[150] 陆丽君. 生态设计理论与实践[J]. 山东林业科技，2006（5）.

[151] 耿勇. 生态设计策略研究[J]. 中国软科学，2003（1）.

[152] 杨京平，田光明. 生态设计与技术[M]. 北京：化学工业出版社，2006.

[153] 张钢，赵晶. 对生态设计的再思考[J]. 现代农业科学，2008，15（11）：68-69.

[154] 姜龙. 浅谈生态设计原理在城市景观设计中的作用[J]. 广西轻工业，2007（4）.

[155] 张小会. 城市人工湖的生态设计探讨——以咸阳市的咸阳湖为例[D]. 西北农林科技大学，2007.

[156] 孔繁德，王连龙，谭海霞，等. 生态系统健康与生态恢复及工程相应关系初探[J]. 中国环境管理干部学院学报，2008，18（2）：14-17.

[157] 陈英旭. 农业环境保护[M]. 北京：化学工业出版社，2007.

[158] 中国科学院可持续发展战略研究组. 中国可持续发展战略报告（2007）——水：治理与创新[M]. 北京：科学出版社，2007.

[159] 刘俊民，等. 水文与水资源学[M]. 北京：中国林业出版社，2001.

[160] 陈维新. 农业环境保护[M]. 北京：中国农业出版社，1999.

[161] 方炎. 农业可持续发展的政策、技术与管理[M]. 北京：中国农业出版社，2003.

[162] 孙日遥，等. 我国农业与农村可持续发展的制度创新. 中国人口、资源与环境，2005，15（5）：88-92.

[163] 李子田，等. 我国农业可持续发展面临的生态环境问题及对策. 农机化研究，2006（1）：21-24.

[164] 王同燕，等. 我国农业可持续发展面临的问题及对策. 山东农业科学，2004（4）：72-74.

[165] 杨东群，等. 中外农业可持续发展比较研究——以美国、日本、意大利为例. 中国农业经济评论，2005，3（1）：30-42.

[166] Komatsu Y. Tsunekawa A. Ju H. Evaluation of agricultural sustainability based on human carrying capacity in drylands——a case study in rural villages in Inner Mongolia，china. Agricultural Ecosystem & Environment，2005，108（1）：29-43.

[167] Shi T. Ecological agricultural in China：bridging the gap between rhetoric and practice of sustainability. Ecological Economics，2002，42（3）：359-368.

[168] 国家环保部. 全国生态功能区划. 2008. 7.

[169] 国家环保部. 全国生态脆弱区保护规划纲要. 2008. 9.

[170] 包智明. 关于生态移民的定义、分类及若干问题. 中央民族大学学报：社会科学哲学版，2006（1）.

[171] 皮海峰，等. 近年来生态移民研究述评. 三峡大学学报：社会科学人文版，2008（1）.

[172] 孟琳琳. 生态移民研究综述. 中央民族大学学报：社会科学哲学版，2004（6）.

[173] 生态补偿机制课题组. 生态补偿机制课题组报告.

[174] http：//www. china. com. cn/tech/zhuanti/wyh/2008-02/29/content_11157887. htm.

[175] 万本太，等. 生物多样性综合评价方法研究. 生物多样性，2007，15（1）：97-106.

[176] 黎华寿，等. 生态保护导论[M]. 北京：化学工业出版社，2009.

[177] 章家恩. 生态规划学[M]. 北京：化学工业出版社，2009.